HEN ENWAU O YNYS MÔN

HEN ENWAU O YNYS MÔN

GLENDA CARR

bwthyn
GWASG Y BWTHYN

ISBN: 978-1-907424-74-8

Cyhoeddwyd gyda chefnogaeth ariannol Cyngor Llyfrau Cymru.

Cyhoeddwyd ac argraffwyd gan
Wasg y Bwthyn, Lôn Ddewi, Caernarfon LL55 1ER.
gwasgybwthyn@btconnect.com

CYNNWYS

I Richard, Gwenllïan, George, Owain a Twm,
ac yn arbennig
i Tony

DIOLCHIADAU

Diolch yn arbennig i Mr Einion Thomas, Mrs Elen Simpson a staff yr Adran Archifau ym Mhrifysgol Bangor, am eu cymorth hynaws, ac am dynnu fy sylw at gyfoeth yr adnoddau sydd yng nghasgliadau llawysgrifau'r adran honno. Diolch hefyd i staff Gwasanaeth Archifau Môn a staff Adran Llawysgrifau'r Llyfrgell Genedlaethol am bob cymorth yn ystod y gwaith ymchwil.

Rwy'n ddiolchgar iawn i'r Athro Hywel Wyn Owen am ddarllen drwy'r deipysgrif ac am gynnig sawl awgrym gwerthfawr. Mae'n bleser cael trafod enwau lleoedd gyda'r Athro a manteisio ar ei wybodaeth arbenigol ef.

Diolch o galon i Marred Glynn Jones, Dylan Williams, Cliff Thomas a holl staff Gwasg y Bwthyn am ddod â'r llyfr hwn i olau dydd mewn ffordd mor ddeheuig a chyfeillgar.

Mae fy nyled fwyaf i'm gŵr, Tony, am ei ddiddordeb ac am ei gefnogaeth ddi-ben-draw. Roedd medru tynnu ar ei wybodaeth enfawr ef o hanes Môn o fudd mawr i mi wrth baratoi'r gyfrol hon.

RHAGAIR

Detholiad o enwau lleoedd o Ynys Môn sydd yn y gyfrol hon. Mae'n braf cael gwneud detholiad, oherwydd yr awdur sydd â'r hawl i ddewis beth mae am ei gynnwys a'i hepgor. Bydd ambell un yn gweld bai arnaf am beidio â thrafod rhyw enw neu'i gilydd, ond rwyf wedi dewis yr enwau am resymau arbennig: enwau sy'n egluro rhyw bwynt penodol, enwau anghyffredin a diddorol, enwau llawn hynafiaeth, ac enwau sy'n apelio ataf yn bersonol. Nid wyf yn ymddiheuro am ailadrodd rhai pwyntiau dan fwy nag un enw, gan nad llyfr i'w ddarllen o glawr i glawr yw'r math hwn o lyfr, ond un i bori ynddo yn ôl y ffansi. Er fy mod wedi canolbwyntio ar Ynys Môn, gobeithio na wêl unrhyw un sydd yn ymddiddori mewn enwau lleoedd fai arnaf am grwydro dros Bont y Borth ambell dro i rannau eraill o Gymru, yn enwedig i Arfon, a hyd yn oed i Loegr ar ôl rhyw damaid blasus.

At bwy yr anelwyd y llyfr? Gobeithio y bydd o ddiddordeb i unrhyw un sydd yn ymhél ag enwau lleoedd a thraddodiadau llafar gwlad yn gyffredinol. Yr un yw patrwm y llyfr hwn ag un ei chwaergyfrol *Hen Enwau o Arfon, Llŷn ac Eifionydd*, ac o'r herwydd mae'n addas imi ailadrodd rhai pwyntiau a nodwyd yn rhagair ac yng nghorff y llyfr hwnnw. Yn wir, mae'n anorfod fod rhyw ychydig o ailadrodd rhwng y ddwy gyfrol o ran enwau yn ogystal, gan fod rhai o'r un enwau yn digwydd ym Môn ac yn Arfon, Llŷn ac Eifionydd. Beth bynnag, ni allaf gymryd yn ganiataol fod darllenwyr y gyfrol hon wedi darllen y llall.

Gwelir fy mod yn cyfeirio at gasgliadau o lawysgrifau ac at lyfrau wrth fynd ymlaen. Penderfynais wneud hyn ar gyfer y sawl sydd yn awyddus i wybod am y ffynonellau, ond hyderaf na fydd y cyfeiriadau hyn yn tarfu ar rediad y llyfr i'r darllenydd cyffredin. Un ffynhonnell werthfawr ar gyfer gweld sut yr oedd y trigolion eu hunain yn ynganu a sillafu enwau'r tai yw cofnodion y Cyfrifiad rhwng 1841 ac 1911; ceir llawer o gyfeiriadau cartrefol a naturiol yn y rhain. Rwy'n cyfeirio weithiau at ffynhonnell nas gwelir fel rheol wrth drafod enwau lleoedd, sef Cyfeiriadur y Codau Post, gan y tybiaf fod y ffurfiau ynddo yn adlewyrchu canfyddiad y cyhoedd o ffurf bresennol enwau'r anheddau. Mae Bwrdd yr Iaith eisoes wedi llunio canllawiau ar gyfer safoni sillafu enwau lleoedd, ond nid yw hyn yn cynnwys enwau tai. Mae'r rheswm yn amlwg: mae enw tŷ mor bersonol ag enw unigolyn. Gan bwy mae'r hawl i bennu beth yw'r ffurf safonol? Mae'n debyg na fyddai'r mwyafrif ohonom yn trafferthu cynnwys cysylltnodau yn enwau ein tai. Felly, yma yr wyf wedi dilyn yr egwyddor o gorau po symlaf, ac eithrio mewn achosion lle mae'r sillafiad a arddelir yn gyffredin yn hysbys. Mae rhai o'r enwau a drafodir wedi hen ddiflannu, ond dyma gyfle i'w hachub o ebargofiant.

Wrth sôn am ffynonellau, mae'n rhaid talu teyrnged i waith aruthrol y diweddar Athro Melville Richards, ysgolhaig parod ei gymwynas a oedd bob amser yn fodlon rhannu ei wybodaeth enfawr. Ni waeth beth y trown ato, mae ef fel rheol wedi bod yno o'n blaenau, ac mae dyled pawb a fu'n gweithio ym maes enwau lleoedd yn ail hanner yr ugeinfed ganrif ac ers hynny yn ddifesur iddo. Mae'r casgliad gwreiddiol anferthol o enwau lleoedd sydd yn llunio ei archif wedi ei gadw mewn dros dri chan mil o slipiau llawysgrif yn Adran Archifau Prifysgol Bangor. Bellach maent wedi eu rhoi ar lein ar www.e-gymraeg.co.uk/enwaulleoedd/amr/ Mae cael yr archif ar lein yn gymorth amhrisiadwy i'r sawl sydd yn ymddiddori yn y maes, gan ei fod yn adnodd hygyrch i hwyluso darganfod enghreifftiau eraill o'r un elfen.[1] Gwelir ffrwyth ysgolheictod manwl Melville Richards hefyd yn ei lyfr gwerthfawr *Welsh Administrative and Territorial Units*, sy'n gronfa gyfoethog o wybodaeth ar gyfer astudio enwau lleoedd. Gydag enwau caeau o Loegr mae fy nyled yn fawr i gyfrolau diddorol John Field: *A History of English Field Names* ac *English Field Names: A Dictionary*.

Yr arbenigwr mawr ar enwau lleoedd Môn oedd Tomos Roberts. Yn sgîl ei waith fel Archifydd Prifysgol Bangor a'i ymwneud â'r casgliadau gwych a geir yno o lawysgrifau stadau megis Baron Hill, Bodorgan, Plas Coch ac eraill, yr oedd gan yr ysgolhaig diymhongar hwn wybodaeth ddigymar am hanes Môn yn gyffredinol, a chyhoeddodd sawl erthygl ddifyr ar enwau lleoedd yr ynys. Gwnaeth Gwilym T. Jones yntau waith gwerthfawr ar afonydd, llynnoedd, rhydau a ffynhonnau Môn. Yn 1996, cyhoeddodd y ddau ar y cyd *Enwau Lleoedd Môn / The Place-Names of Anglesey*, ac rwyf yn cydnabod fy nyled i'w gwaith. Fodd bynnag, enwau pentrefi, llynnoedd a ffynhonnau a geir yn bennaf yn y gyfrol honno. Enwau tai a ffermydd yw mwyafrif llethol yr enwau yn y gyfrol hon, er bod yma nifer o gaeau ac ambell nodwedd ddaearyddol yn eu plith. Felly, nid oes yna ormod o ailadrodd rhwng y ddwy gyfrol. Rhaid nodi fy nyled hefyd i waith ymchwil ardderchog y Parch. Ddr Dafydd Wyn Wiliam ar draddodiad llenyddol Môn a'i gasgliadau cynhwysfawr o gerddi mawl i'r teuluoedd a fu'n noddi'r beirdd. Dengys y canu mawl bwysigrwydd rhai o dai mawr Môn ym mywydau'r beirdd.

Wrth lunio rhagair i'r gyfrol hon credais na allaswn wella ar yr hyn a ddywedodd Syr Ifor Williams yn ei ragair ef i'w gyfrol fach werthfawr *Enwau Lleoedd*. 'Rhybudd' oedd teitl

1 Rhaid nodi un gair bach o rybudd ynglŷn â'r Archif, sef nad yw'r dyddiadau a roddir ar gyfer cofnodion o'r *Record of Caernarvon* ambell dro yn cyd-fynd â darganfyddiadau ysgolheigion modern. Felly, gwelir nad yw'r dyddiadau a roddir ar gyfer y ffynhonnell hon yn AMR yn cyfateb bob tro i'r hyn a nodir yn y llyfr hwn.

ei ragarweiniad ef; rhybudd i beidio â chymryd dim byd yn ganiataol wrth drafod enwau lleoedd. Yn wir, aeth Syr Ifor mor bell â dyfynnu geiriau Syr John Morris-Jones: ''Fydd 'na neb ond ffyliaid yn treio esbonio enwau lleoedd!' Mae'n hawdd gweld pam y dywedodd hyn, gan fod hwn yn faes sydd yn llawn o faglau i'r cyfarwydd a'r anghyfarwydd fel ei gilydd. Dangosodd Syr Ifor sut y bu iddo ef ei hun, er gwaethaf ei ysgolheictod, grwydro i'r gors fwy nag unwaith. Nid wyf yn honni fy mod innau yn iawn yn fy nehongliad bob tro o bell ffordd. Yr unig beth yr hoffwn ei bwysleisio yw nad oes, ar y cyfan, fawr o le i ddyfalu wrth esbonio enwau lleoedd. Rhaid olrhain datblygiad enw o'i ffurfiau cynharaf cyn belled ag y bo modd. Ond yn aml hefyd, mae'n rhaid gwneud y gorau o dystiolaeth amwys, a chynnig yn betrus rai posibiliadau ar sail hynny.

Y broblem gydag enwau lleoedd yw'r bobl sydd wedi eu hargyhoeddi o ystyr enw arbennig, er bod yr ystyr honno yn amlwg yn anghywir. Ofer yw ceisio eu darbwyllo i'r gwrthwyneb. Mae'r ystyron a gynigiant fel rheol yn cynnwys cyfeiriadau at hen frwydrau. Mae unrhyw *Fron goch* yn troi'n safle brwydr waedlyd, yn hytrach na chyfeiriad at liw'r pridd neu redyn crin, a phob *Cae cleddyf* yn fan lle darganfuwyd cleddyf coll rhyw dywysog yn hytrach na disgrifiad o gae cul pigfain. Mae arnaf ofn, os nad ydym yn gwybod ystyr enw arbennig, ein bod yn creu un yn sydyn iawn, a gorau oll os yw'n un llawn rhamant, neu'n well fyth yn diferu gwaed. Wrth gwrs, ym Môn gellir dychmygu nid yn unig frwydrau gwaedlyd ond mae'n gyfle i lusgo'r derwyddon i mewn yn ogystal. Byddaf yn cyfeirio'n aml at un o'r pechaduriaid mwyaf yn y cyswllt hwn, sef R. T. Williams (Trebor Môn), yn ei lyfr *Enwau Lleoedd yn* [*sic*] *Mon a'u Tarddiad*, a gyhoeddwyd yn y Bala yn 1908.

Fodd bynnag, hoffwn bwysleisio, er bod yna lawer o gamddehongli amlwg ar lafar gwlad, fod yna hefyd lawer o draddodiadau a hen atgofion dilys na ddylid eu hanwybyddu ar unrhyw gyfrif, yn arbennig wrth drafod enwau caeau. Dylid parchu a diogelu'r rhain cyn inni eu colli'n llwyr. Mae enwau ein caeau yn diflannu o flwyddyn i flwyddyn ac o'r naill genhedlaeth i'r llall. Fe'u collir wrth i dir newid dwylo, wrth i dir gael ei lyncu gan adeiladau newydd, a phan gyfunir dau gae fe gollir un enw fel rheol. Ni ddaw'r enwau hyn byth yn ôl. Fel y canodd Tudur Dylan Jones yn ei awdl fuddugol 'Gorwelion':

> Roedd enwau i gaeau gynt,
> a gwraidd i'n geiriau oeddynt,
> enwau ar goll yn nhro'r gwynt . . .

Enwau ar goll – dyna dynged enbyd, yntê? Ein dyletswydd ni yw gofalu ein bod yn eu diogelu.

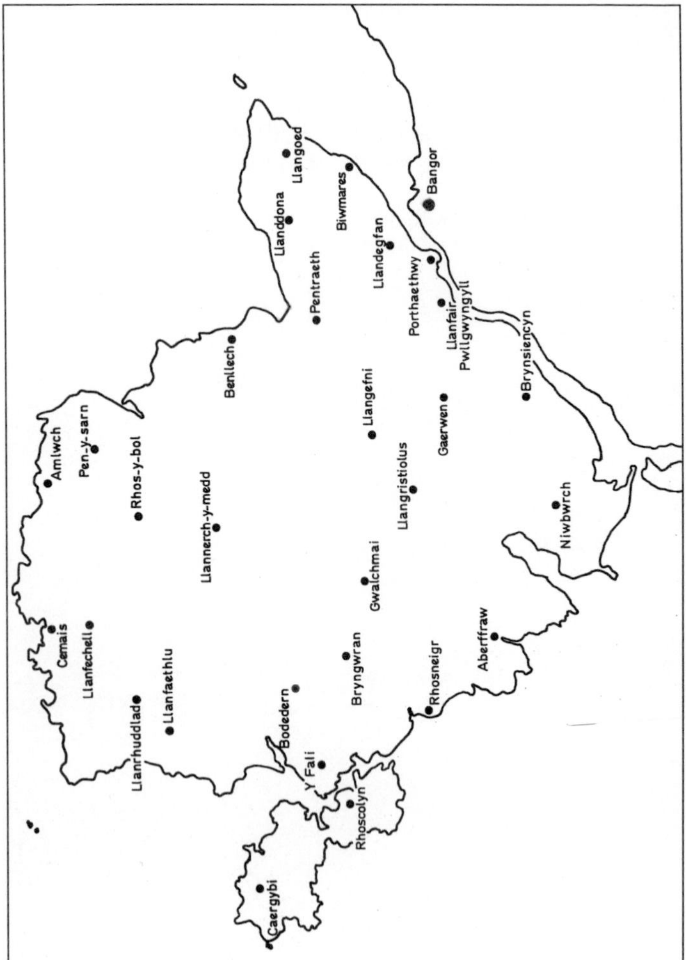
Amlwch
Pen-y-sarn
Rhos-y-bol
Cemais
Llanfechell
Llanfaethlu
Llanrhuddlad
Llannerch-y-medd
Benllech
Llanddona
Llangoed
Biwmares
Pentraeth
Llandegfan
Bangor
Porthaethwy
Llanfair
Pwllgwyngyll
Llangefni
Gaerwen
Brynsiencyn
Llangristiolus
Gwalchmai
Niwbwrch
Bryngwran
Bodedern
Y Fali
Rhosneigr
Aberffraw
Rhoscolyn
Caergybi

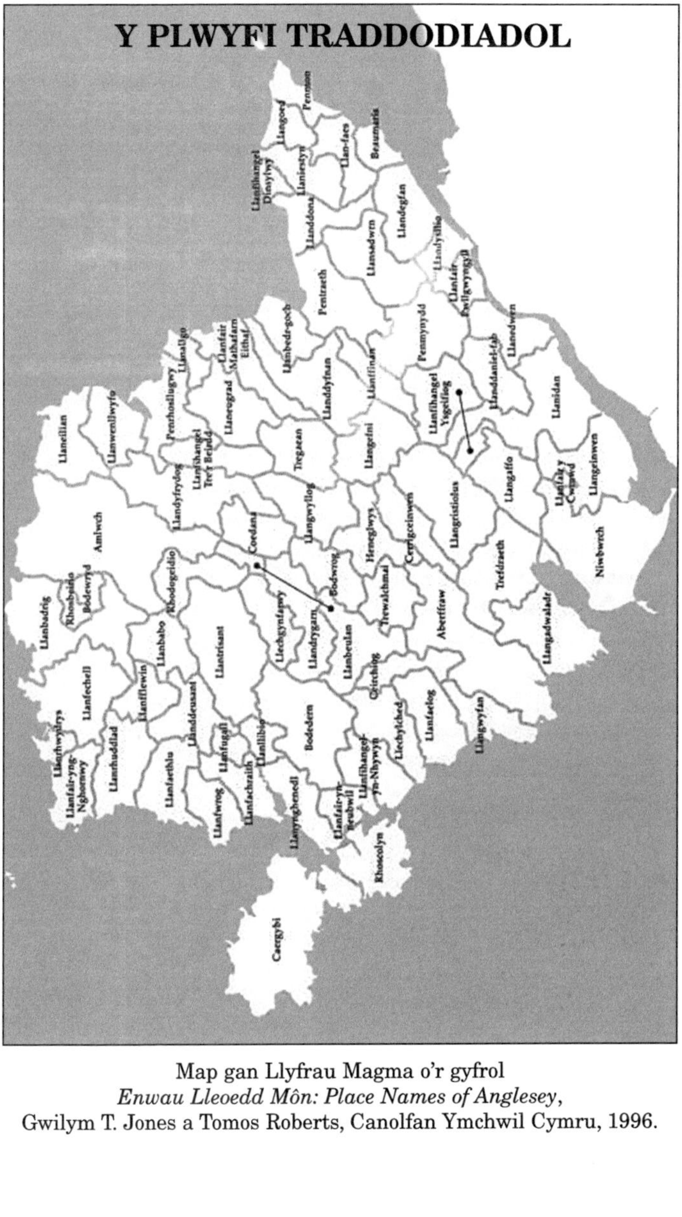

Map gan Llyfrau Magma o'r gyfrol
Enwau Lleoedd Môn: Place Names of Anglesey,
Gwilym T. Jones a Tomos Roberts, Canolfan Ymchwil Cymru, 1996.

HEN ENWAU O YNYS MÔN

Aberlleiniog / Lleiniog

Enw ar afon sy'n llifo drwy bentref Llangoed yw *Lleiniog*; mae'n cyrraedd y môr yn *Aberlleiniog*. Fodd bynnag, cysylltir yr enw *Aberlleiniog* yn bennaf â *Castell Aberlleiniog*, a leolir nid nepell o'r aber ar y ffordd i Benmon. Mwnt Normanaidd yw'r sylfaen, ond ni ellir rhoi dyddiad pendant i'r castell bach a adeiladwyd yn ddiweddarach ar ei ben. Mae hanes hwn yn gryn ddirgelwch. Chwaraeodd ryw ran fechan yng ngweithgarwch y Rhyfel Cartref yn yr ardal hon, felly mae'n rhaid ei fod yno cyn 1642. Mae annedd o'r enw *Lleiniog* islaw safle'r castell.

Ceir cyfeiriad at Gruffudd ap Cynan yn ymosod ar y castell Normanaidd yn *Aberlleiniog*: 'pan ytoed Gruffudd yn emlad a chastell Aberllienyauc y Mon . . . y loski ohonav a'e anreithyav a llad llawer o'r castellwyr'[2] (HGVK). *Aberllienyauc* yw ffurf yr enw yn y dyfyniad hwn, a gymerwyd o lawysgrif Peniarth 17, y gellir ei dyddio i ganol y drydedd ganrif ar ddeg. Ceir y ffurfiau *Aberllienwawc*, *Aberlienwaug* ac *Aberllienwawr* mewn fersiynau eraill. Mae'n syndod cyn lleied o gofnodion a gadwyd o'r enwau *Aberlleiniog* a *Lleiniog*. Cofnodwyd *Lleanog* yn ATT yn 1771. Ar fapiau OS 1839–41 ac 1903–10 nodwyd *Castell*

2 'Pan oedd Gruffudd yn ymladd â chastell Aberlleiniog ym Môn . . . fe'i llosgodd a'i anrheithio a lladd llawer o wŷr y castell.'

Lleiniog a'r annedd *Lleiniog*, ond ar fap OS 1922 nodir *Castell Aber Llienawg*, a *Llienawg* hefyd ar gyfer yr annedd. Gwelir y sillafiad hwn ar y map OS mor ddiweddar ag 1960. *Castell Aberlleiniog* a *Lleiniog* sydd ar y map OS cyfredol, ynghyd ag *Afon Lleiniog*.

Sut mae esbonio'r enw? Mae'n amlwg mai *Afon Lleiniog* a roddodd ei henw i'r aber, y castell a'r annedd. Awgrymodd yr Athro J. Lloyd-Jones mai'r ansoddair *lleiniog* sydd yma (ELlSG). Nid yw'n ei esbonio'n bendant, ond gan ei fod yn ei gynnwys gyda rhestr hir o enwau lleoedd yn cynnwys yr elfen *llain* / *lleiniau*, yn yr ystyr o glwt o dir, mae'n amlwg ei fod am gyfleu mai *lleiniau* o ryw fath sydd yn *Lleiniog*. Mae GPC yn cynnwys yr ansoddair *lleiniog* gyda'r ystyr o 'wedi ei rannu'n lleiniau (e.e. am faes)' neu 'rhychiog', ond nid yw'n olrhain yr ansoddair ddim pellach yn ôl nag 1921. Ni fyddai'r ystyron hyn yn gwneud llawer o synnwyr i ddisgrifio afon. Awgrymodd Henry Rowlands mor gynnar ag 1710 mai enw personol oedd *Lleiniog*, a dyfynnir ei sylwadau isod wrth drafod yr enw *Gelliniog*. Tueddir i dderbyn bellach ei fod yn iawn. Ceir nifer o enghreifftiau o enw personol yn cael ei drosglwyddo i fod yn enw ar nant neu afon (EANC).

Ael y Bowl

Mae rhywbeth od ynglŷn ag enw'r tŷ hwn sydd ar gyrion y Pentre Uchaf yn Llanfair Pwllgwyngyll. Ar yr olwg gyntaf mae'n edrych yn hollol dderbyniol o ran ystyr, sef tŷ sydd wedi ei leoli ar *ael* neu ymyl *bowl*. Ond beth yw'r *bowl* yma? Gallai olygu 'cawg', a gellid tybio ei fod o bosib yn cyfeirio at bantle ar ffurf powlen. Yn ei lyfr ar Lanfair Pwllgwyngyll mae John L. Williams yn sôn am lun yr oedd wedi ei weld o lyn gweddol fawr a chytir yn ardal Pentre Uchaf (LlPwll). Mae'n cyfeirio at *Ael y Bowl* fel tyddyn ac efail, ac yn crybwyll tyddyn arall, sef *Dryll y Bowl*. Tybiai ef mai'r 'bowlen a ddaliai'r llyn' oedd y *bowl*. Ond rhaid gofyn a oes enghraifft arall o ddefnyddio *bowl* yn yr ystyr o bantle mewn enw lle. Yn AMR, y ddau enw uchod o Lanfair Pwllgwyngyll yw'r unig rai a nodir, ond nid yw AMR yn cynnig ystyron i'r enwau. Ni welwyd unrhyw gofnodion cynnar o'r enwau hyn a allai daflu rhagor o oleuni ar yr ystyr. Yn 1842 y camsillafiad *Del y bowl* sydd yn Rhestr Pennu Degwm[3] Llanfair Pwllgwyngyll ar gyfer *Ael y Bowl*. Mae hyn yn awgrymu fod ystyr yr enw eisoes wedi ei cholli. *Ael Y Bowl* a *Dryll Y Bowl* sydd yn y CCPost heddiw.

Un rheswm dros amau ystyr yr elfen *bowl* yw'r hyn a ddywed Gwenllian Morris-Jones, merch Syr John Morris-Jones, yn ei thraethawd M.A. anghyhoeddedig 'Anglesey Place Names' (Bangor 1926). Wrth gyfeirio at *Ael y Bowl*, meddai: 'pronounced Ala Bowl'. Roedd hi'n gyfarwydd â'r ynganiad lleol, gan ei bod wedi ei magu yn Llanfair Pwllgwyngyll. Yn wir, *Alabowl* yw'r ffurf yng Nghyfrifiad 1851, ac *Aley bowl* yn 1871. Mae'r ffurf *Ala Bowl* yn cynnig ystyr gwbl wahanol i'r enw, er ei bod yn amlwg nad oedd Gwenllian Morris-Jones wedi sylweddoli ei harwyddocâd. Fodd bynnag, mae'r ffurf hon yn ein hatgoffa o'r enw *Ala Bowl* a droes yn *'Rala* yn y Waunfawr, ger Caernarfon (HEALlE).

Ffurf lafar yw *ala* ar *alai,* a fenthyciwyd o'r enw Saesneg Canol *alley*. Ai'r gair Saesneg *alley* sydd yn y cofnod *Aley* yng Nghyfrifiad 1871 ynteu ffordd garbwl o nodi *ale* + y fannod? Ystyr *ala* yw llwybr cul, a cheir yr un elfen yn *Ala Las* (Caernarfon), yn *Alafynydd* (Llanfair-yng-Nghornwy), yn *Yr Ala* (Pwllheli) a *Phenyrala* (Tregarth). O gyfuno *ala* â'r elfen *bowl* mae i'r enw cyfan ystyr neilltuol, sef darn o dir ar gyfer chwarae bowliau. Mae'n debyg mai rhyw rimyn cul oedd yr *ala*, a byddai'r gêm o ran ei natur yn debycach i fowlio decpin heddiw na'r bowlio a chwaraeir ar lawnt wastad sgwâr. Mae GPC yn nodi'r ffurf *bowl alai* yn ogystal, a cheir y ffurf *Alafowlia* yn Ninbych. Mae'r term *bowling alley* yn fyw hyd heddiw yn Saesneg.

3 Gwelir llawer o gyfeirio at y Rhestrau hyn drwy'r gyfrol hon. Am esboniad ohonynt gweler yr adran ar *Ysgubor Ddegwm* isod.

Ai *ala* lle chwaraeid bowliau gynt oedd y llecyn hwn yn Llanfair Pwllgwyngyll? Fe welir fod yma ail enw lle sy'n cynnwys yr elfen *bowl*, sef *Dryll y Bowl*. Darn bach o dir yw *dryll*. A chwaraeid bowliau yno hefyd ynteu a oedd y dryll yn gysylltiedig â'r ala mewn rhyw fodd arall? Mae'n ddiddorol sylwi fod cyfeiriad ym mhapurau Penrhos yn 1668 at ddarn o dir o'r enw *Llain y bowle* yn ardal Llechgynfarwy. Efallai mai ala fowlio oedd yma hefyd.

Alltwen Wen, Alltwen Ddu ac Alltwen Goch

Mae *Alltwen Wen*, *Alltwen Ddu* ac *Alltwen Goch* yn ardal Llanfihangel-yn-Nhywyn. Nodir y tri enw dan Caergeiliog yn y CCPost. Cyfeirir at y rhan hon o Fôn ambell dro fel Ardal y Llynnoedd gan fod yno sawl llyn mawr, megis Llyn Traffwll, Llyn Dinam a Llyn Penrhyn, yn ogystal â nifer o rai llai eu maint. Dyma'r ardal yr oedd Cynan yn hiraethu amdani yn ei gerdd 'Anfon y Nico', pan oedd ymhell oddi cartref ym Macedonia yn ystod y Rhyfel Mawr. Sonia am ei atgofion 'O bysgota yn y Traffwll / Draw o sŵn y gynna' mawr', ac o rwyfo gyda'i gefnder a dwy o ferched ar y llyn. Merch yr 'Allwadd Wen' oedd un o'r rhain. Ai cyfeiriad at *Alltwen Wen* sydd yma? Mae tuedd i beidio ag ynganu'r *t*: ceir *Allwyn-ddu* ac *Allwyn-goch* ar fap OS 1839–41, y ffurfiau *Allwen wen*, *Allwen bach* ac *Allwen goch* yn RhPDegwm yn 1840, ac *Allwanddu* yn y Cyfrifiad yn 1881. Awgrymir yno mai'r un lle oedd *Allwen bach* ag *Allwen goch*.

Nid oes dim byd anghyffredin yn yr enw *Alltwen* ei hun: mae'n digwydd hefyd ger Tremadog, Dwygyfylchi a Phontardawe. Yr hyn sydd yn hynod yw fod ansoddeiriau lliw eraill wedi eu hychwanegu at enw sydd eisoes yn cynnwys elfen yn dynodi lliw. Nid yw GPC yn nodi *alltwen* fel enw ynddo'i hun, felly rhaid casglu mai enw cyfansawdd sydd yma, sef *allt* + [g]*wen* yn yr ystyr o lethr gwyn. Os dyna'r ystyr, afraid yw ychwanegu'r *wen* ato yn enw *Alltwen Wen*, ac os ydym eisoes wedi penderfynu mai allt wen sydd yma, sut mae esbonio ystyr *Alltwen Ddu* ac *Alltwen Goch*?

Ceir rhywbeth tebyg yn enwau *Wernlas Ddu* a *Wernlas Wen* ar gyrion gogledd-orllewinol Rhostryfan yn Arfon. Os yw'r wern yn *las,* sut y gall fod yn *ddu* ac yn *wen* hefyd? Er nad yw GPC yn cynnwys *gwernlas* nac *alltwen*, mae'n debyg y dylid ystyried y ddau fel rhyw fath o enwau cyfansawdd annibynnol. Rhaid tybio bod ystyr amgenach na lliw i ail elfen *Alltwen* a *Gwernlas*, a dylid edrych ar ystyron eraill *gwyn* a *glas*. Gellid awgrymu'r ystyr syml 'teg' i *gwyn*, a'r ystyr 'ir' i *glas*. Wedyn byddai'r enwau yn gwneud synnwyr, gan y byddai gennym *allt deg wen*, o bosib am ei bod yn olau; *allt deg ddu*, am ei bod yn fwy cysgodol, ac *allt deg goch*, efallai oherwydd fod yno redyn crin. Yn yr un modd medrid ychwanegu'r ansoddeiriau *gwyn* a *du* i ddisgrifio'r wern ir yn Rhostryfan. Gwelir cyfuniad arall anghymharus o ansoddeiriau yn yr enw *Dafarn Newydd Hen* a gofnodwyd yn Llanfaethlu.

Mae R. T. Williams (Trebor Môn), yn ei lyfr *Enwau Lleoedd yn* [*sic*] *Mon a'u Tarddiad* (1908), yn mynd i hwyliau mwy ffansïol nag arfer wrth drafod yr enw *Alltwen* yn Llanfihangel-yn-Nhywyn. Credai ef fod 'Allwyn-goch' ac 'Allwyn-wen', fel y sillafai ef yr enwau, 'yn golygu coll gwaed, a rhyw wên a gobaith pan oedd eirf rhyfel ar eu llawn waith, a lladd a lladrata yn brif gamp y dydd'. Fel y crybwyllwyd yn rhagair y gyfrol hon, mae enwau lleoedd yn dod â'r syniadau mwyaf cyfeiliornus i bennau rhai pobl, yn ogystal â rhyw awch arswydus am waed.

America a mannau pellennig eraill

Braidd yn annisgwyl yw gweld anheddau o'r enw *America*, *Gibraltar* a *Jericho* yng nghefn gwlad Môn, ond maent yno. Gelwir y math hwn o enw lle yn enw trosglwyddedig ('transferred name'). Hynny yw, mae eisoes yn bodoli fel enw dilys ar fan arbennig, ond fe'i trosglwyddwyd i fan arall am reswm. Ambell dro mae'n coffáu rhyw achlysur o bwys. Yn aml caiff ei fabwysiadu am y tybir fod yr enw gwreiddiol yn un priodol o ddisgrifiadol ar gyfer safle arbennig, neu gellir ei ddefnyddio mewn ystyr ddychanol. Nid awn ar ôl y pentrefi ym Môn megis *Carmel*, *Bethel*, *Dothan*, *Elim*, *Engedi*, *Hebron*, *Hermon*, *Nebo* a *Soar*, a enwyd ar ôl capeli, er bod y rhain hefyd yn enwau trosglwyddedig, gan mai enwau ar fannau a grybwyllir yn y Beibl ydynt yn wreiddiol. Nid wyf chwaith am ymddiheuro am grwydro rywfaint o Fôn i drafod rhai o'r enwau trosglwyddedig hyn gan fod enghreifftiau mor ddifyr ohonynt ledled Cymru.

Nodwyd *America* fel enw annedd yn Niwbwrch yn RhPDegwm yn 1845, a *Merica* fel cae ym Mhentraeth yn RhPDegwm y plwyf hwnnw yn 1841. Roedd yna gae o'r enw *America* ym Mhenmachno hefyd yn ôl RhPDegwm. Dywed Tomos Roberts mai *Canada* oedd hen enw'r darn o dir yr adeiladwyd maes awyr Mona arno (PTR). Nodwyd cae o'r enw *Palastina* (*sic*) yn RhPDegwm plwyf Llandanwg ger Harlech. Yn aml defnyddid enwau lleoedd pellennig iawn fel *America* am anheddau diarffordd, neu gaeau ym mhen pellaf tir y fferm. Cofnodwyd *Isle of Man* yn enw ar annedd yn Llanfaethlu yn RhPDegwm yn 1840. Mae yno hyd heddiw. Roedd y trigolion lleol yn ystyried ac yn ynganu'r enw fel un gair. *Eiloman* yw'r ffurf sydd gan W. H. Roberts yn *Aroglau Gwair* (AG). *Isle of Man* yw ffurf yr enw ar y map OS cyfredol. Yr argraff a geir yw na ddefnyddid yr enw Cymraeg *Ynys Manaw* yn aml iawn ar lafar ym Môn ac Arfon wrth gyfeirio at yr ynys honno. Mae'n debyg mai *Eil o Man* oedd y ffurf a ddefnyddiai llongwyr Môn ac Arfon. Cael ei chwythu gryn bellter i'r Eil o Man fu tynged y creadur druan yn y rhigwm pan fentrodd fynd i forio mewn padell ffrio.

Mae yna ffynnon o'r enw *Ffynnon Gib* i'r gogledd o Frynteg. Dywedir mai *Jib* yw'r ynganiad lleol, a bod yr enw yn dod o dŷ cyfagos o'r enw *Gibraltar*, a chwalwyd tua 1830 (ELlMôn). Cofnodwyd annedd o'r un enw yn Llanddyfnan yn 1770 (AMR), er ei bod yn bosib mai cyfeiriad at yr un fan yw hwn. Mae'n anodd gweld arwyddocâd yr enw *Gibraltar*. Ni all fod yn coffáu'r gwarchae mawr a fu rhwng 1779 ac 1783, pan geisiodd Sbaen a Ffrainc gipio Gibraltar oddi ar

Brydain, gan fod y cofnod o 1770 yn gynt nag adeg y gwarchae. Ambell dro, o bosib, byddai enw rhywle pellennig yn cydio yn ffansi'r Cymro yn ddigon i beri iddo enwi ei gartref ar ei ôl, sef yr hyn a alwodd T. H. Parry-Williams yn 'hud enwau a phellter'. Cofnodwyd *Llain jib* fel enw cae yn RhPDegwm plwyf Caergybi yn 1840. Os cyfeiriad at *Gibraltar* sydd yno hefyd, gellir tybio y byddai llongwyr mewn porthladd prysur fel Caergybi yn dod ag enwau dieithr yn ôl o'u teithiau.

Yn ATT ceir rhai cyfeiriadau at annedd yn Llangoed o'r enw *Portobello*. Bu brwydr lwyddiannus enwog yn Portobelo [*sic*], Panama, dan y Llyngesydd Vernon yn 1739. Esgorodd y fuddugoliaeth hon ar enwi mannau yn Llundain, Caeredin a Dulyn yn *Portobello*, ond a ellid ychwanegu Llangoed at y rhestr? Efallai ym Môn, gyda chysylltiadau clòs yr ynys ag Iwerddon, y byddai'n fwy tebygol i'r enw fod wedi dod o'r rhan o Ddulyn a enwyd yn *Portobello*. Mae'r enw yn digwydd mewn lle arall ym Môn. Os edrychwch ar y map OS, fe welwch yr enw *Portobello* ar yr arfordir nid nepell o Lysdulas. Fe'i nodwyd fel *Porto Bello* ar fap OS 6" 1887–8 a'r un modd yn 1901. Nid hwn oedd enw gwreiddiol y lle: yr hen enw oedd *Trwyn Du*. Yn ôl yr hanes, fe'i hailenwyd gan Gertrude Smythe, Arglwyddes Dinorben. Roedd ei chwaer wedi priodi brawd brenin Napoli, ac yr oedd hi ei hun wedi teithio yn yr Eidal. Daeth â gwas a morwyn o'r Eidal yn ôl i Lysdulas. Roedd y llecyn hwn ar yr arfordir yn amlwg yn boblogaidd gyda theulu Llysdulas: ar fap OS 6" 1887–8 nodir fod ganddynt 'bathing house' yma. Credai'r Arglwyddes fod yr olygfa o Drwyn Du cyn hardded â Bae Napoli unrhyw ddydd, ac ailenwodd y lle yn *Porto Bello* (NabMôn). Mae'n debyg nad yw'n cyfeirio at unrhyw le arbennig o'r un enw yn yr Eidal, ond ei fod yn gyfieithiad syml o'r hyn a welai hi ar arfordir Môn, sef 'porth hyfryd'. Dyna'r traddodiad lleol, beth bynnag.

Rhestrir cae o'r enw *Newfound Land* yn RhPDegwm plwyf Caergybi yn 1840. Mae hwn yn enw a welir o bryd i'w gilydd ar gaeau yng Nghymru a Lloegr. Ceir rhybudd yn llyfr diddorol John Field *A History of English Field-Names*, rhag cymryd yn ganiataol mai cyfeiriad at yr ynys fawr o'r un enw oddi ar arfordir Canada a olygir bob tro, gan y gallai weithiau olygu'n llythrennol 'new found land' yn Saesneg, sef tir a oedd wedi dod i ddwylo'r perchennog yn ddiweddar. Wrth reswm, ni all y broblem hon godi yn Gymraeg, felly rhaid casglu mai enw trosglwyddedig yw hwn pan ddefnyddir ef yng Nghymru. Ceir enghreifftiau mewn rhannau o Gymru o'r enw *Cae Pennsylvania* hefyd. Mae'n cael ei nodi yn y sillafiad Cymraeg cartrefol *Pensylfaena* yn RhPDegwm plwyf Mellteyrn yn Llŷn yn 1840. Caeau diarffordd oedd y rhain, mae'n debyg.

Yng Nghaergybi, enw ochr ddwyreiniol yr harbwr yw *Turkey Shore*. Enw wedi ei lurgunio yw hwn, ond yn wahanol iawn i lawer o enwau llurguniedig mae wedi esgor ar enw newydd hollol ddilys. Daw o dyddyn o'r enw *Tyddyn Starkey*, a rhan o dir y tyddyn hwnnw, sef *Cors Starkey* (ELlMôn). Cyfenw'r perchennog oedd *Starkey*. Trodd *Cors Starkey* yn raddol ar lafar yn *Cors Tyrci*, ac yna drwy gydweddiad i fod yn *Turkey Shore*. Fodd bynnag, mae *Turkey Shore* yn enw cydnabyddedig. Dyma enw rhan o lannau Afon Tafwys yn Llundain yng nghyffiniau Rotherhithe a Southwark a oedd yn ddigon amharchus ar un adeg. Unwaith eto gwelwn yma enw trosglwyddedig yng Nghaergybi, a gariwyd yno yn ddiau gan longwyr. Mae'n digwydd hefyd yng Nghaernarfon, porthladd arall, ond yno byddai'n fwy tebygol o fod wedi dod yn syth o'r enw yn Llundain, gan na fyddai'r enw *Starkey* wedi dylanwadu arno.

Ceir enghraifft brin iawn a hynod ddiddorol o enw trosglwyddedig dychanol yn *Hangwen*, neu *Hangwan* ar lafar gwlad, ym Mryngwran. Mae'r enw hwn ychydig yn wahanol i'r enwau trosglwyddedig eraill a drafodir yma oherwydd nid yw wedi ei drosglwyddo o le arall mewn gwirionedd, ond yn hytrach o enw lle dychmygol. Daw'r enw o *Ehangwen*, sef neuadd y Brenin Arthur. Mae'n debyg mai enw trosglwyddedig dychanol yw hwn sy'n cymharu neuadd wych y brenin chwedlonol â thyddyn distadl yng nghefn gwlad Môn. Trafodir yr enw ymhellach yn yr adran ar *Hangwen*. Gwelir enw trosglwyddedig dychanol arall, lle enwir tyddyn di-nod ar ôl lle llawer pwysicach yn enw *Chatham* nid nepell o Landwrog yn Arfon. Hawdd fyddai tybio mai cyfeiriad sydd yma at y teitl Iarll Chatham, a roddwyd i William Pitt yr Hynaf yn 1766. Fodd bynnag, enw dychanol yw hwn yn ôl y bobl leol. Roedd yno ar un adeg iard fechan lle adeiledid cychod, a dywedir fod yr enw yn gyfeiriad cellweirus at ddociau enwog y llynges yn Chatham, swydd Caint (HEALlE).

Yn RhPDegwm plwyf Llanbedr-goch yn 1841 cofnodir annedd o'r enw *Trafalgar*, ac mae'n dal yno â'r un enw hyd heddiw. Mae'n hollol amlwg mai enw trosglwyddedig yw hwn sy'n coffáu'r frwydr yn y flwyddyn 1805 pan fu farw Nelson. Ai tafarn oedd yma? Yn sicr, ni fwriedir trafod yma enwau'r holl dafarndai sy'n coffáu brwydrau ac achlysuron arbennig. Ceir cyfeiriad at frwydr enwog arall, sef Waterloo yn y flwyddyn 1815, yn enw'r cae *Llain Waterloo*, a nodwyd yn RhPDegwm plwyf Mellteyrn yn Llŷn yn 1840, ac yn enw ardal *Waterloo Port* ar gyrion gogleddol Caernarfon. Tybed a yw'r stryd o'r enw *Bunker's Hill* ym Miwmares wedi ei henwi ar ôl brwydr *Bunker Hill* yn Boston yn 1775 yn ystod Rhyfel Annibyniaeth America? Ni ddeuem byth i ben petaem yn dechrau rhestru'r holl strydoedd ledled Cymru a enwyd ar ôl brwydrau, megis *Stryd Alma* ym Miwmares, a *Rhesdai Alma* ym Mhorth Llechog a Llangefni, sy'n coffáu brwydr Alma yn 1854 yn y Crimea, ond byddai'n ddiddorol cael rhestr lawn ohonynt. Cyn gadael yr holl ryfela rhaid cofio mai enw arall ar *Fwlch Gorddinan* rhwng Blaenau Ffestiniog a Dolwyddelan yw'r *Crimea*.

Enw anarferol ar annedd yw *Jericho*, sy'n digwydd mewn mwy nag un lle ym Môn. Er ei fod yn enw beiblaidd, nid capel sydd yma. Yn *Enwau Lleoedd Môn* cyfeirir at dŷ o'r enw hwn yn Llangristiolus. Awgrymir ei fod wedi cael yr enw am fod ei furiau wedi cwympo a chael eu hailgodi. Ond a oedd yr un peth wedi digwydd i'r tai eraill o'r un enw sydd wedi eu cofnodi yn y CCPost yn Llanfaethlu, Llanddeusant a'r Gaerwen; ymddengys eu bod hwy yn dal ar eu traed hyd heddiw. Dywed John Field ei bod yn arfer yn Lloegr i roi'r enw *Jericho* ar gae a ddefnyddid i gadw gwartheg claf ar wahân i'r anifeiliaid eraill (HEFN). Tybed a oedd yr un arfer rywsut wedi cyrraedd Môn? Yn Lloegr mae *Jericho* yn enw hefyd ar ran o Rydychen.

Awn yn ôl eto i Gaergybi, cadarnle'r enwau trosglwyddedig,[4] i edrych ar yr enw *Newry*, a welir yno fwy nag unwaith. Tref yng Ngogledd Iwerddon yw *Newry*. Gellid tybio fod yr enw yn dod o'r amser pan fyddai llongau nwyddau'r LNWR a'r LMS yn mynd a dod yn rheolaidd rhwng Caergybi a Greenore, ger Newry, Iwerddon. Ond teflir dŵr oer dros y ddamcaniaeth hon o weld fod yr enw *Newry* wedi cael ei gofnodi yng Nghaergybi yn 1682/3 ac 1694 ym mhapurau Penrhos, ymhell cyn amser y cwmnïau rheilffordd. Cofnodwyd annedd o'r enw *Trenewry* hefyd yn Amlwch yn ATT yn 1811.

Grym dychanol difrïol sydd i rai enwau trosglwyddedig. Ni ellir cael enw llawer mwy difrïol ar dŷ na *Sodom*, o gofio tynged y lle hwnnw yn y Beibl. Ond mae'n digwydd ym Modfari a Llanbedrog, a chofnodwyd ei bartner, sef *Gommorah Close*, fel enw cae yn Snaith yn swydd Efrog (HEFN). Enwau trosglwyddedig eraill sy'n llai na chanmoliaethus yw *Greenland*, enw annedd a leolid ar gyrion Mynydd y Cilgwyn ym mhen uchaf plwyf Llandwrog yn Arfon. Cofnodwyd tŷ o'r un enw ym mhlwyf Llanengan yn Llŷn. Yn ardal y Cilgwyn hefyd y cofnodwyd tŷ o'r enw *Samaria*. Gellid tybio ar yr olwg gyntaf mai enw capel sydd yma, ond os ydym yn weddol gyfarwydd â'r Beibl byddwn yn sylweddoli mai go brin y byddai'r hen grefyddwyr yn enwi unrhyw gapel yn 'Samaria', oherwydd yr oedd y Samariaid yn esgymun gan yr Iddewon. Ergyd ddychanol yr enwau

4 Yn gymaint felly nes i rywun yng Nghaergybi fynd mor bell â Thibet am ysbrydoliaeth ar gyfer y *Lha[s]sa Street* sydd yn y dref.

Greenland a *Samaria* oedd fod y naill mor oer a'r llall mor anghysbell fel na fyddai neb yn awyddus i fynd yno. Rydym wedi crwydro'n fwriadol o Fôn wrth drafod yr enwau trosglwyddedig hyn, er mwyn cael rhywfaint mwy o flas ar ddawn y Cymro i fenthyca ac addasu i'w bwrpas ei hun. Caiff y Cymry eu cyhuddo yn aml o fod yn blwyfol, neu'n ynysig efallai yn achos Môn, ond yn eu dychymyg roedd gorwelion ein hynafiaid yn ymledu i bedwar ban y byd.

Baban Arad

Yn ei ragymadrodd i'w lyfr *Enwau Lleoedd* mae Syr Ifor Williams yn traethu'n daer iawn am beryglon cymryd dim byd yn ganiataol wrth drafod enwau lleoedd. Mae'n ein rhybuddio fod treigl amser ac ymyrraeth dyn yn medru llurgunio enw i'r fath raddau nes y gall fynd yn hollol anesboniadwy ac mor wahanol i'w ffurf wreiddiol fel nad oes modd ei adnabod o gwbl. Meddai:

> Ystumiwyd rhai [enwau] yn greulon er mwyn eu gwneud yn haws i'w hyngan, neu ynteu am fod yr hen ystyron wedi eu hanghofio, a'r geiriau bellach yn hollol annealladwy i'r bobl oedd yn eu harfer beunydd, ac felly yn galw am ryw newid bach neu fawr a roddai iddynt ryw fath o ystyr.

Rhybudd pwysig yn wir, ac un a fydd yn cael ei ailadrodd droeon yn y gyfrol hon. Ac yn enw *Baban Arad*, annedd i'r gogledd o Fodedern, gwelwn enghraifft o enw a aeth drwy'r union broses hon o newid, gan gael ei lurgunio i'r fath raddau fel na fedrid byth ddyfalu ei ystyr heb fynd yn ôl ymhell i'w wreiddiau.

Mae'r enw hwn yn ddirgelwch llwyr ar yr olwg gyntaf. Beth mewn difrif yw 'baban arad'? Yn y CCPost ceisiwyd rhoi iddo'r hyn a alwodd Syr Ifor yn 'ryw fath o ystyr' gan droi'r ail elfen yn air cyfarwydd a'i nodi fel *Baban Aradr*. Ond mae'r un mor ddisynnwyr ag erioed. Fel y pwysleisiodd Syr Ifor, nid oes unrhyw ddiben mewn dyfalu'n ddi-glem:

rhaid mynd yn ôl i ffurfiau cynnar yr enw i gael yr ateb. Daw'r cyfeiriad cynharaf a welwyd hyd yn hyn o 1597 (Sotheby). Nid yw'n datrys y broblem, ond mae'n mynd â ni gam yn nes at yr ateb. Y cofnod yw *Kay mab yn arad*. Yna ceir ychydig mwy o oleuni mewn cofnod o 1627 (Penrhos), sef *Kay mab Amerawd*. Mae'r enw hwn o leiaf yn gwneud synnwyr, ond nid yw'n glir sut y datblygodd i fod yn *Baban Arad*. Rhaid dilyn y broses drwyddi yn ofalus i weld y newidiadau.

Erbyn 1652 nodir *Tythyn / Tuthyn mab Anarad* mewn dwy ffynhonnell (Bodewryd a Phenrhos). Mae'n debyg mai *Anarawd* oedd enw tad perchennog y tyddyn, gan fod *Anarawd* yn enw cydnabyddedig. Roedd gan Rodri Mawr fab o'r enw hwn, er nad oes neb yn awgrymu fod a wnelo hwnnw un dim â'r tŷ yn ardal Bodedern. Cyn hir collwyd yr elfen *tyddyn* o'r enw, gan adael *Mab Anarad*. Gwelir y cam nesaf yn glir yn awr: bu camrannu yn yr enw, gan roi *Maban Arad*. Hyn yn ddiau a barodd i Trebor Môn ddatgan yn dalog: 'Dichon y coffa y lle am berson o gryn nod o'r enw Maban' (ELlMT). Fel y dywedodd Syr Ifor, mae dyn yn ymyrryd â 'newid bach neu fawr'. Newid bach oedd ei angen, sef troi *maban* i'r ffurf fwy cyfarwydd *baban*. Erbyn 1732 cofnodwyd yr enw fel *Baban Arad* (Penrhos) ac nid oes unrhyw droi'n ôl bellach. *Baban Arad* sydd yn RhPDegwm yn 1840. Mae'n debyg mai *Faban Ngharad* sydd ar fap OS 1839–41: mae hwn yn fap pur anodd ei ddarllen. Awgrymodd yr Athro Melville Richards fod y ffurfiau *Anarad* 1652 a *Ngharad* 1839–41 yn ymdrechion bwriadol i gyfnewid enw dieithr am un mwy cyfarwydd, sef *Angharad* (BBGC, XX). Mae Anarawd a'i fab wedi diflannu am byth. Trwy broses araf o gamddealltwriaeth ac ymyrraeth esgorodd *Tyddyn mab Anarawd* ar *Baban Arad*.

Balog

Enw anarferol ar fferm yn Llaneilian yw *Balog*. Mae yng nghyffiniau'r trwyn o dir a adwaenir bellach fel *Point Lynas*, neu ambell dro fel *Trwyn Eilian*.[5] Nodwyd yr enw *Penryn y balok* yn 1445 (BH), ac enwir y penrhyn yn *Trwyn y baloc* ar fap Humphrey Llwyd o 1573. Yn 1544 ceir cyfeiriad at *Gwely y balok* ym mhapurau Baron Hill ac eto fel *gwely penryn y balog* mewn rhentol y Goron yn 1549 (BH; MWS). Darn o dir a oedd yn cael ei ddal yn gyffredin gan wehelyth ac a enwyd ar ôl perchennog cyntaf y tir yw ystyr *gwely* yn y cyswllt hwn, ac mae'n amlwg mai rhywun yn dwyn y teitl *balog* oedd y perchennog hwnnw.

Beth, felly, yw ystyr *balog*? Gallwn anghofio yma un ystyr i'r gair, beth bynnag, sef copis, neu agoriad ar flaen trowsus. Ystyr wahanol sydd i enw'r fferm yn Llaneilian. Mae GPC yn cyfeirio at ystyr arall *balog*, sef benthyciad o'r Llydaweg Canol *baelek* sydd yn cyfateb i'r ansoddair Cymraeg *baglog*. Ond nid ystyr gyffredin *baglog* sydd yma chwaith, ac nid gŵr crwm na herciog oedd hwn o anghenraid (er y gallai fod, wrth gwrs) ond gŵr a gariai fagl, sef ffon swyddogol esgob neu abad. Yn Historia Peredur yn Llyfr Gwyn Rhydderch cawn gyfeiriad at farchog 'ac arvydd balavc arnav', hynny yw, yr oedd y marchog yn amlwg yn cario bagl offeiriad.

Felly, offeiriad oedd y *balog* hwn yn Llaneilian gynt, abad o bosib. Eglwys Llaneilian oedd biau'r tir yn yr oesoedd canol. *Balog* yw ffurf arferol enw'r fferm drwy'r blynyddoedd, er y cofnodwyd *Ballog* yn 1725 ac 1732 (Poole). Ceir cofnod o 1778 o'r ffurf *Caea Balog in Tyddyn Balog* (Poole) sy'n dangos mai *Tyddyn Balog* oedd yr enw llawn ar un adeg ond fod yr elfen gyntaf wedi ei cholli gyda threigl amser. Roedd yr enw llawn eto yn awgrymu mai eiddo offeiriad oedd y tyddyn. Nid yw'r enw yn unigryw: cofnodwyd *Balog* a *Tafarn y falog* hefyd yn Llanddeusant.

5 Trafodwyd yr enw hwn gan yr Athro Bedwyr Lewis Jones (TCHNM, 1976;YEE).

Baron Hill

Mae'r enw hwn yn gyfarwydd i bawb ym Môn, sef enw plasty ym Miwmares a chartref y teulu Bulkeley. Gwelir cyfeirio mynych at lawysgrifau Baron Hill yn y gyfrol hon, gan fod papurau'r teulu, a gedwir yn archifau Prifysgol Bangor, yn gloddfa werthfawr iawn i unrhyw un sydd am astudio hanes Môn. Bu tŷ ar y safle uwchben Biwmares er 1618. Aeth dau dŷ a adeiladwyd yn ddiweddarach ar dân, ac mae'r tŷ presennol, a ailadeiladwyd yn 1838, bellach mewn cyflwr truenus. Gellid tybio fod *Baron Hill* yn enw urddasol, un addas i gartref un o deuluoedd amlycaf yr ynys, enw sy'n awgrymu cysylltiadau pendefigaidd â rhyw farwn yn y gorffennol. Ond gwahanol iawn a llawer mwy distadl yw tras yr enw.

Ym mhapurau stad Baron Hill ei hun ceir cofnod o 1596 yn cyfeirio at 'the barne hill woode'. Yn yr un ffynhonnell yn 1628 cofnodwyd 'Barn Hill' eto. Yn 1632 mae Robert Bulkeley o Ddronwy yn cyfeirio yn ei ddyddiadur at 'Barne Hill'. Felly, nid bryn y barwn oedd ystyr wreiddiol yr enw ond bryn yr ysgubor, sydd yn dipyn llai crand. Mae'n anodd dweud pryd y newidiwyd yr enw, ond ceir cofnod o 1637 ym mhapurau Bodorgan ym Mhrifysgol Bangor sy'n cyfeirio at 'Barne hill al[ia]s Baron hill'. Awgryma hyn fod yr enw wrthi'n trawsnewid tua'r adeg hon. Fodd bynnag, mae William Bulkeley, y dyddiadurwr arall o Fôn, sef sgweier y Brynddu, Llanfechell, yn cyfeirio at y tŷ fel 'Barn hill' mor ddiweddar â 9 Mai 1734. Mae William Morris, mewn llythyr at ei frawd Richard, yn cyfeirio at *Baron Hill* fel 'y Bryn Moel', ond rhyw ymgais ar ran William i chwarae ar y geiriau *baron* / *barren* sydd yma, yn hytrach na chyfeiriad dilys (ML).

Bu Baron Hill a theulu Bulkeley yn destun cywyddau mawl a marwnad gan sawl bardd. Rhyfedd ac ofnadwy fu ymgais ambell un i gynganeddu enw'r tŷ. Canodd Watcyn Clywedog farwnad i Risiart Bwcle, a laddwyd ar Draeth Lafan ar 19 Chwefror 1649/50:

Dued dwylys, dai teilwng
Yr hen loyw blas, Bar'nhill blwng. (CMDBH)

Roedd cywydd marwnad Robert Pritchard i Risiart Bwcle arall, a ddyddiwyd 4 Mehefin 1724, ychydig yn fwy naturiol:

O'r Baron Hill âi'r barwn hylaw,
Hir och 'rhawg, i rych y rhaw. (CMDBH)

Cofnodwyd yr enw *Barn Hill* hefyd yn RhPDegwm plwyfi Llanfair-yn-neubwll a Llanfechell ym Môn yn 1840 ac 1842, ond nid oes sôn i'r enwau hynny ymddyrchafu fel y gwnaeth y *Barn Hill* ym Miwmares.

Bawd y Ddyrnol

Ychydig o gofnodion a welwyd ar gyfer enw'r annedd hwn yn Llangristiolus, ond mae'n enw mor hoffus a disgrifiadol nes ei fod yn haeddu cael ei ystyried. Mae wedi ei gofnodi yng Nghyfrifiad 1881, 1901 ac 1907 fel *Bawd y ddyrnol* bob tro, ac mae Tomos Roberts yn ei grybwyll wrth drafod yr arfer o enwi darn o dir ar ôl rhan o'r corff dynol (ADG2). Ceir digonedd o enghreifftiau o ddefnyddio *pen*, *braich*, *ysgwydd*, *troed*, *esgair* a *cefn*, ond rhaid dweud fod *Bawd y Ddyrnol* yn dangos cryn dipyn o sylwgarwch a gwreiddioldeb.

Yr hyn sydd gennym yn y drydedd elfen yw *dyrnol*, amrywiad ar y gair *dyrnfol*. Maneg, yn aml iawn o ledr neu ddur, yw *dyrnol* / *dyrnfol*. Ym Môn defnyddir *dyrnol* am faneg ledr gref ar gyfer trin drain ac eithin neu wifren bigog. Dyma'r gair a ddefnyddid hefyd am 'gauntlet', sef maneg arfwisg, ond a oedd yn cyfleu maneg feddalach i Ddafydd ap Gwilym pan ganodd 'Darn fel haul, *dyrnfol* heli', i ddisgrifio gwylan fel maneg wen lachar ar wyneb y môr (CDapG)? Cyfuniad yw o *dwrn* + *bol*, yn yr ystyr o fag neu sach bychan. Felly, nid siâp cyffredin maneg o bedwar bys a bawd sydd yma, ond yn hytrach maneg gau ('mitten') lle mae'r bysedd gyda'i gilydd yng nghorff y faneg a'r bawd ar wahân. O gofio hyn, gellir dychmygu siâp y darn o dir yr adeiladwyd *Bawd y Ddyrnol* arno, gyda'r annedd ei hun yn y darn bach sy'n ffurfio bawd y faneg. Roedd *Bawd y Ddyrnol* wedi diflannu erbyn i Ifan Gruffydd ysgrifennu ei lyfr *Gŵr o Baradwys* yn 1963, ond ceir ynddo ddisgrifiad hyfryd o atgofus o'r hen fwthyn bach.

Beddwgan

Mae *Beddwgan* yn ardal Rhoscefnhir ger Pentraeth, er ei fod yn hanesyddol o bosib ym mhlwyf Penmynydd. Ar yr olwg gyntaf mae'n anodd gweld ystyr yr enw hwn. Nid yw'r elfen gyntaf yn broblem: mae'n amlwg mai bedd rhywun neu rywbeth sydd yma. Ond beth yw *wgan*? Pe baem yn troi at hen enw arall o Ynys Môn daw'r ystyr yn gliriach. Roedd yna annedd o'r enw *Betws Gwgan* yn Llanbadrig, ond *Betws* yn syml yw ei enw bellach. Yr un elfen yw'r *Gwgan* yma ag a welir yn enw *Beddwgan.* Mae'r elfen yn fwy anodd ei hadnabod yn enw *Beddwgan* gan fod yr *G-* gychwynnol wedi ei threiglo ar ôl yr enw *bedd* mewn perthynas enidol, ar yr un patrwm â'r treiglad a welir yn enw *Dewi* yn ail elfen yr enw *Tyddewi.* Ond nid oedd felly bob amser: fe'i cofnodwyd yn 1633 fel *Beth Gwgan* (CENgh); fel *Bedd Gwgan* yn 1711–12 (PCoch), a'r un modd yn 1749 (Bodorgan). Aeth y cofnod *Beth Googan* o 1755 ychydig ar ddisberod, ond mae'r *G–* yno'n glir (Pres.). Fodd bynnag, *Bedd Wgan* / *Beddwgan* a geir ym mwyafrif y cyfeiriadau.

Hen enw personol gwrywaidd yw *Gwgan*. Betws wedi ei enwi ar ôl rhywun o'r enw *Gwgan* oedd yn Llanbadrig a bedd rhywun o'r un enw oedd ym Mhentraeth. Er mor ddieithr yw i ni heddiw, mae'n amlwg ei fod yn enw a arferid yn eithaf cyffredin gynt gan ei fod yn digwydd yn weddol aml mewn enwau lleoedd. Ymddengys mai *Gwgawn* oedd ffurf gynharaf yr enw, ac mae enghreifftiau cynnar o'r ffurf hon i'w gweld mewn rhai enwau lleoedd. Ceir cofnod o *Castelh Gugaun* yn Ystrad-fflur yn 1200 a *Hauot gwgaun* yn Ystrad Marchell yn 1206. Fel mae'n digwydd, mae'r cyfuniad *Castell Gwgan* yn fyw yn y Ffôr nid nepell o Bwllheli hyd heddiw, lle ceir *Castell Gwgan Bach* a *Castell*

Gwgan Mawr. Cofnodwyd *Llwyn Wgan* a *Cilfach Wgan* yn Llanfairfechan; *Coed Wgan* yn Llangyndeyrn, Sir Gaerfyrddin; *Dolwgan* yng Ngarndolbenmaen, Corwen, Abergwaun a Bleddfa; *Pont Wgan* i'r gogledd o Lanbedr-y-cennin; *Marian Gwgan* yn Llysfaen, Sir Ddinbych, a *Mur Gwgan* yng Nghricieth.

Mae'n hawdd iawn inni fethu ag adnabod hen enwau personol mewn enwau lleoedd, gan fod cynifer o'r enwau hynny bellach wedi diflannu o'r iaith a mynd yn hollol anghyfarwydd inni. Os yw llythyren gyntaf yr enw wedi ei threiglo, fel yn achos *Beddwgan*, mae hynny'n tueddu i gymylu'r ystyr fwy byth. Pan fyddwn yn trafod yr enwau lleoedd di-ri ym Môn sy'n dechrau â'r elfen *bod,* fe welwn mai hen enwau personol sydd bellach wedi mynd i ebargofiant yw'r ail elfen mewn nifer fawr ohonynt. Sylweddolwn wedyn y fath lu o enwau personol a gollwyd o'r iaith.

Bedd y Cor

Bedd haws ei esbonio sydd dan sylw y tro hwn. Enw ar annedd yn Llanfachreth yw *Bedd y Cor*. Nodwyd yr enw yn y CCPost fel *Beddycor*, ffurf a allai gymylu ei ystyr ryw gymaint. *Beth y Cor* a gofnodwyd ym mhapurau Prysaeddfed yn 1720/1, a *Bedd y Cor* yn hollol glir yn yr un ffynhonnell yn 1823. *Bed y cor* sydd yn RhPDegwm plwyf Llanfachreth yn 1845. Yn anffodus, mae'r ffurf wallus *Bedd-y-côr*, a nodwyd ar y map OS cyfredol, wedi newid yr ystyr yn gyfan gwbl.

Mae'r ystyr yn eglur: cyfeiriad sydd yma at fedd rhyw gor neu gorrach anhysbys. Nodwyd cae o'r enw *Bedd y corach* yn RhPDegwm plwyf Llanddyfnan yn 1845. Cymharer hefyd *Kay Tythyn y Korr* a gofnodwyd yn y Waunfawr, Arfon, yn 1514 (Faenol). Gŵr byr ei faintioli â'r llysenw *Corwas* a roddodd ei enw i annedd o'r enw *Corwas* yn Llaneilian.

Betyn

Ar yr olwg gyntaf mae *Betyn* yn ymddangos yn enw dieithr iawn. Enw ar annedd yn Llangoed yw hwn, er mai fel *Bettyn* y nodir ef yn y CCPost. Fe'i cofnodwyd fel *Bettyn* a *Betyn* yn RhPDegwm Llangoed yn 1841. Mewn gwirionedd, mae'n enw sydd yn digwydd mewn amrywiol ffurfiau ledled Cymru. Mae wedi cael ei gofnodi mewn gwahanol fannau fel *betin*, *beting*, *bietin*, *bieting*, *batin* a *bating*. Benthyciad o'r Saesneg 'beating' yw, a'r ystyr yw tyweirch sydd wedi cael eu ceibio â haearn pwrpasol neu aradr frest er mwyn eu llosgi a'u gwasgaru fel gwrtaith. Mewn rhai mannau, arferid casglu'r tyweirch yn dwmpathau ar ffurf cwch gwenyn a'u llosgi'n araf. Wedyn byddai'r lludw yn cael ei aredig i mewn i'r ddaear. Yr oedd y potash a geid yn y lludw hwn yn llesol iawn i'r tir.

Mae gan y Sais fwy o amrywiaeth yn yr enwau a roddir ar gaeau sydd wedi eu ceibio a'u llosgi fel hyn. Gwelir y ffurfiau *Beatlands*, a hyd yn oed *Beaten Flat*, ac yn aml ceir *Beak Field* a *Beakland*. Yn ne Lloegr y term a ddefnyddid oedd *Burnbake*. Mewn ambell le ceir *Paring Field*, ac yn Sir Gaer cyfeirid at gae o'r fath fel *Push Ploughed Field* oherwydd y math o aradr a ddefnyddid (EFND).

Trafodwyd yr elfen *betin* gan yr Athro Gwynedd Pierce wrth drin enw *Cefn Betingau* yn Llangyfelach (ADG2). Mae ef a'r Athro Bedwyr Lewis Jones (YEE) yn cyfeirio hefyd at y ffordd ryfedd y datblygodd yr un elfen mewn enw fferm yn ardal Dinas Mawddwy. *Cae Batin* oedd enw'r fferm i gychwyn, ond yn raddol, yn ddiau dan ddylanwad rhyw awch i ramanteiddio'r enw, trodd yn *Cae Abaty*, gan arwain llawer hynafiaethydd ar drywydd cyfeiliornus, mae'n siŵr. Gwelais innau gyfeiriad o 1842 at gae o'r enw *Tyddyn Betty* ar dir Glanrafon yn RhPDegwm plwyf Llandwrog, Arfon. Mae'n anodd dweud beth sydd yn yr ail elfen: ai'r enw personol *Betty*, ynteu llurguniad arall o *betin*. Os *betin* > *Betty* sydd yma, nid yw'r newid hwn yn gyfyngedig i Arfon: yn ardal Cwm Tawe hefyd trodd *betin* yn *Beti*, a chyfeirid yno at ludw'r tyweirch fel 'llyti Beti'.[6] Ymgais i esbonio elfen weddol ddieithr a barodd ei throi yn *abaty* mewn un lle ac yn *Betty* mewn lle arall. O leiaf, yn achos *Betyn* yn Llangoed fe gadwyd yr enw heb ymyrryd ryw lawer ag ef.

Betysau ac olion crefyddol eraill

Gall ystyr yr elfen *betws* fod yn amwys mewn enwau lleoedd. Dangosodd Syr Ifor Williams, a draethodd yn ddifyr ac yn helaeth ar yr elfen hon, y gallai *betws* olygu llechwedd lle mae prysglwyni, yn arbennig bedw, yn tyfu (ELleoedd; MSI). Ond ystyr fwy arferol yr elfen sydd i'r *betysau* dan sylw yma, lle mae *betws* yn awgrymu rhyw swyddogaeth grefyddol. Benthyciad o'r gair Hen Saesneg *bed-hūs* yw *betws* yn yr ystyr hon. Yn y *bed-hūs*, neu'r *bead-house*, arferai'r bobl adrodd eu gweddïau gyda'u gleinres neu rosari, sef y *beads*. Ystyr yr elfen *bed* yw gweddi, a dyna pam y daethpwyd i alw'r gleiniau yn *beads*. Caledodd y Cymry y *d* yn *bed-hūs* i *t* o flaen yr *h*, gan roi *betws*. Tŷ gweddi oedd y betws, a godid mewn plwyfi mawr neu wasgaredig er mwyn i'r plwyfolion fedru encilio iddo i ddweud eu paderau os byddai eglwys y plwyf yn rhy bell iddynt fynd iddi yn rheolaidd. Ambell dro offrymid y gweddïau gan y *beadsman* neu baderwr, a chawn glywed mwy am hwn wrth drafod enw *Carreg y Bedmon*.

Mae'n rhyfedd meddwl fod *betws*, sef enw o darddiad Saesneg, wedi dod mor boblogaidd yng Nghymru, ond nid yn Lloegr. Honnodd Tomos Roberts nad oedd y term Saesneg gwreiddiol yn digwydd o gwbl fel elfen mewn enw lle yn Lloegr (ELlMôn), ond nid yw hyn yn hollol wir. Mae'n wir na cheir *bed-hūs* mewn enwau pentrefi yn Lloegr, ond fe'i ceir ambell dro mewn enwau caeau a llwybrau.[7] Mae yna stryd

6 Gwynallt Bowen, 'Beting', *Llafar Gwlad*, 24 (Haf 1989), 23.
7 Diolch i'r Athro Hywel Wyn Owen am dynnu fy sylw at hyn.

o'r enw *Bede House Lane* yn Newark, swydd Nottingham, a choffeir y ffurf Hen Saesneg *bed-œrn* (sef 'adeilad gweddi') yn enwau *Bedern Bank* yn Ripon a *The Bedern* yng Nghaerefrog (SNE).

Hen enw ar eglwys Pentraeth oedd *Betws Geraint* neu *Lanfair Betws Geraint*. Cofnodwyd y ffurf *Bettuskerint* mewn rhôl llys yn 1346 a *Bettus Skeryn* yn 1352 (Rec.C), ond ar y cyfan mae ffurf yr enw yn aros yn bur gyson. Cedwir coffa ohono hyd heddiw yn enw'r stad dai ym Mhentraeth. Dywedir mewn un ach fod Geraint yn byw tua 1200 (ETG). Ceir *Betws* yn syml yn Llanbadrig, er mai'r enw llawn gynt oedd *Betws Gwian* ac yna *Betws Gwgan*. *Betws y Grog* oedd hen enw Ceirchiog; mae wedi ei nodi ar fap OS 1839–41. Ystyr *crog* yw 'croes': ceir yr un elfen yn y *Groglith*. Efallai mai cyfeiriad at y groglen neu'r sgrin yn yr eglwys sydd yma, ond fe ddisgrifiodd yr hynafiaethydd John Leland (1506–52) y lle fel *sacellum,* sef cell neu greirfa fechan. Tybed a oedd rhyw groes hynod yno? Ceir cyfeiriad at *Bettws y Gwynt* ym Mathafarn Wion yn 1580 (BH). Enw anghyffredin oedd *Betws Perwas* yn Llanrhwydrys. Ai enw personol sydd yn yr ail elfen ynteu enw cyffredin i ddisgrifio gŵr hynaws? Mae Leland yn cyfieithu *Perwas* fel 'a swete servant', sy'n swnio braidd yn od. Nododd Baring-Gould a Fisher 'S. Perwas, Confessor', ond gan ychwanegu 'Of Perwas nothing is known' (LBS).

Daw'r elfen *gwas* â ni at y modd y defnyddid yr elfen hon gynt mewn enwau personol ynghyd ag enw sant i ddynodi rhyw ddefosiwn arbennig i'r sant hwnnw ar ran y sawl oedd yn dwyn yr enw, neu ar ran ei deulu. Yn 1352 cofnodwyd enw darn o dir yn Chwaen fel *Wele Wasteyniol*, sef *Gwely Gwas Deiniol* (Rec.C). Yn Aberffraw, gŵr a chanddo ddefosiwn arbennig i Badrig a gofféir yn yr enw *Wele Trefwaspadrik* yn 1352 (Rec.C), a cheir cyfeiriad at ŵr o'r enw *Gwasmyhangel* yn Llanddygfael yn yr un ffynhonnell. Yn 1413 cofnodwyd enwau dau daeog ym Môn, sef Hoell [Hywel] ap Ieuan ap Gwasmair a Hoell ap dd'[Dafydd] ap Gwasdewy (PFA). Mae'n amlwg fod parch mawr i'r santes

Ffraid: yr oedd yna *Wele Welsonfraide ap Tauharn*[8] yn Eglwys Ail yn 1352 (Rec.C), a cheir cyfeiriad at *Tyddyn ath'* [Adda] *ap Gwassaimffrait* yn nhrefgordd Maenolbadrig yn Nhalybolion yn 1390 (PTA). Cofnodwyd *Gwely Gwssanfraet* tua 1500 am fan lle ceid hawliau pysgota yn Ynysoedd y Moelrhoniaid (Rec.C).

Mae'r cyfeiriad at Sanffraid yn ein hatgoffa o enw *Capel Sanffraid*, neu *Lansanffraid* fel y'i gelwir ambell dro. Roedd hwn ym *Mhorth y Capel*, neu *Towyn y Capel*, yn yr ardal a adwaenir heddiw fel Bae Trearddur. Yr ydym ni bellach wedi arfer defnyddio *capel* am addoldy anghydffurfiol, ond yn yr hen amser yr oedd *capel* bron yn gyfystyr â *betws*, sef capel anwes at ddefnydd trigolion plwyfi ar wasgar. Ceir sawl enghraifft arall o'r elfen *capel* yn yr ystyr hon ym Môn. Roedd yna *Gapel Ulo* yng Nghaergybi, a cheir yr enw anarferol hwn hefyd yn Nwygyfylchi ger Penmaenmawr. Lleolid un *Capel Eilian* yn naturiol iawn yn Llaneilian, ond yr oedd yna gapel arall o'r un enw yn Llandegfan ar un adeg (ELlMôn). Roedd un o'r capeli enwocaf, sef *Capel Seiriol*, ar Ynys Seiriol. Efallai mai'r enw mwyaf diddorol ar gapel o'r fath, ac un sydd yn dangos ei wir bwrpas, yw *Capel Lochwyd* ar Ynys Gybi. Nodwyd hwn ar fap John Speed yn 1610 fel *Chap. Yloughwid*. Bu Syr Ifor Williams yn traethu'n ddifyr ar yr enw (MSI). Esboniodd mai *golochwyd* yw ffurf lawn yr ail elfen. Yr ystyr yw encilfa, neu fan i ymneilltuo iddo i weddïo. Ambell dro gallai olygu'r weddi ei hun. Dyna, yn ddiau, oedd yr ystyr i Ddafydd ap Gwilym pan ddadleuodd gyda'r Brawd Llwyd fod yna amser i bopeth: 'Amser a rodded i fwyd / Ac amser i olochwyd' (CDapG).

Ceir dau enw diddorol ym Môn sy'n cynnwys yr elfen *eglwys*. Hen enw Llangadwaladr oedd *Eglwys Ail*. Mae *ail* yma yn cyfeirio at adeiladwaith o wiail wedi eu plethu ynghyd â chlai, ac mae hyn yn awgrymu mai adeilad o'r fath oedd yr eglwys gynharaf ar y safle. Yr un elfen yw'r *–eil* yng nghanol y gair *adeilad*. Plethwaith oedd ffrâm yr adeiladau

8 Gwely Gwas Sanffraid ap Tanharn.

cynnar. O blethwaith hefyd y lluniwyd yr het fedw a gafodd Dafydd ap Gwilym gan ei gariad. Meddai amdani, 'Ys da adail y'th eiliwyd'; hynny yw, 'Yr wyt wedi dy blethu'n siâp da'(CDapG). Mae Bedwyr Lewis Jones yn cyfeirio at y defnydd o *aelen* ym Môn am far neu reilen mewn giât (ISF).

Gellir olrhain enw *Heneglwys* ymhell yn ôl. Fe'i ceir yn un o Englynion y Beddau yn Llyfr Du Caerfyrddin o ddechrau'r drydedd ganrif ar ddeg, lle cyfeirir at 'bet keri cletifhir ygodir hen egluis'.[9] Yn yr un englyn dywedir fod y bedd 'ymynwent corbre'. Roedd Tomos Roberts yn deall *Corbre* fel cyfeiriad at y sant Gwyddelig Cairbre (ADG2). Fodd bynnag, erbyn heddiw mae'r eglwys yn Heneglwys wedi ei chysegru i Sant Llwydian. Go brin fod y sant hwn wedi bodoli erioed, ond mae'n hawdd gweld sut y cododd camddealltwriaeth ynglŷn â'r enw. Cyfeirid at Heneglwys gynt fel *Llan y Saint Llwydion*. I ni, ystyr 'llwyd' yw lliw gwelw, ond ganrifoedd yn ôl yr oedd ystyr arall hefyd i'r gair, sef 'bendigedig' neu 'sanctaidd'. Yn ei gerdd i 'Luniau Crist a'r Apostolion' mae Dafydd ap Gwilym yn cyfeirio at y portread o Grist fel hyn: 'Da y lluniwyd Iesu *lwyd* Iôn', hynny yw, darluniwyd yn dda yr Arglwydd Iesu bendigedig (CDapG). Dau o saint bendigedig a sanctaidd a anrhydeddid yn Heneglwys gynt hefyd, ac nid un sant o'r enw Llwydian. Gwyddom enwau'r 'saint llwydion' hyn, ac maent yn enwau pur annisgwyl sef Faustinus a Bacellinus, ond ni wyddom ddim amdanynt.

Cyfeiriwyd uchod at y paderwr, gŵr y telid iddo, yn aml drwy waddol, i weddïo dros eraill, ond yr oedd rhai a ddewisai encilio'n wirfoddol i fyw bywyd o fyfyrdod a gweddi. Dyna sut fywyd oedd gan fynaich a lleianod, wrth gwrs, ond ceir cyfeiriadau ym Môn at ŵr a gwraig arall a oedd wedi encilio o'r byd, sef yr ancr a'r ancres. Yr enw Saesneg yw 'anchorite'. Cawn gyfeiriad at ancres mewn lle o'r enw *erw yr angkres* a gofnodwyd ym Mathafarn Wion (Llanbedr-goch) yn 1489 (BH), ac at ancr yn enw *pentre r ankyr* yn 1535 yn Llanfechell (BH). Mae'n debyg mai atgof

9 'Bedd Ceri gleddyf hir yng ngwastadedd Heneglwys.'

am yr ancr hwn sydd yn y cyfeiriad yn nyddiadur William Bulkeley, y Brynddu, ar 8 Gorffennaf 1734 pan noda fod person Llanfechell yn sôn am adeiladu tŷ yn yr 'Anchorite's Garden', a oedd ger giât y fynwent yn eglwys Llanfechell.

Ceir cyfeiriad at ardd arall, yn Aberffraw y tro hwn, yn 1352, sef *Garth Palmer* (Rec.C). Yn aml defnyddid yr enw *palmer* am unrhyw bererin neu gardotyn crwydrol, ond yr oedd iddo ystyr arbenigol. Roedd y gwir balmer wedi bod ar bererindod i'r Wlad Sanctaidd, a chariai ddeilen neu groes o balmwydd i brofi hynny. Mae'n amlwg y gofynnid i'r palmer, fel y bedman, weddïo dros eraill, gan y ceir cyfeiriad yn chwedl Cymdeithas Amlyn ac Amig at Amlyn yn rhoi dilledyn yn rhodd i balmer yn dâl iddo am ei weddïau.

Bodafon

Down yn awr at y llu o enwau ym Môn sydd yn cynnwys yr elfen *bod*. Mae *bod* yn elfen gyntaf bur gyffredin mewn enwau lleoedd gyda'r ystyr o 'annedd' neu 'breswylfa'. Yn amlach na pheidio dilynir *bod* gan enw personol i nodi pwy gynt oedd perchen yr annedd. Fodd bynnag, ceir eithriadau, megis *Bodermid* yn Llŷn (cartref meudwy ar un adeg), *Bodysgallen* yn y Creuddyn a *Bodysgaw* yn Llanefydd (anheddau lle yr oedd ysgall ac ysgaw yn nodweddion amlwg). Am ryw reswm mae enghreifftiau o'r elfen *bod* yn llawer mwy niferus ym Môn nag yn unrhyw ran arall o Gymru. Fel y nodwyd, ystyr arferol *bod* yw preswylfa, ond ceir rhai enwau ym Môn lle mae grym crefyddol i'r elfen. Fe'i dilynir gan enw sant yn *Bodedern*, *Bodewryd*, *Bodwrog* a *Bodeiniol* (neu *Boteiniol* ar lafar gwlad). Yma mae ystyr yr elfen *bod* yn nes at ystyr yr elfen *tŷ* yn *Tyddewi*, sef eglwys neu fan a oedd yn gysylltiedig â sant yn hytrach na chartref. Gan fod cynifer o enghreifftiau, detholiad yn unig o'r enwau ym Môn sydd yn cynnwys yr elfen *bod* a drafodir yn y gyfrol hon.

Ar yr olwg gyntaf, mae *Bodafon* yn ymddangos yn enw digon syml, sef 'annedd ger afon'. Os dyna'r ystyr, yna mae'n debyg mai Llugwy fyddai'r afon dan sylw. Mae *Mynydd Bodafon*, *Plas Bodafon*, *Bodafon Wyn* a *Bodafon y Glyn* ym mhlwyfi Llanfihangel Tre'r Beirdd a Phenrhosllugwy yng ngogledd-ddwyrain Môn. Roedd hefyd yn enw gynt ar y drefgordd. Bron na ellid derbyn yn ddigwestiwn mai *afon* yw ail elfen yr enw a barnu oddi wrth y ffurfiau a gofnodwyd drwy'r canrifoedd. Cofnodwyd *Bodavon* yn 1505 (Penrhyn), yn 1520/1 (Penrhos) ac eto yn 1533, 1545 ac 1589 (Sotheby), felly gellir olrhain y ffurf hon yn eithaf pell yn ôl. Pam y petruso felly ynglŷn â'r ystyr? Y rheswm yw fod Syr Ifor Williams wedi codi amheuon am ystyr yr enw, ac os oedd Syr Ifor wedi mynegi amheuon, mae'n werth cymryd sylw ohonynt.

Trafododd Syr Ifor y pwnc mewn dwy erthygl yn *Nhrafodion Cymdeithas Hynafiaethwyr a Naturiaethwyr Môn* yn ôl ym mhedwardegau'r ugeinfed ganrif. Yn yr erthygl gyntaf, 'An Early Anglesey Poem' (TCHNM, 1941), mae'n dadansoddi cerdd hynod ddyrys sy'n ymddangos yn Llyfr Taliesin, y gellir ei dyddio, mae'n debyg, i tua 1050–1100. Cyfeirir ati fel 'Echrys Ynys', sef dau air cyntaf y gerdd. Tybir mai rhywbeth fel 'niwed i ynys' yw ystyr y geiriau hyn. Yn ei ymdriniaeth hynod feistrolgar mae Syr Ifor yn casglu mai Môn yw'r ynys dan sylw ac mai marwnad sydd yma i bennaeth lleol o'r enw *Aeddon* (neu *Cynaethwy*). Prif broblem Syr Ifor yw'r geiriau *aeddon* ac *archaeddon* sy'n digwydd yn y gerdd. Wedi cryn bendroni, mae'n cynnig mai enw personol yw *Aeddon*, ond mae hyn wedyn yn ei gwneud hi'n anodd esbonio *archaeddon*.

Yn ei ail erthygl, 'Bodafon' (TCHNM, 1942), dywed Syr Ifor fod Lewis Morris, a fagwyd nid nepell o Fynydd Bodafon, yn cyfeirio yn *Celtic Remains* at lyn o'r enw *Llyn Archaeddon* gerllaw ei gartref. Mae ei frawd Richard Morris yntau'n cyfeirio at y llyn, ond *Archaddon* yw'r ffurf a ddefnyddiodd ef (ML). Cydiodd Syr Ifor yn llawen yn y ffurf hon gan ei bod o bosib yn cynnig ateb i'w broblem. Ei awgrym yn awr yw y dylid ystyried *arch addon* fel dau air. Gyda'i wybodaeth ddofn o'r hen destunau, mae Syr Ifor yn cofio fod yr un cyfuniad *arch addon* yn digwydd yn Llyfr Du Caerfyrddin yn y ffurf *archaton*, ac mae'r cyd-destun yno yn awgrymu rhyw ystyr fel 'cais teg' neu 'deisyfiad anrhydeddus'. Felly, mae'n cynnig fod *archaddon* wedi cael ei gyfuno â'r enw personol *Aeddon* oherwydd ei gyflythreniad deniadol, ac y dylid ei ystyried fel disgrifiad o *Aeddon* fel gŵr cyfiawn a theg. Yr elfen ddisgrifiadol hon yn enw'r pennaeth a anfarwolwyd yn enw *Llyn Archaddon*.

Pa berthynas sydd rhwng y drafodaeth bur gymhleth hon a'r enw *Bodafon*? Codwyd chwilfrydedd Syr Ifor gan y cofnod o 1352 o'r ffurf *Bodaon* (Rec.C). Cofnodwyd y ffurf *Bodaon* eto yn 1413 ac1443 (Penrhyn). Dyma ffurf gynnar heb sôn am unrhyw afon. Mae rhyw lythyren neu lythrennau ar goll yng nghanol y ffurf hon. Noda Syr Ifor y gellir ambell dro golli *f* ac *dd* rhwng llafariaid. Wrth gwrs, mae'n bosib mai *f* a gollwyd, ond mae Syr Ifor yn dangos sut y gall *f* ac *dd* ymgyfnewid mewn geiriau megis *camfa / camdda*. Ei awgrym yw mai *dd* a gollwyd ac mai *Bodaeddon* > *Bodaddon* oedd ffurf wreiddiol yr enw. Mae tuedd ar lafar ym Môn i droi *ae–* yn *a–*: gwelir hyn yn ffurfiau'r enw *Presaeddfed / Presaddfed*. Gan y dilynir yr elfen *bod* yn fynych iawn gan enw personol, mae hyn yn cryfhau dadl Syr Ifor mai preswylfa gŵr o'r enw *Aeddon* yw ystyr enw *Bodafon*. Fodd bynnag, collwyd yr atgof am *Aeddon* yn gynnar iawn a thyfodd y gred mai'r gair *afon*, a oedd yn llawer mwy cyfarwydd, oedd ail elfen yr enw.

Bodbabwyr

Enw ar drefgordd goll yw *Bodbabwyr*, ac mae lle i gredu fod yna dyddyn unwaith o'r un enw. Mae gan Melville Richards nodyn diddorol am yr enw hwn yn ei erthygl ar 'Ffynonellau' (TCHNM, 1973). Dywed ei fod wedi casglu sawl cyfeiriad at y drefgordd o'r bedwaredd ganrif ar ddeg, y bymthegfed, a'r unfed ganrif ar bymtheg, ond ei fod wedi colli'r trywydd wedyn. Mae'n werth sylwi ar y cyfeiriadau hyn cyn symud ymlaen i sôn am y cam nesaf yn ymchwil yr Athro. Yn ôl tystiolaeth AMR, dyma rai o'r cofnodion a welodd: *Bodaboyr* o 1520 a *Bodabwre* / *Bodaybwre* o 1566 yng nghasgliad Lleweni yn LlGC; *Bodbabyr* / *Bodbabwyr* o 1619, a *Bodbabwyr* o 1643 (BH). Gwyddom fod yna gyfeiriadau cynharach na hyn: cofnodwyd *Bodbabwir* yn 1306 yn Stent Bangor. Yna mae'r Athro yn disgrifio sut y gwelodd y goleuni: profiad hyfryd y gŵyr pob ymchwilydd amdano. Meddai: 'Dyma fynd i edrych ar Lyfr Degwm Penmynydd, a chael yr enw yn cuddio y tu ôl i ddarn o dir neu gae a'r enw *Llain Bod Babo*' (TCHNM, 1973). Mae'r ffurf *Llain bob pabbo* hefyd yn RhPDegwm. Pan aeth Melville Richards at fap y degwm i geisio lleoli'r cae yn fwy pendant, gwelodd ei fod ar dir y tŷ a elwir bellach yn *Sarn Fraint*, er mai tafarn o'r enw *Panton Arms* ydoedd bryd hynny. Mae *Sarn Fraint* ar y ffordd B5420 rhwng Porthaethwy a Phenmynydd.

Yn ddiau, fe wyddai trigolion yr ardal am fodolaeth *Bodbabwyr*, oherwydd roedd yna draddodiad lleol fod yr enw yn deillio o'r gred mai hwn oedd man cyfarfod y reciwsantiaid, sef y Pabyddion a wrthodai fynychu gwasanaethau Eglwys Loegr pan oedd hynny'n orfodol dan y gyfraith.[10] Mae'n amlwg i'r traddodiad godi o gamddehongli'r elfen *pabwyr* fel *Pab* + *gwŷr*. Mewn gwirionedd, nid oes a wnelo'r elfen *pabwyr* ddim oll â'r Pab na'i ddilynwyr. Ystyr *pabwyr* yw'r llinyn neu edafedd a geir mewn cannwyll neu lamp olew ('wick'). Yn aml defnyddid y gair am gannwyll frwyn ('rushlight'), ac am y brwyn eu hunain. Mae tuedd i ddefnyddio'r ffurf *pabwyr* am yr unigol a'r lluosog, er bod GPC yn nodi'r ffurfiau unigol *pabwyryn* / *pabwyren*. Mae *pabwyr* yn hen air: fe'i ceir mewn cerdd o foliant i Dduw yn Llyfr Du Caerfyrddin o'r drydedd ganrif ar ddeg. Clodforir Duw am ei roddion: 'a uneth tuim ac oer.

10 Diolch i Mrs Angharad Holmes, Sarn Fraint, am y cyfeiriad hwn. Dywed hefyd fod cae o'r enw *Cae Bodbabwyr* ar dir Sarn Fraint hyd heddiw. Mae'n debyg mai'r un cae yw hwn â *Llain Bod Pabo*.

a. heul a lloer. a llythir. ig. cuir a fflam im *pabuir*'.[11] Mae'n debyg fod yr enw *Bodbabwyr*, gan ddeall yr elfen gyntaf *bod* fel 'preswylfa', yn cyfeirio'n wreiddiol at annedd mewn darn o dir lle tyfai'r brwyn a ddefnyddid i wneud y canhwyllau. Ceir cofnod o gaeau o'r enw *Cae y papwyr* yn RhPDegwm plwyf Dwygyfylchi a *Cae porfa pabwyr* yn RhPDegwm plwyf Trawsfynydd.

Bod Deiniol

Mae'r annedd hwn ar lan Llyn Alaw ym mhlwyf Llanbabo yng ngogledd Ynys Môn. Mae'r enw yn un o'r ychydig enghreifftiau ym Môn lle ceir rhywfaint o ystyr grefyddol i'r elfen *bod*. Ni fu yma eglwys a gysegrwyd i Ddeiniol, ond yr oedd y tir ar un adeg yn eiddo i'r eglwys. Fe'i cysylltid â Llanfechell, ond nid oes cofnod iddo fod yn eiddo i Esgob Bangor. Felly mae'n anodd esbonio pam y coffeir Deiniol fel y cyfryw, onid oedd yn arwydd o'r parch a oedd i'r sant hwnnw yn yr ardal. Deiniol, wrth gwrs, a sylfaenodd Fangor Fawr yn Arfon, ond yr oedd iddo gysylltiad hefyd â Môn gan yr honnir ei fod yn ŵyr i Pabo. Os gwir hyn, efallai mai'r berthynas hon a barodd iddo gael ei goffáu yn Llanbabo.

Ffurf yr enw yn y CCPost yw *Bod Deiniol*, ond ceir enghreifftiau trwy'r canrifoedd o galedu cytsain yng nghanol yr enw. Cofnodwyd *Botenol* yn 1352 (Rec.C); *Botteynyell* yn 1465 a *Bottenyel* y flwyddyn ganlynol (Cart.Pen.); *Boteynell* yn 1478/9 (LlB); *Botteniel* yn 1664 (Pres.) ac 1693 (CENgh). Yn ATT ceir *Bodteiniel* yn 1745; *Botteiniel* yn 1753; *Boteinial* yn 1768 a *Botaniel* yn 1789. Mae'n naturiol i'r cyfuniad o *d* + *d* gael ei ynganu fel *t*. Gwelir yr un peth mewn enwau megis *y goed-dref* > *Goetre*; *gwastad dir* > *gwastatir*; *cyd-dir* > *cytir*. Perchir y caledu hwn yn rheolau'r gynghanedd a chaniateir ateb dwy *d* olynol gan *t*.

11 'Duw . . . a wnaeth y gwres a'r oerni, yr haul a'r lleuad, a llythyren mewn cwyr a fflam mewn cannwyll.'

Bod Ednyfed

Enw annedd ym Mhorth Amlwch yw *Bod Ednyfed*. Ar yr olwg gyntaf, ymddengys nad oes unrhyw amheuaeth ynglŷn ag ystyr yr enw hwn, gan fod y ddwy elfen yn hollol gyfarwydd, sef *bod* + yr enw personol *Ednyfed*. *Bod Ednyfed* sydd yn CCPost, a *Bod-Ednyfed* ar y map OS cyfredol. Ni welwyd unrhyw gofnodion cynnar ar gyfer yr enw, ond os awn yn ôl cyn belled ag 1738, gwelwn fod iddo ffurf gwbl wahanol, sef *Bodnyfey alias Bodneva* (Thor).

Ceir cyfeiriadau cyson at yr annedd yn ATT. *Bodnufa* a gofnodwyd yn 1760 ac 1797; *Bodnyfa* yn 1768 ac 1770, a *Bodnyfa bach* hefyd yn 1797. Mae'n amlwg fod yr enw yn peri rhywfaint o benbleth, oherwydd ceir ymgais i'w esbonio, heb lawer o lwyddiant, yn 1773 gyda'r ffurf *Bodnyfan* (ATT), ac yn 1776 gyda *Bod yn Yfa* (Thor). Ond sylwer nad oes sôn o gwbl am *Ednyfed*. Mae'n amlwg nad oedd neb wedi cysylltu'r elfen *nyfa* â'r enw personol *Ednyfed* tan ddiwedd y ddeunawfed ganrif, pan gofnodwyd *Bodednyfed* yn ATT yn 1788. Gwelir *Bodednyfed* eto yn 1800 (Thor), ac erbyn 1839–41 mae wedi ennill ei blwyf ddigon i ymddangos fel *Bôd Ednyfed* ar y map OS.

Nid oes unrhyw droi'n ôl wedyn. Mae'r gwybodusion yn fodlon eu bod wedi datrys ystyr yr enw, a chael gwared o'r ffurf 'wallus' a disynnwyr *nyfa*. Fodd bynnag, gellir adnabod yr enw cywir yn y cofnod o 1738, sef *Bodnyfey alias Bodneva* (Thor). Roedd Tomos Roberts yn argyhoeddedig mai *Nyfai* oedd yr ail elfen, ac mai hen enw personol arall a ddiflannodd o'r iaith oedd yma (PTR). Yn wir, mae'r ffurf *Bodnyfey* a'r defnydd cyson o'r ffurf lafar *nyfa* yn awgrymu'n gryf nad *Ednyfed* oedd yr ail elfen. Ymgais fwriadol a fu yma i gyfnewid elfen ddieithr, a ymddangosai'n ddisynnwyr, am enw cyfarwydd. Gan fod *Ednyfed* yn enw a gysylltid yn arbennig â Môn, roedd yn ddewis digon naturiol. Ond preswylfod Nyfai, nid Ednyfed, oedd yma ers talwm.

Bodegri

Lleolir *Bodegri* ym mhlwyf Llanrhuddlad yng ngogledd Ynys Môn. Mae'n bur debyg mai enw personol gwrywaidd sy'n anghyfarwydd i ni yw'r ail elfen *Egri*. Cofnododd Peter Bartrum ach Egri o Fodegri, ond ni ellir dibynnu'n llwyr ar yr hen achau hyn. Ceir cofnod o'r sillafiad *Bodegry* yn 1398/9 (Rec.C) ac 1603 (Cglwyd). Nodwyd *Bod Egre* yn 1465 (Cart. Pen.), a cheir sillafiadau odiach megis *Bodhegre* o 1510 (PCoch) a *Bodegrie* (Pres.) yn 1682. Fodd bynnag, *Bodegri* yw'r ffurf fynychaf o bell ffordd, a dyma'r ffurf a geir yn y CCPost heddiw.

Bodegri hefyd oedd enw'r drefgordd gynt ac mewn nifer o gofnodion o enw'r drefgordd ceir atgof o raniad sylfaenol y gymdeithas ganoloesol. Roedd y boblogaeth wedi ei rhannu yn wŷr caeth a gwŷr rhydd. Gwelwyd sawl cofnod sy'n cyfeirio at *Bodegri Gaeth* a *Bodegri Rydd*. Er bod y rhaniad yn ddiau yn bodoli ledled Cymru, anaml y nodir hyn mewn enw lle, ond mae'n digwydd hefyd yn enw hen drefgordd ym Mangor gynt, sef *Tre'r Gwŷr Rhyddion*.

Roedd y gŵr caeth neu'r taeog ynghlwm wrth y tir ac ni fedrai symud heb ganiatâd ei arglwydd. Hawliai'r arglwydd wahanol fathau o wasanaethau ganddo yn ogystal â doniau bwyd. Yn dâl am hyn câi'r gŵr caeth ddarn o dir i dyfu cnydau a chadw anifail neu ddau i gynnal ei deulu. Perchennog trefgordd *Bodegri* oedd Esgob Bangor. Y prif wahaniaeth rhwng y gŵr caeth a'r rhydd oedd ei ach. Disgrifiwyd y gŵr caeth fel 'gŵr heb ach'. Wrth gwrs, yr oedd ganddo hynafiaid fel pawb arall, ond yr oedd yn gwbl ddibynnol ar ei arglwydd, heb hawliau personol arno ef ei hun na'i dir. I'r gŵr rhydd, ar y llaw arall, yr oedd ei ach yn hollbwysig. Ni waeth pa mor dlawd ydoedd, os medrai olrhain ei ach yn ddi-dor i wŷr rhyddion yr oedd ganddo hawl i freintiau a oedd allan o gyrraedd y taeog (MedAng).

Bodeilio

Saif y tŷ hynafol hwn, sydd yn dyddio o 1602, i'r dwyrain o Dalwrn. Mae'r enw yn aros yn ddigyfnewid fel *Bodeilio* drwy'r blynyddoedd. Elfennau'r enw yw *bod* ac *Eilio*. Rhaid tybio mai enw personol gwrywaidd yw *Eilio*. Cynigiodd Gwenllian Morris-Jones mai ffurf anwes ar *Eilian* oedd *Eilio* (GM-J), ac ar un olwg mae'n gynnig eithaf teg. Yn enw *Moel Eilio*, mynydd i'r gogledd o Fetws Garmon, mae'r ddwy ffurf *Moel Eilio* a *Moel Eilian* yn ymgyfnewid ar lafar. Mae'n wir y gallai *Eilian* esgor ar *Eilio* fel ffurf anwes yn yr un modd ag yr esgorodd yr enw *Sulien* ar y ffurf anwes *Silio*.

Serch hynny, mae'n bur annhebyg mai talfyriad o *Eilian* sydd yn enw *Bodeilio*. Ceir cyfeiriad gan R. J. Thomas at *Eilio* fel enw personol, ond nid yw'n ei gynnwys ymhlith y ffurfiau anwes â'r ôl-ddodiad *-o* (EANC). Mae'n bosibl fod *Eilio* yn enw personol cwbl ar wahân i *Eilian*. Er bod llawer cyfeiriad at *Eilian* ym Môn ni welwyd enghraifft o'i dalfyrru i *Eilio*. Fodd bynnag, ar ôl dweud hyn i gyd, rhaid ystyried un cofnod arall o'r enw a nodwyd yn AMR, sef *Bod eilioc yn hindaethwy*, a ddyddiwyd rhwng 1545 ac 1553. Ar sail y ffurf hon, awgrymodd Tomos Roberts y gallai mai enw cwbl wahanol, megis *Eiliog* neu *Meiliog*, oedd ail elfen *Bodeilio* (PTR). A fyddai'n bosib fod y ffurf *Eiliog* wedi colli'r *g* derfynol a throi'n *Eilio*? Unwaith eto, mae'r hen enwau personol diflanedig hyn yn peri inni orfod gofyn beth yn hollol oedd ffurf wreiddiol enw arbennig.

Bodeon / Bodowen

Gwelir gweddillion yr annedd gwreiddiol o'r enw hwn ym mhlwyf Llangadwaladr nid nepell o blasty *Bodorgan* i'r de-ddwyrain o Aberffraw ac i'r de-orllewin o Falltraeth. Y cwbl sydd ar ôl o'r hen dŷ yw un mur yn ochri ar iard. *Bodowen* yw ffurf yr enw heddiw ond *Bodeon* oedd yr enw am ganrifoedd. *Bodeon* oedd enw'r drefgordd gynt. Er bod yr hen blasty wedi mynd, cedwir yr enw *Bodowen* ar y ffermdy.

Bu hwn yn gartref i'r Tywysog William a Duges Caergrawnt am gyfnod.

Roedd *Bodeon* gynt yn un o'r tai mawr ym Môn lle noddid y beirdd. Câi Gruffudd Gryg (*fl.* 1330–80) groeso cynnes yno, a barnu oddi wrth ei gywydd i dir Môn:

> Dianc [a] wnaf Fodeon
> Malltraeth, lle yw maeth llu Môn. (GGG)

Canodd Tudur Aled (*fl.* 1480–1526) farwnad i 'Eryr Bodeon', sef Owain ap Meurig, yn pwysleisio'r golled a gafodd Môn pan fu farw:

> Arfau Duw, ar Fodeon,
> A drewis marc drwy ais Môn. (GTA)

Ac mae Huw Machno (*fl.* 1585–1637) yn canu clodydd yr haelioni a'r croeso a gâi yntau bob amser ym Modeon:

> Iach dŵr, lle mynych dariwn,
> Uwch Malltraeth, helaeth yw hwn. (HPRhF)

Er mai *Bodeon* oedd yr enw am ganrifoedd, *Bodaon* a gofnodwyd yn 1290/1 (Bangor). Y ffurf yn 1352 oedd *Bodeon* (Rec.C), ond mae'n ddiddorol gweld caledu'r *d* yn y ffurf *Boteon* yn 1443 (Penrhyn). *Bodjeon* a nodwyd yn 1505 (Penrhyn) ac yn 1598 (Ex.P.H-E). Ni ddylai'r *j* yn y ffurf *Bodjeon* ein dychryn yn ormodol. Yr hyn sydd yma yw amrywiad orgraffyddol a ddefnyddid ambell dro yn yr oesoedd canol am *i* gytsain. Fe'i gwelir yn aml mewn ffurfiau fel *Jorwerth* am Iorwerth a *Jeuan* am Ieuan. Felly, dylid ystyried *Bodjeon* fel ymgais i gyfleu *Bodieon*.

Cyn symud ymlaen i geisio dadansoddi'r enw, rhaid nodi fod yna annedd arall llai adnabyddus o'r enw *Bodeon* ym Môn. Yn rhyfedd iawn mae hwn hefyd yn agos iawn at dŷ o'r enw *Bodorgan*, ond mae'r rhain ym mhlwyf Heneglwys, tra bo *Bodeon* / *Bodowen* a phlas *Bodorgan* ym mhlwyf Llangadwaladr. Ymhlith y cofnodion am *Bodeon* Heneglwys ceir dwy ffurf ddiddorol yn 1584/5 ac 1594, sef *Bodveon* a *Bodeveon* (Rec.C.Aug). Mae'r ffurfiau hyn yn awgrymu canfyddiad fod y llythyren *f* ar goll rhwng yr *e* a'r *o* yn yr enw *Bodeon*. Mae hyn yn debyg iawn i awgrym Syr Ifor Williams fod *dd* wedi ei cholli rhwng y llafariaid yng nghanol enw *Bodaon*, ffurf gynnar ar enw *Bodafon*. Os *f* a gollwyd yn enw *Bodeon*, awgrymir ffurf gynharach, sef *Bodfeon*. Digwyddodd yr un peth yn enw *Boduan* yn Llŷn, lle gwelir *f* yn ymddangos o bryd i'w gilydd yng nghanol yr enw, er mai *Boduan* yw'r ffurf arferol bellach. Awgrymodd J. Lloyd-Jones mai *dd* yn hytrach nag *f* a gollwyd yn enw *Bodeon*, ac mai *Bod-ddeon* oedd yma yn wreiddiol (ELlSG), ond ni welwyd unrhyw ffurfiau i ategu hyn. Os yr un yw tarddiad y ddau *Bodeon*, a gollwyd llythyren o ganol enw *Bodeon* Llangadwaladr hefyd?

Rhaid cyfaddef ei bod yn anodd esbonio tarddiad y ffurf *Bodeon*. Fodd bynnag, ar un olwg ceir gwared â'r broblem yn achos *Bodeon* Llangadwaladr (i'r trigolion lleol os nad i'r sawl sy'n astudio enwau lleoedd) oherwydd yn raddol disodlwyd y ffurf *Bodeon* gan *Bodowen*. Gwelir y newid yn gyntaf tua diwedd yr unfed ganrif ar bymtheg. Nodwyd *Bodowen alias Bodeon* yn 1598/9 (Ex.P.H-E), ond mae'r ffurf *Bodeon* yn gyndyn o ollwng ei gafael. Hyd yn oed yn llythyrau'r Morrisiaid defnyddir y naill ffurf a'r llall. *Bodowen* a enillodd y dydd yn y diwedd a rhaid gofyn pam. Ai newid naturiol ar lafar i'r ffurf fwy cyfarwydd *–owen* sydd yma, ynteu a ellir cynnig yn betrus fod ymgais fwriadol wedi bod i newid yr enw? Roedd Owen ap Hugh o Fodeon yn ŵr amlwg ym Môn yn oes Elisabeth I, ac esgorodd ar deulu blaenllaw â'r cyfenw *Owen*. A fu ymgais yma i ddyrchafu enw'r teulu trwy ei ymgorffori yn enw *Bodowen*, ynteu a barodd cysylltiad yr Oweniaid â *Bodeon* i bobl dybio mai *Bodowen* oedd y ffurf ddilys? Yn sicr, nid oedd unrhyw amheuaeth ym meddwl y sawl a gofnododd y ffurf *Bod Owen* yn 1768 (Bodorgan).

Bodewran

Lleolir *Bodewran* i'r gogledd-orllewin o Fodffordd. Y cyfeiriad cynharaf a welwyd hyd yn hyn yw un at y drefgordd o'r un enw o 1284, er ei bod yn anodd adnabod yr enw oddi wrth sillafiad y copïwr, a oedd yn amlwg yn ddi-Gymraeg, sef *Bodarchewrau* (ExAng). Mae'n bosibl mai camosod *u* am *n* sydd ar ddiwedd y ffurf hon, gwall hynod o gyffredin. Ond sut mae esbonio'r *–arch–* yng nghanol y ffurf? A gollwyd un sill o'r enw? Ym mhob cofnod arall a welwyd tair sill sydd i'r enw. Yn 1417 cofnodwyd enw'r drefgordd fel *hameletta de Botefran*, a cheir cyfeiriad at *kors Botefran* yn yr un ffynhonnell (Penrhyn).Yma eto gwelir y *d* yn yr elfen *bod* yn cael ei chaledu i *t*. *Bodewran* a geir yn y cofnodion diweddarach, megis rhai Asesiadau Treth y Tir yn y ddeunawfed ganrif.

Er mai *Bodewran* yw ffurf gydnabyddedig yr enw bellach, fe welir mai *f* yn hytrach nag *w* a geir yn y cofnod o 1417. Ni ddylem feio'r copïwr y tro hwn. Mae *f* ac *w* yn ymgyfnewid yn aml yn y Gymraeg: ceir *cawod* a *cafod*; *tywod* a *tyfod*. Felly, beth yw elfennau'r enw? Mae'r elfen *bod* yn gyfarwydd, sef 'preswylfa'. Fel rheol, ceir enw personol ar ôl *bod*, ond mae'n anodd gweld enw personol yn yr elfen *efran / ewran*, onid oedd *Efran* hefyd yn un o'r enwau personol hynny a gollwyd o'r iaith. Tybiai Melville Richards fod yma gysylltiad ag enw'r planhigyn *efwr* ('cow parsley' neu 'hogweed'), planhigyn cyffredin yn ein cloddiau. Dyma'r elfen a welir yn enw *Dinefwr*. Yng ngogledd Cymru clywir cyfeirio ato yn aml fel *ewr*, a byddai hyn yn esbonio colli'r *f*. Ond mae'n anodd esbonio'r terfyniad *–an*.

A ellid cynnig mai *efrau* sydd yma wedi'r cwbl yn hytrach nag *efran*? Rhyw fath o chwyn yw hwn hefyd, er nad oes cytundeb ynglŷn â pha blanhigyn yn union y cyfeirir ato. Clywn yn Efengyl Mathew hanes gelyn yn hau efrau yn y nos ymysg gwenith rhyw ffarmwr anffodus. Ond mae'n bur annhebygol mai *efrau* sydd yn enw *Bodewran*: un enghraifft yn unig a welwyd o'r *u* ar ddiwedd yr enw, ac mae'n debyg mai gwall copïo oedd hwnnw. P'un ai efrau ynteu efwr oedd yma, gellid tybio mai llecyn lle tyfai llawer o chwyn oedd *Bodewran* ar un adeg.

Bodewryd

Heddiw mae *Bodewryd* yn enw ar blwyf ac ar fwy nag un annedd; roedd hefyd yn enw ar drefgordd gynt. Lleolir *Bodewryd* i'r gogledd-ddwyrain o Garreg-lefn ac i'r gogledd-orllewin o Ros-goch. Y cyfeiriad cynharaf a welwyd at yr enw yw *Bodewryt* yn Stent Môn o'r flwyddyn 1284 (ExAng). *Bodevrid* a gofnodwyd yn 1352, ond gwyddom fod tuedd i *w* ac *f* ymgyfnewid (Rec.C). Ceir *Bodewryd* yn 1456, 1460, 1521 ac 1533 yng nghasgliad Sotheby yn LlGC, hefyd yng nghasgliad Baron Hill o 1532 a chan John Leland yn 1536–9. *Bodwared* a nodwyd yn 1572–3 (Rec.C.Aug), ond yn yr un ffynhonnell yn 1594–5 cafwyd *Boddewrid*. Ym mhapurau Bodewryd ei hun cofnodwyd *Bodwride* yn 1571; *Bodewride* yn 1594; *Bodewreid alias Bodewryd* yn 1614–15 a *Bodewred* yn 1630. Am ryw reswm cofnodwyd *Bodewryn* ar fap John Evans o ogledd Cymru yn 1795, ond ceir *Bodewryd-newydd*, *Bodewryd House* a *Plâs Bodewryd* ar fap OS 1839–41. *Bodewryd*, *Bodewryd House* a *Plas Bodewryd* sydd ar y map OS cyfredol.

Fel y gwyddom, ystyr arferol *bod* yw preswylfa, ond ceir rhai enwau ym Môn, megis *Bodedern*, *Bodwrog* a *Bod Deiniol*, lle mae rhyw fath o rym crefyddol i'r elfen. Yn y rhain fe'i dilynir gan enw sant bob tro. Yma mae ystyr yr elfen *bod* yn awgrymu eglwys neu fan a oedd yn gysylltiedig â sant yn hytrach na phreswylfa. Awgrymodd Tomos Roberts fod hyn yn wir hefyd am *Bodewryd*, ac mai enw sant sydd yn ail elfen yr enw (ELlMôn). Yn ei gywydd marwnad i Lywelyn ap Tudur o Fodewryd cyfeiriodd Lewys Môn at 'gŵyl Ewryd' (GLM). Felly, mae'n amlwg y tybiai ef mai *Ewryd* oedd ffurf gysefin enw'r sant. Cytunodd Melville Richards y gallai'r ail elfen fod yn *Ewryd*: Roedd *Awr* yn enw personol gwrywaidd gynt (ETG). O ychwanegu'r ôl-ddodiad *-yd* at *Awr* fe gaem *Ewryd*. Ond gan y dilynir yr elfen *bod* fel rheol gan dreiglad medal, awgrymodd yr Athro hefyd ei bod yn bosibl fod *G-* wedi ei cholli ar ddechrau'r enw. Os felly, y ffurf gysefin fyddai *Gewryd*, ac awgrymodd fod yr enw yn tarddu o'r hen air *gawr*, sef bloedd. Mae'n anodd penderfynu, gan fod yr enwau hyn wedi diflannu o'r iaith, ond gellir derbyn yn hyderus mai enw personol gwrywaidd yw'r ail elfen.

Roedd *Bodewryd* yn un o'r tai mawr ym Môn lle câi'r beirdd groeso a nawdd. Canodd Lewys Môn, Gruffudd Hiraethog, Siôn Brwynog ac eraill i deulu *Bodewryd*. Yn ei farwnad i Huw Gwyn ap Dafydd ap Rhys, a fu farw ar ddydd Nadolig 1562, mae Siôn Brwynog yn disgrifio'r galar, a oedd yn fwy dirdynnol yng nghanol llawenydd yr ŵyl:

> Gŵyl ym Môn heb gael mwnai,[12]
> Gŵyl drist [iawn?], galed i rai;
> Dŵr du, O nawdd Duw o'r dig!
> Dilyw ar Dduw Nadolig.
> Mae diwraidd ym Modewryd
> Mawr, boed gwell marw y byd. (CMDB)

Fodd bynnag, caiff y bardd gysur o'r ffaith fod gan Huw Gwyn etifedd teilwng:

> Egin iawn barch, gwyn ein byd
> O fod aer i Fodewryd. (CMDB)

Fel y dangosodd Dafydd Wyn Wiliam, parhaodd teulu *Bodewryd* i noddi'r beirdd yn hanner cyntaf y ddeunawfed ganrif, a cheir cywydd gofyn doniol gan Lewis Morris tua 1735 (CMDB).

Bodfa

Saif *Bodfa* ar gyrion pentref Llangoed. Er mai enw ar dŷ gweddol ddiweddar yw *Plas Bodfa* bellach, mae cofnodion

12 *mwnai* = arian

o'r enw *Bodfa* i'w gweld drwy'r canrifoedd. *Bodfa* oedd enw'r hen drefgordd. Fe'i nodwyd fel *botva* yn 1330 (Penrhyn) ac fel *Bodva* yn yr un ffynhonnell yn 1413, 1443, 1505 ac 1590. Yng nghasgliad ychwanegol Penrhyn (PFA) cofnodwyd *Bodva* a *Bodua* yn 1381. Ym mhapurau Baron Hill o 1605 ceir cyfeiriad at *Tythyn Bodva vchafe* a *Tythyn Bodva Issaphe*, ac ym mhapurau Bodorgan o 1751 gwelir *Bodva Bach o*[therwise] *Bodva Fechan*. Er bod cyfeiriad at *yskuborie Bodva* ym mhapurau Tynygongl yn 1735, am ryw reswm ceir *Bodvagh* o 1754 a *Bodvach* o 1769 yn yr un ffynhonnell. Mae'n ymsefydlogi yn y ffurf *Bodfa* yn ATT yn niwedd y ddeunawfed ganrif ac o hynny ymlaen.

Yr elfen gyntaf yw *bod*, sy'n gyfarwydd iawn, sef 'preswylfa'. Felly, dylai'r ail elfen ddweud ychwaneg am y breswylfa hon. Dylai awgrymu eiddo pwy ydoedd neu ei disgrifio mewn ryw fodd. Ond y cwbl sydd gennym yw'r ôl-ddodiad *–fa*. Fodd bynnag, mae'r *–fa* yma yn eiryn bach eithaf diddorol. Mewn Celteg defnyddid y gair *magos* am faes neu dir gwastad. Datblygodd hwn i fod yn *ma* yn Gymraeg. Fe'i ceir fel rhagddodiad, a phryd hynny fe'i dilynir gan dreiglad llaes ar ddechrau'r elfen sy'n ei ddilyn. Pan fo'n rhagddodiad, mae'n cadw'r ystyr 'maes' neu 'wastadedd'. Gellir gweld hyn mewn enwau megis *Machynlleth*. Yr hyn sydd gennym yno yw *ma* (gwastadedd) + *Cynllaith* (enw personol). Os down i Fôn, gwelwn *Mathafarn*, sef lle gwastad a thafarn arno. Gellir cael yr un geiryn bach *ma* ar ddiwedd gair hefyd a phryd hynny mae'n treiglo'n feddal i fod yn *–fa*. Mae gan Syr Ifor Williams drafodaeth ddifyr am y ôl-ddodiad hwn (ELleoedd). Fel ôl-ddodiad, yr ystyr yn syml yw 'lle'. Mae'n gyffredin iawn mewn enwau tai, megis *Preswylfa*, *Disgwylfa*, *Arosfa*, *Gorffwysfa*, gyda'r ystyr o le i breswylio, i ddisgwyl, i aros ac i orffwys ynddo. Gan mai *bod* yw elfen gyntaf *Bodfa*, mewn gwirionedd nid yw'r ôl-ddodiad yn gwneud dim mwy nag ategu'r ystyr o le i fyw ynddo. Yn wir, ceir fwy neu lai yr un ystyr yn nwy elfen yr enw.

Bodfardden

Heddiw saif yr anheddau *Bodfardden-ddu* a *Bodfardden-wen* rhwng Llanfaethlu a Llanfwrog, ond mae cyfeiriadau at drefgordd *Bodfardden* yn mynd yn ôl ymhell. Y cyfeiriad cynharaf a welwyd hyd yn hyn yw'r ffurf *Bodewarnan* yn Stent Môn o 1284 (Ex.Ang). Gwelir *w* yn hytrach nag *f* yma, ond, fel y gwelsom wrth drafod enwau *Bodewran* a *Bodewryd*, mae ymgyfnewid rhwng *w* ac *f* yn nodwedd eithaf cyffredin. *Boduarthan* a gofnodwyd yn 1352 (Rec.C) a *Botvarthan* yn 1478/9 (LlB). Cofnodwyd *bodvarthan* yn 1590 (Penrhyn); *Bodfarthan* yn 1600 (Pres.) a *Bodfarthen* yn 1691 (Pres.). Y ffurf fynychaf yn ATT yn y ddeunawfed ganrif oedd *Bodfardden*, a hon yw'r ffurf gydnabyddedig bellach.

Mae'r elfen gyntaf *bod* yn hollol amlwg, sef 'preswylfa', ond mae'r ail elfen yn fwy anodd ei dehongli. Awgryma'r cofnodion cynharaf mai *Farthan* sydd yma. Gan y dilynir yr elfen *bod* gan dreiglad meddal mae hyn yn rhoi *Barthan* neu *Marthan* inni. Cynigiodd Gwenllian Morris-Jones, gan ddarllen y ffurf fel *Barddan*, mai ffurf fachigol ar y gair 'bardd' oedd yma (GM-J). Ond mae'n anodd iawn cytuno â'i damcaniaeth, ac nid yw GPC yn cynnwys y fath ffurf. Go brin y byddai merch Syr John Morris-Jones wedi cael ei swyno gan syniadau ffansïol Trebor Môn i beri iddi weld cysylltiadau barddol yn yr enw. Ei ddehongliad ef oedd mai *barddlen* oedd yr ail elfen a bod yma gyfeiriad at y 'Derwydd-feirdd' (ELlMT).

Tybed nad enw personol oedd *Barthan*? Mae'n bosib fod rhywfaint o ymyrryd wedi bod â'r enw, a bod rhywun wedi tybio mai ffurf lafar oedd y terfyniad *-an* a'i newid yn fwriadol i'r ffurf *-en*. Ymddiheurodd Melville Richards am 'ddyrnu ar enwau personol o hyd' (ETG). Sôn am yr elfennau a gyplysir â *bod* yr oedd yntau ar y pryd, gan orfod cyfaddef fod cynifer o enwau personol wedi diflannu o'r iaith bellach fel nad oes modd inni eu hadnabod. Efallai, yn wir, mai un o'r rhain oedd *Barthan*.

Bodgadfa

Lleolir *Bodgadfa* ychydig i'r de o Amlwch. Mae'r enw hwn yn addas iawn i ddangos mor wir oedd rhybudd Syr Ifor Williams i beidio â chymryd unrhyw beth yn ganiataol wrth drafod enwau lleoedd, a pheidio â dibynnu ar ffurfiau modern i geisio dod at yr ystyr. Er mai *Bodgadfa* yw'r ffurf heddiw, fe welir o gofnod ATT yn 1753 mai *Bodgadfedd* oedd y ffurf bryd hynny. Felly hefyd yn 1760 yn yr un ffynhonnell. Fodd bynnag, erbyn 1768 fe'i nodwyd fel *Bodgadfa* yn ATT ar gyfer y flwyddyn honno. Eto nid yw'r atgof am *Bodgadfedd* wedi llwyr ddiflannu. Cofnodwyd *Bod Gadfedd* ym mhapurau Porth yr Aur yn 1778, a'r un ffurf yn ATT yn 1792. Nodwyd y ffurf ryfedd *Bodgad fa* yn RhPDegwm yn 1841. Sut mae esbonio'r newid? Mae'n amlwg mai *Bodgadfedd* oedd yr enw ar y dechrau, a rhaid tybio mai *bod* + *Cadfedd* oedd yr elfennau. Cynigiodd Melville Richards mai hen enw personol arall a aeth i ebargofiant oedd *Cadfedd*.

Mae'n bosib fod yr elfen *Cadfedd*, a oedd yn air anghyfarwydd, wedi troi yn *Cadfa* yn hollol naturiol gyda threigl amser, ond ni ellir llai nag amau fod yma ymyrryd bwriadol. O gofio mor hoff yr ydym o weld olion hen frwydrau (hollol ddychmygol gan amlaf) mewn cynifer o enwau lleoedd, nid rhyfedd fod y posibilrwydd o 'gadfa' wedi tanio dychymyg ein hynafiaid. Anghofiwyd am *Gadfedd*, ac yn ddiau, o fabwysiadu'r ffurf *Bodgadfa*, byddai'r syniad o faes y gad wedi esgor ar ambell hanesyn pur waedlyd am y lle.

Bodgedwydd

Lleolir annedd *Bodgedwydd* i'r gogledd o Aberffraw. *Bodgedwydd* hefyd oedd enw'r hen drefgordd. Daw'r cyfeiriad cynharaf a welwyd hyd yma o 1291 yn y ffurf *Bodgedewez* (Tax. Nich.). Ffordd o ddynodi'r sain *dd* yw'r *z* ar y diwedd. *Bodgedwith* a gofnodwyd yn 1535 (ValEcc.) ac yn 1586 (PCoch), a *Bodgedwyth* yn 1695/6 (Llig). Er mai *Bodgedwedd* sydd ym mhapurau Bodorgan yn 1749 a *Bodgedwy* heb y terfyniad yn ATT yn 1773, mae'r ffurf yn ymsefydlogi i fod yn *Bodgedwydd* fwy neu lai o hynny ymlaen.

Mae'r elfen gyntaf *bod* yn gwbl gyfarwydd erbyn hyn. Yr ail elfen sy'n peri trafferth. Tybed a ddylid ystyried mai *cedowydd* sydd yma? Planhigyn o deulu'r ffenigl yw hwn. Yr enw Saesneg yw 'fleabane', ac mae'r enw yn awgrymu'r defnydd a wneid ohono gynt. Gwelir yr un awgrym yn yr enw gwych arall arno yn Gymraeg, sef 'llewyg y chwain'. Gallai ei gyfuno â *bod* ddisgrifio man lle tyfai llawer o'r planhigion hyn. Fodd bynnag, fe seinir yr *o* yn gadarn yn *cedowydd*, ac yn wir, defnyddir y ffurf *cedorwydd* yn aml amdano. Felly, mae'n bur annhebygol y byddai'n cael ei gywasgu yn *cedwydd*. Barn Melville Richards oedd mai un arall o'r enwau personol a gollwyd o'r iaith oedd *Cedwydd*, ac mae'n fwy na thebyg mai ef oedd yn iawn – fel arfer.

Bodgylched a Llechylched

Mae *Bodgylched* yn enw ar annedd ar gyrion Biwmares, a hefyd yn enw ar lyn gerllaw. Nodwyd *Llyn Bodgylched* yn safle o ddiddordeb gwyddonol arbennig oherwydd niferoedd ac amrywiaeth yr adar sydd yn byw ac yn gaeafu arno a'r tir corslyd o'i gwmpas. Cofnodwyd yr enw yn 1359/60 fel *Bodgelgeth* gan gopïwr a oedd yn amlwg yn ddi-Gymraeg (Rec.C). Erbyn 1593 mae'r ffurf a nodwyd yng nghasgliad Henllys yn fwy cyfarwydd, sef *Bodgilched*. Mae'r sillafiad yn ymsefydlogi yn *Bodgylched* ym mwyafrif cofnodion ATT yn y ddeunawfed ganrif. Unwaith eto, mae'r elfen gyntaf *bod* yn cyfeirio at breswylfa, ond rhaid pendroni dros yr ail elfen.

Ai un o'r llu o enwau personol a gollwyd o'r iaith yw *Cylched*? Dylid ystyried enw arall o Fôn, sef *Llechylched*. Plwyf yng ngorllewin yr ynys yw hwn. Mae'r elfen gyntaf *llech* yn dynodi fod yma unwaith faen go fawr a oedd yn ddiau yn coffáu rhyw ŵr sanctaidd. Felly, mae'n awgrymu mai enw personol a fyddai'n dilyn yr elfen *llech*. Cynigiwyd mai *Ylched* oedd ei enw, er na wyddom ddim amdano (ETG; ELlMôn). Ai'r un enw sydd yn *Bodgylched* a *Llechylched*? Mae'n demtasiwn neidio i gasgliad o'r fath. Ond, o astudio ffurfiau'r enw *Llechylched* drwy'r blynyddoedd o'r cofnodion cynharaf, megis *Llachylchet* yn 1389/90 (Sotheby) ac yn 1483 (BH), ni welwyd enghraifft o gynnwys *g* yng nghanol yr enw. Os ceir *g* mae'n rhan o'r cyfuniad *gh* a ddefnyddid i gyfleu'r sain *ch* gan gopïwr di-Gymraeg, fel yn y ffurf *Lleghilcheth* o 1477 (Cart.Pen.). Ni welwyd chwaith enghraifft o hepgor yr *g* o ganol enw *Bodgylched*. Felly, efallai fod yn rhaid tybied fod yna unwaith ddau enw personol gwahanol, sef *Cylched* ac *Ylched,* er mor debyg oeddynt. Yn anffodus, yn fwy na thebyg ni wnawn byth ddarganfod pwy oedd y naill na'r llall.

Ceir annedd o'r enw *Gylched* i'r dwyrain o Langefni. Mae *cylched* yn digwydd fel enw gwrywaidd yn yr ystyr o gynfas neu wely, ond mae'r treiglad meddal ar ddechrau'r enw *Gylched* yn awgrymu fod y fannod wedi ei cholli, ac mai enw benywaidd unigol sydd yma. Fe'i ceir hefyd fel enw a all fod yn wrywaidd neu'n fenywaidd yn yr ystyr o gylchyniad neu rywbeth sy'n cylchynu, megis fframwaith. Ystyr amwys iawn yw hon, ac mae'n anodd dweud beth a olygir yn enw'r annedd ger Llangefni, ond rhaid casglu nad enw personol sydd yma.

Bodgynda a Pentre Cyndal

Lleolir *Bodgynda* ym mhlwyf Llaneugrad i'r de-orllewin o Frynteg. Mae'n ddiddorol sylwi sut y datblygodd yr enw hwn. Cofnodwyd y ffurf *Bodgynda* sawl gwaith yn ATT yn ail hanner y ddeunawfed ganrif, ond o fynd ymhellach yn ôl gwelir enw tra gwahanol. *Botkendalo* a nodwyd yn 1352 (Rec.C), sydd yn rhoi rhyw gymaint o awgrym inni beth oedd tarddiad yr enw, ac mae'r *Bodgynddel*, a gofnodwyd yn 1549, yn ei ddangos yn fwy eglur.

Mae'n amlwg mai *Bodgynddelw* oedd yr enw i gychwyn,

ac mai'r enw personol *Cynddelw* oedd yr ail elfen. Trodd yn *Bodgynddel* drwy golli'r *w* o ddiwedd *Cynddelw*. Mae hyn yn ddatblygiad digon cyffredin, gan fod tuedd i golli'r *–w* derfynol mewn geiriau deusill neu luosill sydd yn diweddu yn *–rw*, *–lw*, neu *–nw,* e.e. *cefnderw* > *cefnder*; *arddelw* > *arddel*. Gwelir enghraifft ddiddorol o'r broses hon yn enw'r afon *Ogfanw* a drodd yn *Ogfan*, yna yn *Ogwan* cyn cael ei fireinio i fod yn *Ogwen* gan y 'gwybodusion'. Mor hawdd oedd i ffurf bresennol *Bodgynda* arwain Lewis Morris ar gyfeiliorn. Meddai, mewn llythyr at ei frawd William: 'Bodgynda came from Cyndaf mentioned in Cyfoesi Myrddin a Gwenddydd', ac mae'n gamddehongliad hollol ddealladwy (ML).

Lleolir *Pentre Cyndal* yn Rhoscolyn. Pam y cyplyswyd yr enw hwn ag enw *Bodgynda*? Y rheswm yw mai *Cynddelw* oedd ail elfen yr enw hwn hefyd ar un adeg. *Pentre Cyndal* sydd yn y CCPost. *Pentre Kynddel* oedd ym mhapurau Bodorgan yn 1639, a *Pentre-cynddal* ar fap OS 1839–41. Unwaith eto collwyd yr *–w* derfynol. Ond mae'r tebygrwydd rhwng enw *Bodgynda* a *Phentre Cyndal* yn mynd yn ddyfnach na hynny. Yn wir, bron na ellid dweud mai'r un ystyr sydd i'r ddau enw. Newidiodd ystyr *pentref* dros y canrifoedd. I ni heddiw mae'n golygu uned lai na thref, ond mewn enwau lleoedd gall gyfeirio'n syml at fferm neu annedd unigol. Gellir dweud mai 'cartref Cynddelw' yw ystyr *Bodgynda* a *Phentre Cyndal*. Cofnodwyd annedd o'r enw *Llain Cyndal* yn Llanddona yn RhPDegwm 1846.

Digwyddodd rhywbeth tebyg i'r hyn a welwyd yn *Bodgynda* a *Phentre Cyndal* yn enw *Dolgynfydd*, sydd rhwng Caeathro a Phont-rug yn Arfon (HEALlE). *Dol gynthell* oedd ffurf hwnnw yn 1588, ac mae'n amlwg mai *Dôl Gynddelw* oedd yr enw gwreiddiol, ond erbyn heddiw mae ffurf yr enw hwn wedi crwydro ymhellach o'i wreiddiau nag a ddigwyddodd yn enwau *Bodgynda* a *Pentre Cyndal*. Ar ôl colli'r *–w* ar ddiwedd *Cynddelw*, gwelwyd yr un ffurf yn ail elfen y tri enw am gyfnod, sef *Bodgynddel, Pentre Kynddel* a *Dol-gynddel*. Ond wedyn mae datblygiad yr enwau yn wahanol. Mae'n rhyfedd sut y datblygodd yr enw *Cynddelw* i fod yn *–gynda* yn *Bodgynda*, yn *Cyndal* yn *Pentre Cyndal*, ac yn *–gynfydd* yn *Dolgynfydd*.

Bodior

Annedd yn Rhoscolyn, â'i gnewyllyn yn dyddio'n ôl i'r unfed ganrif ar bymtheg, yw *Bodior*. Ar yr olwg gyntaf gellid tybio mai elfennau'r enw yw *bod* + *iôr*. Er ein bod ni bellach yn tueddu i ddefnyddio *Iôr* i gyfeirio'n benodol at Dduw, rhaid cofio mai enw cyffredin yw *iôr*, a ddefnyddid yn aml iawn yn yr oesoedd canol yn gyfystyr ag arglwydd neu bennaeth. Hawdd y gellid tybio, felly, fod *Bodior* yn perthyn i'r un garfan o enwau â *Bodlew* a *Llyslew* ym Môn, a *Bodfel* a *Bodeilias* yn Llŷn, gyda'r ystyr o breswylfod arglwydd neu bennaeth.

Fodd bynnag, o edrych ar gofnodion cynharaf yr enw, fe welir nad *–o–* sydd yn yr ail sillaf, ond *–a–*. Y cyfeiriad cynharaf a welwyd hyd yn hyn yw'r un ym mhapurau Baron Hill o'r flwyddyn 1620, sy'n cyfeirio at *Bodyar* a *Melin Bodyar*. Cofnodwyd *Bodiar* ym mhapurau Henllys yn 1659. Ceir *Bodiar* hefyd yn ATT yn 1745 ac 1753. *Bodjar* oedd ar fap John Evans yn 1795: rhyw fympwy orgraffyddol yw'r *j*, ac nid yw'n effeithio ar yr ynganiad. Gwelir y *j* eto ar fap OS 1839–41, ond *–o–* yn hytrach nag *–a–* sydd yn yr ail sillaf erbyn hynny. *Bodior* sydd ar y map OS cyfredol.

Mae'r ffaith mai *–a–* a geir yn yr enw yn y cofnodion cynharaf yn sicr yn bwrw amheuaeth ar yr ystyr o 'breswylfod arglwydd'. Os nad *iôr* sydd yma, beth yw'r elfen sy'n dilyn *bod*? Nid oes neb wedi mynd mor bell â chynnig mai *iâr* sydd yma! Fodd bynnag, mae gan Tomos Roberts awgrym pur dderbyniol. Ei gynnig ef yw mai *Bodiardd* neu *Bodiarth* oedd yma, ond fod y gytsain derfynol wedi ei cholli (PTR). Byddai hyn yn rhoi'r ystyr o naill ai *bod* + *gardd*, neu *bod* + *garth*. Mae dwy brif ystyr i *garth*, sef gallt goediog neu le wedi ei amgáu, megis buarth neu gorlan.

Bodiordderch a Hafoty Rhydderch

Trafododd Melville Richards yr enw cymhleth hwn mewn erthygl gynhwysfawr a gyhoeddwyd ym mlwyddyn ei farw, sef 1973 (TCHNM). Efallai y byddai'n werth dilyn y patrwm a osododd ef yno ac olrhain datblygiad eithaf dyrys yr enw trwy'r canrifoedd cyn mynd ati i'w esbonio. Fel enw trefgordd yn ardal Llanddona a Llansadwrn y gwelir y cyfeiriadau cynnar at *Bodiordderch*, er y byddai'n anodd ei adnabod o'r cyfeiriad cynharaf a welwyd hyd yn hyn, sef *Botarthar* o 1352 (Rec.C). Mae David Longley, mewn erthygl sydd yn trafod y tŷ canoloesol, yn tueddu i dderbyn *Bodarddar* fel yr enw dilys am y rhan hon o drefgordd *Crymlyn* (TCHNM, 2007). Efallai y dylem droi yn hytrach at dystiolaeth y cofnodion. Yn 1457 ym mhapurau Baron Hill ceir cyfeiriad at 'hamlett Botteortherch in vill Crymlyn hylyn'. Ceir nifer o gyfeiriadau at yr enw *Bodiordderch* ym mhapurau Baron Hill yn y cyfnod hwn, a'r sillafiad yn amrywio gryn dipyn: *Boteorther'* yn 1460; *Botearthagh* yn 1462–3; *Botyorthergh* yn 1498. Ymgais rhywun di-Gymraeg i gyfleu'r sain *ch* a welir yma. Yn yr un ffynhonnell yn 1511 mae gwell siâp ar yr enw, sef *Bothyortherch*; felly hefyd *Bottyortherch* yn 1580 a *Bottyordderch* yn 1640. Yna daw newid arwyddocaol. Yn 1694–5 cofnodwyd *Bottyordderch*, ond yn 1696 ceir *havotu ordderch*, y ddau gofnod eto ym mhapurau Baron Hill.

Erbyn hyn rydym wedi symud oddi wrth y cyfeiriadau at y drefgordd i gofnodi fwyfwy yr annedd o'r enw *Bodiordderch* neu *Hafoty*, fel y cyfeirir ato'n amlach o ddechrau'r ddeunawfed ganrif ymlaen. Mae tŷ canoloesol *Hafoty* i'w weld hyd heddiw yn Llansadwrn, bellach wedi ei adfer a'i atgyweirio gan Cadw. Ar un adeg honnid mai hwn oedd cartref Henry Norris, a oedd yn Gwnstabl Castell Biwmares yn 1535. Fodd bynnag, mae David Longley yn dadlau fod cymysgu wedi bod yma rhwng dau ŵr gwahanol o'r enw Norris, neu Norres, a chanddynt gysylltiadau â Biwmares. Dywed fod yr eiddo wedi dod i ddwylo'r teulu

Bulkeley yn 1511 ac wedi aros yn eu dwylo hyd yr ugeinfed ganrif (TCHNM, 2007).

Sut a pham y newidiwyd yr enw i *Hafoty*? Ceir nodyn arwyddocaol ym mhapurau Baron Hill o'r flwyddyn 1585: 'Edward lewis gethin his dayrye house in llansadurne'. Ar y cofnod mae rhywun wedi nodi'r geiriau 'Hafodty Ortherch' mewn llaw ddiweddarach. Mae'r eiddo bellach yn nwylo gŵr o'r enw Edward Lewis Gethin ac yn cael ei ddefnyddio fel lle i gadw buches odro dros yr haf, hynny yw, fel hafod neu hafoty. Ystyr *hafod* yw *haf* + *bod*, sef 'llety'r haf'. Arferai'r ffermwyr a'u da symud o'r hendref i'r hafod yn yr haf, fel rheol o Galan Mai hyd Awst neu Fedi. Yr oedd yr hafodydd ar y cyfan ar dir rhwng 600 troedfedd a 1000 troedfedd ar ymylon ffridd neu lechwedd mynydd, ond mae'n amlwg fod llawer annedd o'r enw *hafod* ar dir is na hyn, a byddai hyn yn arbennig o wir am ardaloedd gweddol isel fel Môn. Rhaid casglu nad yw'r rhain yn hafodydd yng ngwir ystyr yr enw, ond yn hytrach eu bod wedi eu henwi ar ôl porfa fras lle anfonid yr anifeiliaid i'w pesgi dros yr haf.

Yn raddol anghofir yr enw *Bodiordderch* a cheir mwy a mwy o gyfeiriadau at *Hafoty Ordderch*. Cofnodwyd *havotu ordderch* yn 1696 a *Havotty Ordderch* yn 1713 (BH), a cheir sawl cyfeiriad at y ffurf hon yn ATT a phapurau Baron Hill trwy gydol y ddeunawfed ganrif. Fodd bynnag, cafwyd un amryfusedd pur ryfedd yn hanes yr enw yn y ganrif honno. Fe'i cofnodwyd fwy nag unwaith yn yr ail ganrif ar bymtheg fel *Bottyordderch*, ac mae'n bosib mai'r ffurf honno a barodd i rywun ei ddehongli fel 'Abboty Ordderch'. Mae Melville Richards yn amau mai'r Morrisiaid oedd y tu ôl i'r ymyrryd. Fe'i nodwyd yn ail gyfrol y *Cambrian Register* yn 1796 fel 'Abatty Ordderch (Rydderch) Llansadwrn' mewn rhestr o adfeilion honedig mynachlogydd, abatai a chapeli ym Môn. Yn ffodus, ni chydiodd y syniad cyfeiliornus hwn. Fodd bynnag, yn y nodyn yn y *Cambrian Register* gwelwn y cam nesaf yn hanes dyrys yr enw.

Cyn symud ymlaen i ystyried yr elfen *Rhydderch*, efallai y dylem ystyried unwaith yn rhagor y ffurf *Bodiordderch*.

Yn *Enwau Tir a Gwlad* dywed Melville Richards mai *bod* + *Yordderch* oedd elfennau'r enw. Meddai, yn eithaf hyderus: 'Enw personol digon anghyffredin yw *Yordderch*, ond mae'r dystiolaeth yn eglur'. Yn yr erthygl o 1973 mae'n rhoi'r enw fel *Iordderch*, a dywed mai'r elfennau oedd *ior* ('arglwydd') + *derch*, elfen a welir yn *Rhy**dderch*** ac *ar**dderch**og* (TCHNM). Awgryma mai 'blaenllaw' neu 'anrhydeddus' fyddai ystyr *derch*. Mae'r Athro yn cyfaddef ei fod yn enw personol prin iawn, ond mae'n rhoi enghreifftiau ohono o'r bedwaredd ganrif ar ddeg, eithr o Geredigion nid o Fôn. Cyndyn iawn yw David Longley i dderbyn yr enw *Iordderch*, ac mae ef yn cynnig y posibilrwydd mai'r hyn sydd gennym yma yw naill ai *Ardderch* neu *Iarddur*, y ddau yn enwau gwŷr a roddodd eu henwau i welyau yn nhrefgorddau cyfagos Mathafarn Eithaf a Llanddyfnan. Bid a fo am hynny, mae'n rhaid wynebu'r ffaith fod gennym lu o gofnodion pendant drwy'r oesoedd canol o'r ffurf *Bodiordderch* (mewn amrywiol sillafiadau).

A bellach mae'n bryd inni ystyried sut y trodd yr enw i fod yn *Hafoty Rhydderch*. Mae gennym hen air yn y Gymraeg, sef *gordderch* â'r ystyr o gariadfab neu gariadferch, ond gyda'r awgrym mai perthynas lai na pharchus oedd hon, yn golygu anffyddlondeb i gymar cyfreithlon. Gallai hefyd olygu godinebwr neu butain. Daethpwyd i dybio'n ddiau mai *gordderch* oedd yr ail elfen yn yr enw *Hafoty Ordderch*. Fel y gwelsom sawl tro, dyma gyfle i'r 'gwybodusion' roi eu pig i mewn, a cheir newid bwriadol yn ffurf yr enw. Oni fyddai *Hafoty Rhydderch* yn enw llawer mwy parchus a derbyniol ar yr annedd? Defnyddiwyd y ffurf *Hafoty Rhydderch* rywfaint yn y bedwaredd ganrif ar bymtheg: *Havotty Rhyderch* oedd y ffurf yn RhPDegwm plwyf Llanddona yn 1846, ond yn raddol trodd yn syml yn *Hafoty*. Nid cyn i gryn ddifrod gael ei wneud, fodd bynnag. Aeth yr hynafiaethwyr ati i geisio olrhain pwy oedd y Rhydderch hwn, er y gwyddom ni bellach nad oedd wedi bodoli erioed. Aeth Angharad Llwyd mor bell â honni mai cyfeiriad sydd yma at Rydderch ap Dafydd ab Ieuan ab Ednyfed ap Gruffudd, y gwyddom ei fod yn siryf Môn yn 1544–5 (Arch.Camb., 1848). Nid oedd unrhyw sail i'w honiad heblaw dychymyg byw a'r ffaith fod yna ryw gysylltiad rhwng y Rhydderch hwn a'r teulu Bulkeley, ond yr oedd hynny'n wir am hanner Sir Fôn. *Hafoty* yn syml yw enw'r tŷ erbyn hyn ac anghofiwyd am yr holl droeon rhyfedd yn ei ddatblygiad.

Bodlasan

Lleolir *Bodlasan Fawr* a *Bodlasan Groes* i'r gorllewin o Lanfachreth. Gan y gwyddom mai 'preswylfa' yw ystyr yr elfen *bod*, rhaid canolbwyntio ar yr elfen *glasan*. Defnyddir *glasan* ambell dro fel ffurf ar *glasanen*, sef y pysgodyn a adwaenir fel 'penllwyd' ('grayling'). Disgwylir enw personol neu ansoddair fel rheol ar ôl yr elfen *bod*. Byddai'n eithaf anarferol cael enw pysgodyn ar ôl *bod,* a byddai cael y ffurf unigol yn fwy annisgwyl fyth. Fodd bynnag, mae'n bosibl cael ffurf unigol ar enw pysgodyn mewn enw lle: y ffurf unigol *swtan*, sef 'whiting pout', nid y lluosog *swtanod*, sydd yn enw *Porth Swtan*, yng ngogledd-orllewin Môn. Efallai hefyd mai'r ffurf unigol *gwrach* yn cyfeirio at bysgodyn ('wrasse') sydd yn enw *Porth y Wrach* ym Mhorthaethwy yn hytrach na chyfeiriad at ddewines. Mae *Bodlasan Fawr* a *Bodlasan Groes* yn eithaf agos at y môr, ond yn sicr nid ar lan y môr, ac mae hyn yn codi amheuon ynglŷn â'r pysgodyn.

Cyfeiriodd R. J. Thomas at afon o'r enw *Glasan* yn yr hen Sir Faesyfed (EANC). Gan mai afon sydd dan sylw, awgrymodd ef y gallai *Glasan* fel enw afon fod yn gysylltiedig â'r ansoddair *glas*, a fyddai'n cyfeirio at liw'r dŵr. Fodd bynnag, mae hefyd yn cyfaddef fod *Glasan* yn debyg iawn i'r enw personol Gwyddeleg *Glassán*. Daw'r cyfeiriad cynharaf a welwyd at *Bodlasan* o 1641 ym mhapurau Prysaeddfed yn y ffurf *Bodlassan*. Ni ddylid ystyried yr *s* ddwbl fel cadarnhad mai'r enw Gwyddeleg sydd yma, ond yn hytrach golyga nad oedd yr orgraff wedi ymsefydlogi ddigon i gael unrhyw gysondeb yn y sillafu. Yn wir, yn 1653, yn yr un ffynhonnell sillefir yr enw yn *Bodlasan*, ond mae'r *s* ddwbl yn ailymddangos yn 1713 ac 1757 (BH). *Bodlasen bach* a *Bodlason vawr* sydd yn RhPDegwm yn 1845.

Cynigiodd Melville Richards yntau mai enw personol oedd *Glasan*, er nad yw'n awgrymu mai enw Gwyddeleg ydoedd. Unwaith eto, rhaid tybied fod yma enghraifft o'r elfen *bod* yn cael ei chyplysu ag enw personol sydd bellach wedi diflannu.

Bodlew a Llyslew

Mae'r ddau annedd *Bodlew* a *Llyslew* yn eithaf agos at ei gilydd, er bod *Bodlew* ym mhlwyf Llanddaniel-fab a *Llyslew* yn y plwyf nesaf, sef Llanidan. Goroesodd digonedd o gyfeiriadau at *Bodlew* drwy'r canrifoedd. Fodd bynnag, rhaid bod yn ofalus wrth drafod yr enw hwn. Mae'n wir fod *Bodlew* yn enw ar drefgordd ym mhlwyf Llanddaniel-fab, ond yr oedd yna drefgordd arall ym Môn o'r enw *Bodlew*. Roedd honno ym mhlwyf Llantrisant. Cyfeirid at hon weithiau fel *Tregwehelyth*. Canolbwyntiwn yma ar y cyfeiriadau at *Bodlew* Llanddaniel-fab gan eu bod yn llawer mwy niferus.

Yn 1352 cofnodwyd y ffurf *Bodelew* (Rec.C). Gwelwyd y ffurf a ddefnyddir heddiw, sef *Bodlew,* mor gynnar ag 1360 (Cglwyd). Ond cofnodwyd *Bodlewe* yn 1421/2 (LlB), yn 1472 (BH), yn 1565 (PCoch) ac yn 1569 (Rec.C.Aug). Gwelir y ffurf *Bodlew* unwaith yn rhagor yn 1589 (LlB) ac yn 1599 (Cglwyd). Ambell dro gwelir caledu'r *d* yn *t*: cofnodwyd *Botlew* yn 1405 (PFA). Ceir ambell enghraifft o *Bodlaw* yn ATT yn y ddeunawfed ganrif.

Mae hanes enw *Llyslew* ychydig yn fwy cymhleth. *Llys Lew* sydd ar y mapiau OS diweddaraf, ond *Llys-llew* oedd ar fap OS 1839–41, a *Llysllew* yn 1887–8. Nodwyd *Llysllew* ar fap OS mor ddiweddar ag 1960. Mae Melville Richards yn ei nodi fel *Llysllew* yn AMR ond yn cyfeirio ato fel *Llyslew* yn ETG. O'r cyfeiriadau gweddol gynnar a gadwyd o'r enw,

Llyslew sydd yn y mwyafrif o bell ffordd. Yn wir, map OS 1839–41 yw un o'r enghreifftiau cynharaf a welwyd o'r ffurf *Llysllew*. Yng nghofnodion y Cyfrifiad nodwyd *Llysllew* yn 1841, ond yn 1851 ac 1871 ceir y ffurf ryfedd *Llys y llew*. Yn 1861 nodwyd *Llys-lew*; yn 1881 ceir *Llyslaw (farm)*, a *Llyslew* yn 1891, 1901 ac 1911.

Beth, felly, yw ystyr ail elfen yr enwau hyn? Mae'r elfennau cyntaf, sef *bod* a *llys*, yn amlwg, ond nid yw ystyr yr ail elfen mor eglur. Er bod cael enw personol ar ôl yr elfen *bod* mewn enw lle yn hynod o gyffredin, ni ddylem gael ein llygad-dynnu i weld y *Llew* yn *Bodlew* a *Llyslew* fel ffurf anwes ar yr enw personol *Llywelyn*. Mae'n debyg mai ffurf anwes gymharol ddiweddar yw *Llew*. Yn yr oesoedd canol, ffurfiau anwes arferol yr enw *Llywelyn* oedd *Llel* neu *Llelo*, a gwelir enghreifftiau o'r rhain mewn nifer o enwau lleoedd.

Bu Melville Richards yn ystyried yn gyntaf y posibilrwydd mai *glew* oedd yn *Bodlew*, yn yr ystyr o ŵr dewr, ond penderfynodd fod *llew* yn fwy tebygol yn *Bodlew* yn ogystal ag yn *Llyslew* (ETG). Mae'n amlwg nad cyfeiriad llythrennol at yr anifail rheibus a olygir yma. Rhaid cofio am ddefnydd trosiadol *llew* am ŵr o dras fonheddig ac am ymladdwr dewr. Roedd y beirdd yn arbennig o hoff o gyfarch eu noddwyr fel llew, draig, eryr, gwalch, hydd, tarw neu flaidd – creaduriaid urddasol a chryf. Fe gofir i Gruffudd ab yr Ynad Coch yn ei farwnad wych gyfeirio at Lywelyn ap Gruffudd fel 'cadarnllew Gwynedd' a 'llew Nancoel'.

Ceir enghreifftiau eraill o goffáu arglwydd dienw mewn enwau anheddau. *Mael*, sef tywysog, sydd yn enw *Bodfel* yn Llannor, Llŷn, ac *eilias*, tywysog neu bennaeth, yn enw *Bodeilias* ym Mhistyll, Llŷn (HEALlE). Mae'r defnydd o *llew* yn *Bodlew* a *Llyslew* ychydig yn wahanol, er mai pennaeth dewr a olygir, gan mai defnydd trosiadol yn hytrach na llythrennol sydd yma. Ni wyddom ai'r un arglwydd a gofféir yn *Bodlew* a *Llyslew*, ac ni wyddom pwy ydoedd chwaith.

Bodlwyfan

Ceir yr enw hwn yn Llanfechell a Llansadwrn, er bod mwy o dystiolaeth am yr un yn Llanfechell. Mae Melville Richards yn fodlon derbyn yr ail elfen *llwyfan* yn ei ystyr arferol, er ei fod yn cyfaddef fod yna enghreifftiau o sillafu'r enw yn *Bodlwyddan* (ETG). Gwelwyd cofnod o'r ffurf hon ym mhapurau Plas Coch yn 1736/7. *Bodlewiddan* a gofnodwyd yn yr un ffynhonnell yn 1792. *Bodelwydden* sydd yn RhPDegwm yn 1842. Tybed a welodd Gwenllian Morris-Jones y cofnod hwn ac mai hyn a barodd iddi awgrymu mai *Bodelwyddan* oedd yma (GM-J)? Fodd bynnag, ni welwyd unrhyw gofnod arall i ategu'r ddamcaniaeth hon. Mae *f* ac *dd* yn gallu ymgyfnewid yn y Gymraeg, fel yn *camfa* a *camdda*, felly nid yw bob amser yn bosibl bod yn bendant ynglŷn â'r sain.

Mae'n anodd gwybod beth oedd y *llwyfan*. Gallai olygu llawr neu ddarn o dir ar dipyn o godiad. Un posibilrwydd arall yw mai'r ffurf amgen gydnabyddedig ar *llwyfen*, sef y goeden ('elm'), sydd yma.

Bodneithior

Dilynir yr elfen gyfarwydd *bod* gan ail elfen anarferol iawn yn yr enw hwn, sef *neithior*. Ystyr *neithior* yn wreiddiol oedd gwledd briodas, ond daeth i olygu'r briodas ei hun gydag amser. Mae'n hen, hen air. Fe'i ceir yng Nghanu Aneirin, lle disgrifir rhyfelwr ifanc a oedd mor awchus am y frwydr fel y byddai'n fwy parod i fynd i'r gyflafan nag i wledd briodas: 'kynt y waet e lawr / nogyt y *neithyawr*'. Ni welwyd enghraifft arall o'r elfen hon mewn enw lle, ac eto mae'n digwydd ddwywaith ym Môn. Lleolir un *Bodneithior* ym mhlwyf Llandyfrydog i'r gogledd-ddwyrain o Lannerch-y-medd, ac mae'r llall ym mhlwyf Llanddyfnan nid nepell o Dalwrn.

Nodir y ffurf *ymodneithir* ['ym Modneithir'] sawl gwaith mewn rhentol y Goron o'r flwyddyn 1549: mae'n debyg mai

Bodneithior Llandyfrydog yw hwn (BH; MWS). Mae'n wir hefyd mai *neithiar* a geir yn rhai o gofnodion ATT yn y ddeunawfed ganrif ar gyfer *Bodneithior* Llandyfrydog, ond mae GPC yn nodi *neithiar* fel ffurf amgen ar *neithior*. *Bodneither* sydd yn RhPDegwm yn 1840 ar gyfer yr annedd yn Llandyfrydog, ond *Bodneithi* yw'r ffurf yn RhPDegwm Llanddyfnan yn 1845. Mae'r holl ffurfiau hyn yn codi rhywfaint o amheuaeth ai *neithior* yw'r elfen, ond mae'n anodd gweld beth arall y gallai fod. A fu gwledd briodas nodedig yn y ddau le, ynteu a oedd yna ryw gysylltiad rhwng y ddau annedd i beri eu bod yn rhannu enw mor anghyffredin?

Bodorgan

Yn wreiddiol yr oedd *Bodorgan* yn enw ar drefgordd ac ar blasty i'r de-orllewin o Falltraeth, ond fe ddaeth yn ddiweddarach i fod yn enw yn ogystal ar yr ardal a'r orsaf reilffordd. Cartref y teulu Meyrick yw *Bodorgan*, teulu a ddaeth i fri yng nghyfnod y Tuduriaid ac sydd yno hyd heddiw. Roedd *Bodorgan* gynt yn un o'r tai lle noddid y beirdd. Canodd Siôn Brwynog (m. 1562) i wychder y tŷ a'i diroedd:

Drem deg, o bai drwm y dydd,
Drwy'r gwydr cawn draw ar goedydd;
Llyn hardd yn y berllan hon
A dŵr a physgod irion (HPRhF).

Ar un adeg tueddid i dderbyn yn ddigwestiwn mai ystyr yr enw *Bodorgan* oedd preswylfa rhywun o'r enw Morgan, ond byddai cipolwg yn unig ar ffurfiau cynnar yr enw wedi dangos yn glir fod ei darddiad yn bur wahanol. Dyma enghraifft arall eto o geisio esbonio ystyr enw o'r ffurf fodern, heb ystyried o gwbl ddatblygiad yr enw. *Bodgorgyn* a gofnodwyd yn 1398/9 (Rec.C), ac yn 1534 (BH). *Bodgorgan* a geir yn 1595 (Ex.P.H-E) ac yn 1677/8 (Penrhos). Ym mhapurau Bodorgan ei hun yn 1749 mae'r cofnod 'Bodorgan alias Bodgorgan' yn dangos ymwybyddiaeth o ffurf gynharach yr enw a'r ffaith ei fod wedi newid. Felly, mae'n amlwg nad *bod* + *Morgan* sydd yma. Yn ddiau, enw personol arall a gollwyd o'r iaith yw *Gorgyn, Gorgan*, *Corgyn* neu *Corgan*, ond mae gennym gyn lleied o dystiolaeth ddibynadwy amdano fel na ellir mentro dweud beth oedd y ffurf wreiddiol.

Bodrida

Mae *Bodrida* ar gyrion gorllewinol Brynsiencyn. Go brin fod angen esbonio'r elfen *bod* bellach, ond mae'r ail elfen yn dipyn o ddirgelwch. *Bodrida* oedd enw'r hen drefgordd hefyd, ond yn 1284 fe'i nodwyd fel *Bodeuryda* (ExAng) ac fel *Bodeurida* yn 1352 (Rec.C) ac yn 1443 (PFA). Rhaid darllen y llythyren *u* yn y ffurfiau hyn fel *v*, a fyddai'n rhoi *f* mewn orgraff fodern. Felly, mae'n amlwg fod yna unwaith *f* yng nghanol yr enw ac y dylid ei ddeall fel *Bodfrida*. Mae'r *f* i'w gweld o hyd yn y ffurf *Bodvreda* yn 1586 (PCoch), ond yn yr un ffynhonnell yn 1658/9 ceir *Bodrida*, ac mae'n ymsefydlogi yn y ffurf honno o hynny ymlaen.

Gan fod *bod* yn cael ei ddilyn gan dreiglad meddal, rhaid tybio mai *Brida* oedd yr ail elfen. Erbyn heddiw mae *–a* yn eithaf cyffredin fel terfyniad enw personol benywaidd, ond byddai'n anodd dod o hyd i enw personol gwrywaidd â'r terfyniad hwn. Fodd bynnag, nid oedd hyn yn wir yn yr oesoedd canol, ac mae Melville Richards yn nodi enghreifftiau o enwau personol gwrywaidd â'r terfyniad *–a* megis *Hwfa* a *Cwna*, ill dau yn enwau a geid ym Môn. Mae'n awgrymu'r posibilrwydd fod *Brida* yn enghraifft arall (ETG).

Bodronyn

Bodronyn oedd sillafiad yr enw hwn drwy'r canrifoedd, ond am ryw reswm mae wedi ei nodi fel *Bod Rhonyn* ar y map OS cyfredol. Lleolir *Bodronyn* ychydig i'r dwyrain o

Lanfair-yng-Nghornwy. *Bodronyn* oedd enw'r hen drefgordd gynt, a chyfeiriadau at y drefgordd yw'r cofnodion cynnar. Y cyfeiriad cynharaf a welwyd hyd yn hyn yw enw'r drefgordd yn Stent Môn yn 1284, wedi ei nodi fel *Boderonyn*. Ceir sawl cyfeiriad at felin ym *Modronyn*, ac yn 1352 cyfeirir ati fel *mol de Bodronyn* a *mol Bodronon* (Rec.C). Talfyriad yw *mol* o'r gair Lladin *molendinum*, sef 'melin'. Mae gan yr hynafiaethydd John Leland gyfeiriad at '*Llyn* (a poole) *Bodronyn*' rhwng 1536 ac 1539. *Bodronyn* yw ffurf yr enw ym mhob cofnod a welwyd wedyn hyd at fap OS 1839–41. Yno mae wedi ei nodi fel *Bod 'r-onen*, sef ymgais fwriadol i roi ystyr dderbyniol i'r enw.

Rhaid cyfaddef nad yw'n enw hawdd ei esbonio. Rydym yn hen gyfarwydd â'r elfen gyntaf *bod* yn yr ystyr o breswylfa. Gwyddom mai enw personol sy'n dilyn yr elfen hon yn aml iawn, ac mae Melville Richards yn awgrymu mai enw personol sydd yma yn yr ail elfen (ETG). *Rhonyn* fyddai hwnnw, fel ag y mae ar y map OS cyfredol, ond y peth naturiol fyddai cael treiglad meddal ar ôl *bod*, a dyna pam y ceir y ffurf *Bodronyn* ym mwyafrif y cofnodion o'r enw. Nid yw'n enw cyfarwydd; yn wir, nid oes gennym brawf iddo fodoli erioed, ond mae'n anodd esbonio'r elfen fel arall. Awgrym Melville Richards oedd mai bôn yr enw oedd *rhawn*. Mae'n mynd ymlaen i nodi fod *Ynysoedd y Moelrhoniaid* yn yr un plwyf, sef Llanfair-yng-Nghornwy, ac mae'n amlwg yn ceisio gweld rhyw gysylltiad rhwng *Rhonyn* a *moelrhon*. Dywed fod y syniad yn 'ogleisiol', ond nid yw'n ei ddilyn ymhellach (ETG). Mae'n arwyddocaol, efallai, fod cyfeiriad yn *Historia Gruffud Vab Kenan* at enw arall ar yr ynysoedd: 'Ac odena yd aethant hyt en enys Adron, sef lle oed hvnnv enys y moelronyeit' (HGVK). Yn yr enw *Ynys Adron* gwelir eto yr elfen *rhon*. Mae Melville Richards yn cyfeirio at enw arall hefyd ar y lle sy'n cynnwys yr un elfen, sef *Rhonynys*.

Efallai y byddai'n werth edrych ar y gair *moelrhon*, sef hen enw am forlo, i weld a yw'n taflu unrhyw oleuni ar yr enw *Rhonyn*. Elfennau'r gair yw *moel* + *rhawn*. Ystyr *rhawn* yw blew hir a garw ar anifail, yn enwedig ceffyl. Ond nid oes gan forlo flew o'r fath; mae ei groen yn llyfn, felly gellid dweud ei fod yn foel o rawn. Er bod *Bodronyn* ac *Ynysoedd y Moelrhoniaid* ym mhlwyf Llanfair-yng-Nghornwy, mae cryn bellter rhyngddynt, ac efallai mai cyd-ddigwyddiad yw fod yr un elfen yn digwydd yn y ddau enw. Fodd bynnag, rhaid ystyried mai *rhawn* yw'r elfen gyffredin yn yr enwau hyn.

Ar gyrion Llanberis mae hen chwarel lechi o'r enw *Glynrhonwy*, ond ffurf gynharach yr enw oedd *Glynrhonwyn*. Mae dau esboniad posib i'r ail elfen *rhonwyn*. Gallai fod yn ansoddair cyfansawdd o *rhawn* + *gwyn*, ac yn wir fe ddefnyddir *rhonwyn* neu *rhawnwyn* yn benodol i ddisgrifio ceffyl a chanddo fwng gwyn neu gynffon wen. Gallai hefyd o bosib fod yn enw personol gwrywaidd *Rhonwyn*, ar batrwm yr enw personol benywaidd *Rhonwen*. Mae GPC yn rhoi ystyr arall iddo yn ogystal â pherchen cynffon wen, sef 'twyllodrus'. A yw'n bosib fod *Rhonwyn* a *Rhonyn* nid yn unig yn enwau personol ond yn llysenwau? Tybed a ellid mynd mor bell â chynnig mai llysenw oedd *Rhonwyn* am rywun twyllodrus, a *Rhonyn* am rywun a chanddo wallt bras fel rhawn?

Bodwigan

Lleolir *Bodwigan* rhwng Llanfaethlu a Llanddeusant. Ffurf yr enw yn 1284 oedd *Bodewygan* (ExAng), ac fe'i nodwyd yn 1352 fel dau air, sef *Bode wygan*, ac fel un gair yn y ffurf *Bodwygan* (Rec.C). Mae ychydig o ddryswch yn sillafiad y cofnod *Bodewgan* o 1443 (Penrhyn) ac 1478/9 (LlB). Ambell dro, fe gollir yr *n* derfynol, ac ymddengys fel petai hyn o fwriad yn hytrach nag yn wall copïo. Mae hyn i'w weld yn y cofnod *Bodwigan alias Bodwiga* o 1599 (CENgh). Yn yr un ffynhonnell yn 1607 nodwyd *Bodwiga'*, gyda chollnod i awgrymu'r llythyren goll. Erbyn ATT yn y ddeunawfed ganrif mae'r enw wedi ymsefydlogi yn ei ffurf bresennol, sef *Bodwigan*.

Yr elfen gyntaf gyfarwydd *bod* yn yr ystyr o breswylfa sydd yma eto, ond mae'r ail elfen yn peri rhywfaint o benbleth. I'r sawl sydd yn adnabod Môn, mae'r enw hwn yn dwyn i gof enw arall â'r un ail elfen, sef *Lledwigan*. Gan fod cael enw personol ar ôl *bod* yn hynod o gyffredin, mae'n naturiol iawn ystyried yn gyntaf mai enw personol oedd *Gwigan*. Wrth drafod *Lledwigan* mae Tomos Roberts a Gwilym T. Jones yn awgrymu hyn, ac yn trawsgyfeirio at *Bodwigan* i gadarnhau'r ddamcaniaeth hon (ELlMôn). Awgrymodd Eilert Ekwall mai'r elfen *gwigan* a welir yn *Wigan*, Sir Gaerhirfryn, ac mae'n cynnig mai enw personol sydd yno hefyd (CODEPN).

Dehongliad Melville Richards, fodd bynnag, oedd mai ffurf fachigol *gwig*, sef 'coedwig', yw *gwigan*, a'r ystyr fyddai coedlan fechan. Nid yw GPC yn cynnwys yr enw cyffredin *gwigan* nac enghreifftiau ohono, ond mae'n derbyn y posibilrwydd mai ffurf fachigol *gwig* sydd yn yr enw *Lledwigan*. Mae'n eithaf posib mai'r un gair a'r un ystyr sydd yn enw *Bodwigan*, ac mai annedd ger coedlan fechan oedd yma hefyd.

Bodwina

Mae *Bodwina* a *Bodwina Bellaf* i'r gogledd-ddwyrain o Walchmai ac i'r gorllewin o Fodffordd. Y cyfeiriad cynharaf a welwyd at yr enw yw'r un o 1352, sef *Bodwyne* (Rec.C). *Bodweney* oedd y ffurf a nodwyd yn 1436 (Cart.Pen.). Cyfeirir at *Bodewiney vchaph* yn 1593 (PCoch). Mae rhyw naws Seisnig i'r ffurf *Bodweene* a gofnodwyd ym mhapurau Baron Hill yn 1628/9 ac yn 1664. *Bodwinau* a ddefnyddiodd y bardd Richard Cynwal yn ei farwnad i Harri Llwyd yn 1622:

> Marw gŵr graddol, breiniol, brau,
> Mae dunos ym Modwinau. (CMRTGM)

Gŵr hyddysg yn y gyfraith oedd Harri Llwyd, a fu'n ustus ac yn siryf ym Môn. Mewn marwnad i Huw Llwyd, mab Harri, cyfeiriodd Richard Cynwal at haelioni ei noddwr:

Ni bu eryr na barwn
Lanach na haelach na hwn.
Cadwai'r llys, caid ar wellhau,
Daionus ym Modwinau. (CMRTGM)

Defnyddiodd William Bulkeley, y dyddiadurwr o'r Brynddu, y ffurf *Bodwine* (1/1/1737). Ceir *Bodwiney* yn ATT yn 1753 ac 1773. *Bodwinau* sydd ar fap OS 6" 1887–8. Gwelir oddi wrth yr holl ffurfiau hyn nad *–a* oedd y terfyniad gynt fel sydd yn *Bodwina*, ffurf bresennol yr enw. Nid yw'r ffurf *Bodwina* yn cael ei nodi'n gyson tan y bedwaredd ganrif ar bymtheg.

Mae'r cofnodion cynharach, er bod y sillafiad yn ansefydlog ac yn fympwyol, yn awgrymu'n bendant mai *–eu* oedd y terfyniad gwreiddiol. Gan y ceir treiglad meddal ar ôl *bod*, rhaid casglu mai *gwineu* oedd ail elfen yr enw ar y dechrau. Byddai hyn yn rhoi *gwinau* inni mewn orgraff fodern. Dyma dipyn o newid oddi wrth yr holl enwau gydag enw personol yn dilyn *bod*. Yn *Bodwina* yr hyn sydd gennym yn ôl pob golwg yw *bod* + yr ansoddair *gwinau*. Mae'n ansoddair a ddefnyddir hyd heddiw i ddisgrifio ceffyl browngoch. Roedd yn cael ei ddefnyddio'n fwy cyffredinol yn yr oesoedd canol. Yn Historia Peredur, y chwedl Arthuraidd o'r oesoedd canol, disgrifir y ferch a welodd Peredur mewn pabell yn y goedwig fel 'morwyn wineu delediw', sef merch bengoch hardd. Yn wir, gan aros ym Môn, gwelir defnyddio'r ansoddair yn yr ystyr o wallt coch mewn enw llyn a oedd i'r gorllewin o Falltraeth ar un adeg cyn i batrwm draeniad y tir gael ei newid yn niwedd y ddeunawfed ganrif, sef *Llyn Madog Winau*, a enwyd ar ôl rhyw gochyn anhysbys o'r enw Madog (ELlMôn). Mae'n hawdd deall *gwinau* fel ansoddair i ddisgrifio ceffyl neu wallt browngoch, ond sut mae ei esbonio ar ôl yr elfen *bod*? Beth oedd yn winau ym Modwina? Efallai fod rhedyn cringoch neu ryw blanhigyn coch megis suran yn nodwedd amlwg o gwmpas yr annedd ar un adeg.

Posibilrwydd arall yw mai hen enw personol a gollwyd yw *Gwinau*, neu lysenw ar ŵr pengoch. Yn sicr, nid oedd Trebor Môn wedi taro ar yr ateb cywir, er bod ei ddehongliad ef yn llawer mwy cyffrous (ELlMT). Honnai fod *Bodwina* unwaith yn gartref i 'ddewin derwyddol' ac mai tarddiad yr enw oedd *Bod-dewina*.

Bodwylog / Bodfilog

Mae *Bodwylog* yn ardal Glyn Garth ar gyrion dwyreiniol Porthaethwy. Roedd gynt yn enw ar y drefgordd. Ceir cryn anghysondeb yn y modd y sillafwyd yr enw dros y blynyddoedd. *Bodwylog* yw'r ffurf ar y mapiau OS diweddaraf. Fodd bynnag, *Botvyloc* a nodwyd yn 1306 (Rec.C), ac fe welir mai *v*, sef *f*, sydd yng nghanol yr enw yn hytrach nag *w*. Cofnodwyd y ffurf *Botwilok* yn 1470/1 (LlB). Ond mae'r ffurf gyda'r *w* yn y canol yn diflannu wedyn am ganrifoedd, a *Bodfilog* a geir yn gyson. Cofnodwyd *Bodvelok* yn 1444 (Cart.Pen.); *Bodvylok* sydd ym mhapurau Prysaeddfed o 1479, a cheir *Botvilok* o'r un flwyddyn ym mhapurau Llanfair a Brynodol. Nodwyd *Bodvilocke* yn 1582 a *Bodvilock* yn 1586 (PCoch) a'r ffurf wallus *bocvilok* yn 1590 (Penrhyn). *Bodvillog* sydd ym mhapurau Plas Coch yn 1608.

Mae'r *f* yn parhau'n hir iawn cyn troi yn *w*. Cofnodwyd *Bodvilog* yn 1719 (Tl) ac yn 1720 (BH). Erbyn ATT o ganol y ddeunawfed ganrif ymlaen gwelir simsanu rhwng yr *f* a'r *w*. Nodwyd *Boadwilog Bâch* yn 1756, ond mae'r sain *f* yn ôl yn y ffurf *botvilog* yn 1761. Fodd bynnag, ar ôl hyn defnyddir yr *w* fwyfwy yn ATT. Ond ceir cofnod o'r ffurf *Bodvilog* mor ddiweddar ag 1857 (CV). *Bodwilog* sydd yn RhPDegwm yn 1844.

Ar ôl pendroni ynglŷn â'r pendilio rhwng yr *f* a'r *w*, rhaid ystyried ystyr yr enw. A dyna'r broblem. Fel y dywedodd Melville Richards: 'Mae'r amrywio hwn rhwng *f* ac *w* yn beth cyffredin, ond nid yw hynny'n help inni benderfynu rhwng *Bodfilog* a *Bodwylog*.' (ETG). A dyna'r cwbl a oedd gan yr Athro i'w gynnig. Rhaid cytuno a chydymdeimlo ag ef: nid yw'r holl ffurfiau a gofnodwyd dros y canrifoedd yn dweud wrthym pa un yw'r ffurf safonol, nac yn awgrymu ystyr i'r enw. Fodd bynnag, rhaid rhoi cynnig arni. Gan y ceir treiglad meddal ar ôl *bod*, rhaid ystyried *Bod* + *milog* ar gyfer y ffurf *Bodfilog*. Ond beth yw *milog*? Mae GPC yn nodi *milog* fel ansoddair gyda'r ystyr 'bwystfilaidd'. Mae hyn ynddo'i hun yn codi amheuon, sydd yn dyfnhau o graffu ar y cyfeiriadau a nodir ar gyfer defnydd y gair. Y ddwy ffynhonnell a nodir yw Iolo Morganwg ac William Owen Pughe, felly mae'n well peidio â dilyn y trywydd hwnnw.

Awgrymodd Gwenllian Morris-Jones mai'r enw personol *Mulock,* yn tarddu o'r gair Gwyddeleg *mullach*, sydd yn *Bodfilog* (GM-J). Mae'n wir fod dylanwad y Wyddeleg i'w weld yn rhai o enwau lleoedd Môn, ond nid yw'r awgrym hwn yn taro deuddeg rywsut. Fodd bynnag, yn AMR ceir enghraifft o'r enw personol *Milog* yn enw *Talwrn Milog* yn Llanwrthwl, ac mae'n bosib mai'r un enw a welir yn *Bodfilog*. Yn sicr, ni ddylem ystyried am funud awgrym Trebor Môn fod yr elfen *–filog* yn tarddu o 'billhook', sef yr 'eurgyllell' a ddefnyddiai'r derwyddon i dorri'r uchelwydd ar gyfer eu defodau (ELlMT).

Beth am adael *Bodfilog* a throi at y ffurf *Bodwylog*? Wedi'r cwbl, cofnodwyd y ffurf *Botwilok* mor gynnar ag 1470/1. Rhaid ystyried mai *Bod* + *gwylog* sydd yma. Gall *gwylog* olygu aderyn môr, sef 'guillemot', ond nid yw'r ystyr hon chwaith yn taro deuddeg. Fodd bynnag, mae'n debyg mai'r un ateb sydd yn *Bodwylog* ag a gafwyd mewn cynifer o enwau eraill yn cynnwys yr elfen *bod*, sef mai hen enw personol a aeth i ebargofiant oedd *Gwylog*. Yn sicr, mae B. G. Charles yn *The Place-Names of Pembrokeshire* yn ystyried mai enw personol sydd yn *Cwm Gwylog*. P'un ai *Milog* ynteu *Gwylog* yw'r ffurf ddilys, rhaid cynnig unwaith eto mai enw personol arall a gollwyd sydd yma.

Bodychen

Ychydig adfeilion yn unig sydd ar ôl o hen blasty *Bodychen* i'r gogledd o Walchmai. Fodd bynnag, yr oedd *Bodychen* yn gyrchfan bwysig i'r beirdd yn yr oesoedd canol. Canodd Lewys Môn (*c*.1465–1527), a oedd yn hanu o gwmwd Llifon, i'w noddwr Rhys ap Llywelyn o Fodychen a'i wraig, Marged ferch Rhys ap Cynrig. Mae'n canmol yn arbennig y gwin a'r medd a gâi ym Modychen:

> Gwleddau, llieiniau ar lled,
> gwin o Fyrgwyn gan Farged:
> y mae'r llyn,[13] ym ar ei llaw,
> a wnâi'r gwenyn, ar giniaw. (GLM)

Ac mae'n amlwg fod y gwesteion yn tyrru yno, a chroeso Rhys yr un mor gynnes iddynt i gyd:

> Ni bu'ch gwên, na neb o'ch gwŷr,
> Tristach er twr o westwyr. (GLM)

Canodd bardd arall, sef Hywel Rheinallt (*c*. 1450–1506), i groeso aelwyd Bodychen:

> Lle mae gwledd Gwynedd heb gau,
> Llyn y beirdd, llenwi byrddau. (HPRhF)

Pan fu farw Rhys canodd Lewys Môn farwnad deimladwy iddo. Cyfeiria at y golled pan fu farw Efrog, un o ieirll yr Hen Ogledd, ond, o golli Rhys: 'mwy, doe, och ym Modychen' (GLM).

Mae *Bodychen* yn enw sydd yn aros yn weddol ddigyfnewid dros y canrifoedd o'r bedwaredd ganrif ar ddeg ymlaen, ac eithrio'r *Bodychain* tafodieithol a nodir weithiau yn ATT. Mae'r ystyr yn hollol eglur am unwaith. Dyma enghraifft o *bod* yn cael ei ddilyn gan enw cyffredin, sef *ychen*. Os oedd y beirdd yn moli braster byrddau *Bodychen*, mae'n bosibl y byddai cig yr ychen hynny wedi cyfrannu at

13 'Diod' yw ystyr *llyn* yn y dyfyniadau uchod.

y wledd. Ond rhaid cofio fod ychen hefyd yn anifeiliaid gwaith ar un adeg a ddefnyddid yn hytrach na cheffylau gyda'r aradr. Mae William Bulkeley, er enghraifft, yn nodi yn ei ddyddiadur ar 9 Tachwedd 1749: 'To Day I begun anew to plow with Oxen after I had disused them for above 20 years'.

Bodynolwyn

Bodynolwyn yw ffurf safonol yr enw hwn, er mai'r ffurf lafar *Bodnolwyn* sydd yn y CCPost ac ar y map OS cyfredol. *Bodynolwyn* oedd enw'r drefgordd ganoloesol ac, fel cynifer o enwau'r hen drefgorddau, gydag amser daeth yn enw ar annedd. Mae'r enw yn digwydd deirgwaith ym mhlwyf Llantrisant nid nepell o ben de-orllewinol Llyn Alaw. Yn y CCPost ac ar y map OS nodir *Bodnolwyn Groes*, *Bodnolwyn Hir* a *Bodnolwyn Wen*.

Daw'r cofnod cynharaf a welwyd o'r enw o stent Môn o'r flwyddyn 1284 yn y ffurf *Bodenaylwyn* (ExAng). Yn rholiau llys Môn o 1346 cofnodwyd *Bodenowelin*. Ceir cofnod gwallus o 1352, sef *Bodenowyn*; dyma'r unig enghraifft o hepgor yr *l* (Rec.C). Yn 1443 cofnodwyd *Bodenolwyn* ym mhapurau Penrhyn. Gwelir mai *-e-* yn hytrach nag *-y-* sydd yng nghanol yr enw yn y cofnodion cynnar. Yn wir, *Bodynolwyn* ar fap John Evans o ogledd Cymru yn 1795 yw'r unig enghraifft a nodir yn AMR o'r *-y-* yng nghanol yr enw, er bod Melville Richards ei hun yn defnyddio'r ffurf hon yn ddieithriad. Cyn hir, collir yr *-e-* a'r *-y-* ar lafar, a defnyddir y ffurf gywasgedig *Bodnolwyn* fwyfwy ar glawr yn ogystal. Cofnodwyd *Bodnolwyn* yn 1500 (Rec.C.Aug) a *bodnolwyn* yn 1550 (Penrhyn). Erbyn map OS 1839–41 nodir tri annedd, sef *Bodnolwyn*, *Bodnolwyn Groes* a *Bodnolwyn Hir*.

Awgrymodd Melville Richards mai'r enw personol *Gwenolwyn* neu *Gynolwyn* sydd yn ail elfen *Bodynolwyn*, sef yr un enw ag a geir yn *Abergynolwyn* yn Llanfihangel-y-Pennant, Meirionnydd (ETG). Enw ar afon yw *Gynolwyn* yn

Abergynolwyn, ond mae'n bosibl i enw personol gael ei drosglwyddo i afon (EANC). Mae cael yr elfen *bod* o'i flaen yn awgrymu'n gryf mai enw personol sydd yn *Bodynolwyn*.

Y Brenin Arthur a bodau chwedlonol eraill

Trown yn awr oddi wrth y tai unigol am ychydig i edrych ar thema sydd yn bur boblogaidd mewn enwau lleoedd ledled Cymru, sef y goruwchnaturiol. Yn Englynion y Beddau yn Llyfr Du Caerfyrddin honnir fod bedd i lawer iawn o arwyr, ond, meddir, 'anoeth bid bet y arthur'. Hynny yw, mae bedd y Brenin Arthur yn ddirgelwch i'r holl fyd. Fodd bynnag, nid yw hyn wedi rhwystro ein hynafiaid rhag lleoli gwahanol agweddau ar fywyd (a marwolaeth) Arthur mewn sawl man. Yn wir, mae *Bedd Arthur* yn enw ar gylch o feini ar fynyddoedd Preseli ym Mhenfro. Ac mae'r Monwysion hefyd wedi coffáu rhai o gampau'r brenin.

Un o nodweddion enwocaf hanes Arthur yn ôl y chwedlau oedd y Ford Gron yr eisteddai'r brenin a'i farchogion o'i chwmpas. Y Ford Gron yw'r enw arferol, ond ambell dro, yn enwedig mewn enwau lleoedd, cyfeirir ati fel *Bwrdd Arthur*. Ceir bryngaer o'r Oes Haearn i'r gogledd o Landdona a elwir yn *Dinsylwy* neu *Bwrdd Arthur*. Ar fapiau Saxton o 1578 a Speed o 1610 yr enw oedd *Rowndtable hill*, ond yr un yw'r ystyr. *Round Table Hill* a nodwyd hefyd ar siart forol Lewis Morris yn 1748, a *Round Table* oedd yn RhPDegwm yn 1849.

Ceir sawl cyfeiriad o'r ddeunawfed ganrif, rhai ohonynt ym mhapurau Baron Hill ac eraill yn ATT, at annedd yn Llanfechell o'r enw *Cae Maen Arthur*. Mae'n debyg fod hwn ar yr un safle â'r annedd presennol o'r enw *Maen Arthur*, a'i fod yn cymryd ei enw o garreg anferth o'r un enw sydd gerllaw. Cofnodwyd rhai cyfeiriadau amwys at drefgordd, o bosib yn Llangadwaladr, o'r enw *Cerrig Arthur*. Cyfeiriodd Tomos Roberts at gae o'r enw *Carreg Arthur* nid nepell o blas Bodorgan ym mhlwyf Llangadwaladr, ac awgrymodd mai yma roedd ardal y drefgordd (TCHNM, 1976). Mae'n cynnwys cyfeiriadau o'r bedwaredd ganrif ar ddeg at *Craig Arthur*, sef yr un safle yn ddiau. Ceir ganddo yn ogystal ysgrif ddifyr iawn ar yr elfen *coeten / coetan* mewn enwau lleoedd (ADG2). Ystyr arferol *coeten* yw disg o fetel neu garreg a deflid mewn campau. Benthyciad yw o'r Saesneg 'quoit'. Fe'i ceir ledled Cymru fel enw ar faen hir neu benllech cromlech. Yn y CCPost ac ar y map OS cyfredol nodir annedd o'r enw *Goetan* ger Niwbwrch, ac mae'r enw *Coeten Arthur* yn digwydd mewn sawl lle yng Nghymru, gan gynnwys Llechgynfarwy ym Môn. Cofnodwyd annedd o'r enw *Caer goeten* yn RhPDegwm Llangadwaladr yn 1843.

Pam y cysylltid Arthur â'r holl gerrig hyn? Y syniad oedd fod y brenin mor arwrol a chryf nes y medrai gyflawni campau a fyddai'n amhosibl i ddynion cyffredin. Iddo ef, nid oedd maen hir neu benllech yn ddim mwy na disgen fach y medrai ei thaflu o'r neilltu'n hollol ddidrafferth. Roedd ei farchogion yr un mor oruwchnaturiol: yr enw ar yr afon sydd yn llifo drwy Ddyffryn Mymbyr yn Eryri yw *Nant y Gwryd*, ac nid nepell oddi wrthi mae gwesty enwog y mynyddwyr ym *Mhen y Gwryd*. Ystyr *gwryd* yw *gwrhyd*, sef mesur gŵr o bennau bysedd y naill law at y llall pan fo'i freichiau ar led. Awgrymodd Syr Ifor Williams fod enw Cai, un o farchogion Arthur, ambell dro yn cael ei gyplysu â'r elfen hon, a byddai *Nant Gwryd Cai* yn golygu fod yr arwr hwnnw yn ddigon anferth i fedru ymestyn ei freichiau ar draws yr holl ddyffryn (ELleoedd).

Anfarwolir campau bodau goruwchnaturiol eraill mewn enwau lleoedd, ac mae un o'r enwocaf ym Môn, sef *Barclodiad y Gawres*. Dyma enw siambr gladdu Neolithig sydd uwchlaw Porth Trecastell i'r gogledd o Aberffraw. Ceir yr enw *Arffedogiad y Gawres* yn Nant Gwynant ger Capel Curig. Yr un yw'r ystyr a'r un yw'r hanes sydd ynghlwm wrth y ddau le. Carnedd neu bentwr o gerrig mawrion sydd yma, a'r gred oedd fod cawres wedi eu cario yn ei barclod neu ffedog nes i'r llinynnau dorri a bwrw ei baich i'r ddaear yn un twmpath mawr. Wrth gwrs, tybiai Trebor Môn fod ganddo ef ryw wybodaeth esoterig am y derwyddon a'u campau, ac mae'n honni mai enw'r gawres ym Môn oedd Ceridwen, 'duwies dderwyddol', a fwriodd y meini wrth gynnal un o'i defodau crefyddol (ELlMT). Mae'n debyg iddo glywed sôn yn rhywle am Geridwen yn Hanes Taliesin. Yr un syniad o'r llwyth yn disgyn a geir yn *Gafl y Widdan* yn y Waunfawr yn Arfon, ond mai gwrach yn hytrach na chawres a gollodd ei baich yno.

Wrth sôn am elfennau goruwchnaturiol, efallai y dylid crybwyll y wrach gan ei bod hi yn ymhél â phethau o'r fath. Mae *gwrach* yn elfen sydd yn digwydd yn aml mewn enwau lleoedd, ac nid yw Ynys Môn yn brin o wrachod. Ceir cyfeiriad at *tuthyn y wrache game* yn nhrefgordd Porthaml yn 1570 (LlB). Cofnodwyd *Bedd y Wrach* yn Llanddyfnan a Llantrisant; *Maes y Wrach* a *Bogail Gwrachan* ym Modedern; *Nant y Wrach* a *Ffynnon y Wrach* yng Nghaergybi, *Pwll y Wrach* yn Llanbadrig a *Tafarn y Wrach* yn Llaneugrad (AfMôn). A chyn inni adael y goruwchnaturiol, efallai y dylid cyfeirio at yr holl fwganod ac ellyllon a gofféir mewn enwau lleoedd yn yr ynys, fel ym mhob rhan arall o Gymru. Nid oes ond rhaid pori yn Rhestrau Pennu'r Degwm i weld enwau nifer fawr o dyddynnod a chaeau na fyddech yn rhy barod i fynd iddynt ar ôl iddi dywyllu: *Tyddyn Bwgan* yng Nghaergybi, *Cae Hen Lôn Bwbach* yn Llanddyfnan; *Nant y Bwbach* yn Llanfair-yng-Nghornwy; *Pant y Bwgan* yn Llaneilian; *Twll Bwgan* yn Aberffraw, a *Cae Llama Bwgan* ym Mhenmynydd. Rhag i neb ddychryn yn ormodol a thybio fod yma fwgan tra heini a fedrai lamu, dylid nodi mai ystyr y *llama* yma yw cerrig sarn i groesi afon.

Mae'n debyg fod ellyllon yn fwy brawychus hyd yn oed na bwganod, ac maent hwy yma hefyd. Yn 1633 roedd yna gae o'r enw *Gweirglodd yr Ellyll* ar dir Chwaen. Nodwyd *Bryn Ellyll* a *Bwlch yr Ellyll* ym mhlwyf Aberffraw, *Rhyd yr Ellyll* yn Nhrefdraeth, a *Corn Ellyll*, neu *Carn Ellyll* mewn ambell gofnod, yn Llaneilian.

Bryn Cogail

Lleolir *Bryn Cogail* rhwng Biwmares a Llanddona. Daw'r cyfeiriadau cynharaf a welwyd ato o bapurau Baron Hill. Cae, yn hytrach nag annedd, sydd yn y cyfeiriad cyntaf, sef *Kay Bryn y Kogel* o 1613. Yna, yn yr un ffynhonnell, ceir *Bryn y Cogel* o 1628, *Brin (y) Cogel* o 1658, a *bryn y Cogel* o 1694/5. Yn y cofnodion cynharach tueddid i gynnwys y fannod *y* yn gyson, ond erbyn cofnodion ATT yn y ddeunawfed ganrif fe'i hepgorir yn amlach na pheidio, a *Bryn Cogail* yw'r ffurf a ddefnyddir heddiw. Yn ATT hefyd gwelir nodi ffurf lafar yr enw, sef *Bryn Gogal.*

Mae'n anodd deall ystyr yr enw hwn. Nid yw'r elfen *bryn* yn achosi problem, wrth gwrs, ond mae'n anodd deall arwyddocâd *cogail*. Mae GPC yn cydnabod y ffurfiau *cogail* a *cogel*, ac yn nodi sawl ystyr i'r enw, megis y ffon neu bren a ddefnyddir i droelli llin neu wlân wrth nyddu ('distaff'); pastwn; cangen. O'i ddefnyddio'n ffigurol fel y teclyn a ddefnyddir i nyddu, ceir yr ystyr o waith gwragedd mewn tŷ neu awdurdod gwragedd yn y cartref. Gall hefyd olygu'r llinach fenywaidd mewn teulu, yn union fel y sonnir am y 'distaff side' yn Saesneg. Tybed a oedd yr annedd hwn ar un adeg yn un a reolid gan ferched neu a basiwyd i lawr drwy'r llinach fenywaidd?

Fodd bynnag, mae yna un posibilrwydd arall. Yn *The Welsh Vocabulary of the Bangor District*, mae'r Athro O. H. Fynes-Clinton yn nodi'r ystyr 'distaff' i *cogail*, ond mae hefyd yn ychwanegu: 'as term of reproach, *hen gogal gwirion*'. Er mai ardal Bangor a enwir yn nheitl llyfr Fynes-Clinton, o'i ddarllen fe welir fod nifer fawr o'r geiriau yn gyffredin drwy Arfon a Môn. Felly, mae'n eithaf posib fod *cogail* yn cyfeirio'n wawdlyd at berchennog cyntaf y cae a'r annedd hwn. Yr awgrym fyddai ei fod yn dipyn o ffŵl. Mae'r ffaith fod y fannod wedi ei chynnwys o flaen yr elfen *cogail* yn y cofnodion cynharach o bosib yn cadarnhau'r ddamcaniaeth hon. Tybed ai'r un elfen sydd yn enw'r annedd *Pant y Cugail* [*sic*] a gofnodwyd yn RhPDegwm Llanfair Mathafarn Eithaf yn 1841?

Ni ddylid synnu at weld enw o'r fath. Cofnodwyd *Pant Llabwst* yn Llaneilian a Llanddona, a chae o'r enw *Cae Llabust* ym Mhorthaml. Roedd cae o'r enw *Llabwst* yn Llangelynnin, Meirionnydd, a chofnodwyd *Cae Llwbi* yng Nghaernarfon. Ceir *Troedrhiwlwba* ym Melindwr, Ceredigion (ADG2). Rhyw greaduriaid afrosgo a thwp oedd y *llabwst*, y *llwbi* a'r *lwba*. Trafodir *Cae'r Gelach*, Llandegfan, yn nes ymlaen yn y gyfrol hon. Rhyw ewach bach lliprynnaidd oedd *gelach*. A pha fath o ddigrifwch oedd yn nodweddu'r gŵr o'r enw Iocws a roddodd ei enw i *Tyddyn Iocws Ddigri* ym Mallwyd yn niwedd yr ail ganrif ar bymtheg? Mae'n bosib mai gŵr gwan ei feddwl oedd hwnnw yn hytrach nag un a oedd yn enwog am ei hiwmor. Roedd ein hynafiaid yn ddigon parod i anfarwoli ffaeleddau eu cymdogion yn enwau'r caeau a'r tai.

Brynddu

Saif plasty *Y Brynddu* ar gyrion Llanfechell. Dyma gartref William Bulkeley (1691–1760), a gofnododd hanes ei deulu a'r ardal mor ddifyr yn ei ddyddiaduron. Cedwir dwy gyfrol o'r dyddiadur yn archifau'r Brifysgol ym Mangor, ond mae'r drydedd ar goll.[14] Mae'n bosib mai tad y dyddiadurwr a adeiladodd *Y Brynddu* tua diwedd yr ail ganrif ar bymtheg (BGB; NabMôn), ac mae disgynyddion William Bulkeley yn byw yno hyd heddiw.

Enw rhyfedd yw *Brynddu*. Byddid wedi disgwyl *Bryndu*, gan mai enw gwrywaidd yw *bryn* ac ni ddylid treiglo unrhyw ansoddair sy'n ei ddilyn. Ceir yr enw *Bryndu* / *Bryn Du* mewn sawl lle yng Nghymru, gan gynnwys ardal yng nghyffiniau Llanfaelog. Nodwyd annedd o'r enw *Bryn ddû* yn RhPDegwm Llanfaelog 1844: efallai mai sillafu'r cofnodwr oedd ar fai yn yr achos hwn. Mewn rhestr o gytunebau Arglwydd Boston a'i denantiaid yn 1876 nodwyd

14 Mae'r dyddiaduron ar gael ar y we: bulkeleydiaries.bangor.ac.uk

enghraifft arall o'r un ffurf mewn cae o'r enw *Caebrynddu* yng Nghaergybi. Fodd bynnag, yn achos *Y Brynddu*, Llanfechell, prin iawn yw'r enghreifftiau a welwyd o'i sillafu yn *Bryndu*, er mai *Bryndu* sydd yn RhPDegwm yn 1842, yng Nghyfrifiad 1901, a *Bryn-du* ar fapiau OS 1839–41, 1887–8, 1903 ac 1922. Mae'n bosib mai ymyrraeth fwriadol a fu yma ar ran y puryddion mewn ymgais i 'gywiro' ffurf yr enw. *Brynddy* oedd y ffurf yng nghofnodion Cyfrifiad 1861 a *Brynddu Hall* yn 1871.

Gwelir fod yna duedd i roi'r fannod o flaen yr enw – Y *Brynddu*, yn enwedig ar lafar, er mai *Brynddu* a nodir yn y CCPost ac yn y mapiau OS diweddaraf. Defnyddiai'r Morrisiaid y fannod yn fympwyol: 'fy anwyl gyfaill William Bulkeley o'r Brynddu', meddai William Morris mewn llythyr at ei frawd Richard yn 1754, a chyfeiria at 'Mr Bwcla o'r Brynddu' mewn llythyr at Lewis yn 1760, ond ambell dro maent yn ei hepgor. Mae William yn cyfeirio sawl tro at William Bulkeley ei hun fel 'y Brynddu', ac unwaith fel 'y Mr. Brynddu' (ML).

Mae'n anodd iawn ceisio esbonio'r treiglad ar ôl yr elfen *bryn*. Gellid tybio fod rhywbeth wedi ei golli o'r enw, ond fel hyn y sillafwyd yr enw o amser William Bulkeley ei hun: 'Brynddu House' sydd ganddo ef ar dudalen gyntaf ei ddyddiadur ar 30 Mawrth 1734. Saesneg oedd iaith y dyddiaduron, felly ni wyddom a oedd William Bulkeley yn arfer y fannod ai peidio.

Bryn Mêl

Mae *Bryn Mêl* heddiw yn dŷ solet yn Llandegfan a ddefnyddir fel cartref gofal nyrsio. Bellach, mae'r enw wedi ymddyrchafu i fod yn 'Bryn Mêl Manor'. Nid yw'r tŷ presennol yn hen iawn: fe'i hadeiladwyd yn 1899. Fodd bynnag, mae'r enw ychydig yn hŷn. Ceir sawl cyfeiriad at yr enw yn ATT yn y ddeunawfed ganrif, a nodweddir y cofnodion gan sillafu mympwyol y ffynhonnell honno. Cofnodwyd *brun u mel* yn 1771; *Brun Y meal* yn 1784, a *Bryn*

Meal yn 1795. *Bryn y mel* sydd yn RhPDegwm yn 1844.

Mae diddordeb yr enw yn yr ail elfen, ac mae'n werth sylwi ar y llu o gyfeiriadau a geir mewn enwau lleoedd at fêl. Ceir tystiolaeth o ddarluniau mewn ogofâu fod dyn yn casglu mêl tua 8,000 o flynyddoedd yn ôl. Gwyddom fod pobl yr hen Aifft a'r Rhufeiniaid yn gwneud defnydd helaeth ohono i felysu bwyd. Ac, wrth gwrs, mêl yw sylfaen medd, sydd â hanes hir iddo. Gwneir medd drwy eplesu mêl a dŵr ac ychwanegu yn aml ffrwythau, sbeis, grawn neu hopys. Mae'r bardd Aneirin, mor bell yn ôl ag ail hanner y chweched ganrif, yn sôn am osgordd Mynyddawg Mwynfawr yn yfed medd eu harglwydd cyn y frwydr: 'glasved eu hancwyn[15] a gwenwyn vu' (CA). Ond yr oedd y beirdd eu hunain yr un mor barod i yfed medd eu noddwyr. Gwelsom y modd y canmolodd Lewys Môn haelioni Marged ferch Rhys ap Cynrig o Fodychen gyda'r ddiod 'a wnâi'r gwenyn', sef medd. Ac mae Siôn Tudur (m. 1602) yn canmol parodrwydd ei noddwraig, Mallt, gwraig Siôn Wyn ab Ifan ap Siôn, yn Hirdre-faig i dywallt ei medd i'w gwpan:

> Gorau gwin gwraig o Wynedd,
> Gyda mwyn fragod a medd. (HPRhF)

O gofio poblogrwydd medd ymhlith bonedd a gwrêng, nid oes ryfedd fod cymaint sôn am fêl ym Môn fel ym mhobman arall. Cofnodwyd *Llain Rhos y Mêl* ym Mhenmon yn 1743 (BH). Roedd magu gwenyn yn bwysig, a chawn gyfeiriad at *gerdie y gwenyn* ym Mhenmynydd yn 1635 (AMR), ac at *Gerddi yr Gwennin* yn Llangadwaladr yn 1718 (Tl). Gwelwyd hefyd sawl cyfeiriad at le o'r enw *Llain Perth y Gwenyn* yn Llanfair Mathafarn Eithaf ym mhapurau Baron Hill yn nechrau'r ddeunawfed ganrif. Cesglid y mêl gan y melwr, a fyddai yn ei gario yn ei fag i'w werthu yn y marchnadoedd. Ceir cyfeiriad at annedd o'r enw *Tuthyn Coch y mele* yn nhrefgordd Bodegri Rydd yn 1534 (Sotheby), ac mae'n fwy na thebyg mai melwr oedd Coch y Mêl. Cofnodwyd *Garth*

15 ancwyn = gwledd

Cowte [cwd] *y Mel* yn Nindaethwy yn 1543. Tybed ai'r Gruffudd ap Cwd y Mêl a gofnodwyd yn Nindaethwy yn 1406 oedd hwnnw (TCHSG, 1991–2)? Yn 1543 hefyd nodwyd yr un enw ym Mangor. Yno, enw arall ar *Gae Ffynnon Daniel* yn ardal Glanadda oedd *Gardd Cwd-y-mêl*, a cheir cyfeiriad at ŵr o'r enw Geoffrey ap Cwd-y-mêl a oedd yn byw yng Nghaernarfon yn 1401 (HEALlE). Enw'r un llecyn ym Mangor yn 1544 oedd *Gardd Gwas y Mêl*. Ceir llawer o dystiolaeth am *Gae'r Melwr* yn Llanrwst, a chofnodwyd *Dryll y Melwr* yn Nwygyfylchi (AMR).

Bryn Minceg

Rhan o Landegfan i'r dwyrain o eglwys y plwyf yw *Bryn Minceg*. Er mor anodd yw dehongli'r enw ar yr olwg gyntaf, gallwn yn sicr wrthod dehongliad Trebor Môn mai 'bryn-min-ceg' yw'r ystyr. Ei esboniad ef oedd fod yma gyfeiriad at fyddin yn ymladd, yn gyntaf â'u dwylo, a phan fethodd hynny, trwy droi at 'wasanaeth dwylaw a danedd' (ELlMT). Er mor wirion yw'r esboniad, rhaid cyfaddef fod yna ryw apêl ryfedd yn y syniad o fyddin o filwyr wrthi'n brysur yn brathu ei gilydd ar gyrion Llandegfan!

Ychydig o gyfeiriadau a welwyd at yr enw hwn, ond mae wedi ei nodi ar fap OS 1839–41 fel *Bryn-minceg*, ac fel *Bryn minceg* yn RhPDegwm yn 1844. Mae Hywel Wyn Owen a Richard Morgan yn nodi *Bryn y Mintcake* o 1859, a godwyd oddi ar garreg fedd yn yr eglwys,[16] a *Brynminceg* o 1978 (DPNW). Maent hwy yn eithaf pendant ynglŷn â tharddiad yr enw, sef mai enw ydoedd ar dyddyn lle arferai gwraig y tŷ wneud minceg. Benthyciad o'r Saesneg 'mint-cake' yw *minceg*, sef melysion â blas mint. Daw'r minceg enwocaf o Kendal yn Cumbria, lle honnant ei fod yn cael ei wneud o rysáit gyfrinachol. Mae'n debyg nad oedd yn fawr o gamp i'w greu, gan mai dim ond siwgwr gwyn, llefrith a rhinflas mintys yw'r cynhwysion, ac yr oedd gan lawer gwraig ei

16 Gwybodaeth bersonol gan Hywel Wyn Owen.

rysáit ei hun. Cyfeiria Edward Morus Jones hefyd at fedd gwneuthurwraig melysion *Bryn Minceg* ym mynwent eglwys Llandegfan (NabMôn).

Fodd bynnag, mae T. P. T. Williams, mewn adolygiad o'r *Dictionary of the Place-Names of Wales*, yn wfftio'r syniad mai melysion mint yw'r *minceg*, ac yn dweud na ddylem gael ein hudo gan 'folk-tales about "mintcake", however quaint' (TCHNM, 2008). Mae ef yn honni iddo weld cofnod cynnar o'r enw fel *Bryn Minciog*, ac mae'n cynnig y posibilrwydd mai *myncog* / *mincog*, sef math o rug sydd yma. Nid yw'n rhoi lleoliad na dyddiad y cyfeiriad hwn. Gresyn hynny, oherwydd byddai'n gyfeiriad gwerthfawr. Mae'r gair *mincog* yn ddiau yn bodoli, a byddai'n gwneud synnwyr o'i gyfuno â'r elfen *bryn*. Mae'n air hynod o ddieithr, o bosib yn rhy ddieithr i fod yn elfen mewn enw lle, ond gellid bod wedi tybio'r un peth am *minceg* hefyd, ac eto mae yma. *Bryn-minceg* ar fap OS 1839–41 yw'r unig gyfeiriad sydd yn Archif Melville Richards at yr elfen *minceg*, ac nid oes unrhyw gyfeiriad at *myncog* na *mincog*. Rhaid cyfaddef fod yna rywbeth cartrefol iawn ac eithaf credadwy ynglŷn â'r wraig a'i melysion mint. Ac efallai fod gan y Monwysion ddant melys: wedi'r cyfan, yr oedd mynd mawr ar india-roc Llannerch-y-medd ers talwm.

Bwlan

Lleolir *Bwlan* i'r gogledd-ddwyrain o bentref Aberffraw. Y cyfeiriad cynharaf a welwyd hyd yn hyn at yr enw yw cofnod o enw *Eliz Wm ap Jn ap Rees Wyn of Bwlan* o'r flwyddyn 1592/3 (Ex.P.H–E). Ceir sawl cyfeiriad at yr annedd yn ATT yn y ddeunawfed ganrif. Yno fe'i cyplysir yn aml â'r enw *Pandy*, ambell dro fel petaent yn un annedd, fel yn y cofnod *Bwllan pandy* yn ATT 1773, dro arall fel petaent yn ddau annedd ar wahân fel yn y cofnod *Bwlan + pandy* yn ATT 1805. Yn y CCPost rhestrir *Bwlan* a *Pandy* fel dau annedd ar wahân, ac ar y map OS cyfredol fe welir fod ychydig bellter rhyngddynt.

Enw cyffredin yw *bwlan* (gyda'r amrywiad *bylan*), a'r ystyr yw llestr neu fasged gron i ddal grawn ŷd neu wlân. Y syniad yw rhywbeth boliog a chrwn, ac mewn enwau lleoedd mae'n aml yn cyfeirio at fryncyn crwn. Nid yw *Bwlan* Aberffraw yn unigryw fel enw lle. Mae'n enw ar dŷ a chapel i'r gogledd-ddwyrain o bentref Llandwrog yn Arfon; ceir *Blaen Bwlan* yng nghantref Cilgerran, ac mae'n digwydd yn y ffurf *Y Bylan* ger Dolgellau. Ceir sawl enghraifft o'r ffurf *Bylan* fel elfen mewn enwau caeau yn RhPDegwm plwyf Llanycil ger y Bala. Yn enw *Bwlan* Aberffraw mae sillafiad yr enw yn aros yn eithaf cyson yn y cofnodion drwy'r blynyddoedd, ac eithrio ambell amryfusedd megis y cofnod *Bwllan pandy* a nodwyd uchod a *Bwlen* ar fap OS 1839–41.

Bwlch Safn Ast / Penrhyn Safn yr Ast

Trown ein sylw am ennyd at nodwedd ddaearyddol, i gael rhywfaint o newid oddi wrth y tai. Mae'n werth nodi'r enw hwn gan yr ymddengys fod yr enw Saesneg bellach wedi ei ddisodli. Wrth fynd i mewn i Fiwmares o gyfeiriad Porthaethwy fe welwch, i'r dde ar gyrion y dref, ddarn bach o dir yn ymestyn i'r môr a nifer o gychod arno gan fod yno fusnes offer morwrol. Yr enw a glywch arno yn ddieithriad bron yw *Gallows Point*. Ni ddylem ddiystyru'r enw hwnnw chwaith, oherwydd mae iddo yntau ei hynafiaeth ei hun, gan ei fod yn dwyn i gof gyfnod pan safai crocbren y dref yno. Roedd enw arall ar y llecyn cyn hynny, sef *Osmund's Ayre*. Ceir cyfeiriad ato fel *Osmensayre* yn 1556 ac *Osmondseyre* yn 1562 ym mhapurau Baron Hill. Benthyciad o *eyrr* Norseg yw *ayre*, ac ystyr yr enw oedd traethell o dywod neu ro yn perthyn i rywun o'r enw Asmundr (BBGC, XXVIII; ELlMôn). Credir mai'r un elfen sydd yn *Point of Ayr*, sef *Y Parlwr Du*, yn Sir y Fflint.

Fodd bynnag, yr oedd gan y Cymry eu henw sylwgar eu hunain ar y llecyn ger Biwmares, sef *Bwlch Safn Ast* neu *Penrhyn Safn yr Ast*. Ac yn wir, petaech yn edrych ar fap manwl o'r ardal, fe welech fod siâp y penrhyn bach hwn yn debyg iawn i ffroen bigfain ci neu lwynog. '*Pen ryn Savyn ast* (the mowth of ye byche)' sydd gan yr hynafiaethydd John Leland yn 1536–9. *Bulch Saven Ast* oedd ffurf yr enw yn 1552 (BH). Yn 1763 cofnodwyd annedd o'r enw *Tyddyn y Bwlch alias Bwlch y safn gast* [*sic*] (Poole). Ambell dro talfyrrid yr enw i *Bwlch / Penrhyn Safnes*. Cofnodwyd enw tebyg yn Llaneilian yn 1711/2, sef *Porth Safn y Ci* (BH).

Cadnant

Gwelir yr enw hwn nifer o weithiau ar gyrion Porthaethwy yn enwau *Afon Cadnant*, *Cwm Cadnant*, *Porth Cadnant* a *Plas Cadnant*. Mae *Plas Cadnant* yn dŷ gweddol fawr a ddaeth yn enwog am ei erddi hardd yn ddiweddar. Ond yn ddiweddar hefyd yr ychwanegwyd y *Plas* at yr enw. *Cadnant* yn syml oedd ar fap OS 1839–41, ond erbyn RhPDegwm yn 1843 mae wedi newid i fod yn *Plas Cadnant*, a dyna sydd ar y mapiau OS o hynny ymlaen. Fodd bynnag, yn ATT yn niwedd y ddeunawfed ganrif a dechrau'r bedwaredd ganrif ar bymtheg, *Cadnant* a geid yn ddieithriad. Ceir sawl cyfeiriad hefyd yn ATT at *Cadnant Mill*. Melin flawd oedd hon a yrrid gan ddŵr *Afon Cadnant*. Bu cryn brysurdeb ym *Mhorth Cadnant* ar un adeg, gan fod yno felin, pandy a ffatri wlân.

Mae'r tŷ yn cymryd ei enw oddi wrth *Afon Cadnant* sy'n tarddu gerllaw Llanddona, ac yn llifo i lawr *Cwm Cadnant* cyn cyrraedd y môr, neu yn hytrach Afon Menai, ym *Mhorth Cadnant*. Wrth iddi nesáu at ddiwedd ei thaith mae'n disgyn yn serth iawn, ac mae hynny'n peri iddi fod yn fyrlymus a gwyllt ar adegau. Disgrifiwyd hi gan John Leland yn 1536–9 fel 'a fresch broke', sef nant gyflym ei llif. A dyna yw ystyr yr enw *Cadnant*, er gwaethaf yr holl honiadau mai *cad* + *nant* sydd yma, yn cyfeirio at ryw frwydr waedlyd a fu ar ei glannau. Roedd Gwenllian Morris-Jones yn euog o hyn: yn ei thraethawd ymchwil esboniodd hithau'r enw fel nant lle bu brwydr unwaith. Fodd bynnag, dangosodd Syr Ifor Williams mai'r un *cad–* ag a geir yn yr ansoddair *cadarn* sydd yn *Cadnant*, ac mai'r ystyr yw 'nant â llif cryf', sy'n cyd-fynd yn union â disgrifiad Leland.

Afraid dweud beth oedd esboniad Trebor Môn. Cyfeiria at yr enw fel 'Nant y Gad', ac ychwanega: 'Deil hon gysylltiadau rhyfeddol mewn ystyr rhyfelgar ag Ynys Mon' (ELlMT). Ni ddywed beth oedd y rhain, ond yn ddiau byddent yn golygu cryn dipyn o golli gwaed ac ochain.

Nid yw'r enw yn unigryw: yng Nghaernarfon mae *Afon Cadnant* yn llifo dan strydoedd y dref ac allan i Ddoc Fictoria, a cheir yr enw yng Nghonwy hefyd.

Cae Cocsydd

Cofnodwyd annedd â'r enw anarferol *Cae Cocsydd* yn Llandegfan. Mae'n amlwg fod yr ystyr yn ddirgelwch i'r cofnodwyr, oherwydd mae'r sillafu yn amrywio gryn dipyn. Daw'r enghreifftiau a nodwyd yn AMR i gyd o gofnodion ATT, a rhaid cyfaddef fod yn sillafu yn y rhain yn gallu bod yn fympwyol iawn. Yn 1761 cofnodwyd *Caycock syth*, *Cae cock suth* yn 1777, *Cau cogsuth* yn 1784, a *Cae cocksith* yn 1826. *Cae coksyth* sydd yng nghofnodion Cyfrifiad 1841. Nodwyd yr enw yn syml fel *Cocksheath* ac fel *Cae Cocksheath* yn RhPDegwm plwyf Llandegfan yn 1844. Mae cynnwys y llythyren *k* mor aml yn awgrymu fod y cofnodwyr yn sylweddoli mai benthyciad o air Saesneg sydd yma.

Benthyciad, yn wir, sydd yn yr ail elfen o'r gair Saesneg *cockshoot*, o'r Hen Saesneg *cocc-scȳte*, sef llannerch goed lle gosodid rhwydi i ddal cyffylogod neu adar eraill. Llannerch naturiol oedd y *cockshoot*, tra mai *cockroad* oedd yr enw am lannerch wedi ei chreu'n arbennig i ddal yr adar. Yr unig enghraifft arall a welwyd o'r elfen hon mewn enw lle ym Môn yw *Kae(r) Cocksyth* o 1666 yn Llanfair Pwllgwyngyll (AMR). Yn Arfon cofnodwyd *Bryn Cocksydd* ym mharc Glynllifon, Llandwrog, a *Chloddfa Cocsith* yn chwarel y Cilgwyn. *Cocsut* yw'r ffurf unigol a arddelir gan GPC. Ceir nifer o gyfeiriadau at fferm a oedd unwaith ar gyrion Caernarfon o'r enw *Cocsidia*. Ffurf luosog *cocsut* sydd yma, er nad yw GPC yn cynnig unrhyw ffurf luosog. *Cocsidia* yw'r unig enghraifft a welwyd hyd yn hyn o'r ffurf luosog mewn enw lle (HEALlE). Ceir sawl enghraifft o *cockshut* / *cockshoot* mewn enwau lleoedd yn Lloegr.

Cae Nethor

Ar yr olwg gyntaf gellid tybio fod yr elfen *nethor*, a welir yn yr enw hwn, yn llurguniad o'r gair *neithior*, sef 'gwledd briodas', a welwyd uchod yn enw *Bodneithior*. Fodd bynnag, nid oes unrhyw gysylltiad rhwng y ddau enw. Mae *neithior* yn air dilys ac iddo ystyr, ond nid yw *nethor* yn air o unrhyw fath. Dyma enghraifft ardderchog i ddangos sut y llurguniwyd enw mor llwyr nes nad oes modd adnabod ei darddiad o gwbl.

Mae *Cae Nethor* yn Llanfaethlu. Fe'i nodir ar y map OS cyfredol fel *Cae Nethor*, ac fel *Caenethor* yn y CCPost. Enw'r hen drefgordd ganoloesol yn yr ardal hon oedd *Carneddor*, ac o wybod hynny, mae'n ddigon hawdd dyfalu beth a ddigwyddodd wedyn. Heb wybod hynny, mae'r enw presennol yn ddirgelwch llwyr. Yr hyn sydd gennym yma yw *carneddawr*, sef hen ffurf luosog *carnedd* neu *carn*, yn yr ystyr o bentyrrau neu domenni o gerrig. Gwelir yr un terfyniad lluosog *–awr* > *–or* / *–ior* yn enw *Castellior*, Llansadwrn, a drafodir isod. Mae'r un terfyniad yn digwydd mewn enwau eraill yng Nghymru. Er enghraifft, yn enw Afon *Prysor*, yr hyn sydd gennym yw llawer o lwyni (*prys)*; yn *Croesor* roedd yna lawer o groesau, o bosib i nodi ffin. Mewn *ysgubor* cedwir llawer ysgub o ŷd. Ceir ambell enghraifft hefyd o'r ffurf *bleiddiawr* am gnud o fleiddiaid.

Y ffurf gynharaf a welwyd hyd yn hyn o'r enw *Carneddor* yw *Carnethour*, yn Stent Môn yn 1284 (ExAng). *Carnethaur* oedd y ffurf yn 1352 (Rec.C). Cofnodwyd *Carnethaure* yn 1551 ac 1564 (Rec.C.Aug), a *Carnethawr* yn 1615 (Cglwyd). Mae ôl yr hen derfyniad *–awr* i'w weld o hyd yn y ffurfiau hyn. Cyn hir daeth newid sylfaenol yn y modd y canfyddid yr enw hwn. Un elfen oedd yn yr enw gwreiddiol, ond dechreuid tybio fod yna ddwy elfen yn yr enw, oherwydd camddehonglwyd llythrennau cyntaf yr enw, sef *car*, fel *caer*. Erbyn 1607 cawn enghraifft o'r ffurf *Caernethor* (Cglwyd). Mae ffurf ac ystyr *carneddawr* yn dechrau diflannu. Yn wreiddiol, ymgais rhywun di-Gymraeg i gyfleu'r sain *dd* a achosodd y sillafiad *th*, ond mae'r *th* i'w gweld wedyn yn gyson drwy'r canrifoedd. Daethpwyd i gredu mai *caer* + *nethor* oedd yn yr enw. Efallai y tybid mai enw personol oedd *Nethor*, a byddai hynny'n gwneud synnwyr ar ôl yr elfen *caer*. Ym mhapurau Carreg-lwyd cofnodwyd y ffurf *Caernethor* yn gyson yn hanner cyntaf yr ail ganrif ar bymtheg. Ni fu unrhyw droi'n ôl wedyn. Bellach ystyrir fod dwy elfen yn yr enw, er bod *caer* wedi mynd yn *cae* erbyn heddiw. Anodd fyddai gweld y pentyrrau o gerrig a ddisgrifid yn *carneddawr* yn yr enw *Cae Nethor*.

Cae'r Gelach

Enw ar annedd yn Llandegfan oedd *Cae'r Gelach* i gychwyn; fe'i nodir fel *Caer gelach* yn RhPDegwm yn 1844. Mae bellach wedi ei fabwysiadu yn enw ar lôn mewn stad o dai yn y pentref. *Caergelach* sydd ar y map OS cyfredol.

Mae GPC yn cyplysu dwy ffurf, sef *celach* a *gelach*. Ar gyfer *celach*, mae'n rhoi'r ystyr o hen ŵr musgrell a chefngrwm. Mae hwn yn dwyn i gof enw tebyg ei ystyr a gofnodwyd yn ardal Twthill, Caernarfon yn RhPDegwm plwyf Llanbeblig yn 1841, sef *Waen cleiriach*. Hen ŵr musgrell oedd y *cleiriach* hefyd. Byddai yn ddiau yn cyfeirio at ryw berchennog oedrannus ac eiddil. Ceir *Bryn Cleiriach* ym Mhenmachno (RhPDegwm 1842), *Bwth Cleiriach* yn Ffestiniog a *Cefn Cleiriach* yn Llansannan (AMR).

Er bod GPC, wrth drafod y ffurf *celach*, yn ein trawsgyfeirio'n syth at *gelach*, mae'r ystyron a rydd i *gelach* ychydig yn wahanol. Ar gyfer hwnnw, mae'n awgrymu'r ystyron 'corrach, ewach, llipryn, adyn', ac yn nodi hefyd ffurf amgen, sef *elach*. Ceir sawl cyfeiriad at gorachod mewn enwau lleoedd. Gwelsom enw *Bedd y Cor* yn Llanfachreth,

Môn. Roedd *Bedd y corach* yn Llanddyfnan, a nodwyd *Bryn corrach* a *Cae tyddyn y Corr* yn enwau ar gaeau ym mhlwyfi Llanwnda a Llanbeblig yn Arfon.

Mae'r Athro O. H. Fynes-Clinton, yn *The Welsh Vocabulary of the Bangor District*, yn cynnig yr ystyr 'a small wiry individual' i *gelach*, ond ychwanega y gellir hefyd ei ddefnyddio'n ddifrïol, ac mae'n dyfynnu'r ystyr a glywodd iddo ar lafar, sef 'hogyn drwg ag yn ddichellddrwg dychrynllyd'[*sic*]. Ceir sawl cyfeiriad yn AMR at annedd o'r enw *Llety'r Gelach* yn Llanystumdwy, a chofnodwyd cae o'r enw *Cae lletty Gelach* yn Llaniestyn, Llŷn, yn RhPDegwm 1844.

Cae'r Gwrli

Enw annedd ym mhlwyf Llantrisant nid nepell o Lyn Alaw yw *Cae'r Gwrli*. Fe'i nodir fel *Caergwrli* ar y mapiau OS diweddaraf. Llyn o waith dyn yw Llyn Alaw, a grëwyd trwy foddi rhan o Gors y Bol yn chwedegau'r ugeinfed ganrif. Mae lleoliad *Cae'r Gwrli* mor agos at Lyn Alaw yn gymorth i ddeall ystyr yr enw, gan fod yr annedd hwn mewn ardal o dir gwlyb a chorsiog. Yr hyn sydd gennym yma yn yr ail elfen *gwrli* yw ffurf lafar y gair *gorlif*. Fe'i defnyddir pan fo afon yn torri ei glannau, ond gall gyfeirio at unrhyw lif eithafol.

Cyfeiriodd Bedwyr Lewis Jones at gae ar dir *Tregarnedd-bach*, Llangefni, o'r enw *Gwrli*, sydd dan ddŵr ar rai adegau (ISF). Ym mhapurau Llanfair a Brynodol ceir sawl cofnod o *Gwerglodd y Gwrly* ym mhlwyf Llanwnda, Arfon, yn yr ail ganrif ar bymtheg a'r ddeunawfed ganrif. Ceir *Cae'r Gwrli* a *Blaen Cae'r Gwrli* hefyd yng Nghororion, ger Tregarth (AMR). Yn RhPDegwm nodwyd annedd o'r enw *Cae'r gwrli* yn Nefyn, a chae o'r un enw ar dir Trearddur ym mhlwyf Caergybi.

Er mai *Cae'r-gwrle* oedd ffurf enw'r annedd ger Llyn Alaw ar fap OS 6" 1887–8, ni ddylem am funud dybio fod unrhyw gysylltiad rhwng yr enw hwn ac enw pentref *Caergwrle* i'r gogledd o Wrecsam. Dangosodd ymchwil drylwyr Hywel Wyn Owen mai dau air Saesneg â'r ystyr 'llannerch y garan' a esgorodd ar yr elfen *–gwrle* yn yr enw hwnnw (ELlBDA; DPNW).

Cae Sinsir / Tyddyn Sinsir

Nodir tŷ o'r enw *Cae-Sinsir* yn Llandegfan yn y CCPost heddiw, ond ceir llawer o dystiolaeth o'r ail ganrif ar bymtheg a'r ddeunawfed ganrif am annedd yn Llandegfan o'r enw *Tyddyn Sinsir* hefyd. Tybed ai'r un lle oedd y ddau? Fodd bynnag, mae'n fwy arferol mewn enw annedd i'r elfen *cae* gael ei disodli gan *tyddyn* nag i'r gwrthwyneb. Mae'n hollol bosib fod yma ddau annedd gwahanol. Yn y flwyddyn 1775 nodir *Cae Synsyr* ym mhapurau Baron Hill, ac yn 1776 nodir *Tythyn Sinsir* yn yr un ffynhonnell.

Daw'r cyfeiriadau at *Tyddyn Sinsir* o bapurau Plas Coch, Baron Hill a Phrysaeddfed o tua 1666 hyd 1776. Yn y cofnodion a welwyd, sillefir yr ail elfen yn ddieithriad yn *sinsir*. Mae'r driniaeth o enw *Cae Sinsir* yn dra gwahanol, a cheir llawer mwy o ansicrwydd yn y sillafiad. Gwelir sawl cyfeiriad ato yn ATT, ac mae'r sillafu yno yn fympwyol fel arfer. *Cae Cincin* a nodwyd yn ATT yn 1761, sy'n awgrymu nad oedd gan y cofnodwr unrhyw syniad o ystyr yr enw. *Sunsur* yw ffurf yr ail elfen yn ATT 1771 ac 1784; *sinnsyr* yn ATT 1795; *sinsir* yn 1805, a *sincir* yn 1826. Ceir y sillafiad *synsyr* wrth gyfeirio at *Cae Sinsir* ym mhapurau Baron Hill yn 1775, 1777 ac 1786. *Cae sinsyr* sydd yn RhPDegwm yn 1844. Yng nghofnodion y Cyfrifiad nodwyd *Cae Sunsur* yn 1851, *Cae Sinsir* yn 1861, a *Cae sinsur* yn 1871.

Nid yw sinsir yn blanhigyn brodorol ym Mhrydain. Ei gynefin naturiol yw de-ddwyrain Asia, gorllewin Affrica ac Ynysoedd y Caribî. Fodd bynnag, mae wedi cael ei fewnforio i Gymru ers canrifoedd. Gwyddom ei fod ar gael i drigolion Môn yn y bedwaredd ganrif ar ddeg, gan fod cofnod ar gael am bedler o'r enw Dafydd ap Hywel Ddu a lofruddiwyd ym Miwmares yn 1328/9. Ymhlith cynhwysion ei becyn yr oedd yna bupur a sinsir (MedAng). Soniodd Guto'r Glyn (*fl.* *c.*1430–*c.*1490), wrth ganu moliant i Sieffrai Cyffin, Cwnstabl Croesoswallt, am y gwahanol sbeisys a ddefnyddid yn y seigiau a gynigid ar ei ford:

> *Sinsir* a felir ar fwyd
> A graens da rhag yr annwyd.
> Sinamwm, clows a chwmin,
> Suwgr, mas, i wresogi'r min.
>
> (http://www.gutorglyn.net)

Gwreiddgyff ('rhizome') y planhigyn sinsir a ddefnyddir fel sbeis ac mewn meddyginiaethau. Dywedir fod trwyth sinsir yn effeithiol i drin cyfog, camdreuliad, dolur rhydd a chrydcymalau. Mae blas eithaf cryf iddo ac fe'i defnyddir yn aml fel sbeis mewn teisennau a bisgedi.

Y broblem gyda'r enwau *Cae Sinsir* a *Thyddyn Sinsir* yw'r awgrym o bosib fod y sinsir yn tyfu yno yn hytrach nag yn cael ei fewnforio. Go brin y gellid tyfu sinsir yn yr awyr agored ym Môn. Cododd yr un broblem gydag enw *Cae Synamon* yng Nghaernarfon (HEALlE). Gan nad oedd yn bosibl tyfu'r sinamon arferol yn hinsawdd Cymru, rhaid oedd ystyried pa blanhigyn tebyg y gellid bod wedi ei dyfu. Mae'n fwy na thebyg mai'r brenhinllys ('cinnamon basil'), sydd â blas tebyg iawn i sinamon, a dyfid yng Nghaernarfon. Felly, beth oedd y sinsir y gellid bod wedi ei dyfu yn Llandegfan? Ceir un planhigyn sydd yn tyfu'n wyllt ym Mhrydain, sef *sinsir-y-gors*. Ei enwau Lladin a Saesneg yw 'astrantia' a 'masterwort'. Mae iddo ddau enw arall arwyddocaol yn Gymraeg, sef 'poethwraidd', sy'n awgrymu fod iddo flas cryf fel y sinsir cyffredin, a 'llysiau'r ddannoedd', sy'n awgrymu un o'r anhwylderau y defnyddid ef ar ei gyfer. Dywedir ei fod yn llesol hefyd at gamdreuliad. Ni welwyd unrhyw gyfeiriad at y math hwn o sinsir fel sbeis coginio, felly gwell peidio â chwarae â'r syniad fod yna ddwy o wragedd prysur iawn yn Llandegfan gynt; y naill yn ddiau yn gwneud minceg ym *Mryn Minceg*, a'r llall o bosib yn gwneud dynion bach sinsir yng *Nghae Sinsir*.

Fodd bynnag, ar ôl yr holl bendroni am y sinsir, efallai y dylid o leiaf ystyried yr hyn a oedd gan yr Athro O. H. Fynes-Clinton i'w ddweud (WVBD). Yn ychwanegol at ystyr arferol sinsir, mae ef yn nodi 'hen sinsir' gyda'r ystyr 'a peppery man'. Mae'n ddiddorol sylwi fel y defnyddir dau sbeis poeth eu blas i gyfleu'r un syniad yn Gymraeg a Saesneg. A yw'n bosib fod *Tyddyn Sinsir* / *Cae Sinsir* unwaith wedi bod yn eiddo i ŵr gwyllt ei dymer ac mai enw difrïol sydd yma? Ond byddid wedi disgwyl gweld rhyw awgrym o'r fannod o flaen yr elfen *sinsir* yn rhai o'r cofnodion petai hwn yn enw gwawdlyd yn cyfeirio at ddyn.

Cae'r Slater

Cofnodwyd *Cae Slater* / *Cae'r Slater* yn Llangaffo. *Cae Slater* sydd yn ATT yn 1750, ond cynhwysir y fannod yn y ffurf *Cay'r Slater* yn ATT 1773. Roedd y cofnod yn yr un ffynhonnell yn 1753 ychydig yn fwy diddorol, sef *Cae'r slatter*, gan fod hwnnw o bosib yn awgrymu mai ynganiad Cymraeg oedd i'r enw, er ei fod yn cael ei sillafu'n union fel y Saesneg *slater* mor aml. Mae'r cofnod o 1738 ym mhapurau Tynygongl yn fwy arwyddocaol fyth. Y ffurf yn y fan honno yw *Cae'r Sclater*, i bob golwg heb unrhyw arlliw o Saesneg y tro hwn. Tebyg iawn yw'r cofnod *Tyddyn y Sclatter* o'r flwyddyn 1754 yn yr un ffynhonnell. Nid yr un annedd yw hwn, gan y nodwyd Llanfihangel Ysgeifiog yn lleoliad iddo (AMR). Cofnodwyd *Llain Ysclater* a *Pant y slater* yn RhPDegwm Llanfair Mathafarn Eithaf, a cheir *Bwlch y Slattars* rhwng Cwm Penmachno a Llan Ffestiniog.

Benthyciad sydd yma, wrth gwrs, o'r Saesneg *slate* a *slater*. Mae'n werth sylwi ar y modd y tyfodd yr *g* neu'r *c* yn y ffurfiau Cymraeg *ysglates*, sef y llechi, a *sclaters*, y towyr. Er mai presenoldeb yr *g* neu'r *c* sydd bellach yn cyfleu naws y Gymraeg inni, mae'r llythrennau hyn yno am mai ffurf y gair 'slater' mewn Saesneg Canol oedd *sclater*, a'r llechen ei hun yn *slat* neu *sclat*. Mae William Morris, mewn llythyr at ei frawd Richard yng Ngorffennaf 1750, yn dweud: 'Ni chlywais erioed sôn am Ddick Huws y sclatar' (ML). Dyna'r ynganiad ym Môn yng nghanol y ddeunawfed ganrif, mae'n amlwg, felly mae'n rhyfedd gweld y ffurf *slater* mor aml yn y cyfeiriadau at *Cae Slater*, Llangaffo, o'r un cyfnod. Efallai fod yna ganfyddiad mai ffurfiau tafodieithol oedd *sglater / sclater* a'u bod yn rhy lwgr i'w cofnodi ar glawr.

Ambell dro rhoddir *y* ar ddechrau'r gair, er na welwyd enghreifftiau o hyn yn y ddau enw lle sydd dan sylw yma. Ond gwyddai Richard Morris am y ffurf hon, oherwydd mae'n cynnwys 'Carol ysclater neu Benhillion Gwirod' yn ei gasgliad o gerddi (LlRM). Mae T. H. Parry-Williams yn cyfeirio at y ffurf *ysglatys* (llechi) i ddangos sut y mae *sc–* Saesneg yn troi'n *sg–* neu *ysg–* yn Gymraeg. Mae hefyd yn nodi'r ffurf *ysglater* wrth drafod y modd y trodd *a* hir Saesneg yn *a* fer mewn benthyciadau i'r Gymraeg (EEW).

Cafnan

Lleolir *Cafnan* i'r gogledd o Lanfechell ar y ffordd i Fae Cemlyn. *Cafu* oedd y ffurf yn 1352 (Rec.C), ond buan iawn y mae'n ymsefydlogi i'r ffurf *Cafnan*, ac yn aros yn bur ddigyfnewid wedyn drwy'r canrifoedd, ac eithrio'r ffurfiau gwallus *Cafnau* a *Felin-cafnau* a welir ar fap OS 6" 1887–8. Eithriad arall oedd y *Porth Caffnant*, a gofnodwyd gan John Leland yn 1536–9. Mae hon yn ffurf arwyddocaol, a allai awgrymu mai *cafn* + *nant* oedd elfennau'r enw. Ei gyfieithiad Lladin ef o'r enw oedd 'concava vallis' a 'vallis ubi rivulus labitur', sef 'pant cafnog' a 'pant lle mae'r ffrwd yn llifo'.

Daw *Cafnan* fel enw'r annedd o enw nant *Cafnan*, sydd yn codi yn Llyn Llygeirian ac yn llifo heibio i *Felin Gafnan* gan gyrraedd y môr ger Cemais. Dywed R. J. Thomas mai bôn yr enw *Cafnan* oedd *cafn*, gan fod y nant fel petai'n torri cafn iddi ei hun wrth ddynesu at y môr (EANC). Credai ef mai grym bachigol oedd i'r ôl-ddodiad *–an*. Gwelir y ôl-ddodiad hwn mewn enwau nifer o nentydd ac afonydd bychain ledled Cymru. Fodd bynnag, rhaid gofyn ai ôl-ddodiad bachigol ynteu *nant* yw ail elfen yr enw. Yn wir, nid yw R. J. Thomas ei hun yn llwyr ddiystyru esboniad Leland, oherwydd mae'n fodlon cyfaddef y posibilrwydd mai *Cafnann* < *Cafnant* oedd tarddiad yr enw. Ceir cofnod o 1292 mewn cyfrifon swyddogion o'r ffurf *Canenand*. Mae'r *-n-* yn y canol yn amlwg yn wall am *-u-*, a fyddai'n rhoi *Cauenand* (BBGC, IX). Mae'r ffurf hon hefyd yn awgrymu mai *Cafnant* sydd yma. Os felly, gellid dehongli'r enw naill ai fel 'ffrwd fechan â'i llif wedi creu cafn' neu 'hafn gafnog'.

P'un ai ôl-ddodiad bachigol ynteu *nant* yw ail elfen yr enw, cytunir mai *cafn* yw'r elfen gyntaf. Awgrymodd R. J. Thomas mai *cafn* o bosib yw bôn enw Afon Cefni hefyd. Yn sicr, mae *cafn* yn ddisgrifiad addas o afon neu nant sydd wedi tyrchu gwely go ddwfn iddi hi ei hun.

Carnan

Y cyfeiriad cynharaf a welwyd at yr enw hwn yw *Kaeruan* fel enw trefgordd yn 1284 (ExAng). *Caruan* a gofnodwyd yn 1352 (Rec.C). Rhannwyd y drefgordd, a oedd yng nghyffiniau'r Gaerwen, yn *Carnan Uchaf* a *Carnan Isaf*. Mae'r cofnodion cynharaf i gyd yn cyfeirio at y drefgordd, ac mae'r ffurf *Carnan* yn dod yn eithaf sefydlog. Yn raddol gwelir cyfeiriadau hefyd at anheddau o'r un enw. Ceir *Tythyn Carnan* yn 1605 (Henllys) a *Tythin Carnan* yn 1618 (BH). Yna ceir cofnodion am ragor o anheddau yn cynnwys yr elfen *Carnan*: nodwyd *Carnan fawr* yn 1799 (ATT). Ceir *Carnen fawr*, *Carnen wen*, *Carnen ddu* a *Carnen goch* ar fap OS 1839–41. Yn RhPDegwm yn 1843 nodwyd *Carnan fawr*, *Carnanddu*, *Carnan wen*, ond ar y llaw arall *Carnedd goch*, sydd yn arwyddocaol iawn fel y cawn weld. Mae'r anheddau hyn i gyd wedi eu lleoli ym mhlwyf Penmynydd oddi ar y ffordd rhwng y Gaerwen a Llanfair Pwllgwyngyll gyferbyn â'r troad am Landdaniel-fab yn yr ardal a elwir Star. Yng nghofnodion y Cyfrifiad nodwyd *Carnan* fel yr elfen gyntaf yn enwau rhai o'r anheddau hyn yn 1841, 1851 ac 1871, ond yn 1891 ceir *Carnen fawr*, *Carnen ddu*, *Carnen wen* a *Carnengoch*.

Gwelir fod ffurf yr enw wedi newid o *Carnan* i *Carnen*. Tybed ai newid bwriadol oedd hwn, gan dybied mai terfyniad tafodieithol oedd yr *-an* yn *Carnan*, ar batrwm *hogen* yn troi'n *hogan* ar lafar, ac mai'r ffurf gywir oedd *-en*? Nodir *carnen* yn GPC fel ffurf fachigol *carn* gyda'r ystyr o grug neu domen fechan o gerrig, ond nid oes enghreifftiau cynnar o'r ffurf hon. Nid oes raid i'r ôl-ddodiad *-an* fod yn ffurf lafar. Fe'i gwelir fel terfyniad bachigol mewn enwau lleoedd ym Môn, megis *Dinan* (a drodd yn *Dinam)* a *Cymyran*, a dangosodd R. J. Thomas ei fod yn ôl-ddodiad cyffredin mewn enwau afonydd a nentydd megis *Cafnan* (EANC). Fodd bynnag, yr un fyddai'r ystyr, sef carnedd fechan. A dyma ddefnyddio'r gair *carnedd*, sy'n ein harwain at y newid rhyfedd nesaf yn hanes yr enw hwn.

Cofnodwyd *Tythyn y garnedd* ym mhlwyf Penmynydd yn 1636/7 (NewG), ond ni wyddom union leoliad yr annedd hwn. Yng nghofnodion Cyfrifiad 1851 mae'n amlwg fod y *Garnedd Goch* a'r *Garnedd ddu* a nodwyd yno yn cyfateb i *Carnan / Carnen Goch* a *Carnan / Carnen Ddu* gynt. Erbyn Cyfrifiad 1901 nid oes sôn am *Carnen / Carnan* ym mhlwyf Penmynydd, ond cofnodir *Garnedd Fawr*, *Garnedd Ddu*, *Garnedd Wen* a *Garnedd Goch* yno. Sut y digwyddodd y newid hwn? Ai newid llafar naturiol sydd yma oherwydd y tebygrwydd yn sain yr elfen *carnen* a *carnedd*, ynteu a gyfnewidiwyd yn fwriadol yr elfen ddieithr *carnen* am yr elfen fwy cyfarwydd *carnedd*? Ar y map OS cyfredol nodir *Garnedd-fawr*, *Garnedd Isa*, *Garnedd-ddu* a *Garnedd-gôch* yn yr un lleoliad yn union ag y nodwyd *Carnen fawr*, *Carnen wen*, *Carnen ddu* a *Carnen goch* ar fap OS 1839–41. Nodir *Garnedd Ddu*, *Garnedd Wen*, *Garnedd Fawr* a *Garnedd Isaf* yn y CCPost dan Star, y Gaerwen. Felly, mae'n amlwg fod yr elfen *carnedd* wedi disodli *carnen* yn yr enwau hyn a bod yr hen enw *Carnan* wedi llwyr ddiflannu.

Mae'n amlwg fod ymwybyddiaeth yn lleol fod yr elfen *carnedd* wedi ymsefydlogi i raddau yn enwau'r anheddau hyn mor gynnar ag 1803, oherwydd pan adeiladwyd capel y Bedyddwyr yn y flwyddyn honno ar ben yr allt uwchlaw'r anheddau, fe'i henwyd yn *Pencarneddi*.

Carn Twca

Enw rhyfedd ac anarferol ar annedd yw *Carn Twca*. Ceir cyfeiriadau ato ym mhlwyf Llandegfan yn ATT ar ddiwedd y ddeunawfed ganrif, yn RhPDegwm 1844, ac yng Nghyfrifiad 1871. Fel rheol, mewn enw lle, mae'r elfen *carn* yn gyfystyr â *carnedd*, sef cruglwyth o gerrig, ond byddai'n anodd deall yr ystyr hon o flaen yr elfen *twca*. Rhaid casglu mai *carn* yn yr ystyr o goes neu handlen cyllell sydd yma, oherwydd cyllell go fawr ar gyfer torri bara neu gig yw ystyr arferol *twca*. Dywed GPC mai benthyciad yw o 'touk', gair Saesneg Canol am gleddyf. Yr unig esboniad posib i *Carn Twca* fel enw annedd yw ei fod yn ymgais ar ran rhywun rywdro i ddisgrifio siâp y cae yr adeiladwyd yr annedd arno. Mae'n bosib mai siâp tebyg a welwyd hefyd yn *Tyn Twca*, a gofnodwyd yn Llangristiolus yng nghofnodion y Cyfrifiad. Gwelsom mor fyw oedd dychymyg y werin wrth ddisgrifio siâp eu caeau wrth inni drafod enw *Bawd y Ddyrnol* yn Llangristiolus, lle cyffelybir safle'r annedd i fawd mewn maneg ddifysedd.

Cyn gadael yr arfau peryglus dylid cyfeirio at sawl enghraifft o'r defnydd o *cleddyf* i ddisgrifio siâp hirfain. Yr enghraifft enwocaf o'r elfen yw *Aberdaugleddau* ym Mhenfro. Y ddau *gleddyf* yma yw afonydd *Cleddau Ddu* a *Cleddau Wen*. Disgrifiad o afonydd sy'n torri eu ffordd trwy'r tir fel llafn cleddyf sydd yma, ond mewn enw cae neu annedd y syniad yw darn hirfain o dir. Cofnodwyd annedd o'r enw *Llain y cleddau* yn RhPDegwm Niwbwrch yn 1845, a cheir llu o gyfeiriadau at gae o'r enw *Dryll y cleddyf* ym mhlwyf Llanwnda, Arfon. Darn bach o dir yw *dryll* yn y cyswllt hwn. Ceir sawl cyfeiriad hefyd at *Dryll y Gyllell* yng Nghaerhun, Arfon, yn yr unfed ganrif ar bymtheg. Teclyn arall miniog, ond llai peryglus, a geir mewn enw ym Môn yw *nodwydd*. Os edrychwch ar fap o ardal Pentraeth fe welwch afon yn llifo i mewn i Draeth Coch. Dyma afon *Nodwydd*, ac fe welwch ei bod yn rhedeg yn syth fel saeth, neu yn wir fel nodwydd, wrth nesáu at y môr.

Ceir sawl enghraifft o ddefnyddio gwrthrychau llai brawychus na'r cyllyll a'r cleddyfau i gyfleu siâp cae. Er bod llawer o'r enwau hyn wedi eu trosglwyddo gydag amser i'r anheddau a adeiladwyd ar y caeau, rhaid cofio mai disgrifiad o siâp y cae oedd yma'n wreiddiol. Efallai mai'r un mwyaf cyffredin yw *telyn*. Yr enw a welir amlaf ar annedd yn cynnwys yr elfen *telyn* yw *Llain (y) Delyn*. Ym Môn cofnodwyd yr enw hwn ar anheddau ym mhlwyfi Amlwch, Caergybi, Heneglwys, Llanfair Mathafarn Eithaf, Llangefni, Llangristiolus, Llanfechell, Llangeinwen, Llangoed a Niwbwrch, ac fe'i ceir mewn mannau eraill ledled Cymru. Cyfeiriad sydd yma, nid at natur gerddorol y Cymry, ond at gaeau ac iddynt siâp trionglog fel telyn. Ceir yr un defnydd yn Lloegr, ac mae John Field yn cyfeirio at gaeau megis *Harp Field*, *Harp Mead*, *Welsh Harp Piece* (EFN). Cofnodwyd anheddau o'r enw *Dryll y Delyn* hefyd ym mhlwyfi Caergybi, Biwmares a Llanidan ym Môn yn ogystal ag yn Llanddoged, Meifod, Penmachno a mannau eraill.

Carreg / Craig yr Halen

Mae'r tŷ hwn i'w weld hyd heddiw i'r dde wrth fynd i lawr y lôn fach serth sy'n arwain at lan y môr ger Pont y Borth. Ar un adeg yn ail hanner y bedwaredd ganrif ar bymtheg yr oedd yn gartref i'r Cyrnol Henry Sandys a roddodd ei enw i'r goedwig fechan gerllaw o'r enw *Coed Cyrnol*. *Craig yr Halen* yw'r enw yn y CCPost heddiw, a dyna'r ffurf sydd ar y mapiau diweddaraf, ond mae'r enw *Carreg yr Halen* yn mynd yn ôl ymhellach.

Y cyfeiriad cynharaf a welwyd at yr enw yw *Carreg yr Halen* o 1675 (CH). Yn 1717 cofnodwyd *Carreg r halen* (LlB). Mae'r cyfeiriadau cynnar yn cyfeirio, nid at y tŷ, ond at lanfa ar ochr Môn o Afon Menai, fwy neu lai islaw safle pen y bont grog a fyddai'n cael ei chodi yno yn ddiweddarach. Roedd fferi yn croesi o'r lanfa hon i lanfa Melin Treborth ar ochr arall yr afon. Mae Deddf Cau Tiroedd Comin Llandysilio yn 1814 yn cyfeirio at 'a certain Creek, Haven or Landing Place called Carreg-y'r-Halen' (CMF). *Carreg yr halen* oedd ffurf yr enw yn 1840, ond erbyn 1842 mae wedi newid i fod yn *Craig yr halen* (AMR). Fodd bynnag, mae lle i gredu mai cyfeirio at y tŷ yn unig mae'r enw *Craig yr halen*, tra bo'r enw *Carreg yr halen* yn cael ei gadw o hyd am y lanfa. Wrth y fynedfa i'r lanfa mae plac bychan wedi ei osod yn y wal i nodi fod y llecyn wedi cael ei dacluso a'i atgyweirio yn y flwyddyn 2000. *Carreg-yr-halen* sydd ar hwnnw.

I ni heddiw, mae *carreg* yn awgrymu darn gweddol fychan o faen, sef 'stone', ond nid yw hyn yn wir mewn enwau lleoedd. Mae'n hynod o gyffredin gweld defnyddio *carreg* am *graig*, a all fod yn eithaf sylweddol ambell dro. Nid oes ond rhaid edrych ar arfordir Môn i weld pa mor aml y ceir yr elfen *carreg*; e.e. ceir *Carreg Hanner Trai*, *Cerrig yr Adar*, a *Cerrig y Gwŷr* oddi ar Ynys Gybi. Un o'r 'cerrig' mwyaf nodedig ym Môn yw *Carreg Frydan*, sy'n cynnal colofn ganol Pont Britannia. Camddehongli'r enw hwn fel ffurf ar *Brydain* a esgorodd ar alw'r bont yn *Britannia*. Awgrymwyd, fodd bynnag, fod *Brydan* yn tarddu o'r un bôn â *brwd*, ac mai cyfeiriad sydd yma at natur fyrlymus yr afon o gwmpas y graig (LlPwll). Mae'r un defnydd o *carreg* lle byddem ni yn dweud *craig* i'w weld yng nghefn gwlad hefyd, mewn enwau fel *Carreg-lefn* a *Cerrigceinwen*. Efallai fod pobl wedi dechrau teimlo mai rhywbeth bychan oedd *carreg*, ac mai hyn a barodd i'r elfen *craig* ei disodli i gyfeirio at feini mawr.

Mae'n anodd gwybod beth yn hollol oedd y *garreg* / *graig* yn *Carreg* / *Craig yr Halen*. Nid oes unrhyw graig drawiadol yn yr afon yn y llecyn hwn, ond mae rhai siartiau morol yn nodi'r enw *Carreg Halen* ar ddarn creigiog tebyg i riff bychan yn yr afon rhwng Ynys Tysilio a Phont y Borth. Mae'n debyg mai'r nodwedd hon a roddodd ei henw i'r lanfa ac i annedd *Craig yr Halen*. Gellid tybio mai heli môr yw'r *halen* mewn enwau ar yr arfordir megis *Carreg yr Halen*, ond helltni'r pridd a olygir yng nghefn gwlad mewn enwau megis *Cae Halen* yn Llandwrog, Arfon. Gwahanol eto yw tarddiad enw *Ynys yr Halen* (*Salt Island*) yng Nghaergybi. Ar un adeg roedd yno ryw fath o ffatri i drin dŵr y môr er mwyn tynnu'r halen ohono.

Carreg y Bedmon

'Hen, hen yw murmur llawer man,' meddai R. Williams Parry. Cyfeirio at Ros-lan yn Eifionydd yr oedd ef, ond ceir murmur hen iawn mewn rhai enwau ym Môn hefyd, ac mae *Carreg y Bedmon* yn sicr yn un o'r rhain. Enw ar annedd yn Llanfair-yng-Nghornwy yw hwn. Yn rhyfedd iawn, ni welwyd cyfeiriadau cynnar at yr enw, er ei bod yn amlwg fod cryn hynafiaeth iddo. Soniwyd eisoes am y paderwr neu'r *beadsman*, gŵr y telid iddo, yn aml drwy waddol, i weddïo dros eraill. Benthyciad o'r Saesneg Canol *beodeman* / *bedeman* sydd yma. Daw o'r gair *bede*, sef gweddi (o'r Hen Saesneg *biddan* = gweddïo). Cadwyd coffa am y bedman mewn enw lle yn Lloegr hefyd ar un adeg, gan fod yna feudwydy yn Writtle, swydd Essex, yn y ddeuddegfed ganrif o'r enw *Bedemannesberga* a drodd yn *Bedemansberg* yn ddiweddarach (MW). Fe gofiwch y cyfeiriad at y bedmon yng ngherdd Keats, 'The Eve of St Agnes', lle mae'r creadur druan yn ymbalfalu i adrodd ei weddïau yn yr oerni: 'Numb were the Beadsman's fingers, while he told / His rosary . . .'

Yn enw'r annedd yn Llanfair-yng-Nghornwy, *bedmon* yw ffurf y drydedd elfen yn ddieithriad bron yn ATT yn niwedd y ddeunawfed ganrif a dechrau'r bedwaredd ganrif ar bymtheg, ond ceir un cofnod o *bedman* yn 1753. Rhaid cofio fod tuedd i'r terfyniad *–man* mewn geiriau a fenthyciwyd o'r Saesneg droi'n *–mon* yn Gymraeg, fel yn *plismon*, *hwsmon*, a *certmon*. Ceir enghraifft arall yn elfen gyntaf yr enw hwn o *carreg* yn yr ystyr 'craig'.

Castellior

Lleolir fferm *Castellior* ym mhlwyf Llansadwrn i'r gogledd o Borthaethwy. Dyma enw'r hen drefgordd, a nodwyd honno yn Stent Môn yn 1284 fel *Castilheuthlawr* (ExAng); fel *Castelhedlawr* yng Nghyfrifon y Siryf yn 1291–2, ac fel *Castelthlawr* yn 1352 (Rec.C). Nodwyd yr enw fel *castellowr* yn 1478/9 (LlB); fel *Castellor* yn 1606 (Elwes), ac yn yr un modd ar fap OS 1839–41. *Castellior* yw'r ffurf a ddefnyddir yn enw'r annedd heddiw, a dyma'r ffurf sydd ar y mapiau OS diweddaraf.

Mae'r terfyniad *–ior* / *–or* yn ddiddorol. Fe'i gwelir mewn enwau lleoedd ac mewn enwau cyffredin. Yr ystyr yw 'nifer' neu 'llawer'. Trafodir y terfyniad hwn yn fwy manwl uchod dan *Cae Nethor*. Felly, a oes raid tybio fod yna lawer o gestyll yn *Castellior*? Mae'n debyg mai caer yn hytrach na chastell a olygir yma. Er bod Henry Rowlands yn honni fod yma olion 'antient Fortress', ni ddatgelodd cloddio archaeolegol mo'r olion hyn, ond ceir tystiolaeth fod yma unwaith grŵp sylweddol o gytiau (IAMA). Darganfuwyd gwrthglawdd ar dir *Bryn Eryr* i'r gogledd o *Gastellior*, ond mae hwnnw braidd yn bell i gael ei gysylltu ag enw *Castellior*, a phrin y gellid ei ddisgrifio fel 'nifer o geyrydd'. Felly, mae arwyddocâd yr enw yn gryn ddirgelwch.

Fodd bynnag, honnai rhai fod ganddynt wybodaeth amgenach. Yn eu plith roedd T. Pritchard, gŵr a ymhyfrydai yn yr enw rhyfedd ''Rhen Graswr Eleth', brodor o Amlwch a gyhoeddodd ei lyfr *Hanes ac Ystyr Enwau Lleoedd yn Mon* yn 1872. Cyfeiriodd at *Gastellior* fel 'Dominorum castra (fortress of lords)', a dywed i'r lle gael ei sefydlu gan neb llai nag Agricola. Cydiodd Trebor Môn yn frwd yn y syniad rhyfedd hwn, gan ychwanegu ei bwt ffansïol ei hun, sef fod yma 'weddillion caerfa i hen orchfygwyr y byd' (ELlMT).

Cefn Cwmwd

Mae *Cefn Cwmwd* ar fin ffordd yr A5, sef hen ffordd Caergybi, gyferbyn â'r troad am Rostrehwfa. Y cyfeiriad cynharaf a welwyd ato yw *Kefn y kwmwd* o 1608/9 (AMR). Ar fap John Evans o ogledd Cymru yn 1795 nodwyd yr enw fel *Cefn Llanchristyolis*, sy'n ddisgrifiad digon teg o'i leoliad, gan ei fod ym mhlwyf Llangristiolus ac ar gyrion y pentrefan o'r un enw (JE/MNW). *Cefn-cwmmwd* oedd ar fap OS 1839–41. Ar y cyfan, nid oes fawr o amrywiaeth yn y modd y sillefid yr enw drwy'r blynyddoedd.

Ail elfen yr enw yw *cwmwd*. Bôn y gair *cwmwd* yw *cym–* yn yr ystyr 'gyda' + *bod*, a daeth i olygu 'bro'. Ceir y ffurf *cymwd* hefyd, ac os ychwanegir y terfyniad *–og* at y ffurf honno cawn y gair *cymydog*, sef rhywun yn hanu o'r un ardal. Daeth *cwmwd* yn enw a ddefnyddid am raniad tir yng Nghymru gynt. Rhennid Môn yn chwe chwmwd: *Menai, Malltraeth, Llifon, Talybolion, Twrcelyn* a *Dindaethwy*. Efallai mai'r ffordd hawsaf i'w cofio yw ag englyn Lewys Môn:

> Menai a Malltraeth, rai mwynion, – Twrcelyn;
> Tir caled Talybolion;
> Llawen yw cwmwd Lliwon;
> Dindaethwy; nid oes mwy'n Môn. (ELlMôn)

Daw enw *Cefn Cwmwd* o'r ffaith ei fod wedi ei leoli ar y ffin rhwng cwmwd Menai a chwmwd Malltraeth.

Cefn Pali

Mae *Cefn Pali* ar gyrion Mynydd Parys ger Amlwch. Rhestrir yr enw yn y ffurf hon yn y CCPost dan Ros-y-bol. Ychydig o gofnodion a geir ar gyfer yr enw. *Cefn-paly* oedd ar fap OS 1839–41. Trafodwyd yr enw hwn yn fanwl gan Tomos Roberts (ADG). Mae ef yn cyplysu'r enw â *Cefn Sidan*, enw traethell ger Pen-bre yn Sir Gaerfyrddin. Ei reswm dros wneud hyn oedd fod *pali* yn hen air am fath o sidan, a chredai ef mai disgrifiad o dywod llyfn sidanaidd y traeth oedd yn enw *Cefn Sidan*, a disgrifiad o laswellt neu ryw lystyfiant arall sidanaidd ar y gefnen yn enw *Cefn Pali*.

Fodd bynnag, am unwaith, mae'n anodd cytuno â Tomos Roberts. Mae ef ei hun yn cyfaddef mai gair mewn geiriadur yn unig yw *pali* o'r ail ganrif ar bymtheg ymlaen, ac na welodd enghraifft arall o'i ddefnyddio mewn enw lle. Nid yw prinder unrhyw elfen mewn enwau lleoedd yn ei gwneud yn llai dilys: gwelsom mai *Bryn Minceg* o bosib yw'r unig enghraifft o'r elfen *minceg* mewn enw lle, ond mae'n sicr yn bodoli. Ond mae *pali* yn air llenyddol na fyddai o bosib ar wefusau'r sawl a enwodd y llecyn ar Fynydd Parys. Mae Tomos Roberts yn disgrifio *pali* fel defnydd 'sidan main, meddal'. Dyma un diffiniad sydd gan GPC, ond yno ceir yn ogystal ddisgrifiad ychydig yn wahanol, sef sidan â brodwaith arno neu 'brocaded silk'.

Ni ellir beio Tomos Roberts am ddehongli *pali* fel defnydd: dyna oedd ei ystyr drwy'r canrifoedd. Dywed Syr Ifor Williams fod y gair *pali* yn dod o'r Ffrangeg *paile*. Yr oedd y *paile alexandrin* a gynhyrchid yn Alexandria yn enwog yn yr unfed ganrif ar ddeg a'r ddeuddegfed ganrif (PKM). Yn amlwg fe'i hystyrid yn ddefnydd crand iawn. Ceir cyfeiriadau ato yn chwedlau'r oesoedd canol pan geisir cyfleu rhyw ymdeimlad o foethusrwydd. Yn y Pedair Cainc pan ddaw Pwyll i lys Arawn, brenin Annwn, yr argraff y mae'r cyfarwydd am ei greu yw un o wychder a chyfoeth. Daw gweision i ddiosg gwisg hela Pwyll a'i wisgo ag 'eurwisc o *bali*'. Canodd Guto'r Glyn i harddwch moethus y pwrs a dderbyniodd gan Risiart Cyffin ab Ieuan Llwyd, Deon Bangor:

Blaenrhodd o *bali* unrhyw,
Brethyn aur wybr a thân yw.

(http://www.gutorglyn.net)

Nid defnydd syml, llyfn a fyddai'n addas i ddisgrifio gwellt sidanaidd oedd *pali* bob tro: gallai fod yn ddefnydd trwchus cyfoethog yn llawn brodwaith.

Felly, os ydym am wrthod ystyr arferol *pali* yn enw *Cefn*

Pali, dylid ystyried beth arall a allai olygu. Credai Gwenllian Morris-Jones mai'r cyfenw Saesneg *Paley* oedd yma, ac mae hwn yn gynnig digon rhesymol (GM-J). Mae'n debyg mai cyfenw o swydd Efrog oedd *Paley* yn wreiddiol (DS). Rhaid cofio am leoliad *Cefn Pali* ar gyrion Mynydd Parys. Hwn oedd mwynglawdd copr pwysicaf y byd pan oedd ar ei anterth yn y bedwaredd ganrif ar bymtheg. Byddai'n ddigon naturiol tybied fod gŵr â'r cyfenw *Paley* ymhlith y llu o weithwyr a ddylifodd i mewn i'r ardal i chwilio am waith. Honnai Tomos Roberts mai o ddechrau'r bedwaredd ganrif ar bymtheg y cofnodwyd enw *Cefn Pali*. Byddai ei ddyddio i'r cyfnod hwnnw hefyd yn cyfateb i'r mewnlif mawr o weithwyr a ddaeth i'r gwaith copr. Fodd bynnag, mae'n ychwanegu: 'ond mae'n rhaid ei fod yn llawer hŷn na hyn' (ADG).

Ai hynafiaeth y cyfeiriadau llenyddol at *pali* yn yr ystyr o frodwaith sidan oedd yr unig reswm pam y credai Tomos Roberts fod yr enw yn hŷn? Nid yw ef yn ystyried o gwbl y posibilrwydd mai enw personol sydd yma. Fodd bynnag, ymddengys mai hen enw personol yw *Pali*. Mewn rhentol y Goron o Fôn o 1549 ceir cofnod sy'n tanseilio'r holl ddamcaniaethau uchod am darddiad yr enw *Cefn Pali*. Yn y ddogfen hon ceir cyfeiriad at ddarn o dir yn ardal Amlwch, sef 'tir stent grono ap hoell rwng murddyn david ap gwyn a chors bali' (BH; MWS). Felly, yr oedd yna unwaith nid yn unig annedd o'r enw *Cefn Pali* ond cors o'r enw *Cors Bali* yn yr un ardal. Efallai y byddai defnydd sidanaidd yn gallu disgrifio wyneb llyfn y gefnen, ond go brin y byddai'n disgrifio cors. Felly, dyna gael gwared o'r sidan.

Mae'r enw *Cors Bali* hefyd yn gofnod llawer cynharach o'r elfen *pali* nag a welwyd ar gyfer *Cefn Pali*. Felly, dyna gael gwared o Mr Paley. Mae gennym gyfeiriad pendant arall i gadarnhau mai hen enw personol oedd *Pali*. Ym mhapurau Bodewryd yn LlGC ceir cyfeiriad o'r flwyddyn 1558 at annedd yn Nhregadrod yng nghyffiniau Caergybi o'r enw *Tythyn Eva ap Pally* [*sic*]. Nid oes unrhyw awgrym fod gan y *Pally* yn Nhregadrod gysylltiad o gwbl â *Chefn Pali* nac ag ardal Amlwch, ond mae cael cofnod o'r un enw yn 1558 yn dangos ei fod yn enw personol a oedd yn bodoli ym Môn, nid yn unig yn ardal Amlwch ond yn ardal Caergybi hefyd yn yr unfed ganrif ar bymtheg.

Efallai y gallwn olrhain yr enw ymhellach fyth. Ceir cyfeiriad yn rhôl llys cwmwd Talybolion o'r flwyddyn 1326 at yr enw personol rhyfedd ac unigryw *Cutpaly*. Mae'n debyg mai llysenw oedd hwn, ond rhaid gofyn a yw'r enw *Pali* yn rhan ohono. Gŵr o Aberalaw oedd *Cutpaly*, a chafodd ddirwy o ddeunaw ceiniog am bysgota heb drwydded.[17]

Tybed beth oedd gan Ddafydd ap Gwilym mewn golwg yn ei gywydd i'r iwrch, pan rybuddiodd y carw bach i osgoi dau gi go beryglus: 'Gochel *Bali*, ci coesgoch / Ac Iolydd, ci efydd coch' ? (CDapG). A ddylid cymryd yn ganiataol fod *Pali*'r ci wedi cael ei enw am fod ei flew yn llyfn fel sidan, neu a oedd yn bosibl fod Dafydd yn gyfarwydd â'r enw personol *Pali* ac yn meddwl y byddai'n addas i'r ci? Beth bynnag am hynny, mae'n amlwg nad cyfeiriad at sidan nac at y cyfenw Saesneg *Paley*, ond hen enw personol gwrywaidd sydd yn ail elfen *Cefn Pali*.

Ceint

Enw ar ardal fechan yn y pant rhwng Llangefni a Phenmynydd yw *Ceint*. Cedwir yr enw yn anheddau *Ceint Fawr* a *Pen Ceint*, a nodir y rhain yn y ffurfiau hyn yn y CCPost a'r mapiau OS diweddaraf. Daw un o'r cyfeiriadau cynharaf at yr enw o 1690 ym mhapurau Prysaeddfed yn y ffurf *Kynt*. Cofnodwyd *Kint Bach* yn 1730 ac 1760, a *Tythyn Kynt* yn 1744, i gyd ym mhapurau Baron Hill. *Ceint* sydd ar fap John Evans o ogledd Cymru yn 1795. Nodir *Pen caint* a *Rallt-y-caint* ar fap OS 1839–41, ac mae cyfeiriad hefyd at *Ceint bach* yn RhPDegwm Penmynydd yn 1843. Mae Gwilym T. Jones yn cyfeirio at ryd o'r enw *Rhyd Ceint* a oedd

17 Diolch i'r Athro A. D. Carr am y cyfeiriad at *Cutpaly*.

yn groesfan ar waelod Allt Penmynydd gynt (RhMôn). Fe'i nodir ar fap Saxton o 1578 fel *Redgint*, ac fel *Redgynt* ar fap Speed o 1610. Enw afon fechan yw *Caint*; yr afon yw'r ffin rhwng plwyfi Llanffinan a Phenmynydd, ac yr oedd gynt yn nodi'r ffin rhwng cwmwd Menai a chwmwd Dindaethwy.

Credai Tomos Roberts fod bôn Celtaidd i'r enw, ac y gellid ei weld hefyd yn enwau *Kent* a *Canterbury* yn Lloegr (ADG2). *Caint*, wrth gwrs, yw'r enw Cymraeg ar *Kent*. Mae'n perthyn i'r gair Cymraeg *cant*; nid y rhif 100, ond yn yr ystyr o gylch allanol olwyn, neu fur amgylchynol. Byddwn hefyd yn sôn am *gantel* het. Felly, mae'n cyfleu ystyr o ffin neu ymyl, a byddai hyn yn addas iawn yn achos Afon Ceint, a oedd yn llunio'r ffin rhwng dau blwyf a dau gwmwd.

Cemaes ynteu Cemais?

Nid oedd yn fwriad trafod enwau pentrefi yn y gyfrol hon, ond efallai y gellir gwneud eithriad yn achos *Cemais*, gan fod cryn drafod wedi bod ynglŷn â sut i sillafu'r enw. Mae'r elfen yn digwydd mewn enwau yn Nhrefaldwyn, Mynwy a Phenfro, ond y *Cemais* sydd dan sylw yma yw'r pentref ar arfordir gogleddol Ynys Môn.

Roedd Syr Ifor Williams wedi nodi'r amryfusedd yn y modd y sillefid enw *Cemais* yn ei lyfr bach gwerthfawr *Enwau Lleoedd*, a gyhoeddwyd gyntaf yn 1945. Felly, yr oedd wedi ein rhybuddio am y camsillafiad 70 mlynedd yn ôl, ond parhau'n hapus braf i ysgrifennu *Cemaes* a wnaeth y Monwysion. Roedd camsyniad wedi codi mai *cefn* + *maes* oedd elfennau'r enw, ac mai *Cemaes* felly oedd y sillafiad cywir. Nid felly, meddai Syr Ifor.

Nid oes a wnelo'r enw ddim oll â *maes*. Daw'r enw o air Cymraeg hollol wahanol ei ffurf a'i ystyr, sef *camas*. Mae GPC yn nodi ffurfiau unigol yr enw fel *camas* a *cemais*, ac yn rhoi *cemais* fel y ffurf luosog yn ogystal. Mae'n digwydd mewn Gwyddeleg yn *cambas*, *cambus*, sef tro neu fforch mewn afon. Ceir yr un ystyr i *camas* / *cemais* yn Gymraeg, a gall hefyd olygu cilfach o fôr. Dyma'r ystyr yn ddiau yn enw *Cemais* ym Môn. Os edrychwch ar fap manwl o'r ardal fe welwch y cilfachau yn glir. Yn achos *Cemais* yn Nhrefaldwyn, mae'n debyg mai'r ystyr arall, sef 'tro mewn afon' sydd yno, a'i fod yn ddisgrifiad o ddolenni Afon Dyfi. Mae B. G. Charles yn awgrymu fod cantref *Cemais* ym Mhenfro wedi cael ei enw am ei fod yn ymestyn ar hyd tro yn yr arfordir rhwng afonydd Teifi a Gwaun (PNPem).

Ceir enghraifft arall o'r elfen yn enw *Cwmistir*, fferm ar arfordir Llŷn ger Edern. Enw'r fferm ers talwm oedd *Cemeistir*, oherwydd y cilfachau a oedd ar dir y fferm ar yr arfordir. Mae hwn yn hen enw. Wrth nodi beddau'r arwyr yn Englynion y Beddau yn Llyfr Du Caerfyrddin, honnir fod bedd Llwyd Llednais, pwy bynnag oedd hwnnw, 'ig kemeis tir'. Gallai hyn olygu naill ai 'yng Nghemeistir', neu mewn tir a chemais ynddo, ond ni allwn fod yn fwy pendant ynglŷn â'r lleoliad.

Kemmeys oedd ffurf *Cemais* yn Stent Môn yn 1284 (ExAng). Nodwyd *Kemays* ym mhapurau Baron Hill yn 1396. Dechreuodd y duedd o ysgrifennu'r enw fel *Cemaes* yn y ddeunawfed ganrif. *Cemmaes* oedd y ffurf a ddefnyddiodd Henry Rowlands yn *Mona Antiqua Restaurata* yn 1723, gan esbonio'r enw fel 'Cevn-vaes, i.e. ridg'd or arable land'. Fe'i nodwyd fel *Cemmaes* ar fap John Evans yn 1795. Dilynwyd hwnnw gan fap OS 1839–41 lle nodwyd *Cemmaes, Cemmaes Bay* a *Cemmaes-fawr*. Meginwyd y fflam gan awduron megis T. Pritchard (''Rhen Graswr Eleth') a darddodd yr enw o *cefn* a *maes*, er iddo fod yn ddigon gonest i ychwanegu 'efallai' (HYELlM). Nid oedd 'efallai' yng ngeirfa Trebor Môn. Honnodd ef yn blwmp ac yn blaen mai 'Cefnmaes' oedd yma (ELlMT). Ni fu unrhyw droi'n ôl wedyn: yr oedd 'y llyfrau'n dweud', ac yr oedd y syniad mai *maes* oedd yma wedi hen gydio erbyn yr ugeinfed ganrif.

Er mai *Cemais* yn amlwg yw'r ffurf gywir, rhaid sylwi fod Panel Safoni Enwau Lleoedd Bwrdd yr Iaith Gymraeg wedi penderfynu mai adferiad puryddol yw *Cemais*. Eu barn hwy oedd fod y ffurf *Cemaes* wedi ennill ei phlwyf ym Môn a Maldwyn trwy hir arfer ar lafar gwlad, ac y dylid derbyn

Cemaes fel y ffurf safonol i gyfeirio at yr enw yn y siroedd hyn. Fodd bynnag, dylid cyfeirio at y lleoedd ym Mhenfro a Mynwy fel *Cemais*.[18] Serch hynny, mae *Rhestr o Enwau Lleoedd* Bwrdd Gwybodau Celtaidd Prifysgol Cymru yn argymell y sillafiad *Cemais* ar gyfer yr holl leoedd hyn. Felly hefyd Melville Richards (WATU). Tipyn o benbleth yn wir, a thipyn o amrywiaeth barn hefyd.

Cemlyn

I'r gogledd o Lanfair-yng-Nghornwy ceir *Plas Cemlyn*, *Llyn Cemlyn*, *Trwyn Cemlyn* a *Bae Cemlyn*. Roedd hefyd yn enw ar y drefgordd gynt. Y llyn ei hun yw *Cemlyn*, a'r ystyr yw *cam* + *llyn*, sef llyn bwaog ei ffurf. O edrych ar y map gellir gweld y siâp yn glir. Morlyn ('lagoon') yw hwn, ac mae'r môr wedi creu cefnen o raean sydd wedi ffurfio argae i'w wahanu o'r môr ei hun. Enw'r gefnen yw *Esgair Cemlyn*, ac mae'r ardal yn warchodfa natur o bwys gan fod tri math gwahanol o wenoliaid y môr yn nythu yma.

Mae'r hynafiaethydd John Leland tua 1536–9 yn nodi *Porth Kamlyn*, *Kamlyn* ac *avon Kamlyn* ac yn ychwanegu'r esboniad 'croked poole'. *Kymlyn* a nodwyd yn 1564 (Rec.C.Aug) a *Camlyn* ar fap John Evans o ogledd Cymru yn 1795, ond *Cemlyn* yw'r ffurf arferol drwy'r canrifoedd. *Kemelyn* oedd y ffurf yn 1284 (ExAng); *Kemlyn* yn 1352 (Rec.C), a chofnodwyd y ffurf hon ym mhapurau Baron Hill yn 1449, 1450 ac 1451. Cofnodwyd enw'r drefgordd fel *Cemlyn* yn 1478/9 (LlB). *Cemlyn* oedd ffurf yr enw yn 1669/70 (Penrhos) ac yn 1755 (Bodorgan), a dyna'r ffurf a welir heddiw. Fel y dangosodd awduron *Enwau Lleoedd Môn*, yr un yw ystyr enwau *Cam Loch* yn Argyll a Sutherland a *Camlough* yn ne Armagh.

18 Diolch i'r Athro Hywel Wyn Owen am ei sylwadau ar argymhellion y Panel.

Cerrig y Bleiddiau

Er mor hynafol ei naws yw'r enw hwn, mae'n bodoli hyd heddiw yn enw ar annedd ar gyrion gogledd-ddwyreiniol Mynydd Parys ger Amlwch. Trafodwyd eisoes yn yr adran ar *Carreg yr Halen* y defnydd o *carreg / cerrig* yn yr ystyr o *craig / creigiau*. Dyma'r ystyr hefyd yn enw *Cerrig y Bleiddiau*. Yr ail elfen yw *bleiddiau*, sef lluosog *blaidd*. Efallai fod *bleiddiaid* yn ffurf luosog fwy cyfarwydd, ond mae GPC yn nodi *bleiddiaid* a *bleidd(i)au*, ynghyd â ffurf luosog fwy anghyffredin a hynafol, sef *bleidd(i)awr*. Nodir enw'r annedd yn y CCPost fel *Cerig y Bleidiau*. Mae AMR yn cynnwys dau gofnod o'r un enw ar annedd arall yn nhrefgordd Bodowyr ym Modedern. Gan na wyddom ddim mwy am yr annedd ym Modedern, canolbwyntir yma ar yr un yn Amlwch.

Byddai cyfeiriad at fleiddiaid yn awgrymu fod cryn hynafiaeth i'r enw hwn, ond 1652 yw dyddiad y cyfeiriad cynharaf a welwyd hyd yma, sef *Kerrig y bleiddie* (Bodewryd). Y ffurf ym mhapurau Baron Hill yn 1707 oedd *Cerrig y Bleythie*. Mae naws dafodieithiol i'r *Cerrig Bleiddia* a nodwyd ym mhapurau Henllys yn 1751. Dyma'r ffurf sydd yn ATT hefyd yn 1787. Cafwyd sawl cofnod yn ATT yn y ddeunawfed ganrif. Nodwyd *Cerrig y Bleithiau* yn 1753, *Cerrig y Bleiddiau* yn 1760, ond *Cerrig ŷ Bleiddiay* yn 1772. *Ceryg-bleiddia* oedd ar fap OS 1839–41. Nodwyd *Cerrig y bleiddu* a *Cerrig y bleiddio* yn RhPDegwm Amlwch yn 1841.

Yn ôl Cledwyn Fychan yn ei lyfr difyr ac ysgolheigaidd *Galwad y Blaidd* (GyB), cofnodwyd mwy na dau gant o enwau lleoedd yng Nghymru sy'n cynnwys rhyw gyfeiriad at flaidd. Yn eu plith mae rhai eraill o Fôn: *Nant y Bleiddiau* yng Ngwalchmai, *Carreg y Blaidd* yn Llanbedr-goch a *Tyddyn y Bleiddiau* yn Llanfflewin. Mae'n debyg mai'r un lle oedd *Ynys y Bleiddiau* a gofnodwyd yn Llanfflewin yn 1778 (Poole). Ceir hefyd yng Nghymru ryw ugain o gyfeiriadau at byllau i ddal bleiddiaid. Arferid hela bleiddiaid gynt a'u dal drwy gloddio pyllau a'u gorchuddio â brigau i'w cuddio. Byddent yn byllau pur ddwfn i rwystro'r blaidd rhag dringo allan ohonynt. Ymhlith y cyfeiriadau at y pyllau hyn nodwyd *Pwll y Blaidd* ym Mangor, Llanefydd, Bontuchel, a Brynberian, a cheir y ffurf *Bleiddbwll* yn Llanfair, Ardudwy; yn Nhal-y-bont, Ceredigion, yn Llanfyrnach ym Mhenfro, ac mewn mannau eraill (GyB). Gwelwyd cyfeiriad o blwyf Llandwrog, Arfon, at gae o'r enw *Cae Pwll y Bleiddiau* (HEALlE). Cofnodwyd enw lle cyfatebol, sef *Pol-bleiz* mewn Llydaweg Canol, a cheir cyfuniad o'r un elfennau yn y Gernyweg, sef *bleit* a *pol*, a roddodd yr enw lle *Blable* yng Nghernyw (Corn.PNE). Mae rhai o'r siarteri cynnar yn Lloegr yn cyferio at 'wolf-pits', a esgorodd ar enwau megis *Woolpit[s]* yn siroedd Caerloyw, Essex a Hertford (HEFN; EFND). Credir fod bleiddiaid wedi diflannu o Gymru a Lloegr erbyn diwedd y bedwaredd ganrif ar ddeg, er bod traddodiad mewn rhai mannau yn honni iddynt oroesi i'r bymthegfed ganrif, a hyd yn oed ar ôl hynny mewn ambell le.

Gellid tybio y byddai ystyr yr enw *Cerrig y Bleiddiau* yn hollol amlwg, ond rhaid cofio am hoffter y Cymry o ymyrryd ag enwau lleoedd a'u llurgunio. Byddid wedi meddwl y byddai *bleiddiau* yn elfen ddigon cyffrous i ennyn brwdfrydedd y brodorion, ond gwyddom am awch ein hynafiaid am frwydrau a gwaed. Esboniad Trebor Môn oedd fod yr enw yn hollol eglur 'yn arddangos ymdrech llaw a genau yn ngwyneb eithaf gelynion' ar adeg pan fu yno 'ddrychfa o bob galanastra rhyfel' (ELlMT). Dywed Cledwyn Fychan fod traddodiad lleol yn ardal Amlwch wedi troi *bleiddiau* yn *bloeddiau* a'i fod wedi clywed ar lafar y gred fod y 'bloeddiau' yn cyfeirio at y ffaith fod pobl yn arfer bloeddio at garreg ateb a oedd yn y cyffiniau (GyB). Byddai'r bleiddiaid wedi bod yn fwy cyffrous na hynny!

Cichle

Enw fferm nid nepell o Fiwmares yw *Cichle*. Dyna'r ffurf ar y mapiau OS diweddaraf, ond mae wedi ymddyrchafu i fod yn *Plas Cichle* yn y CCPost. Er, rhaid dweud fod *Cichle Blâs* wedi ei nodi yng Nghyfrifiad 1891 a *Cichle Plâs* yn 1901. *Allt Cichle* hefyd yw enw'r allt sy'n arwain i fyny i Landegfan oddi ar ffordd Biwmares ar gyrion Porthaethwy. Yn 1719 nodwyd annedd o'r enw *Tyddyn y Kychley* yn Llandegfan (Tl). Nodwyd hwn yn syml fel *Cichle* yng nghofnodion y Cyfrifiad, ond mae mwyafrif y cofnodion sydd gennym am yr enw *Cichle* yn cyfeirio at yr annedd yn Llanfaes (er bod y CCPost yn ei restru dan Llangoed).

Mae rhyw naws Gymreig i'r enw: gellid yn hawdd geisio ei esbonio drwy feddwl am *cuch* + *lle*. Fel *Cuchle* y dehonglodd Trebor Môn yr enw, a dywed fod yr annedd wedi cael yr enw 'o ymgyrch drwy anghydwelediad rhyw oes o'r blaen' (ELlMT). Fodd bynnag, nid *cuch* yw'r sillaf gyntaf, ond *cich*. Gellid beio dull agored y Monwysion o ynganu eu llafariaid am hyn. Nid *u* ddylai'r sain fod, ond *i*, ac mae'n rhaid fod y trigolion lleol yn gwybod hyn yn eu calonnau, os nad ar eu gwefusau, oherwydd adlewyrchwyd hyn yn gyson yn y sillafiad drwy'r blynyddoedd.

Os edrychwn ar y cofnodion cynharaf o'r enw *Cichle*, mae ei ystyr yn dod yn gwbl glir. Cyfenw Saesneg sydd yma, ac yn wir, gwyddom pwy oedd biau'r cyfenw hwnnw. *Kyghley* oedd y cyfenw, ac mae Melville Richards wedi nodi cyfeiriadau at wahanol aelodau o'r teulu yn AMR. Cafwyd cyfeiriad at *John Kyghley*, *knight*, ym Miwmares yn 1411; ceir cofnod o *Kateryne Kyghley* yn 1460, a *Henry Kyghley* yn 1542. Cyn hir mae'r cyfenw yn cael ei glymu wrth enw annedd. Nodwyd annedd o'r enw *Kichlley* yn 1586/7 (Ex.P.H-E). Mae'n debyg mai'r un lle yw *Tythyn y ffrier als Tythyn y kichley* a gofnodwyd yn 1692 (CENgh). Yn y cofnodion cynharaf o enw'r annedd gwelir y cyfenw gwreiddiol yn weddol amlwg, a hyd yn oed pan ddechreuir cymreigio'r enw ryw gymaint drwy newid y *–gh–* yn *–ch–* cedwir atgof am y cyfenw yn y llythyren *k* yn y cofnodion. Nodwyd *Kichley* yn 1754 (Poole), ond yn yr un ffynhonnell yn 1758 mae wedi ymgymreigio fwyfwy a throi'n *Cae'r Cichley*.

Mae newid y sain *gh* yn *ch* yn ddiddorol. Ceir esboniad o hyn gan Syr Ifor Williams wrth drafod enw'r mynydd *Cnicht* (ELleoedd). Eglura mai'r gair Saesneg *knight* sydd yn *Cnicht*, o'r adeg pan seiniai'r Sais y *k* ar ddechrau'r gair. Mae Syr Ifor yn dyfynnu'r hyn a ddywedodd William Salesbury am y sain Saesneg *gh*. Yn ôl Salesbury, a rhaid cofio mai fel hyn yr yngenid y sain yn ei ddyddiau ef, yr oedd y *gh* yr 'un llef a'n *ch* ni ond i bot hwy [h.y. y Saeson] yn traythu yr *gh* eiddunt yn yscafndec o ddieythyr y mwnwgyl a ninneu yn pronwnsio yr *ch* einom o eigawn yn gyddwfeu' (ELleoedd). Mae hyn yn awgrymu fod ein hynganiad ni o'r sain yn llawer cryfach a mwy gyddfol nag un y Sais.

Digwyddodd yr un peth yn union yn enw *Cichle*. Mae'n bur debyg mai o *Keighley* yn swydd Efrog y daeth John Kyghley i Fiwmares. *Keithley* yw ynganiad enw'r dref yn swydd Efrog, a dyna ynganiad y cyfenw hefyd bellach. Ond nid fel *th* y clywai'r Cymry y sain *gh*: i'w clustiau hwy yr oedd yn nes at *ch*. Mae'r Saeson hyd heddiw yn defnyddio'r sillafiad '*draught beer*' ond yn ei ynganu fel *drafft*. Ond mae'r Cymry yn sôn am *ddracht* ac am *ddrachtio*'r cwrw (YEE). Fel y dywedodd Salesbury, yr oedd y *gh* Saesneg gynt yr 'un llef a'n *ch* ni'. Parodd hyn i'r Cymry ynganu *Kyghley* yn *Cichle*, ac yn yr un modd fe droesant *Newborough* y Sais yn *Niwbwrch* yn Gymraeg.

Clai

Gwelir yr enw hwn mewn dau le gwahanol ym Môn. Roedd *Clai*, *Clai-bach* a *Clai-mawr* ar fap OS 1839–41 yn ardal Pentraeth, a chofnodwyd yr enw sawl gwaith yn ATT yn y ddeunawfed ganrif. Dyma'r *Clai bach* a *Clai fawr* a nodwyd yn RhPDegwm yn 1841 ym mhlwyf Llanbedr-goch. Mae *Clai-bâch*, *Clai Mawr* a *Lôn Clai* yno o hyd i'r gogledd o Bentraeth.

Cofnodir yr enw hefyd yn Llangefni, fel *Tuthyn y Clay* yn 1680, *Tythin Clay* yn 1707, *Tythin y Clay* yn 1708, *Tythyn y Clay* yn 1730 a *Tyddyn Clai* yn 1801(Thor). Cedwir yr enw hyd heddiw yn *Lôn Clai* i'r gogledd ddwyrain o dref Llangefni yn yr ardal lle mae *Afon Clai*, un o lednentydd Afon Cefni, yn llifo i lawr i'r brif afon yn y dref. Cred Gwilym T. Jones mai'r annedd ar lan ddwyreiniol yr afon, a adwaenir heddiw yn syml fel *Clai*, a roes ei enw i'r afon. Mae ef yn cyfaddef fod tarddiad ac ystyr yr enw arbennig hwn 'yn ddirgelwch llwyr'(AfMôn). Fodd bynnag, nid yw'n gyfyngedig i Langefni; gwelsom ei fod yn digwydd yn ardal Pentraeth, a cheir sawl cofnod o'r enw *Clai* yn Owrtyn, Sir y Fflint. Gwelir yr enw *Clays* yn Esher yn Surrey, ac mae John Field yn ei ddehongli fel tir cleiog neu dir lle ceir cloddio am glai (EFND). Yn sicr, mae *Pwll Clai* yn enw a welir yn aml ar gaeau yng Nghymru. Fe'i ceir hefyd fel enw annedd yn Rhoscolyn ar fap OS 1839–41. Ffurfid y pwll drwy gloddio am glai, a oedd yn adnodd gwerthfawr ar gyfer tewhau'r pridd, a gwneud brics a theils. Felly, mae'n hollol bosib mai'r hyn sydd gennym yn yr enw *Clai* yw pwll clai neu dir cleiog.

Clafdy / Rhyd-y-clafdy

Ar y mapiau OS diweddaraf nodir annedd i'r gogledd o Aberffraw o'r enw *Clafdy*, ac ychydig i'r dwyrain o Gemais nodir *Rhyd-y-clafdy*. Er ei bod yn amlwg fod y ddau yn hen enwau, ni welwyd hyd yn hyn unrhyw gofnodion cynnar am y naill na'r llall. Ar gyfer *Clafdy* Aberffraw ceir cyfeiriadau yn ATT yn y ddeunawfed ganrif; nodwyd *Claferdû* ym mhapurau Bodorgan yn 1776, *Clafardu* yn 1787 (Poole) a *Clâf-dy* ar fap OS 1839–41. Nodwyd *Claidŷ* hefyd ar fap 1839–41 yng nghyffiniau Cemais, ac mae'n fwy na thebyg mai cyfeiriad at *Rhyd-y-clafdy* sydd yma. Yn ôl Gwilym T. Jones, mae enw *Rhyd-y-clafdy* yn cyfeirio at ryd lle mae trac fferm yn croesi *Afon Rhyd-y-clafdy* i'r dwyrain o Gemais (RhMôn). Yn ddiweddarach daeth yn enw ar annedd gerllaw. Yn aml yn ATT yn y ddeunawfed ganrif hepgorwyd yr elfen *rhyd* a'r fannod o enw'r annedd ger Cemais. Cofnodwyd *Clafrdu* yn 1753, a *Clafrdy* yn 1768 ac 1772. *Rud clafrdu* sydd yn ATT yn 1760. Am ryw reswm fe'i cofnodwyd fel *Rhyd y Clafran* yn 1778 ym mhapurau Plas Coch, ond mae'n gywirach fel *Rhydyclafrdy* yn yr un ffynhonnell yn 1833. Nodwyd *Rhyd y=clafrdu* (*sic*) yn 1790 (Henllys) a *Rhyd y Clafrdriw* ym mhapurau Porth yr Aur yn 1825.

Ysbyty oedd y clafdy / clafrdy a leolid fel rheol mewn llecyn neilltuedig ar gyrion cymuned, ac mae'r ddau annedd uchod ar gyrion Aberffraw a Chemais. Tybed a oes yna rywfaint o wahaniaeth yn ystyr *clafdy* a *clafrdy*? A oes yna awgrym mai tŷ ar gyfer cleifion yn gyffredinol oedd *clafdy* tra bo *clafrdy* ar gyfer y sawl a ddioddefai o'r *clafr*? Mae GPC yn diffinio'r *clafr* neu'r *clawr* fel clefyd crachennog ar y croen, yn arbennig mewn anifeiliaid, ac fel tân Iddew neu dân iddw (*erysipelas*) mewn pobl. Gall hefyd gyfeirio at y gwahanglwyf. Yr afiechyd hwn a ddaw'n syth i'r meddwl wrth ddarllen cofnod o 1336 sy'n cyfeirio at bum acer o dir ger y *'domum leprosorum ultra aquam de seint'*, hynny yw, 'y clafrdy y tu hwnt i'r Afon Saint' (Penrhyn). Dyma'r llecyn ar gyrion Caernarfon a adwaenid wedyn fel *Pant y Clafrdy*. Cwtogwyd yr enw bellach i *Pant*, gan golli talp diddorol o hanes (HEALlE). Cyfeiriodd Egerton Phillimore at *Nant y Clauorion* ger Dinbych-y-pysgod, gan nodi mai'r enw Lladin ar y lle hwnnw oedd *Vallis Leprosorum* (Arch.Camb.,1920). Mae'r termau *vallis / domum leprosorum* yn sicr yn awgrymu'r gwahanglwyf, ond mae'n bosib na ddylid cyfieithu *leprosus* yn rhy lythrennol. Credai Dr Glyn Penrhyn Jones y byddai'r cleifion yn cynnwys nid yn unig y gwahangleifion, ond rhai â phob math o glefydau'r croen a chanserau, yn ogystal ag anffodusion eraill a oedd yn wrthun gan gymdeithas (TCHSG, 1962). Enw Saesneg y math hwn o sefydliad oedd *lazar-house*, ar ôl Lasarus a ystyrid yn nawddsant gwahangleifion, gan fod hen draddodiad fod Lasarus ei hun yn dioddef o'r gwahanglwyf. Lasarus y cardotyn cornwydlyd a orweddai wrth borth y gŵr goludog oedd hwn (Luc XVI, 19–31), nid Lasarus brawd Mair a Martha a atgyfodwyd gan Grist.

Dywed yr Athro A. D. Carr fod cofnod o glafdy ym mhob maerdref ym Môn ac eithrio Penrhosllugwy (MedAng). Fel y gwelsom uchod, cadwyd rhywfaint o gofnodion am y rhai yn Aberffraw a Chemais, a gwyddom fod yna glafdy yn Niwbwrch ac yn Llan-faes. Mae'n anodd dweud pa mor gyffredin oedd y gwahanglwyf ym Môn yn yr oesoedd canol. Ceir tystiolaeth nad oedd yna unrhyw wahangleifion yn byw yn rhai o'r ysbytai hyn ar adegau. Gwyddom, fodd bynnag, fod gŵr gwahanglwyfus o'r enw Gruffudd ap Hywel Ddu yng nghlafdy Aberffraw yn 1386–7 (MedAng). Yn ogystal â'r cyfeiriadau at yr ysbytai hyn yn Aberffraw, Niwbwrch, Llan-faes, Cemais a Chaernarfon, ceir *Rhydyclafdy* yn Llannor ger Pwllheli, a chofnodwyd *Clafrdy* yn Llanllyfni a *Ffridd y Clafrdy* yn Llandygái.

Aeth Egerton Phillimore gam ymhellach ac awgrymu mai cyfeiriad at wahangleifion sydd ym mhob enw lle sy'n cynnwys yr elfen *claf / cleifion*. Yn sicr, mae digon ohonynt. Cofnodwyd *Gallt y Cleifion* a *Ffrwd y Cleifion* yn Niwbwrch yn 1608 (AMR), a gwyddom fod yno glafdy. Nodwyd *Llety'r Claf* yn Llanarmon-yn-Iâl a *Llety'r Cleifion* yn Lledrod, a gwelir yr elfen mewn sawl enw lle arall. Yr oedd y gymdeithas ganoloesol yn sicr yn ymwybodol iawn o'r clefyd. Y gwahanglwyf yw un o brif themâu Cymdeithas Amlyn ac Amig, chwedl a geid mewn rhyw ffurf ledled Ewrop.

Clegyr / Clegyrdy / Clegyrog

Lleolir *Clegyr Gwynion* ym mhlwyf Llandrygarn i'r gogledd o Fryngwran, ac mae *Clegyr Mawr* i'r gorllewin o Lanfair-yng-Nghornwy nid nepell o Borth Swtan. Nodir yr enwau hyn fel *Clegir-Gwynion* a *Clegir-Mawr* ar y mapiau OS cyfredol. *Y Clegyr Gwynion* oedd cartref teulu Ieuan ap Gwilym y canodd Lewys Môn farwnad iddo. Dywed y bardd y clywyd 'gawr', sef bloedd o alar, yn yr hen gartref ar farwolaeth ei noddwr:

Coed gwinwydd yn cydgwynaw:
cael gawr drom o'r Clegyr draw. (GLM)

Ar y map OS cyfredol nodir annedd o'r enw *Clegir* hefyd ar odre Mynydd Bodafon. Yn RhPDegwm plwyf Bodwrog yn 1843 nodwyd *Tyn y clegir* a *Bryn clegir*. Cofnodwyd *Y Clegyr* ger Llyn Padarn yn Llanberis a *Clegyr Fwyaf* ger Tyddewi. Nodwyd *Clegir Canol*, *Clegir mawr* a *Clegir isaf* yn enwau ar anheddau yn RhPDegwm plwyf Gwyddelwern yn 1836, ac yn RhPDegwm plwyf Llanrug yn 1839 nodwyd cae o'r enw *Clegir* ar dir Tyddyn Mawr.

Mae *clegyr* yn enw gwrywaidd unigol ac yn enw torfol, felly gall olygu 'craig' a 'creigiau'. Ceir yr un elfen mewn Cernyweg yn y ffurf *clegar*, ac mewn hen Lydaweg yn y ffurf *Cleker*, sef y *Cleguer* presennol. Yr elfen *clegyr* sydd wrth wraidd dau enw arall a welir ym Môn, sef *Clegyrdy* a *Clegyrog*. Nodir *Clegyrdy-mawr* a *Clegyrdy-bach* ar y map OS cyfredol i'r gogledd o Langefni. Mae'r ystyr yn amlwg, sef tŷ ger y graig / creigiau.

Ansoddair yw *clegyrog* â'r ystyr 'creigiog'. Mae'r defnydd o *Clegyrog* fel enw lle ar batrwm enwau megis *Rhedynog*, *Eithinog* a *Brwynog*. Ansoddeiriau sydd yma mewn gwirionedd, ond fe'u defnyddir fel enwau i ddisgrifio man lle ceir llawer o ryw elfen arbennig. Yr unig wahaniaeth yw mai llawer o blanhigyn arbennig a geir yn yr enwau eraill ond llawer o greigiau yn *Clegyrog*.

Heddiw ar y map OS nodir *Clegyrog Blas*, *Clegyrog Ganol* a *Clegyrog-uchaf* yng nghyffiniau Carreg-lefn yng ngogledd yr ynys. Ceir nifer fawr o gyfeiriadau dros y canrifoedd at *Clegyrog* fel enw trefgordd ac annedd. *Clegerrok* oedd ffurf yr enw yn 1352 (Rec.C). *Clegyrrok* sydd ym mhapurau Llanfair a Brynodol yn 1439/40 ac 1470/1 ac mae'r un ffurf yng Nghartiwlari Penrhyn yn 1443. Nodwyd *Glegorrok* yn 1459 (PFA); *Clegyroc* yn 1523/4 (Pres.); *Klegyrog* yn 1554 a *Clegerock* yn 1599/1600 (PCoch). Cofnodwyd *Clagyryg Issaphe* yn 1556 (BH); *Clygyrocke* yn 1630 (Bodewryd); *Clygyroge* yn 1635 (Pres.) a *Clegyrog* yn 1640 (BH). Mae William Bulkeley, y Brynddu, yn cyfeirio at 'Clygyrog' yn ei ddyddiadur (16–6–1737) ac at 'Cleygyrog ucha and Cleygyrog y ddwy symne' (23–6–1737). Nodwyd *Y Glegyrog Wen* a'r *Glegyrog Ddu* hefyd rhwng Aberdyfi a Phennal, a'r *Glegyrog* rhwng Pentre'r-felin a Phenmorfa.

Cleifiog

Ar y map OS cyfredol nodir *Cleifiog Fawr*, *Cleifiog Isaf* a *Cleifiog-uchaf* i gyd yng nghyffiniau'r Fali. Mae hefyd yn enw ar dŷ o'r ddeunawfed ganrif yn nhref Biwmares, ond y *Cleifiog* ym mhlwyf Llanynghenedl, sef ardal y Fali, sydd yn yr holl gofnodion a drafodir yma. *Cleifiog* hefyd oedd enw'r drefgordd a chyfeiriadau at y drefgordd sydd yn llawer o'r cofnodion cynharaf. Y cofnod cynharaf a welwyd hyd yma yw *Kelemok* o 1284 (ExAng). *Kellemok* oedd y ffurf yng Nghyfrifon y Siryf yn 1291–2. Nodwyd dwy ffurf yn 1352 (Rec.C) Y ffurf gyntaf yw *Keleynyok*, ac mae'r ail ffurf *Keleyviok* ychydig yn nes at y ffurf fodern. Ym mhapurau Llanfair a Brynodol ceir *Clywok in com llevan*[19] o'r flwyddyn 1439/40. Mae Leland yn 1536–9 yn cyfeirio at *Avon Kleviog*. Nodwyd *Clevyog* yn 1575, *Cliviocke* yn 1591, *Cleyviog* yn 1613 a *Cliviog* yn 1667, i gyd ym mhapurau Baron Hill. *Cleiviog* neu *Cleifiog* a nodwyd gan amlaf yn ATT yn y ddeunawfed ganrif.

Gwelwyd fod Leland yn cyfeirio at *Avon Kleviog*, ac mae hefyd yn nodi *Traeth Kleiviog*. Mae Lewis Morris mewn llythyr at ei frawd William ar 12 Awst 1737 yn sôn am 'Cleifiog river' fel un o'r afonydd yr oedd yn rhaid ei chroesi ar y ffordd i Gaergybi (ML). Mae'r afon hon yn tarddu i'r gogledd-ddwyrain o bentrefan Llanynghenedl ac yn llifo i mewn i gulfor Rhyd-y-bont ryw filltir i'r de o'r Fali. Dywed Gwilym T. Jones nad *Cleifiog* yw enw'r afon erbyn heddiw, ond Afon Llama, er bod rhai cyfeiriadau ati hefyd fel Afon Cruglas (AfMôn). Fodd bynnag, *Cleifiog* oedd yr hen enw. Gan ei bod yn afon ddigon di-nod ac iddi sawl enw dros y

19 Cleifiog yng nghwmwd Llifon

blynyddoedd, mae'n anodd penderfynu ai'r anheddau a gymerodd eu henwau oddi wrth yr afon, ynteu'r afon oddi wrth yr anheddau. Barn Gwilym T. Jones oedd fod ystyr yr enw 'yn niwlog braidd, ond mae'n hawdd ei olrhain i hen drefgordd o'r un enw' (AfMôn). Felly, credai ef mai'r drefgordd a roes eu henwau i'r annedd a'r afon, ac mae hynny'n hollol bosibl.

Nid yw'r cofnodion cynnar yn taflu unrhyw oleuni pellach ar darddiad yr enw. Bu Egerton Phillimore yn ystyried ai *claf* oedd y bôn. Gwelsom ei fod ef yn amau mai cyfeiriad at wahangleifion oedd ym mhob enw lle a gynhwysai'r elfen *claf*. Awgrymodd yn betrus mai lle a gysylltid â gwahangleifion oedd ystyr *Cleifiog*, ond cyfaddefodd nad oedd wedi gweld digon o enghreifftiau cynnar o'r enw i fedru penderfynu'n bendant. Mae'n debyg petai wedi gweld yr holl gyfeiriadau cynnar sydd ar gael na fyddai lawer nes i'r lan. 'A place for sick people' oedd cynnig Gwenllian Morris-Jones (GM-J).

Fel rheol, terfyniad ansoddeiriol yw *–iog*, e.e. *dail* > *deiliog*, ond os ansoddair yw *cleifiog*, nid oes unrhyw gofnod ohono yn GPC. Un broblem gyda'r ddamcaniaeth hon yw fod y terfyniad *–iawg* i'w weld fel rheol yn hen ffurfiau'r ansoddeiriau sydd â'r terfyniad *–iog* heddiw. Ni cheir hyn yn achos *Cleifiog*, gan mai *–ok* neu *–yok* a geir o'r dechrau. Posibilrwydd arall yw mai terfyniad tiriogaethol sydd yma. Gwyddom fod ychwanegu'r ôl-ddodiad *–iog* at enwau personol megis *Rhufon*, *Annun* a *Tudwal* wedi rhoi inni'r enwau tiriogaethol *Rhufoniog*, *Anhuniog* a *Tudweiliog* (ETG). Fel rheol mae enwau o'r fath yn cyfeirio at ddarnau sylweddol o dir yn hytrach nag annedd arbennig. Ond rhaid cofio mai *Cleifiog* oedd enw'r drefgordd hefyd, ac mae gennym enghreifftiau eraill ym Môn lle esgorodd enw personol + *–iog* ar enw tiriogaethol. Yr enw personol *Conws* a roddodd inni enw'r drefgordd *Conysiog*, a drodd ymhen amser yn *Pencarnisiog*.

Beth fyddai enw'r sawl yr oedd *Cleifiog* yn diriogaeth iddo? Yr unig awgrym yw'r un sydd gan Egerton Phillimore, sef mai *claf* yw bôn yr enw. A fyddai'n bosibl fod yno unwaith rywun gwahanglwyfus a adwaenid fel *Y Claf* ac mai hwn a roddodd ei enw i'w gartref, sef *Cleifiog*. Ond yr oedd rheolau eithaf caeth ynglŷn ag eiddo gwahangleifion. Disgwylid iddynt drosglwyddo cyfran helaeth, os nad y cwbl, o'u heiddo i'r clafdy pan dderbynnid hwy iddo (MedLep). Felly, a fyddai'n bosibl i ŵr gwahanglwyfus fod yn berchen tŷ? Faint haws ydym o ogrdroi cyhyd gyda'r gwahanglaf dychmygol hwn? Dyfalu dibwrpas yw hyn, ac mae hynny'n beryglus iawn wrth drafod enwau lleoedd. Gwell cyfaddef yn onest fod tarddiad yr enw *Cleifiog* nid yn unig yn 'niwlog braidd', ond, yn wir, yn ddirgelwch llwyr.

Clorach

Ar un adeg medrai pob plentyn ysgol ym Môn adrodd penillion Syr John Morris-Jones am hanes y seintiau yng Nghlorach:

> Seiriol Wyn a Chybi Felyn –
> Cyfarfyddynt, fel mae'r sôn,
> Beunydd wrth ffynhonnau Clorach
> Yng nghanolbarth Môn.

Fe gofiwch mai cerdd i esbonio pam y gelwid Seiriol yn 'wyn' a Chybi yn 'felyn' sydd yma, ac yn sgil hynny ceir cyfeirio at 'anghyfartal dynged' unigolion yn y byd. Roedd Seiriol wrth gerdded o Benmon i Glorach yn y bore ac yn ôl yn y pnawn yn cefnu ar yr haul, ond yr oedd Cybi yn wynebu'r haul ar ei daith ef o Gaergybi i Glorach ac yn ôl adref. Llosg haul a wnaeth Cybi yn felyn. Ond os oeddynt, fel yr honnai Syr John, yn gwneud y daith 'beunydd' prin y byddent wedi cael amser i wneud fawr ddim pregethu nac efengylu. Y peth pwysig i ni sylwi arno yma yn hytrach na lliw croen y ddau sant yw'r cyfeiriad at 'ffynhonnau Clorach'.

Ar un adeg yr oedd Ffynnon Cybi a Ffynnon Seiriol i'w gweld ar y naill ochr a'r llall i'r lôn sy'n mynd o Faenaddwyn i Lannerch-y-medd. Dinistriwyd Ffynnon Cybi yn 1840 pan adeiladwyd y bont dros *Ryd Clorach* (ELlMôn). Mae Ffynnon Seiriol yno o hyd ond mewn cyflwr digon gwael erbyn heddiw gan fod y wal o'i hamgylch wedi ei dymchwel gan wartheg. O ganlyniad, mae'r cerrig wedi cau'r ffynnon, er bod ei dŵr yn dal i ddiferu o'i hochr (FfCym.). Mae'r ffynhonnau hyn yn agos iawn at yr anheddau a nodir ar y map OS cyfredol fel *Clorach-fawr* a *Clorach-bâch*. *Clorach* oedd enw'r drefgordd gynt ac mae afon *Clorach* yn llifo gerllaw.

Daw'r cofnod cynharaf a welwyd o'r enw *Clorach* mewn ffurf ryfedd ac anesboniadwy, sef *Slorathenryet* o'r flwyddyn 1284 (ExAng). Digon od hefyd ac nid annhebyg yw'r *Glorachenriot* o 1292 mewn cyfrifon swyddogion (BBGC, IX). Tybed ai cyfeiriad at y rhyd sydd yn nherfyniad y ddwy ffurf hyn? Erbyn 1352 mae'r enw yn llawer haws ei adnabod yn y ffurf *Cloragh* (Rec.C). Dyna'r ffurf a nodwyd hefyd yn 1414 ac 1433 (PFA). Mympwy orgraffyddol i gyfleu'r sain *ch* yw'r *z* sydd yn y ffurf *Cloraz* ym mhapurau Baron Hill o'r flwyddyn 1508. Yno hefyd y nodwyd *Tuthyn Clorach* yn 1560, ond yn yr un ffynhonnell nodwyd enw'r afon fel *avon Cloraghe* yn 1618. Ar ôl hynny mae'r enw yn ymsefydlogi yn ei ffurf bresennol, sef *Clorach*.

Mae R. J. Thomas yn cysylltu'r enw yn eithaf pendant â'r enw *Clarach* yng Ngheredigion a hefyd â'r elfen Wyddeleg *claragh*, a welir yn aml mewn enwau lleoedd yn Iwerddon. Esbonia fod *Claragh* yn deillio o *clár*, sef 'lle gwastad', a bod hwnnw'n cyfateb i'r gair Cymraeg *clawr*, a all hefyd olygu arwynebedd gwastad (EANC). Yn yr enw *Clorach* gwelir yn glir ddylanwad y Wyddeleg ar enw lle ym Môn. Roedd William Owen Pughe yn amlwg wedi cael ei gamarwain gan y gair *clôr* / *cylor*, sef cnau daear, gan ei fod ef yn dehongli'r enw *Clorach* fel 'the place abounding with earth-nuts' (Camb.Reg.).

Clynnog Fechan

Enw ac iddo gryn hynafiaeth yw *Clynnog Fechan*. Mae'r annedd hwn rhwng Dwyran a Niwbwrch. Yn anffodus, gollyngwyd yr ail elfen ar y map OS: *Clynnog* sydd ar hwnnw heddiw, a *Clynog* oedd ar fapiau OS 1839–41 ac 1903. Trwy wneud hyn collwyd arwyddocâd yr enw. Holl bwrpas yr elfen *fechan* oedd gwahaniaethu'r *Clynnog* ym Môn oddi wrth *Clynnog Fawr* yn Arfon. Roedd *Clynnog Fechan* yn rhan o diroedd y clas yng Nghlynnog Fawr, a byddai'n darparu rhywfaint o incwm i'r fam eglwys. Felly, mae'r cofnodion am y lle yn mynd yn eithaf pell yn ôl. Roedd gynt yn enw ar y drefgordd hefyd a chyfeiriadau at y drefgordd sydd yn llawer o'r cofnodion cynnar. Daw un o'r cofnodion cynharaf o'r flwyddyn 1254 yn y ffurf *Kellenauc* (Val. Nor.). Nodwyd dwy ffurf yn 1443, sef *Clennok vyghan* a *Clennok veghan* (PFA). Ceir *Kelynnok vichn* yn 1470/1 (LlB) a *Clennok Vechan* yn 1520 (BH). Ambell dro cyfieithid yr enw yn llythrennol: nodwyd *Clunocke the Less* yn 1538/44 (Ex.P.H-E). *Clynnog-bach* oedd ym mhapurau Porth yr Aur o'r flwyddyn 1800.

Mewn gwirionedd, ansoddair sydd yn enw *Clynnog*, sef *celynnog*. Gwelir rhywfaint o gywasgu llafar yma. Yn Y Gyffin ger Conwy ceir y ffurf *Glynnog*. Mae *Clynnog* yn nodweddiadol o'r enwau hynny sy'n disgrifio man lle ceir llawer o blanhigyn arbennig. Ceir digon o enghreifftiau o hyn mewn enwau megis *Rhedynog* (*Rhedynogfelen*, Llanwnda, Arfon); *Eithinog* (fferm ym Mangor gynt, enw ar stad o dai yn awr); *Danhadog* (am dir lle tyfai llawer o ddanadl poethion, a roes ei henw i fferm *Nhadog*, Dolwyddelan); a *Grafog* (annedd yn y Groeslon, Arfon, lle ceid llawer o *graf* neu arlleg gwyllt). Gellid hefyd sôn am *Fanhadlog*, *Brwynog*, *Mawnog* a *Chegidog*. Celyn oedd yn tyfu yng Nghlynnog Fawr. Mae'r enw *Clynnog* yn eithaf tebyg o ran ystyr i *Clenennau*. Plasty i'r gogledd-orllewin o Borthmadog yw *Clenennau*. Yr hyn a geir yno yw *celynennau*, ffurf luosog *celynnen*, sef nifer o lwyni celyn. Lle â llawer o gelyn yn gyffredinol oedd *Clynnog* a lle â nifer o lwyni celyn unigol oedd *Clenennau*. Ond nid yw'n dilyn fod yna gelyn o gwbl yng Nghlynnog Fechan gan mai enw trosglwyddedig yw hwnnw.

Cocyn a Cogwrn

Ar un adeg yr oedd yna o leiaf dri thŷ ym Moelfre a oedd yn cynnwys yr elfen *cocyn*. Ceir sawl cyfeiriad at yr enw yn ATT, ac mae'r rhain yn ddiddorol gan fod ambell un yn cynnwys elfen arall sef 'beggar'. Cofnodwyd *Cegyn beger* yn 1753, *Coccyn Beggar* yn 1772 a *Cokin begar* yn 1787. Mae'n anodd esbonio'r elfen *begar* yn yr enw. Yn Lloegr cofnodwyd nifer o enghreifftiau o enwau megis *Beggars' Land, Beggars' Croft, Beggar's Field, Beggar Ground, Beggars Patch* a *Beggar's Corner*, sydd ambell dro yn cyfeirio at fannau lle arferai'r cardotwyr ymgynnull, ond dro arall yn dynodi tir sâl, digynnyrch (EFND). Tybed ai'r un ystyr sydd i *beggar* yma ym Moelfre? *Cocyn* yn syml sydd yn ATT yn 1793, er mai *Cockin* oedd yn yr un ffynhonnell yn 1791. *Cocyn* sydd ar fap OS 1839–41. Yn RhPDegwm plwyf Llanallgo yn 1845 nodir *Cogyn Newydd* a *Hen gogyn*. Mae *Cocyn-newydd* ar fap OS 6" 1887–8. Cofnodwyd *Rhen Gogun* yng Nghyfrifiad 1851, ond ar fap OS 1881 nodwyd *Cockyn Uchaf* a *Cockyn Newydd*. *Cocyn-uchaf* a *Cocyn-newydd* oedd y ffurfiau yn 1901.

Ystyr arferol *coc* / *cocyn* mewn enw lle yw 'pentwr, twmpath neu fwdwl'. Benthyciad o'r Saesneg *cock* sydd yma; fe'i ceir yn 'haycock', sef mwdwl o wair. Ffurf fachigol yw *cocyn*, sy'n awgrymu pentwr neu dwmpath bychan. Mae Glyndwr Thomas yn cyfeirio at yr ymadrodd bachog: 'Paid â rhoi lle i bobl ddweud dy fod yn fwdwl cyn bod yn gocyn' (NabMôn). Yr ystyr, wrth gwrs, yw peidio â bod yn rhy uchelgeisiol yn rhy fuan, ac mae'n tarddu o'r traddodiad fod mwdwl yn cyfateb i ddeg cocyn. Gwelir yr elfen *cocyn* mewn sawl enw lle: ym Môn nodwyd *Cocyn* yn Llechylched ar fap OS 1839–41. Ceir *Cocyn Perthi* a *Cocyn Craflwyn* ger Beddgelert, a chofnodwyd *Bryncocyn* yn Llandygái, Llangywer, Llanefydd a Botwnnog.

Mae safle *Cocyn-uchaf* a *Cocyn-newydd* ym Moelfre bellach wedi cael ei lyncu gan stad dai Trigfa, ond yr oedd y ddau dŷ yn sefyll ar y tir uchel uwchlaw Porth Helaeth (TTM). Y lleoliad hwn a arweiniodd at ddigwyddiad bythgofiadwy ym mywyd dau ddyn a oedd yn byw yn *Cocyn-uchaf* a *Cocyn-newydd* yn y flwyddyn 1859. Dros nos ar 25/26 Hydref 1859 trawyd arfordir Prydain gan storm erchyll. Hyrddiwyd glannau gogledd-ddwyreiniol Môn yn ddidrugaredd gan ryferthwy'r corwynt. Bu llawer o ddifrod, a sylweddolodd Mesech Williams, a oedd yn byw yn *Cocyn-uchaf*, ei fod ar fin colli'r to oddi ar ei dŷ. Ymlwybrodd drwy'r storm i *Gocyn-newydd* i ofyn am gymorth ei gymydog, Thomas Hughes, i geisio arbed y to. Tra oeddynt wrth y dasg dechreuodd wawrio, ac edrychodd Mesech Williams allan i gyfeiriad Porth Helaeth. Yno, ar y creigiau gwelodd long fawr wedi ei dryllio. Y *Royal Charter* oedd hon, a oedd yn nesáu at ddiwedd ei thaith yn Lerpwl ar ôl cludo aur a mwyngloddwyr yr holl ffordd o Awstralia (ON; GW). Er gwaethaf ymdrechion dewr Mesech Williams, Thomas Hughes a llu o drigolion eraill Moelfre collodd dros 450 o wŷr, gwragedd a phlant eu bywydau ar greigiau Porth Helaeth ar y noson ofnadwy honno.

Gellid yn hawdd gyplysu *Cocyn* â'r enw *Cogwrn*, gan mai'r un ystyr sydd i'r ddau. Nodir *Cogwrn* dan Pencarnisiog yn y CCPost heddiw. 'Pentwr, twmpath, mwdwl' yw rhai o ystyron *cogwrn*, fel *cocyn*. Fodd bynnag, mae ystyron eraill i *cogwrn*, megis 'troell' a 'dyfais at ddirwyn edafedd', ond mae'n debyg mai 'twmpath' fyddai'r ystyr mewn enw lle. Mae sillafiad yr enw yn ddigyfnewid drwy'r blynyddoedd. Cofnodwyd *Cogwrn* yn 1749, 1755, 1784 ac 1845 (Bodorgan) ac mae'r un ffurf ar fap OS 1839–41.

Conysiog a Pencarnisiog

Ar y map OS i'r gorllewin o Rosneigr gwelir pentrefan *Pencarnisiog*. I'r gogledd o *Bencarnisiog* fe welir ar y map y geiriau 'Inscribed Stone'. Cyfeirir at y garreg hon fel 'Carreg Bodfeddan'. Mae'n debyg ei bod ar dir Bodfeddan sydd gerllaw, ond 'Carreg Maen Hir' yw'r enw lleol arni (NabMôn). Darganfuwyd sawl carreg ac arysgrifen arni yng Nghymru, ond yn aml iawn symudwyd y cerrig hyn i'r eglwys agosaf i'w diogelu. Fodd bynnag, ymddengys fod y garreg hon yn ei safle gwreiddiol. Mae'n garreg fawr, yn chwe throedfedd a hanner o uchder a gellir ei dyddio i'r chweched ganrif Oed Crist (IAMA). Ar ei hochr ceir yr arysgrif fertigol CVNOGVS ⊢⊣ HIC IACIT. Gellir darllen y geiriau hyn fel 'Cunogusi hic iacit'. Cyfieithwyd yr arysgrif yn aml fel 'Yma y gorwedd Cunogusus', ond nid yw hyn yn hollol gywir. Rhaid dehongli'r llinell fach lorweddol ⊢⊣ ar ddiwedd y gair cyntaf fel y llythyren *I* ar ei hochr. Rhydd hynny'r ffurf *Cunogusi* inni, sef y cyflwr genidol a ddefnyddir i awgrymu perchnogaeth. Mae'n amlwg fod rhywbeth ar goll, megis cyfeiriad at y bedd, a dylid darllen yr arysgrif fel '[Bedd / Carreg fedd] Cunogusus. Yma y gorwedd'. Enw dyn oedd *Cunogusus*, a byddai'n rhoi'r enw *Conws* inni yn Gymraeg, er ei bod yn debyg mai enw personol Gwyddelig ydoedd mewn gwirionedd.

Esgorodd yr enw personol *Conws* neu *Cwnws* ar yr enw tiriogaethol *Conysiog*. Mae hwn ar batrwm enwau megis *Tudweiliog* a *Rhufoniog*, lle ychwanegir yr ôl-ddodiad *iog* at enw personol i roi'r ystyr 'tir hwn a hwn'; yn yr achos hwn, 'Tir Conws'. Go brin y gellir adnabod yr enw *Conysiog* yn y ffurf *Tounsok*, a gofnodwyd yn 1284 (ExAng) na'r ffurf *Tuissock* o 1574 (Bodorgan). Fe'i ceir yn y ffurf *Conyssiok* yn 1335 (WChCom); fel *Connsioc* yn 1349; *Comissok* yn 1352 (Rec.C); ac fel *Cunussioc* yn 1399 (WChCom). *Connosyok* oedd y ffurf yn 1470 a *Connissiok* yn 1478 (LlB). Daeth yn enw ar y ddwy drefgordd *Conysiog Lan* a *Conysiog Lys*. Cofnodwyd *Comissiok llan* yn 1465 a *Convsiok Lan* a

Convsiok Lis yn 1477 (Cart.Pen.). Gwelir y rhaniad hwn rhwng llan a llys mewn mannau eraill ym Môn, yn *Lledwigan Llan* a *Lledwigan Llys*, a *Cornwy Lan* a *Cornwy Lys*. Yn wreiddiol yr oedd y tiroedd *llan* yn eiddo i'r eglwys a'r tiroedd *llys* yn eiddo i'r brenin.

Ar un adeg roedd yna annedd o'r enw *Penconysiog*, a rhoddodd hwnnw ei enw i'r ardal gyfagos. *Pencornisiog* oedd ffurf enw'r annedd yn RhPDegwm plwyf Llanfaelog yn 1844. Tyfodd camddealltwriaeth ynglŷn â'r enw a throdd yn *Pencarnisiog*. Dyna'r ffurf ar y map OS cyfredol. Bu hefyd ymyrryd bwriadol â'r enw gan y tybiai rhai mai'r elfen *caer* oedd yn ei ganol ac yn aml fe welir y sillafiad *Pencaernisiog*.

Corwas

Lleolir *Corwas* ger Cerrig-mân i'r gogledd o Benysarn ac i'r de o Amlwch. Fe'i nodir fel *Corwas* ar y map OS cyfredol. Ychydig o gofnodion a gadwyd o'r enw: ceir *Corwas* yn 1756 ac 1773 (PA), a nodir yr un ffurf ar fap OS 1839–41 ac yn RhPDegwm yn 1847. Eithriad yw'r *Gorwas* a gofnodwyd yng Nghyfrifiad 1861. Byddai'n anodd dehongli ystyr yr enw o'r ffurf syml *Corwas*, ond yn ffodus cadwyd cofnod o 1592 o *tirr y Korwas* (Sotheby). Gellir casglu oddi wrth hwn mai enw personol, neu yn hytrach lysenw, oedd 'y Corwas'. Er na welwyd rhagor o gyfeiriadau at *Corwas* fel annedd, mae gennym rai cofnodion gweddol gynnar ym mhapurau Baron Hill sy'n cyfeirio at y Corwas ei hun. Mae gan Melville Richards nodyn am y cyfeiriadau gwerthfawr hyn (TCHNM, 1969–70). Yn 1392 rhoddodd gŵr o'r enw 'David ap y Korwas' ei dir yn nhrefgordd Llaneilian ar forgais i ŵr o'r enw 'Grono ap David Lloyt'. Felly, yr oedd gan y Corwas fab o'r enw David / Dafydd. Roedd ganddo fab arall o'r enw Grono, a lysenwid yn Grono Goch, gan y nodir 'Grono Gogh ap y Korwas' yn dyst i weithred ei frawd David. Gwyddom hefyd fod gan y Grono hwn fab o'r enw Dafydd, oherwydd yn 1445 mae 'David ap Grono ap Korwas' o

Penryn y balok[20] yn nhrefgordd Llaneilian yn morgeisio dau dyddyn yn y drefgordd honno, sef *Tyddyn y Mabchwyll* a thŷ yn *'Y mynyth'*. Awgrymodd Melville Richards mai *Tynymynydd* ar Fynydd Eilian oedd hwnnw.

Ceir cofnod gwerthfawr arall o'r flwyddyn 1465 ym mhapurau Baron Hill, lle cyfeirir at David eto, y tro hwn fel 'David ap Grono ap Ieuan alias David ap Grono ap y Corowas'. Felly, dyma ddarganfod mai Ieuan oedd enw'r Corwas. Cyn gadael y teulu mae un cofnod arall o'r flwyddyn 1494 yn datgelu inni fod gan David ap Grono fab o'r enw Richard, oherwydd cafodd 'Richardo ap David ap Grono ap Korwas' ei ryddhau o forgais *Tyddyn y Mabchwyll*. Felly, llwyddwyd i olrhain disgynyddion Ieuan y Corwas hyd at ei orwyr. Gresyn na wyddom ychwaneg am y Corwas ei hun. Mae'n amlwg bellach mai llysenw oedd 'y Corwas'. Gellid cynnig mai *cor* + *gwas* yw elfennau'r enw. Ystyr *cor* yw 'corrach' ac mae'n awgrymu mai gŵr byr o gorffolaeth oedd Ieuan. Ceir enw tebyg ei ystyr mewn cyfeiriad at *dir y byrwas* ym Mhenbol mewn rhentol y Goron o 1549 (BH; MWS).

Cremlyn

Yn sicr, nid oes a wnelo'r enw hwn ddim oll â'r Kremlin ym Mosgo. Ond fe ellid ei gyplysu ag enw lle arall ym Môn, sef *Cemlyn*, gan fod ystyr y ddau enw yn eithaf tebyg. 'Llyn cam' sydd yn *Cemlyn*, a 'llyn crwm' yn *Cremlyn*. Cyn 1282 yr oedd o leiaf ddwy drefgordd yn ardal Llanddona yn dwyn yr enw *Cremlyn* neu *Crymlyn*, sef *Crymlyn Heilyn* a *Crymlyn Wastrodion*. Enw personol yw *Heilyn*; ni wyddom pwy ydoedd, ond mae'n amlwg ei fod yn berchen ar dir yn Llanddona. Pam y galwyd y drefgordd arall yn *Crymlyn Wastrodion*? Ffurf luosog *gwastrawd* yw *gwastrodion*. Hwy oedd y gwŷr a oedd yn gofalu am y meirch yn y llys – y llys yn Llan-faes yn yr achos hwn. Mae'n fwy na thebyg fod yr

20 Trafodir yr enw hwn dan *Balog* uchod.

incwm o drefgordd *Crymlyn Wastrodion* yn mynd tuag at gynnal y gweision hyn. Gwelir yr un elfen yn enw trefgordd arall ym Môn, sef *Trefdraeth Wastrodion*, a gwtogir weithiau yn *Trefwastrodion*.

Cyfeiriwyd uchod at y ddwy drefgordd fel *Crymlyn*, ac mae'r ffurf hon yn dangos tarddiad yr enw yn glir, sef *crwm* + *llyn*. Fodd bynnag, mae llawer mwy o enghreifftiau o'r ffurf *Cremlyn* drwy'r canrifoedd. *Cremelyn* oedd y ffurf yn 1352 (Rec.C). Nodwyd *Crymelin Heylin* yn 1348 (MostynB), ac ym mhapurau Penrhyn o'r flwyddyn 1413 ceir *Crymlyn heilyn*, ond *Cremlyn heylyn* sydd yn yr un ffynhonnell yn 1443 ynghyd â *Cremlyn Wastynyet*. Ar yr olwg gyntaf, byddai'n hawdd tybio o'r ffurf *Wastynyet* fod y copïwr o bosib wedi cymysgu'r gwastrodion â'r disteiniaid. Roedd y disteiniaid neu'r stiwardiaid hwythau yn weision y llys. Fodd bynnag, dywed Melville Richards y ceir rhai cyfeiriadau at raniad arall eto yn nhrefgordd *Crymlyn*, sef *Crymlyn Wasdaniel* (TCHNM, 1973). Deiniol Sant yw'r Daniel yn yr enw hwn. Cyfeiriwyd uchod yn yr adran ar *Betysau* at yr un enw yn *Wele Wasteyniol*, sef *Gwely Gwas Deiniol* yn Chwaen (Rec.C). Ni wyddom pwy oedd *Heilyn*, ac ni wyddom ddim chwaith am *Wasdaniel*, ac eithrio fod gan ei rieni o bosib ddefosiwn arbennig i Ddeiniol. Mae Melville Richards yn cyfeirio at y cofnod *Crymlyn Wastaniell* o'r flwyddyn 1407 sy'n dangos yr enw hwn yn fwy eglur. Cyfeiriadau at y trefgorddau sydd yn y cofnodion cynharaf, ond yn nes ymlaen daw *Cremlyn* yn enw ar annedd, er mai *Crymlyn* yw'r ffurf yn *Tyddyn Crymlyn Vchaph* ym mhapurau Henllys o'r flwyddyn 1608. *Cremlyn ucha* yw hwnnw yn 1648 (MostynB). Mae cryn ymgyfnewid rhwng y ffurf *Cremlyn* a *Crymlyn* drwy'r canrifoedd yn enw'r annedd fel yn enw'r drefgordd. Cofnodwyd *Tythyn Cremlyn* yn 1658–9 (BH) ond *Tyddyn Crymlyn* yn 1694 (PA). Ceir *Cremlyn* yn 1786 (BH) ac ar fap OS 1839–41. Gwelir *Cremlyn* a *Cwm Cremlyn* ar y map OS cyfredol. Nodir yr enwau *Crymlyn*, *Crymlyn Farm* a *Crymlyn Oaks* hefyd i'r gorllewin o Abergwyngregyn yn Arllechwedd ar y map OS.

Cryw

Ar y map OS cyfredol nodir *Criw* a *Tyddyn-y-criw* i'r de o Langristiolus. Ceir sawl cyfeiriad at *Tyddyn-y-criw* ym mhapurau Plas Coch yn yr ail ganrif ar bymtheg. Cofnodwyd *Tyddyn y Criw* yn 1600, ac yn 1691 ceir *Tuthin y Cryw ucha* a *Tuthin y Cryw issa*. Nodir *Tyddyn-y-criw* ar fap OS 1839–41. *Crew* yw ffurf enw *Criw* Llangristiolus yn 1797 (PCoch). Mae'r un elfen yn digwydd mewn mannau eraill ym Môn: ceir cofnod o *Y Cryw* yn Niwbwrch yn 1688 ym mhapurau Bodorgan, a cheir sawl cyfeiriad at *Cryw neu Betws Gwgan* ym mhlwyf Llanbadrig (AMR). Ambell dro, cyfeirid at yr olaf fel *Betws Gwian*: fe'i cofnodwyd fel *Bettus Gwyan als Crew* yn 1696 (CENgh). Fe'i ceir mewn rhannau eraill o Gymru; cofnodwyd *Rhyd Cryw* yn Llanegryn, Meirionnydd, a *Dôl-y-cryw* yn Llandyrnog. A faint ohonom sy'n cofio, wrth ruthro i newid trên yng ngorsaf brysur *Crewe* dros y ffin yn Sir Gaer, mai'r un enw Cymraeg sydd yno hefyd?

Cryw yw'r sillafiad cywir, a gall olygu rhyw fath o rwystr megis cawell a osodir mewn afon i ddal pysgod, neu rywbeth mwy sylweddol fel cored. Ceir *Llyn Cryw* yn Afon Saint yng Nghaernarfon. Ambell dro, gall y cryw fod yn rhyd i groesi afon. Yn ôl Gwilym T. Jones, mae *Cryw*, Llangristiolus, yn cyfeirio at ryd ar Afon Cefni (RhMôn). Yn Arfon gall hefyd olygu cerrig camu i groesi afon. Mae'n debyg mai *crowiau* yn yr ystyr o gerrig camu sydd yn *Sarn Crowia*, Llanddeiniolen, Arfon.

Crochan Caffo

Yn wreiddiol, enw arall ar *Ffynnon Caffo* oedd *Crochan Caffo*, ond mae bellach yn enw ar dŷ gerllaw safle'r ffynnon. Roedd y ffynnon ar gyrion Cors Falltraeth ym mhlwyf Llangaffo. Mae wedi diflannu erbyn hyn, o bosib yn sgil adeiladu'r rheilffordd, ond mae'n braf meddwl fod yr enw deniadol hwn wedi ei gadw ar y tŷ. Cyfeirio at y ffynnon yn hytrach na'r tŷ a wna'r ychydig gofnodion a welwyd o'r enw, ond mae'r annedd wedi ei nodi fel *Crochencaffo* yn RhPDegwm plwyf Llangeinwen yn 1840. Mae'r elfen *crochan* yn ddiddorol, oherwydd gellir ei dehongli mewn dwy ffordd. Gallai ddisgrifio siâp y ffynnon fel math o lestr crwn yn dal y dŵr, ond yn fwy na thebyg mae'n cyfeirio at natur fyrlymus y dŵr ei hun, yr un fath ag yn enw *Crochan Llanddwyn* (FfCym.). Yn ôl y sôn, prif rinwedd dŵr *Crochan Caffo* oedd ei allu i dawelu babanod blin eu tymer a phlant anystywallt. I sicrhau hyn arferid aberthu ceiliogod i Caffo, y sant lleol, ond ni fyddai'r ddefod yn effeithiol os nad oedd y sawl a oedd yn gweinyddu'r aberth yn bwyta'r ceiliog wedyn (HWW).

Mae Melville Richards yn awgrymu mai enw anwes yw *Caffo*, wedi ei seilio ar y ferf *caffael*. Ni wyddom ryw lawer am Caffo. Daw'r ychydig a gofnodwyd amdano o *Vita* neu Fuchedd Cybi, hynny yw, hanes bywyd Cybi Sant a gadwyd mewn llawysgrif Ladin o tua'r flwyddyn 1200 (MM). Yn ôl y ffynhonnell hon, yr oedd Caffo yn ddisgybl i Cybi. Ceir un hanesyn am Caffo yn cael ei anfon gan Cybi i nôl tân. Gan nad oedd ganddo lestr i gario'r tân, fe'i lapiodd yn ei fantell, a llwyddodd ef, y fantell a'r tân i fynd yn ôl at Cybi heb unrhyw ddifrod nac anaf. Ymhellach ymlaen yn yr hanes, dywedir fod Caffo wedi mynd *ad oppidum quod dicitur hodie Merthir Caffo*[21] lle cafodd ei ladd gan fugeiliaid o Rosyr (Niwbwrch). Mae'n anodd gwybod ai llofruddiaeth ynteu merthyrdod oedd marwolaeth Caffo, gan na wyddom beth a symbylodd y bugeiliaid i'w ladd, ond mae'n codi cwestiwn diddorol ynglŷn â defnydd yr elfen *merthyr* yn Gymraeg.

Ar un adeg y gred gyffredinol oedd fod unrhyw le a oedd yn cynnwys yr elfen *merthyr* yn ei enw yn dynodi fod sant wedi ei ferthyru yno. Yn wir, clywir y ddamcaniaeth hon o hyd yng nghyswllt enw *Merthyr Tudful*. Ond nid dyma ystyr yr elfen *merthyr* mewn enw lle. Yn hytrach, mae'n cyfeirio at

21 'i'r dref a elwir heddiw yn Merthyr Caffo'.

fan lle claddwyd sant, neu fan lle cedwir esgyrn sant, ac nid oes raid i'r sant hwnnw o anghenraid fod wedi cael ei ferthyru (ELleoedd; PNDPH). Yn wir, pe bai'r elfen yn cyfeirio at ferthyrdod sant byddai'r nifer sylweddol o enwau lleoedd sy'n cynnwys yr elfen *merthyr*, yn enwedig yn ne Cymru, yn awgrymu fod seintiau Cymru wedi cael eu herlid y tu hwnt i bob rheswm.

Cwna

Mae Tomos Roberts wedi trafod yr enw hwn (ADG), ond mae'n werth ei ailystyried gan ei fod yn enw diddorol a esgorodd ar gamddealltwriaeth anffodus. Ar un adeg safai tŷ ar Fynydd Eilian ger Amlwch o'r enw *Cwna*. Cofnodwyd ef fel *Cwna* yn 1756 (PA). Mae yn yr un ffurf ar fap OS 1839–41, yn RhPDegwm yn 1847, ac ym mhob Cyfrifiad rhwng 1841 ac 1901, er mai *Cowna* sydd yng Nghyfrifiad 1911. Ceir yr hanes gan Tomos Roberts am sut y prynwyd y tŷ hwn gan Sais a oedd yn awyddus i wybod ystyr yr enw. Ni ellir beio ei gymdogion am ddweud wrtho yn eu diniweidrwydd, neu efallai o ddireidi ond serch hynny yn gwbl onest, mai ystyr y gair *cwna* yw cyflwr gast pan fo'n boeth ('on heat') ac yn gofyn ci. Aeth y perchennog ati yn ddiymdroi i newid enw ei dŷ yn *Mountain View*.

Mae'n wir fod yna ferf *cwna* â'r ystyr hon yn Gymraeg, ond nid berf oedd yn enw'r tŷ ar Fynydd Eilian. Enw dyn oedd *Cwna*, enw personol gweddol gyffredin ym Môn ar un adeg. Cofnodwyd annedd o'r enw *Cerrig Cwna* ym mhlwyf Bodwrog hefyd. Ffurf anwes ar yr enw *Conws* oedd *Cwna*; rydym eisoes wedi cwrdd â'r enw *Conws* yn enwau *Conysiog* a *Phencarnisiog*. Amrywiad ar y ffurf *Cwna* oedd *Cona*, a welid yn fynych yng ngogledd-ddwyrain Cymru ac sy'n gyfarwydd inni o hyd yn yr enwau *Cei Connah / Connah's Quay*. Credai Tomos Roberts ei fod wedi dod o hyd i'r *Cwna* a roddodd ei enw i'r annedd ar Fynydd Eilian. Ym mhapurau Sotheby yn y Llyfrgell Genedlaethol ceir tystiolaeth fod tiroedd yn Llaneilian wedi dod drwy forgais i ddwylo rhyw Cwna ab Ieuan ab y Mab yn y flwyddyn 1439. Yn yr un ffynhonnell gwelir fod Lewys ap Cwna, ei fab, wedi gwerthu'r tiroedd hyn yn 1500 i ŵr o Lechgynfarwy. Mae'n debyg fod yr elfen *tir*, *cae* neu *tyddyn* wedi bod o flaen yr enw personol yn enw'r annedd ar un adeg.

Gresyn fod pob coffadwriaeth am *Cwna* druan wedi cael ei hysgubo ymaith gan *Mountain View* (er bod yr enw hwnnw bellach wedi cael ei newid i *Golygfa'r Mynydd*). Dyma enghraifft o sut y collir hen enwau drwy ymyrryd oherwydd anwybodaeth. Byddai ychydig o ymchwil wedi dangos mai enw personol digon cyffredin oedd *Cwna*. Os oedd galw am ymyrryd o gwbl, yr unig beth roedd ei angen i roi gwedd fwy 'parchus' i'r enw *Cwna* oedd adfer yr elfen *cae* neu *tyddyn* o'i flaen, a byddai hynny'n dangos nad berf oedd yr ail elfen.

Cwt Soeg

Lleolir yr annedd â'r enw anarferol hwn i'r gogledd o Langadwaladr. Fe'i nodir fel *Cwt-soeg* ar y map OS cyfredol, ac fel *Cwt Soeg* yn y CCPost. Yn wir, nid oes fawr o amrywiaeth yn y modd y sillefir yr enw dros y blynyddoedd. Y cofnod cynharaf a welwyd ohono yw *Cwtt Soig* ym mhapurau Bodorgan yn 1704; *cwt y soeg* sydd yn yr un ffynhonnell yn 1780. *Cwt-soeg* oedd ar fap OS 1839–41; *Cwt Soeg* yn RhPDegwm 1843; *Cutsoeg* yng nghofnodion Cyfrifiad 1841; *Cut Seiog* yn y Cyfrifiad yn 1871 a *Cwtsoig* yn 1901.

Heddiw tueddwn i ddefnyddio *cwt*, a'r amrywiad *cut*, i ddisgrifio rhyw fath o sied neu dwlc; cyfeiriwn at gwt ci, cwt mochyn neu gwt glo. Yn sicr, ni fyddem yn ei ddefnyddio i ddisgrifio tŷ annedd ac eithrio yn ddilornus. Fodd bynnag, mae *cwt* wedi mynd i lawr yn y byd, oherwydd nid oedd yn rhywbeth mor ddistadl yn wreiddiol. Benthyciad yw o'r Saesneg *cot*, a'r ystyr yn syml yw 'bwthyn'. Ceir sawl enghraifft ym Môn o'i ddefnyddio yn yr ystyr hon. Felly, dyna benderfynu nad oes unrhyw awgrym o wawd yn elfen gyntaf enw *Cwt Soeg*. Sut mae esbonio'r ail elfen?

Os ydym wedi llwyddo i ddyrchafu ystyr *cwt*, mae'n anodd gwneud hyn â *soeg*. Ystyr lythrennol *soeg* yw'r gweisgion a adewir ar ôl bragu cwrw neu wneud gwin. Gall hefyd olygu unrhyw fath o slwtsh, ac fe'i defnyddir yn aml am fwyd moch ('pigswill'). Fodd bynnag, mewn enw lle, mae'n fwy na thebyg mai llaid neu dir corsiog a olygir. Ar gyrion Llanrug yn Arfon cofnodwyd annedd o'r enw *Sarn-soglen*. Ystyr yr elfen gyntaf *sarn* yw llwybr dyrchafedig i groesi tir gwlyb a chorsiog, ac yn yr ail elfen ceir y gors ei hun, sef y *soeglen*. Clywir y gair hwn ar lafar weithiau ym Môn ac Arfon yn y ffurf *soiglan*, ond gwelir yr elfen *soeg* yn llawer amlach yn y ffurf ansoddeiriol *soeglyd*, sef slwtshlyd. Felly, rhaid dehongli'r enw *Cwt Soeg* fel 'bwthyn mewn lle lleidiog'.

Cwt y Dwndwr

Yn *Enwau Lleoedd Môn* dywedir fod dau dŷ o'r enw *Cwt-y-ffŵl* a *Cwtydwndwr* yng ngogledd Môn yn y ddeunawfed ganrif, a honnir mai cyfreithwyr oedd yn byw yn y ddau le. Os gwir hynny, mae'n debyg mai enwau difrïol oedd y rhain yn hytrach nag enwau dilys y ddau dŷ. Ceir ychydig o dystiolaeth ar gyfer *Cwt y Dwndwr*. Mae gan William Bulkeley, y Brynddu, gyfeiriad at Maurice Lewis o *Cwtt Dwndwr* yn ei ddyddiadur ar 21 Ebrill 1734, ac mae'n cyfeirio eto at *Cwt y Dwndwr* ar 9 Mehefin 1741. Ar fap John Evans yn 1795 nodwyd *Clwt y Dwndwr*, ond *cwt* oedd ffurf arferol yr elfen gyntaf. Fe'i cofnodwyd yn RhPDegwm plwyf Llandyfrydog fel *Cwt y dwn dwr* yn 1840. *Cwt Dwndwr* a nodwyd yng Nghyfrifiad 1841, a *Cwt y dwndwr* yn 1851. Nid cyfreithiwr oedd yn byw yno yn 1840; nodwyd gwaith y gŵr fel 'miner'. Golygai hyn ei fod yn debygol o fod yn gweithio yng ngwaith copr Mynydd Parys, fel llawer o drigolion eraill Llandyfrydog. Gwraig yn byw ar ei phen ei hun oedd yno yn 1851. Er mai gof o'r enw William Hughes oedd yn byw yno yn 1861, mae'r modd y cofnodwyd enw'r tŷ yn ddiddorol, sef *Court y Dwndwr*. Tybed a oes yma atgof yn y gair *court* o gysylltiadau cyfreithiol y lle? Mae'n debyg mai'r un annedd a gofnodwyd yn syml fel *Cwt* yng Nghyfrifiad 1871. *Cwt y Dwndwr* oedd y ffurf yn 1881.

Esboniwyd yr elfen *cwt* uchod wrth drafod *Cwt Soeg*; nid yw o anghenraid yn ddifrïol ei ystyr. Fodd bynnag, mae'n bosib fod iddo ryw naws sarhaus o'i gyfuno ag ail elfen ddilornus fel sydd yn *Cwt y Ffŵl*, a gofnodwyd yng ngogledd Môn, ac yn *Cwt y Dwndwr*. Yn sicr, mae ystyr wawdlyd i *dwndwr*. Benthyciad o'r Saesneg *dunder* sydd yma, a'r ystyr yw dadwrdd neu stŵr. Felly, mae'n rhaid fod yna gryn dipyn o sŵn yn yr annedd hwn ar un adeg, ond ni wyddom ai cyfreithiwr oedd yn gyfrifol am hynny.

Cwyrt a Cwyrtai

Mae'r rhain yn enwau anghyffredin, ond fe'u gwelir mewn mwy nag un lle ym Môn. Lleolir dau annedd o'r enw *Cwyrt* i'r dwyrain o Lannerch-y-medd. Nodir y rheiny fel *Cwyrt* a *Cwyrt Bach* ar y map OS cyfredol. *Cwyrt* yw'r ffurf yn y CCPost. Gan ei fod yn agos iawn at *Clorach*, yn ddiau y *Cwyrt* hwn oedd yr annedd a gofnodwyd fel *y Quirt alias Tuthyn Clorach* yn 1680, ac fel *Clorach alias Quirt* yn 1708 (Thor). *Cwrt* oedd y ffurf ar fap OS 1839–41.

Gwelir yr un enw ym mhlwyf Llangeinwen, i'r de-ddwyrain o Ddwyran. Mae'r annedd yno hyd heddiw, wedi ei nodi ar y map OS fel *Cwirt* yn yr achos hwn. Fodd bynnag, mae'r sillafiad Seisnig *Quirt*, a nodwyd ar gyfer yr annedd ger Llannerch-y-medd, i'w weld hefyd yn y cofnodion ar gyfer yr annedd ger Dwyran. Nodwyd *The Quirte* ym mhapurau Plas Coch yn 1588; *Quirte* yn 1633 (NewG); *Quirt* yn 1788 (Tl), a *Quirt* hefyd ar fap OS 1839–41 a map OS 1903–10.

Lleolir *Cwyrtai* i'r gogledd o Aberffraw ac i'r dwyrain o Lanfaelog. *Cwyrtai* yw'r ffurf ar y map OS cyfredol. Gwelwyd yr un Seisnigo ag a gafwyd yn y ffurf *Quirt* yn sillafiad *Cwyrtai* yn y gorffennol. Cofnodwyd *Quirtay* yn 1695–6 a *Quertay* yn 1721 (Llig); *Quirtay* oedd ym mhapurau Bodorgan yn 1749, a *Quirta* yn 1757. *Quirtau* oedd ar fap OS 1839–41, ond *Cwyrtau* ar fap OS 1903–10.

Mae'r ffurf *Cwrt* a nodwyd ar fap OS 1839–41 ar gyfer yr annedd ger Llannerch-y-medd yn awgrymu fod yna ganfyddiad mai ffurf ar *cwrt* oedd *cwyrt*. Fodd bynnag, mae ei darddiad yn hollol wahanol. Awgrym GPC yw mai datblygiad o'r enw cyffredin *curt* sydd yma. Ystyr *curt* yw pentwr, carnedd, tas neu domen. Mae'n anodd gwybod ai'r ffurf luosog sydd yn *Cwyrtai*. Rhydd GPC *curtiau* fel ffurf luosog *curt*. Awgrymodd Tomos Roberts mai *cwyrt* + *tai*, sef ffurf luosog *tŷ*, sydd yn *Cwyrtai* (PTR).

Cymyran

Mae *Plas Cymyran* i'r gorllewin o Roscolyn. Daw'r enw o'r hyn a elwir yn aml yn *Afon Cymyran*, er nad afon mohoni mewn gwirionedd, ond yn hytrach ran ddeheuol y culfor sy'n gwahanu Ynys Gybi ac Ynys Môn ei hun. Mae'n bosib fod y darn hwn o fôr yn gallu bod yn eithaf garw ar brydiau, oherwydd disgrifir lle neu achlysur go wyllt 'fel Môr Cymyran' (ISF). Ar y map fe'i nodir fel *Cymyran Bay*, a nodir yr arfordir sy'n ochri â maes awyr Y Fali fel *Traeth Cymyran*. Mewn llythyr at Lewis Morris ar 18 Tachwedd 1737, mae William Wynn, yr hynafiaethydd o Langynhafal, yn cynnig dau esboniad i'r enw *Cymyran*. Mae'r cyntaf yn gyfeiliornus iawn, gan ei fod yn dehongli'r enw fel *cwm* + *maran*. Dywed mai pysgodyn, eog o bosib, oedd *maran*. Ei ail gynnig yw mai lluosog y gair *cymer* sydd yma, gyda'r ystyr 'the meeting of Waters' (ALMA). Mae'r esboniad hwn rywfaint yn nes at wir ystyr yr enw.

Yn RhPDegwm. plwyf Llanfihangel-yn-Nhywyn nodwyd yr enw fel *Cymyr-ran*. Ar fapiau OS 1839–41 ac 1903 nodir *Cymmeran* a *Cymmeran Bay*. Er na fyddem ni bellach yn dyblu'r *m*, mae'r ffurf *Cymeran* yn dangos ffurf gywir yr enw. Bôn yr enw yw *cymer*. Ystyr arferol *cymer* yw man cyfarfod dwy afon, ond mae'n debyg ei fod yn cyfeirio yma at y fan lle mae dyfroedd y culfor yn ymuno â'r môr. Mae *cymer* yn elfen gyffredin iawn mewn enwau lleoedd ledled Cymru. Ceir *Abaty Cymer* ger Dolgellau, a gwelir y ffurf luosog yn *Rhydcymerau* yn Llanybydder. Mae'n digwydd mewn Llydaweg Diweddar fel *kember*, a dyma darddiad yr enw *Kemper / Quimper*. Fe'i ceid hefyd mewn Gwyddeleg Canol yn y ffurf *commar*, sef man cyfarfod dyffrynnoedd, afonydd neu ffyrdd. Daw o'r gwraidd Celteg **bher–*, sef 'cludo, cario', neu o bosib o **bheru–*, gyda'r ystyr o fyrlymu neu ferwi. Gwelir yr un elfen yn *aber*, *diferu* a *gofer* (GPC). Yn yr enw *Cymeran* mae'n bosib mai ôl-ddodiad bachigol yw'r *–an*; mae'n derfyniad cyffredin iawn mewn enwau afonydd a nentydd (EANC). Yn raddol ar lafar gwlad trodd *Cymeran* yn *Cymyran*, a dyma ffurf arferol yr enw bellach.

Chwaen

Mae hwn yn enw ac iddo hanes hir, ond nid yw hynny yn ei wneud yn haws ei esbonio. Ar y map OS cyfredol nodir enwau *Chwaen Hen*, *Chwaen-newydd*, *Chwaen-wen-isaf*, *Chwaen-wen-uchaf*, *Chwaen-ddu* a *Pen-chwaen*, i gyd yn yr un ardal i'r gorllewin o Lannerch-y-medd. Esbonia Dafydd Wyn Wiliam mai'r *Chwaen Uchaf* oedd enw *Chwaen-wen-isaf* ar un adeg. Tua 1800 rhannwyd tir y *Chwaen Uchaf* yn ddau ddaliad, ac adeiladwyd annedd newydd gerllaw a'i enwi'n *Chwaen-wen-uchaf*. O'r herwydd, newidiwyd enw'r *Chwaen Uchaf* yn *Chwaen-wen-isaf* (CMDChU). Galwai beirdd megis Gruffudd Hiraethog, Wiliam Cynwal, ac o bosib Simwnt Fychan, yn y *Chwaen Uchaf* i ddifyrru a moli'r teulu.

Chwaen hefyd oedd enw'r drefgordd gynt. Un o'r cyfeiriadau cynharaf at yr enw yw *Thwayn* o'r flwyddyn 1284 (ExAng). Ai ymgais copïwr di-Gymraeg i gyfleu'r sain *ch* yw'r *th* yma? Fodd bynnag, yn 1291–2 cofnodwyd y ffurf *Egwayn* yng nghyfrifon siryf Môn. Yn 1352 nodwyd *Ywhayn* (Rec.C) ac *ywhayne* yn 1470–1 (LlB). Cofnodwyd *Trefywain* yn 1446–7 a *Tref ywaen* yn 1447–8 (LlB), a cheir cyfeiriad at y drefgordd fel *Whayne* yn 1575 (Nanhoron).

O ystyried y ffurfiau uchod gellid tybio o bosib mai *waen (gwaun)* sydd yma, ond yn ddiweddarach mae'r *ch* ar ddechrau'r enw yn ymddangos yn fwyfwy aml. Mae'n wir fod *ch* yn gallu troi'n *wh* ar lafar, fel yn *chwerthin* > *wherthin*; *chwaer* > *whâr*, ond nodwedd ar dafodiaith de Cymru yw hon, ac nis ceir yn y gogledd. Erbyn yr unfed ganrif ar bymtheg mae'r *ch* i'w gweld bron yn ddieithriad: *Chwayne* yn 1532 (Bodewryd); *ychwayn* yn 1562 (Sotheby); *Chwayn* yn 1592–3 (Penrhos); *Chwayne* yn 1633 a *Chwaen* yn 1650 (Bodorgan); *Chwaen Ucha* a *Chwaen issa* yn 1723 ac 1742 (Henllys), a *Chwaen* ar fap OS 1839–41 a'r map OS cyfredol.

Sut felly mae esbonio'r enw? Mae GPC yn rhoi i'r enw cyffredin *chwaen* sawl ystyr amrywiol, megis 'digwyddiad, antur, gorchest, cyfle, chwa, anadliad', er y gall hefyd olygu 'ymosodiad' a 'cyflafan'. Digon o ddewis, felly. Dywed ei fod yn elfen a geir mewn enwau lleoedd a chyfeiria at yr enghreifftiau o Fôn, fel petai'n awgrymu o bosib mai un o'r ystyron hyn sydd iddo fel enw lle. Byddid wedi disgwyl cael yr elfen *tyddyn* neu *cae* o flaen *chwaen* i wneud synnwyr o unrhyw un o'r ystyron hyn, ond ni welwyd enghraifft o hynny. Yn rhyfedd iawn, fe gollodd Trebor Môn ei gyfle i awgrymu mai 'cyflafan' oedd ystyr *Chwaen*; mae ef yn dehongli'r enw fel '*gweun*, lle gwlyb', ac mae'n bosib mai ef sy'n iawn am unwaith. Mae D. Geraint Lewis yn egluro'r enw cyffredin *chwaen* fel 'lle gwyntog, drafftiog'. Mae'n debyg ei fod yn ei ddehongli fel *chwa* = 'awel o wynt' + yr ôl-ddodiad bachigol *–en*, gan fod GPC yn nodi 'chwa' ac 'anadliad' fel rhai o ystyron *chwaen*. Byddai'n gwneud synnwyr fel enw lle, ond ni ellir ei dderbyn fel esboniad pendant i *Chwaen*.

'Defaid ac ychen oll ac anifeiliaid y maes hefyd . . .'
(Salm VIII)

Mae gan greaduriaid dof a gwyllt ran bwysig fel elfennau mewn enwau lleoedd. Ceir sawl cyfeiriad at anifeiliaid y fferm, ac mae hynny'n hollol naturiol mewn ardal amaethyddol fel Ynys Môn. Gwelir anifeiliaid y fferm fynychaf yn enwau'r caeau, ac mae Rhestrau Pennu'r Degwm yn frith o enwau caeau megis *Cae'r ŵyn* (Bodedern a Llanddyfnan); *Clwt ych* (Pentraeth); *Cae llo / lloi* (cyffredin iawn); *Cae Hen Gaseg* (Llanddaniel-fab); *Cae cwt y moch* (Caergybi); *Cae Cwt yr hwch* (Llanfaethlu) a *Cae berth r hwch* (Llanddyfnan).

Yn ogystal â chyfeirio at rai enwau caeau ceir yma hefyd ddetholiad bychan o'r modd y defnyddiwyd enwau anifeiliaid fel elfennau mewn enwau anheddau a nodweddion daearyddol. Enw diddorol yw *Defeity*, annedd ar y ffordd allan o Langefni oddi ar Lôn Penmynydd. 'Corlan' yw'r ystyr. Trafodir hwn yn fwy manwl isod. Amrywiad arno yw'r *Ty defaid*, a nodwyd yn RhPDegwm plwyf Llanddaniel-fab yn 1841. *Tyr Defaid* sydd yn y CCPost heddiw. Ceir sawl cyfeiriad at *Rhydydefaid* a *Pontrhydydefaid* ym Mryngwran ac maent ar y map OS cyfredol. Cofnodwyd *Cors y Ddafad* yn Llanfechell yn 1792 (PCoch); mae'n debyg mai darn o dir oedd hwn yn hytrach nag annedd. Ar draeth Llugwy mae craig o'r enw *Carreg y Ddafad*, a gwelir *Cerrig y Defaid* ger Rhosneigr. Mae *Ynys y Defaid* i'r de o Roscolyn, ac *Ynys yr ŵyn* ger Yr Wylfa. Nodwyd annedd o'r enw *Tyddyn Hwrdd* yn RhPDegwm Aberffraw yn 1843, ac yn y CCPost heddiw nodir annedd o'r un enw yn Nwyran.

Bodychen o bosib yw'r enw mwyaf adnabyddus ym Môn sy'n cyfeirio at y gwartheg. Ceir sawl cyfeiriad at annedd o'r enw *Cae'r Ychen* yn Niwbwrch. Fe'i nodwyd yn y ffurf ryfedd *Coroghen or Oxen Field* yn 1625 (AMR). *Cae yr ychain* oedd yn RhPDegwm plwyf Niwbwrch yn 1845; heddiw *Caer Ychain* sydd yn y CCPost. Nodwyd yr enw *Tyddyn Tŷ'r Ychen* yn Llanddyfnan fel *Tethyn Teireighen* yn 1464 ac fel *Tethyn Tyraghan* yn 1466 (BH). Cofnodwyd annedd o'r enw *Tythyn Pwll yr ych* yn Llansadwrn yn 1685 (CENgh). Nodwyd cae o'r enw *Clwt ych* yn RhPDegwm plwyf Pentraeth yn 1841. Lleolir *Porthyrychen* ar yr arfordir ger Llaneilian; *Porth yr Ych* ym Mae Cymyran; *Porth y Gwartheg* ger Yr Wylfa, a *Ffos y Fuwch* ar yr arfordir ger

Llangwyfan. Cofnodwyd cae o'r enw *Rhos y gwartheg* yn RhPDegwm plwyf Llanedwen yn 1841. Ceir annedd o'r enw *Bryn Fuches* yn Llaneilian, a gwelwyd cyfeiriad at *Tir y Buchod Bychain* yn Llanrhuddlad yn 1764 (PCoch).

Beth wnawn ni â'r enw *Bull Bay*? Byddai'n ddigon hawdd tybio fod yr ardal wedi ei henwi ar ôl rhyw dafarn o'r enw *Bull*, ond nid felly y mae. Benthyciad sydd yma o enw pwll dwfn sydd ar lan y môr ym Mhorth Llechog. Enw'r pwll yw *Pwll y Tarw*. Mabwysiadwyd yr elfen *tarw* i greu enw Saesneg ar y lle, sef *Bull Bay*, ond nid anghofiwyd y tarw, oherwydd *Lôn Tarw* yw enw un o'r lonydd ar y stad dai yno. Mae sawl cyfeiriad hefyd at yr enw *Bwlch y Tarw* yn Llanrhuddlad yn ATT yn y ddeunawfed ganrif.

Ceir un enw diddorol o fyd y gwartheg, sef *Llyn yr Wyth Eidion* yng Nghors Erddreiniog i'r de-orllewin o Frynteg. Mae hanesyn lleol yn ceisio esbonio'r enw drwy adrodd fel y bu i wyth eidion wedi eu cydieuo gael eu gyrru'n giaidd a'u chwipio nes iddynt droi ar eu gyrrwr a'i lusgo ef a'r aradr a hwy eu hunain i mewn i'r llyn (ELlMôn). Yn ôl fersiwn arall o'r stori, cynddeiriogwyd yr ychen gan bigiad rhyw bryfyn a'u gyrru'n bendramwnwgl i'r llyn fel cosb am fod eu perchennog, gŵr Bodgynda, wedi mynd i aredig ar y Sul (NabMôn). Cynnig arall eto ar esbonio'r enw yw mai mesuriad tir sydd yma, sef bufedd ('bovate'). Nid oes unrhyw sicrwydd ynglŷn â maint y mesuriad hwn, ond cyfeiriai at faint o dir y gallai un eidion ei aredig mewn amser penodol. Mae'n haws credu fod yna ryw hen draddodiad a aeth i ebargofiant ynghlwm wrth yr enw.

Enw anodd ei ddehongli ar yr olwg gyntaf yw *Frogwy* yn Llangwyllog. Digon yma yw nodi mai ffurf lawn yr enw yw *Gafrogwy*. O weld y ffurf hon mae'r ystyr yn dod yn gliriach. Tybir mai'r ansoddair *gafrog* sydd yma a'i fod yn cyfeirio at lecyn lle arferai geifr ymgynnull. Yn RhPDegwm plwyf Caergybi yn 1840 cofnodwyd annedd o'r enw *Gorlan Geifr*. Ceir cyfeiriad at *Bwth y Geifr* ym Mathafarn Wion, sef Llanbedr-goch, yn 1617 (BH). Enw diddorol yw *Talwrn gwrach y geifr* a nodwyd yn nhrefgordd Trefollwyn yn ardal

Llangefni yn 1509 (BH). Tybed a oes yma atgof am ryw hen wreigan a arferai ofalu am y geifr? Mae *Hafod-y-mŷn* [*sic*] i'r gogledd o Lannerch-y-medd ar y map OS cyfredol. Ai hwn oedd yr *havon y myn* a gofnodwyd mewn rhentol y Goron yn 1549 (BH; MWS)?

Mae'n debyg mai *Rhosmeirch*, ardal i'r gogledd o Langefni, a ddaw i'r meddwl gyntaf wrth ystyried cyfeiriadau at geffylau mewn enwau lleoedd ym Môn. Mae ffermdy *Marchynys* rhwng Penmynydd a Phorthaethwy. Ceir cyfeiriad at *Dryll y stalwyn* yn Llanddyfnan yn 1541–2 (BH) ac at *Drill* [*sic*] *y Meirch* fel enw cae yn Llanfwrog yn RhPDegwm 1840. Cofnodwyd annedd o'r enw *Cae'r Meirch* ym Modedern. Nodwyd annedd o'r enw *Caer gaseg* yn RhPDegwm Llanfair Mathafarn Eithaf yn 1841; y ffurf ar y map OS cyfredol yw *Cae'r-gaseg*. Ceir sawl cyfeiriad at geffylau ar yr arfordir. Mae *Ogof Gaseg* ger Porth Llechog a *Porth yr Ebol* oddi ar Drwyn y Gader. Traethodd Tomos Roberts yn ddifyr am y graig ym Mae Malltraeth o'r enw *Caseg Falltraeth* (ADG). Efallai fod ei siâp wedi atgoffa rhywun rywdro o gaseg yn gorwedd yn y môr. Mae hollt yn y graig hon a phan mae'r môr yn llifo drwyddo ar dywydd mawr clywir rhyw sŵn rhyfedd. Dywedir yn lleol mai sŵn y gaseg yn gweryru yw hwn. Rhwng y *Gaseg* a'r tir mawr ceir nifer o fân greigiau a elwir *Yr Ebolion*.

Enw anarferol yw *Krewyn y moch* a gofnodwyd ar dir Chwaen yn 1633 ym mhapurau Bodorgan. Ystyr *crewyn* yw 'twmpath'. Tybed a oedd hwn yn fan lle byddai'r moch yn ymgasglu i ymdrybaeddu mewn llaid? Yn sicr, gwelir y moch yn amlach mewn enwau caeau nag yn enwau'r tai, er bod annedd o'r enw *Tethyn y porghell*[22] wedi ei gofnodi yn nhrefgordd Cornwy Lan yn 1499 (PFA). Gwelir *Ynys yr hwch* yn enw ar annedd yn RhPDegwm plwyf Amlwch yn 1841. Nodwyd *Talare'r Hwch* ym Mhentraeth yn 1636 ym mhapurau Bodorgan. Cofnodwyd *Gwaun Mochyn* ar dir Plas Llanddyfnan yn RhPDegwm yn 1845. Ceir nifer o

22 Tyddyn y Porchell.

gyfeiriadau at foch mewn enwau nodweddion daearyddol: mae *Ynys y mochyn* oddi ar yr arfordir ger Yr Wylfa, a *Porth yr Hwch* a *Porth yr Hwch fach* i'r de o Drwyn y Gader.

Yr unig gi a welwyd hyd yn hyn oedd yn enw annedd *Bryn y Ci* a gofnodwyd yn RhPDegwm plwyf Aberffraw yn 1843.

Beth am y creaduriaid gwyllt? Ni ellir bod yn hollol hyderus wrth ddehongli'r elfen *bwch*, gan y gall olygu gafr wryw, cwningen neu ysgyfarnog wryw, neu garw ('roebuck'). Felly, mae'n anodd dweud beth sydd yn enw'r annedd *Glynbwch* a gofnodwyd ym mhlwyf Bodedern. Nodwyd yr un enw yn RhPDegwm Llanfechell yn 1842, a gwelir *Llyn Bwch* yn Llanfechell heddiw. Cofnodwyd annedd o'r enw *Tythyn y Bwch* ym Modedern yn 1693 ac 1711 (CENgh). Mae *Cefniwrch* yn enw a welir ger Rhydyclafdy yn Llŷn a Chricieth yn ogystal ag ym Môn. Fe'i cofnodwyd yn y ffurf *Kevyn orwch* yn Llanddyfnan yn 1530/1 (BH); mae'n debyg mai'r un lle yw hwn â'r annedd *Cefn iwrch* a nodwyd yn RhPDegwm plwyf Llanfair Mathafarn Eithaf yn 1841. Mae hefyd yn enw ar ardal i'r gogledd o Langefni. Yr elfen gyntaf yw *cefn* yn yr ystyr o gefnen o dir. Yr ail elfen yw *iwrch*, math o garw bychan. Mae'r iwrch gwyllt wedi diflannu o Gymru ers rhai canrifoedd. Gwelir yr enw *Bryn / Bron Iwrch* yn y Groeslon, ym mhlwyf Llandwrog, Arfon; ceir *Glyn Iwrch* hefyd ym mhlwyf Llandwrog. Ceir *Nant yr Iwrch* ym Mhenmachno, *Pant yr Iwrch* ger Llanbedrycennin, a gwelir y ffurf luosog anghyfarwydd yn *Cerrig yr Ieirch* rhwng Ysbyty Ifan a Llan Ffestiniog. Dehonglodd Melville Richards y ffurf ryfedd *Wele Yorgh*, a gofnodwyd yn nhrefgordd Eiriannell yn 1352 (Rec.C), fel *Gwely Iwrch*. Mae *Craig yr Iwrch* neu *Carreg yr Iwrch* yn enw ar ynys fechan oddi ar Drwyn Cemlyn, a gwelir carw arall yn *Llam Carw* ar yr arfordir ger Porth Amlwch.

Mae'n rhyfedd meddwl am fleiddiaid yn crwydro o gwmpas Môn, ond gwelsom eisoes wrth drafod *Cerrig y Bleiddiau* ger Amlwch eu bod yn rhan o fywyd gwyllt yr ynys ar un adeg. Roedd yna unwaith annedd o'r enw *Cerrig y Bleiddiau* ym Modedern hefyd: fe'i cofnodwyd fel *Kerrig y bleiddie* ym mhapurau Penrhos yn 1652. Cofnodwyd annedd o'r enw *Tuthyn y bliddie* yn nhrefgordd Porthaml yn 1599 (LlB). Nodwyd annedd o'r enw *Ynys y Bleiddiau* yn Llanfflewin yn 1778 (Poole). Ambell dro, nid yw mor amlwg â hynny mai cyfeiriad at flaidd sydd mewn enw; gwelir enghraifft o hyn yn enw fferm *Ynys Gnud* ger Llannerch-y-medd. Haid o fleiddiaid yw 'cnud' a byddai'r 'ynys' fewndirol hon efallai yn llecyn sych mewn tir corsiog lle câi'r bleiddiaid loches (GyB). Mae'r elfen *pothan* i'w gweld yn enwau'r anheddau *Rhosbothan* yn Llanddaniel-fab, sydd yno hyd heddiw, ac yn *Cae bothan* a gofnodwyd yn RhPDegwm Caergybi yn 1840. Gall *pothan* olygu 'cenau blaidd', ond mae'n bosib mai enw personol sydd yma.

Cwyd yr un posibilrwydd mai enw personol a welir yn yr enwau sy'n cynnwys yr elfen *madyn*. Nodwyd *Tythyn Madyn* yn Llanfachreth yn 1653 (Pres.); mae *Mynydd Madyn* yn Amlwch, a cheir nifer o gyfeiriadau at *Plas Madyn* yn Llanrhuddlad. Gallai'r ail elfen yn yr holl enwau hyn fod yn enw cyffredin *madyn*, sef llwynog. Mae GPC yn cymharu defnydd yr enw *Madyn* i ddynodi llwynog â'r enw Reynard a roddir i'r llwynog yn Lloegr. Fodd bynnag, mae'n fwy tebygol mai enw personol sydd yma, yn coffáu gŵr o'r enw Madog a oedd unwaith yn gysylltiedig â'r anheddau hyn. Roedd *Madyn* yn ffurf anwes gyffredin ar yr enw *Madog*. Mae'r enw *Tyddyn Madyn* yn digwydd hefyd yng Nghlynnog, Rhostryfan, Llandygái a Dolbenmaen. Ceir y ffurf *Tyddyn Madyn Goch* yn Llanystumdwy. Er y byddai'n hawdd credu mai'r llwynog coch sydd yno, gwelwyd cyfeiriadau eraill at yr un lle fel *Tyddyn Madog Goch*. Nodwyd *Carreg y Llwynog* ym Mhenmon yn 1586/7 (BH).

Mae'n anochel fod yna lawer o gyfeiriadau at gwningod, yn enwedig mewn ardaloedd lle ceir twyni fel Niwbwrch ac Aberffraw. Nodwyd *Cwningar bach* a *Cwningar fawr* yn RhPDegwm plwyf Niwbwrch yn 1845. *Gwynhinger* oedd y ffurf a gofnodwyd yn rhestr tenantiaid Arglwydd Boston yn 1876. *Gwnhingar* sydd yn y CCPost heddiw. Nodir *Cwningar* yn Aberffraw ar y map OS cyfredol. Yn

RhPDegwm plwyf Llanidan yn 1841 cofnodwyd caeau o'r enw *Bryn gwnhinger*, *Gwnhingar*, *Cwninger bach* a *Cwninger fawr.* Benthyciad o'r Saesneg *conynger* neu *conyger* yw *cwningar*. Ceir caeau o'r enw hwnnw mewn sawl lle yn Lloegr. Ystyr *cony* neu *coney* yw *cwningen*. Y *cwningar* yw tir wedi ei neilltuo ar gyfer magu cwningod, neu dir lle mae llawer o gwningod gwyllt yn byw. O'r oesoedd canol ymlaen arferid ffermio cwningod am eu crwyn a'u cig, gyda chwningwr i gadw golwg arnynt. Daethpwyd i feddwl mai *cwning-gaer* oedd ystyr *cwningar*, ac adlewyrchir hyn yn aml yn y modd y sillefir y gair, ond *cwningar* yw'r ffurf gywir. Cofnodwyd y ffurf *Cwningaer* am annedd yn Llanbedr-goch yn RhPDegwm y plwyf yn 1841.

Yr enw Saesneg sydd yn enw annedd *Cae Warren* yn Llandyfrydog (CCPost). Cofnodwyd cae o'r enw *Cae gwaringe* yno yn 1618 (BH) ac annedd *Cae waring* yn y RhPDegwm yn 1840. Ai hwn oedd y *tythyn gwaring* a gofnodwyd yn 1549? Yn rhyfedd iawn, bron nad ystyrir *warren* hefyd yn air Cymraeg, ac adlewyrchir hyn yn aml yn sillafiad yr enw. Mae'n amlwg mai llurguniad o *warren* yw'r ffurfiau *waring* a *gwaring[e]* uchod. Tuedda *–n* i droi'n *–ng* yn nherfyniad geiriau o dras Saesneg, e.e. *gwarin* / *gwaring*; *betin* / *beting*; *sietin* / *sieting*. Gwelwyd cyfeiriad prin at ysgyfarnog yn enw annedd *Maes y geinach* yng Nghaergybi yn 1793 (Poole), a cheir cyfeiriad at 'Penmon hare warren' yn 1583 (BH).

Ceir rhai cyfeiriadau at gathod, ac mae'n fwy na thebyg mai cathod gwyllt oedd y rhain. Gwelir creigiau o'r enw *Cerrig y Cathod* ym Mryngwran. Nodwyd annedd o'r enw *Twll y Gath* yn Llanrhuddlad yng Nghyfrifiad 1841 ac 1851. Cofnodwyd *Rhos y gath* yn RhPDegwm Llanbedr-goch yn 1841. Mae cryn dipyn o dystiolaeth ar gyfer *Carreg y Gath* yn Llanfair Pwllgwyngyll. Cofnodwyd *Dryll yngharrec y gath* yn 1582 ac 1666 (AMR); *Tythin Carreg y gath* yn 1712–13 (PCoch); a *Tuthin Carreg y gath* yn 1703 (Henllys). *Carreg y gath* sydd yn RhPDegwm y plwyf yn 1842. Roedd Trebor Môn, wrth gwrs, yn argyhoeddedig mai *cad* oedd yr ail elfen yn yr enwau hyn, a bod *Rhosygad*, chwedl ef, yn arbennig wedi bod yn 'ddrychfa o gelanedd a thywallt gwaed'. Ymosododd yn chwyrn ar y 'Proffeswr J. Morris Jones' am fod 'yn ddigon syml a cheisio dysgu ereill i'r lle gymeryd ei enw drwy ymddangosiad haid o gathod gwylltion' (ELlMT). Er bod Syr John yn llygad ei le, efallai na ddylid bod yn rhy lawdrwm ar Drebor Môn am unwaith. Ni ellir rhoi'r holl fai arno ef am newid yr elfen *cath* yn *cad* yn yr enwau hyn. Cyhoeddwyd ei lyfr ef ar enwau lleoedd Môn yn 1908, ond eisoes nodwyd *Carreg Gad* yng Nghyfrifiad 1871 a *Carreg y Gad* yn 1891.

Ymhlith enwau lleoedd Môn ceir sawl cyfeiriad unigol at wahanol greaduriaid. Mae'n debyg nad oedd *Cwt Phwlbart*, annedd a gofnodwyd yn RhPDegwm plwyf Bodedern yn 1840, yn lle persawrus iawn. Yn yr un flwyddyn cofnodwyd *Llain y fulbart* yn Llanllechid, Arfon. Ym mhapurau Bodorgan ceir cyfeiriad at *Carreg Dyfrgi* yn Llangadwaladr yn 1829, a cheir *Tŷ Dyfrgi* yn Llangristiolus yng nghofnodion y Cyfrifiad yn 1841 ac 1851. Enw anodd ei esbonio yw *Llwyn yr Arth* yn Rhos-goch. Dyna'r ffurf yn RhPDegwm plwyf Llanbabo yn 1841; *Llwynyrarth* sydd yn y CCPost heddiw. Gellir deall cyfeiriadau at gathod gwyllt a bleiddiaid, yn enwedig mewn enwau go hen, ond prin y byddai atgof am eirth yn dal yn fyw ym Môn. Gan fod yr elfen *arth* wedi ei chyplysu â'r elfen *llwyn* yn yr enw yn Rhos-goch, a yw'n bosib mai rhyw fath o blanhigyn sydd yma? Mae 'crafanc yr arth', 'pawen yr arth' a 'troed yr arth' i gyd yn enwau am y planhigyn a elwir yn 'black hellebore' neu 'bear's foot' yn Saesneg. Mae'n haws esbonio presenoldeb yr arth yn yr enw *Esgair yr Arth* a gofnodwyd yn Llandysilio fwy nag unwaith tua 1753 yn y ffurf *Iskaer yr arth* (CENgh). Mae'n bosib mai cefnen o dir oedd yma a oedd wedi atgoffa rhywun o siâp arth.

Roedd annedd o'r enw *Perth gwenyn* yn Llanbedr-goch yn 1841 (RhPDegwm), a chae o'r enw *Cae gwenyn* yng Nghaergybi yn 1840 (RhPDegwm). Roedd gwenyn yn werthfawr, nid yn unig oherwydd eu mêl a ddefnyddid i felysu bwyd ac i wneud medd, ond oherwydd eu cwyr. Defnyddid y cwyr i wneud polish i gaboli dodrefn a hefyd i wneud canhwyllau. Nodir annedd o'r enw *Cae-cacynod* ar y map OS cyfredol yn Llanfechell. Ceir sawl cyfeiriad ato yn ATT: yn eu plith mae *Cae Caccynod* yn 1744, *Caur Cacynod* yn 1761, a *Cae'r cycynod* yn 1773. Gwelir *Nyth Cacwn* yn y CCPost dan Langaffo, ac mae'n debyg mai dyna oedd enw'r annedd a gofnodwyd fel *Narthcaccwn* yn RhPDegwm plwyf Llangeinwen yn 1840. Nodwyd yr enw *Nyth Cacwn* hefyd yn Aberdaron a Llangïan yn Llŷn. Mae'n debyg mai cacwn a olygir yn enw'r annedd *Twll y caecwm* a welir yn RhPDegwm Llandegfan yn 1844; cofnodir *Twll Cacwn* yno heddiw yn y CCPost. Ai'r un lle oedd y *Penrhyn Gwybedog* a gofnodwyd yn Llysdulas yn 1651/2 â'r *Ros wibedoc* a geir yn yr un ffynhonnell yn 1430 (Penrhos)? Tybed beth yw ystyr *Cae'r drogan*, enw cae a gofnodwyd yn Llanddaniel-fab yn RhPDegwm 1841? Pryf parasitig sy'n byw ar groen anifeiliaid ac yn sugno'u gwaed yw *torogen* / *torogod* ('tick'). Y ffurf lafar ym Môn ac Arfon yw *drogan* / *drogod*. Gall drogan roi pigiad annifyr i bobl hefyd, ac efallai mai atgof am anffawd o'r fath a barodd i rywun enwi'r cae hwn.

Cofnodwyd annedd o'r enw *bwth y llyfaynt* mewn rhentol y Goron yn 1549, ac fel *Bwth y llyfant* yn RhPDegwm Llandyfrydog yn 1840, a nodwyd caeau â'r enwau *Llain llygota* yn Llanddaniel-fab, *Cae morgrug* yn Llanddyfnan, *Cae chwilog* yn Llanidan a *Cae nadroedd* yn Llanedwen yn RhPDegwm y plwyfi hynny. Ceir cyfeiriad at annedd o'r enw *Tyddyn Cors Wiber* ym Mhentraeth yn y 1640au ym mhapurau Bodorgan. Yn RhPDegwm plwyf Llanfechell yn 1842 nodir annedd o'r enw *Sarn Crwban*. Enwyd y tŷ ar ôl sarn o'r un enw a oedd yn croesi un o lednentydd Afon Wygyr. Dywed Gwilym T. Jones mai *Sarn* yw enw'r tŷ bellach a bod *Pen-sarn* hefyd gerllaw. Awgrymodd ei bod yn bosib mai ffurf fwaog y sarn a esgorodd ar yr elfen ddisgrifiadol *crwban* (RhMôn). Cofnodwyd *Sarn y Malwod* yn Nhrefdraeth (Tl). Un o'r enwau mwyaf diddorol oherwydd ei hynafiaeth yw *Ynysoedd y Moelrhoniaid*.

Cyfeiriad at forloi sydd yma, a chaiff yr enw hwn sylw mwy manwl yn nes ymlaen.

Defeity

Enw annedd ar gyrion Llangefni yw *Defeity*. Mae ystyr yr enw yn amlwg. Yr hyn sydd gennym yma yw *defaid* + *tŷ*, sef lloc neu gorlan i gadw defaid. Fe'i ceir hefyd yn y ffurf *dafaty*, ac fel *Dyfaty*, sydd yn enw ar ran o Abertawe. Mae hwn yn hen air: cofnodwyd *erw deveite* yn Rhuddlan yn 1407 (Gwysaney). Fodd bynnag, nid oes gennym gofnodion cynnar ar gyfer *Defeity*, Llangefni. Y cynharaf a welwyd hyd yn hyn yw *Deveutu* o'r flwyddyn 1694 (LlB). Cofnodwyd *Defeidty* yn 1776 a *Defeutu* yn 1816 (PA). *Difaity* oedd ar fap OS 1839–41, a *Defaity* sydd ar y map OS cyfredol. Yr un yw'r ystyr â'r *Tŷ Defaid* mwy agos atoch a gofnodwyd yn Llanddaniel-fab.

Didfa

Enw anghyffredin ar annedd yn Llangoed yw *Didfa*, ond er mor anghyffredin yw'r enw nid yw'n unigryw: ceir *Didfa* hefyd yn Llanrug, Arfon, ac yn Abergele. Yr oedd Gwenllian Morris-Jones yn gyfarwydd â'i ystyr. Wrth drafod y *Didfa* yn Llangoed yn ei thraethawd M.A. anghyhoeddedig 'Anglesey Place Names', mae'n cyfieithu'r enw fel 'a place for harnessing horses', ac yn cyfeirio at *tid* fel 'cadwyn', ac at y ferf *tidmwyo* yn yr ystyr 'to tether, to bridle'. Roedd hi'n hollol gywir, oherwydd nodir *tidfa* yn GPC fel enw benywaidd unigol gyda'r ystyr o 'gadwyn' neu 'rwymyn'. Collwyd y fannod a fu o'i flaen yn enw'r tŷ, ond erys y treiglad meddal a achoswyd ganddi a throdd *tidfa* yn '[y] *Didfa*'. Mae'n bosib y defnyddid y term 'tidfa' am le i glymu anifeiliaid dros dro wrth raff neu gadwyn mewn rhyw fath o ffald. Efallai fod anifeiliaid ynghlwm wrth gadwyn wedi bod yn nodwedd amlwg yn y lle hwn ar un adeg.

Dinam

Mae *dinam* yn elfen weddol gyffredin mewn enwau lleoedd. Fe'i gwelir yn enw *Llandinam*, pentref i'r gogledd o Lanidloes ym Mhowys, ac mewn mannau eraill. Ond yma bwriedir trafod y *Dinam* a leolir i'r gogledd o Langaffo, Môn. Ffurf lurguniedig yw *dinam*, ac yn rhyfedd iawn, mae'r un llurguniad i'w weld ym mwyafrif yr enghreifftiau o'r elfen hon mewn mannau eraill. Yr hyn sydd gennym yma mewn gwirionedd yw *dinan*. Yr un *din* sydd yma ag yn *Dinbych*, a hefyd yn *dinas* o ychwanegu'r terfyniad *–as*. Fel y nododd Syr Ifor Williams, lle wedi ei amgáu i greu lloches ddiogel, sef 'dinas noddfa', oedd ystyr wreiddiol yr elfen *din* (ELleoedd). Y ffurf Gelteg oedd *dounon*, ac o honno y ceir y ffurf Ladin *–dunum* a welid mewn cynifer o enwau lleoedd. Cytras yr elfen mewn Hen Saesneg oedd *tun*, a esgorodd ar *town*, ac ar y terfyniad *–ton* mewn enwau lleoedd yn Lloegr. Ôl-ddodiad bachigol yw'r *–an* ar ddiwedd *dinan* sy'n rhoi'r ystyr o amddiffynfa fechan.

Yn ardal Llangaffo yr oedd *Dinan* yn enw ar drefgordd gynt: fe'i cofnodwyd fel *Denan* yn 1284 (ExAng). *Dynan* oedd y ffurf yn 1352 (Rec.C), ond erbyn 1587–8 mae'r *–n* derfynol wedi troi'n *–m* i roi *Dynam* (Ex.P.H-E). O edrych ar y cofnodion am Landinam, Powys, yn AMR, ymddengys fod yr un newid wedi digwydd tua'r un adeg yn nherfyniad yr enw hwnnw hefyd. Er mai *Dinam* oedd enw'r annedd yn Llangaffo wedyn drwy'r canrifoedd, mae bellach wedi ymddyrchafu i fod yn *Plas Dinam* neu *Dinam Hall*. Ond yr oedd wedi ei nodi fel *Dinam Hall* mor gynnar ag 1795 ar fap John Evans o ogledd Cymru, er mai *Dinam* sydd ar fap OS 1839–41 ac ar y map OS cyfredol.

Din Dryfol / Tyndryfol

Mae *Din Dryfol* yn enw ar siambr gladdu Neolithig i'r gogledd o Fethel ac i'r de-ddwyrain o Walchmai. Fferm ychydig i'r gogledd o'r heneb yw *Tyndryfol*. Roedd *Dindryfol* gynt hefyd yn enw ar y drefgordd yng nghyffiniau Aberffraw. Cofnodwyd enw honno fel *Dindrovill* yn 1284 (ExAng), ac yn 1352 cofnodwyd y ddwy ffurf *Dyndrouol* a *Dyndrovoll* (Rec.C). Nodwyd *Dyndrouoll* yn 1443 (Penrhyn) a *Dyndryfol* yn 1490 (Penrhos). Ceir nifer o gofnodion o'r enw yn yr unfed ganrif ar bymtheg: *Dindrevoile* yn 1500; *Dyndryfold* a *Dyndrovoh* yn 1509; *Tyendrevall* a *Dyndrovell* yn 1545–6; *Dyndrevoyle* yn 1569, a *Dindrevoyle* yn 1584–5 ac 1594 (Rec.C.Aug.). Ym mhapurau Bodewryd nodwyd *Tyndryvol* yn 1516, *Dyndrywal* yn 1524, a *Tyndryvol* yn 1561 ac 1594. Cofnodwyd *Dyndryfol* a *Tyndryfol* ym mhapurau Plas Coch yn 1593. *Dindryfol* sydd yn RhPDegwm yn 1845. Ar y map OS cyfredol nodir *Din Dryfol* am safle'r siambr gladdu a *Tyn Dryfol* ar gyfer y ffermdy.

Ceir hefyd rai cyfeiriadau at 'Gapel Mair yn Dindryfol'. Mewn dogfen ym mhapurau Penrhos o'r flwyddyn 1481 cyfeirir at 'the Chappel of ye Virgin Mary' wrth nodi ffiniau'r drefgordd. Mae Leland yntau yn 1536–9 yn crybwyll 'Capell: Mair (Maria) o Dindryvol', ac ym mhapurau Penrhos o'r flwyddyn 1536 ceir y cofnod: 'Capella Beate Mar. virginis de Tyndryfol'. Yn ôl Lewis Morris, yr oedd y capel yn adfail yn 1730. Meddai, mewn llythyr at Dr Wynne, Bodewryd a William Bulkeley, y Brynddu, lle mae'n rhestru rhai o gapeli anwes Môn: 'Capel mair, in Dyndryval, in ruins' (ALMA). Capel anwes oedd hwn ar gyfer plwyf Aberffraw. Mae gan Tomos Roberts nodyn ar safle'r capel (TCHNM, 1976–7). Credai ef ei fod wedi ei leoli ychydig i'r de-orllewin o ffermdy presennol Tyndryfol.

Nid yw'r enw yn unigryw. Ar gyrion gogleddol y Waunfawr, Arfon, mae tŷ o'r enw *Tyn-dryfwl*. Yn ogystal â'r annedd yn y Waunfawr, nodwyd y ffurf *Ty'n Drowel* yn RhPDegwm plwyf Clynnog yn 1843. Wrth drafod enw'r annedd yn y Waunfawr, honnodd yr Athro J. Lloyd-Jones mai *Ty'n y Drwfwl* oedd y ffurf gywir, a chynigiodd mai tarddiad ail elfen yr enw oedd *tryfwl* / *tryfol* o'r Lladin *trībŭlum*, gyda'r ystyr o'r hyn a alwai ef yn 'thrashing-sledge' (ELlSG). Mae'n debyg mai'r hyn a olygai oedd darn o bren â stydiau o haearn neu fflint ynddo a ddefnyddid gynt i ddyrnu ŷd arno. Cyplysodd ef yr enw â 'Dindrwfwl' ym Môn, er mai fel *Dindryfol* a *Tyndryfol* y sillefir yr enw ym Môn gan amlaf. Nid yw GPC yn cynnig ystyr J. Lloyd-Jones, ond noda *tryfwl* / *trwfwl* â'r ystyr 'pentwr'. Mae hyn yn cyd-fynd â damcaniaeth Syr Ifor Williams (BBGC, XI) a'r Athro O. H. Fynes-Clinton (WVBD). Cyfeiriodd Fynes-Clinton at yr ymadrodd 'trwfwl o gerrig' am bentwr mawr o gerrig, a dywedodd Syr Ifor iddo glywed cyfeirio at gae caregog 'yn un trwfwl o gerrig'. Cynigiodd Syr Ifor ddau ddehongliad i'r ffurf *tryfwl*. Ei awgrym cyntaf oedd mai *twrf* (ffurf luosog *torf*) + y ôl-ddodiad bachigol *-wl* oedd yma. Byddai hynny'n rhoi *tyrfwl*, a hwnnw drwy drawsosod llythrennau yn rhoi *tryfwl*. Ei ail awgrym oedd fod y Lladin *turbula* = 'torf fechan' wedi rhoi inni'r ffurf *tyrfol* a, thrwy drawsosod, *tryfol*. Efallai, felly, mai pentwr o gerrig yw'r ystyr yn *Din Dryfol* a *Tyndryfol*, Môn. Yn sicr, dim ond pentwr o gerrig sydd ar ôl o siambr gladdu *Din Dryfol* bellach.

Dragon

Mae'r elfen anarferol hon i'w gweld yn enwau'r anheddau *Dragon Goch*, *Dragon Wen* a *Dragon Isaf* ym Mhenmynydd (CCPost). Dim ond *Dragon-wen* a nodir ar y map OS cyfredol. Cofnodwyd ambell gyfeiriad hefyd at *Dragon Ddu* a *Dragon Newydd*. Nodwyd *Dragon Du* a *Dragon Wen* fel anheddau yn RhPDegwm plwyf Penmynydd yn 1843, a 'cae rhwng y dragon' fel un o gaeau *Dragon Du*. Yng nghofnodion Cyfrifiad 1851 ac 1871–1911 ceir *Dragon Bach* yn ogystal. Nodwyd *Dragon* ym mhapurau Baron Hill yn 1760 ac 1775, ac *Y dragon* ar fap John Evans o ogledd Cymru yn 1795. Ambell dro cyfeirir at yr allt serth o Geint i Benmynydd fel *Allt Dragon*. Mae'r anheddau sy'n cynnwys yr elfen hon wedi eu lleoli ar ben yr allt.

Ceir un esboniad ffansïol o'r enw hwn sy'n gyndyn iawn o ddiflannu o arfer gwlad, sef bod yr enw yn mynd yn ôl i ddyddiau'r goets fawr. Pan gyrhaeddai'r goets yr allt serth byddai'n rhaid arafu, a gwneid hyn drwy ddefnyddio'r brêc neu'r 'drag'. Dyma'r man lle rhoddid y 'drag on'! Nid oes sail o gwbl i'r fath esboniad, a fathwyd o bosib i dynnu coes rhywun rywdro. Mae'n bosib fod y ffurf ar fap John Evans gyda'r fannod o flaen yr elfen *dragon* yn arwyddocaol. Ai tafarn oedd *Y Dragon*? Methais â gweld unrhyw gyfeiriad hanesyddol ati, ond yr oedd yr un syniad mai tafarn oedd yma wedi taro Tomos Roberts (ELlMôn). Mae ef hefyd yn cynnig yn betrus y posibilrwydd mai cyfeiriad at arwr hynafol sydd yma, ond dywed ei bod yn llawer mwy tebygol fod yr enw yn tarddu o enw tafarn a safai unwaith ar ben yr allt.

Mae gan Trebor Môn ei ddamcaniaeth ffansïol ei hun, fel arfer, er ei fod wedi symud ymlaen o gyfnod y derwyddon y tro hwn. Dywed fod rhyw awdur anhysbys yn honni fod y lle wedi cael ei enwi ar ôl catrawd o 'Dragoon Guards' a fu'n gwersylla yno yn amser Harri VII, ac mai'r brenin ei hun a roddodd yr enw iddo (ELlMT). Nid oes angen dweud nad oes unrhyw sail i'w esboniad.

Dronwy

Saif *Dronwy* i'r gogledd o bentref Llanfachreth. Dyma gartref Robert Bulkeley, a oedd yn ddyddiadurwr, er bod ei ddyddiadur yn llai adnabyddus nag un William Bulkeley, y Brynddu. Cadwodd y dyddiadur rhwng 1630 ac 1636. Roedd yn llawer llai swmpus nag un sgweier y Brynddu, ond mae'n bur ddiddorol serch hynny (TCHNM,1937). Daw enw'r tŷ o enw Afon Dronwy, un o lednentydd Afon Alaw (AfMôn). *Dronwy* hefyd oedd enw'r drefgordd ganoloesol. Mae'r ffurf *Bronewey* yn Stent Môn 1284 yn gamarweiniol, ac mae'n haws adnabod yr enw yn y ffurfiau *Daronwy* a *Darronwy* o 1352 (Rec.C). Cofnodwyd *Darronwey* yn 1422/3 (Sotheby); *Darvonwe* yn 1478/9 (LlB); *Doronow* yn 1558 ac 1588 (Cglwyd) a *Deronewy* yn 1622 (Pres.). Yn raddol ar lafar collwyd llafariad y sillaf gyntaf ddiacen, a throdd *Daronwy* yn *Dronwy*, er mai *Daronwy* a gofnodwyd yn RhPDegwm plwyf Llanfachreth yn 1845. Mae'n anodd esbonio'r ffurf dreigledig *Ddronwy* sydd ar fap OS 1839–41. *Dronwy* sydd ar y map OS cyfredol.

Cafwyd ymdriniaeth â'r enw hwn gan R. J. Thomas (BBGC, VII). Dywed fod cryn hynafiaeth i'r ffurf *Daronwy* fel enw personol, a'i bod yn bosib fod yr enw wedyn wedi ei fabwysiadu fel enw lle. Gwelir *–wy* yn aml fel terfyniad mewn enwau afonydd. Ar un adeg tueddid i gredu fod iddo'r ystyr o lif y dŵr, ond credai R. J. Thomas fod iddo efallai rym tiriogaethol, fel ag a geir yn yr enw *Ardudwy*. Mae'n amlwg mai *Dâr* yw bôn yr enw, ac mae hwn yn enw ar afonydd a nentydd yn ne Cymru: fe'i gwelir yn enw Aberdâr. Fe'i gwelir hefyd yn enw Afon *Daron* yn Aberdaron, ac yn *Daer*, un o isafonydd Clud yn yr Alban. Os yw wedi tarddu o enw personol, gellid tybio mai ystyr yr elfen *dâr* oedd derwen, neu o bosib fod yma ystyr ffigurol o arweinydd cadarn. Roedd gan William Bulkeley, y Brynddu, ei esboniad ei hun, gan ei fod yn cyfeirio yn ei ddyddiadur ar 31 Mawrth 1734 at 'Dronwy (or Tir'ronwy)'. Fodd bynnag, gwelwyd fod y cofnodion cynnar yn gwrthbrofi hyn. Awgrymodd William Owen Pughe mai 'the thundering stream' oedd yr ystyr, gan dybio, mae'n debyg, mai 'taran' oedd bôn yr enw (Camb.Reg.).

Dyfnia

Ar y map OS cyfredol nodir *Dyfnia Fawr* i'r gogledd o Lanfair Pwllgwyngyll. Erbyn heddiw datblygwyd tir y fferm i raddau helaeth, ond cedwir yr enw ar *Lôn Dyfnia* yn y stad dai a godwyd yno. Y cyfeiriad cynharaf a welwyd hyd yn hyn at yr enw yw *Deffennie* o 1606/7 (Elwes). Cofnodwyd *Dyvniey* yn 1637 a *Dyfnie* yn 1656 yng nghasgliad Nercwys yn Archifdy Sir y Fflint. Ym mhapurau Baron Hill nodwyd *Tythin Dyffnye* yn 1707 a'r ffurf ryfedd *Twfnia* yn 1779. Ceir *Dwfnya* yn 1705 ym mhapurau Prysaeddfed. *Defnua* a nodwyd ar fap OS 1839–41, a *Dyfnia* a *Dyfnia bach* yn RhPDegwm plwyf Llanfair Pwllgwyngyll yn 1842.

Er bod yr enw yn ymddangos yn bur ddieithr ar yr olwg gyntaf, gellir awgrymu mai *Dyfniau* sydd yma, ond fod y terfyniad wedi troi'n *–ia* ar lafar. Fel rheol, ystyriwn mai ansoddair yw *dwfn* neu *dyfn*, ond gall hefyd fod yn enw gwrywaidd unigol gyda'r ffurfiau lluosog *dyfniau* a *dyfnoedd*. Mae gan *dyfn* a'i ffurf luosog *dyfnia* ystyr fwy penodol yn iaith chwareli llechi gogledd Cymru. Yno cyfeiria at ddyfnder y clogwyn rhwng y ponciau. Yn iaith glofeydd y gogledd cyfeiria at lôn sy'n troi i lawr o'r lefel (GPC). Yn achos *Dyfnia* yn Llanfair Pwllgwyngyll mae'n bosib mai cyfeiriad sydd yma at fannau dyfnion neu bantiau go serth yn y dirwedd.

Fodd bynnag, cynigiodd yr Athro Hywel Wyn Owen esboniad gwahanol.[23] Cred ef mai *dafnau* / *defni*, ffurfiau lluosog *dafn*, sydd yma, a bod *defni* wedi magu lluosog dwbl, sef *defnïau*. Yn sicr, ar lafar, ar un adeg clywid ynganu'r enw fel *Dyfnïa*. Awgrymodd yr Athro mai cyfeiriad sydd yma at y tir gwlyb o gwmpas yr annedd.

Dymchwa

Lleolir yr annedd o'r enw *Dymchwa* i'r dwyrain o Lanfechell, a dyna ffurf yr enw ar y map OS cyfredol. Fe'i nodwyd ar fap OS 1839–41 fel *Dymchwel*. Mae'n debyg mai'r un lle oedd *Dwnchwa* a gofnodwyd ym mhlwyf Llanbadrig yn 1696 (CENgh). Tybed ai'r un lle hefyd oedd y *duncha* yn Nhalybolion a gofnodwyd yn 1427 (Cart.Pen.)? *Dymchwa* oedd yn RhPDegwm yn 1844. Yn sicr, nid yr un lle oedd *Tythyn y Dymchwa* y ceir cyfeiriad ato yn 1617 a *tythin Dumchwell* yn 1707 ym mhapurau Baron Hill, gan fod hwnnw yn Nindaethwy. Fodd bynnag, mae'n ddiddorol gweld enghraifft arall o'r elfen *dymchwa* / *dymchwel* mewn enw lle ym Môn, gan nad oes gan AMR gofnod o'r elfen yn unman arall yng Nghymru, ac eithrio *Bryndymchwel* yn Llandygái ger Bangor.

23 Mewn sylwadau personol at yr awdur.

Nid yw GPC yn nodi'r gair *dymchwa*, ond mae'n nodi'r ferf *dymchwel*. Gall *dymchwel* fod yn ferf gyflawn ac anghyflawn, felly gall olygu 'cwympo, syrthio, disgyn' neu 'bwrw i lawr'. Mae'n anodd credu mai ffurf lafar ar y ferf *dymchwel* yw *dymchwa*; mae'n haws ei ystyried fel enw a ddatblygodd o'r ferf. Yn ddiau, 'cwymp' a olygir, p'un ai berf ynteu enw sydd yma, ac mae dau esboniad posib i'r enw. Os yw'n cyfeirio at y dirwedd, gallai olygu dibyn serth, neu hyd yn oed ryw fath o dirlithriad. Os yw'n cyfeirio at y tŷ ei hun, efallai mai cyfeiriad sydd gennym at annedd a syrthiodd i lawr rywbryd neu'i gilydd. Cyfeiriodd Tomos Roberts at y cofnod 'fell down' a geir ambell dro mewn llyfrau rhenti rhai stadau ym Môn, a chredai ef mai dyna'r rheswm pam y rhoddwyd yr enw *Jericho* ar rai tai, gan fod eu muriau wedi cwympo fel rhai Jericho yn y Beibl (ELlMôn). Mae'n amlwg y ceid y cwympiadau hollol annisgwyl hyn o bryd i'w gilydd. Ceir hanes un ohonynt gan William Bulkeley yn ei ddyddiadur ar 12 Awst 1740: 'Sometime before day my Tenant's house Robert Prys of Tyddyn y Weyn fell down (ye people all in bed) but by God's providence they all escaped from hurt'. Os y tŷ ei hun a gwympodd yn *Dymchwa*, rhaid casglu nad adfeilio'n raddol dros gyfnod a wnaeth, ond fod cwymp sydyn o'r math hwn wedi digwydd yn yr adeilad, cwymp digon dramatig iddo gael ei goffáu yn enw'r tŷ o hynny allan.

'Ehediaid y nefoedd a physgod y môr . . .'

(Salm VIII)

Yn yr adran hon trafodir rhai o'r enwau lleoedd ym Môn sy'n cynnwys cyfeiriadau at adar, pysgod a chramenogion. Efallai na ellir yn gywir ddisgrifio dofednod fel 'ehediaid y nefoedd' gan nad yw esgyn i'r entrychion yn un o'u nodweddion. Fodd bynnag, mae iddynt le yn enwau lleoedd Môn. Ar y map OS cyfredol nodir *Tafarn-hwyaid* i'r gogledd o Ros-goch. Mae'n debyg mai'r un lle oedd *Tavarn y whyaid* a gofnodwyd yn RhPDegwm plwyf Llanbadrig yn 1844.

Nodir *Pwll Yr Hwyaid* yn y CCPost yn enw ar dŷ yn Nwyran. *Pwll-yr-hwyaid* sydd ar y map OS cyfredol. *Pwll hywyad* oedd y ffurf yn RhPDegwm plwyf Llangeinwen yn 1840. Mae'n debyg mai'r un lle sydd yn y ffurf fwy agos atoch *Pwll chwiad* a geir yn RhPDegwm plwyf Llanfair-yn-y-cwmwd hefyd. Cofnodwyd *Gweirglodd Carreg yr Hwyaid* ym Mhorthaml yn 1569 (PCoch). *Pant yr wydd* oedd enw'r annedd yn Llanfechell yn RhPDegwm y plwyf yn 1842, ond *Pant-y-Gwydd* sydd ar y map OS cyfredol. Gan nad oes acen ar yr enw yn y map OS, mae'n anodd dweud a yw'r ystyr a'r ynganiad wedi newid ai peidio. Nodir *Maes Y Gwyddau* yn Rhoscolyn yn y CCPost; nodwyd hwn hefyd yn y RhPDegwm yn 1840. Cofnodwyd *Cae gwyddau* yn RhPDegwm plwyf Llanddyfnan yn 1845. Ceir cyfeiriad at *Sarn y Gwydde* ym Mathafarn Eithaf yn 1520 (BH). Tybed a ellir disgrifio peunod fel dofednod? Nodwyd *Kay Pevnod* ym Mhenmynydd yn 1510 (BH) a *Cae paenod* ar dir Plas Penmynydd yn RhPDegwm 1843. Mae annedd o'r enw *Tyddyn Y Paun* yn Llangoed yn y CCPost heddiw; *Tyddyn y paen* oedd y ffurf yn RhPDegwm 1849. Coffeir yr un aderyn hefyd yn enw'r stad dai *Bryn Paun* yn Llangoed. Cofnodwyd cae o'r enw *Weyn betrys* yn RhPDegwm plwyf Llanfwrog yn 1840. Ai petris yn yr ystyr o'r adar helwriaeth ('partridge') sydd yma?

Ceir sawl cyfeiriad at annedd *Cerrig yr Adar* yn Rhoscolyn: mae yno hyd heddiw. Mae llawer o gofnodion am ddau *Plas y Brain*; lleolir y naill yn Llanbedr-goch a'r llall yn Llanfechell. Llurguniad rhyfedd o'r enw *Tyddyn Gobaith Brân* sydd yn *Esgobaeth Brân* yn Llanddyfnan. Caiff hwn sylw pellach maes o law. Coffeir y brain yn enwau dwy ynys. Gellir gweld *Maen-y-frân* ger Rhoscolyn a *Carreg-y-frân* i'r de o Borth Swtan. Mae cryn dipyn o dystiolaeth am yr enw *Carreg y Frân* yn Llanfair Pwllgwyngyll. Gwesty yw hwn bellach o'r enw *Carreg Brân,* er i'r enw gael ei newid i *Carreg Môn* dros dro am ryw reswm. Fodd bynnag, mae'r enw *Carreg Brân* wedi ei adfer yn awr.

Cofnodwyd *Castell y Brain* yn Amlwch. Ceir sawl

cyfeiriad ato mewn rhentol y Goron o'r flwyddyn 1549 (BH; MWS). Mae'r math hwn o enw yn weddol amwys, gan y gall olygu'n llythrennol rywle lle ceir llawer o frain, neu fe all fod iddo ystyr ddifrïol i awgrymu lle sydd wedi mynd â'i ben iddo. Mae enwau o'r fath yn eithaf cyffredin. Cyfeiriodd B. G. Charles a Gwynedd O. Pierce at *Dinas y Frân*, *Castell y Frân*, *Llys y Frân*, *Castell y Dryw*, *Castell y Geifr*, *Castell Crychydd*, a *Llys y Falwen* mewn gwahanol rannau o Gymru. Mae'r cyfuniad o elfen gyntaf urddasol megis *dinas*, *castell* a *llys* ac ail elfen ddirmygus yn cyfleu gwrthgyferbyniad ac awgrym o rywle a welsai ddyddiau gwell. Ceir sawl cyfeiriad at annedd o'r enw *Hafod y Brain* yng Nghaergybi ac mae yno hyd heddiw. Mae *Carreg y Gigfran* i'r de o Aberffraw, a chofnodwyd annedd o'r enw *Graig y Gigfron* [*sic*] yn Llangoed yn RhPDegwm y plwyf yn 1849.

Mae'n naturiol fod yna gyfeiriadau at wylanod ar lannau Môn. Lleolir *Ynysoedd Gwylanod* i'r de o Roscolyn. Nodwyd yr enw rhyfedd *Troedgwylan* ar gae ym Mhentraeth yn RhPDegwm 1841, ond fe'i ceir fel enw annedd *Erw Troed Gwylan* yn 1603 (BH). Cofnodwyd yr enw *Troed Gwylan* yn Aberffraw hefyd. Ar fap OS 6" 1887–8 gwelir *Gareg-wylan* ger Llyn Llywenan. Efallai na chlywir y gog mor aml bellach, ond yr oedd hi'n sicr yn canu ym Môn ar un adeg. Cofnodwyd *Cae Perth y Gog* ym Mhenmon yn 1718 ac 1723 (BH); erbyn RhPDegwm plwyf Penmon yn 1847 mae yna annedd o'r enw *Perth y gog*. Cofnodwyd annedd o'r enw *Nyth y gog* yn Niwbwrch yn RhPDegwm y plwyf yn 1845, er mai'r sillafiad doniol *nith* a nodwyd am yr elfen gyntaf. *Nith* [*sic*] *y Dryw* a gofnodwyd hefyd yn Llanddaniel-fab yn 1841; *Nyth Y Dryw* sydd yn y CCPost heddiw. Ceir cyfeiriad at *Korse y dryw* ym Mhenmynydd yn 1479 (Pres.). Nodwyd *Maen dryw* yn Llaneilian yn 1847 (RhPDegwm). *Maen Driw* sydd ar y map OS presennol. Bu cryn drafod ar yr enwau *Tre Dryw* a *Tre Dryw Bach* yn Llanidan. Awgrymodd Henry Rowlands mai ystyr *Tre'r Drew*, fel y cyfeiriai ef ato, oedd 'the Druid's Town' (MAR). Cydiodd Trebor Môn yn awchus yn y fath berl, gan ychwanegu rhyw gyffyrddiadau bach ei hun, fel arfer. Ei ddehongliad ef oedd 'Llys yr Archdderwydd . . . Wele eisteddfa gysegredig yr holl urdd' (ELlMT). Mae'n wir fod GPC yn cynnwys 'derwydd' fel un o ystyron y gair 'dryw', ond ychydig o enghreifftiau o'i ddefnydd a roddir, sy'n awgrymu nad oedd yn air cyffredin iawn. Mae'n fwy na thebyg mai'r aderyn bach sydd yn yr anheddau yn Llanidan yn hytrach nag unrhyw dderwydd.

Ceir cofnod o *Maes Gwennol* yn Llangoed yn 1576 ac 1598, a *Tythin y wenol* yno yn 1617 (BH). Mae *Ogof y Wennol* ym Mhorth Llechog. Rhestrir caeau o'r enw *Cae colomenod* a *Gardd colomenod* yn RhPDegwm plwyf Caergybi. Nodwyd *Tyddyn-grugiar* yn Llangoed. Mae *Porth Gwalch* ger Rhoscolyn, a nodwyd *Carreg y Gwalch* yn Llanddona a Bodedern. Ceir cyfeiriad ym mhapurau Bodewryd yn 1580/1 at ddarn o dir o'r enw *maen y barkyd* rywle yn Nhalybolion. Ar y map OS heddiw gwelir *Cerrig-y-barcud* yn Llangeinwen; yr oedd yno yn 1840 (RhPDegwm), a *Rhos y barchyd* yng Nghaergybi yn RhPDegwm y plwyf hwnnw. Cofnodwyd *Tyddyn biodan* hefyd yn RhPDegwm Caergybi. Enw hoffus yw *Peg* [*sic*] *Piodan* a nodwyd yn Llangoed yn 1849; *Pig Y Bioden* sydd yn y CCPost yn awr. Y ffurf *Cae gylfinhir* sydd ar y map OS am annedd yn Llaneilian. Cofnodwyd *Cae'r Gelfin hir* yn 1788, *Cae r Cilvnhir* yn 1795 a *Caergilfinhir* yn 1806, i gyd yn ATT. *Cae gelfin hir* oedd yn RhPDegwm yn 1847. Ai'r un lle oedd y *Cae Gylvine* a nodwyd yn 1696? (BH). Nodwedd ddaearyddol yw *Porth y Garan* i'r de o Drearddur; felly hefyd *Trwyn-cerrig-yr-eryr* i'r de o Drwyn y Gader. Dau annedd yw *Bryn-eryr-uchaf* a *Bryn-eryr-isaf* rhwng Porthaethwy a Phentraeth.

Gan fod Môn yn ynys, gwelir ynddi enwau nas ceir mewn ardal fewndirol, sef enwau pysgod, cregynbysgod a chramenogion. Yr enw mwyaf adnabyddus o bosib yw *Swtan* yn Llanrhuddlad. Disodlwyd yr enw *Porth Swtan* i raddau helaeth gan *Church Bay*. Digon yw nodi yma mai pysgodyn yw *swtan*, nid cadfridog Rhufeinig, ond trafodir yr enw *Swtan* yn fwy manwl isod. Mae *Trwyn Penwaig* ger Porth Amlwch a *Porth y gwichiaid* ger Llaneilian. Malwod môr (*periwinkles*) yw gwichiaid. Cofnodwyd bwthyn o'r enw *Rhyd-y-gwichiaid* yn RhPDegwm Aber-erch yn 1845, ac mae *Pwll-y-gwichiaid* yn Llandudno. Enw pert ar annedd oedd *Parlwr y Cymwch* a gofnodwyd yn Llanfaelog yn 1775 (Poole). Nodwyd *Cae gimwch* dan Llanfechell yn ATT yn 1777 ac 1793. Mae *Ynys y Cranc* ym Mae Llanddwyn. Credai rhai fod *morfil* yn llechu yn Nhalwrn, ond caiff hanes hwnnw ei ddatgelu wrth drafod enw *Pant y Morfil*.

Eirianallt, Eiriannell a Pentre Eiriannell

Lleolir *Eirianallt Groes* i'r gogledd o Lynfaes ar y lôn sy'n mynd oddi yno i Lannerch-y-medd. Nid nepell oddi yno, ychydig bach i'r dwyrain, saif *Eirianallt-wen*. Nodir y ddau le yn y ffurfiau hyn ar y map OS cyfredol. Mae *Eirianallt-goch* ychydig bellter i ffwrdd i'r de o Garmel ac i'r gogledd o Lechgynfarwy. O ystyried yr enw *Eirianallt* yn ei ffurf bresennol, gellid rhoi ystyr ddigon derbyniol iddo, sef *eirian* + *allt*. Mae *eirian* yn hen ansoddair yn golygu 'hardd' neu 'ddisglair', a byddai 'allt hardd' yn gwneud synnwyr perffaith. Ond mae hwn yn enw ac yn ddehongliad camarweiniol, ac mae'n debyg mai'r ffaith ei fod yn gwneud synnwyr a arweiniodd at ei greu.

Enw'r drefgordd oedd *Eiriannell*, ac mae'n hawdd gweld sut y newidiwyd yr enw hwn i ffurf fwy cyfarwydd a 'derbyniol', sef *Eirianallt*. Er bod rhan gyntaf yr enw, sef *eirian*, yn gyfarwydd, roedd yr ôl-ddodiad *–ell* yn peri ychydig o benbleth. A'r duedd wedyn ar lafar gwlad yw chwilio am elfen gyfarwydd i'w rhoi yn lle'r elfen ddieithr. Felly, dyma newid *–ell* yn *allt*. Ac eto ni ddylai'r ôl-ddodiad *–ell* fod yn faen tramgwydd, gan ei fod yn derfyniad digon cyffredin mewn enwau, yn aml gydag ystyr fachigol, fel yn *traethell*, *pibell* a *ffynhonnell*.

Cyfeiriadau at y drefgordd sy'n y cofnodion cynnar i gyd. Petaem yn mynd yn ôl i'r cofnod cynharaf a welwyd hyd yn hyn o'r enw, sef yr un o 1284 yn Stent Môn, fe welem ffurf anghyfarwydd iawn, sef *Drianuylch* (ExAng). Yn wir, mae bron yn amhosibl ei adnabod. Erbyn 1352 mae ychydig yn fwy cyfarwydd yn y ffurf *Eryannelth*; yma mae'r terfyniad yn nodweddiadol o ymgais rhywun di-Gymraeg i gyfleu'r sain *ll*. Cadwyd sawl cyfeiriad at y drefgordd o'r bedwaredd ganrif ar ddeg yng nghasgliad Sotheby yn LlGC: *Eyryannell* o 1359; *Aryannell* o 1378, 1389/90 ac 1390/1. Yn yr un ffynhonnell nodwyd y ffurf *Eryannell* yn 1420, 1433 ac 1451. Fe'i cofnodwyd yn y ffurf *Eriannell* yn 1439 ac eto yn yr un ffurf yn 1470 (LlB).

Mae'n werth oedi gyda'r ffurf *Aryannell* a nodwyd uchod. Fe'i ceir hefyd fel *Ariannelth* yn 1346 yn rholiau llys Môn. Yn sicr, mae'r ffurf *Ariannell* yn ymgyfnewid ag *Eriannell*, nid yn unig yn enw'r drefgordd ym Môn ond mewn enghreifftiau o'r un enw mewn rhannau eraill o Gymru. Dywed R. J. Thomas mai'r ffurf reolaidd yw *Ariannell*, ond ei bod yn tueddu i droi'n *Arannell* yn ne Cymru (EANC). Mae ef yn cyfeirio at y ffurf *Arganhell* fel enw personol ar santes. Ceir *Eriannell* hefyd fel enw personol yn enw darn o dir yn nhrefgordd Castell yn ardal Llanbedrycennin yn yr hen sir Gaernarfon, sef *Gauell Ithel ap Eryannelth* yn 1352 (Rec.C). Down yn ôl at yr enw personol hwn maes o law. Mae R. J. Thomas yn cysylltu'r ffurf *Ariannell* â'r enw *arian*, a dywed mai'r un yw bôn y ffurf *Eriannell* hefyd, ond fod yma affeithiad a achoswyd gan yr *i*. Credai ef mai'r un bôn sydd i enw afon *Arentelle* yn Ffrainc. Yn sicr, mae'n enw ar nentydd yng Nghymru: mae nant o'r enw *Ariannell* yn codi ar y Berwyn ac yn llifo heibio i Feifod (EANC). Byddai'r syniad o arian yn addas i ddisgrifio dŵr gloyw afon neu nant.

Ambell dro cofnodir enw'r drefgordd ym Môn fel *Yriannell*: dyna'r ffurf yng nghasgliad Sotheby yn 1552 ac 1558. Cofnodwyd *Yereanell* yn 1599/1600 (PCoch). Yr hyn a ddigwyddodd yma yw fod yr *a* ddiacen yn y sillaf gyntaf wedi troi'n *y* dywyll. Esgorodd hyn ar ffurf fel *Yrannell* yn siroedd Brycheiniog a Chaerfyrddin gynt. Yno daethpwyd i feddwl mai'r fannod oedd yr *y* hon a cheir ffurfiau megis *Yr Annell* a *Nant yr Annell* (EANC).

Gwelir mai *Eriannell* oedd y ffurf gynnar, er bod cofnod o *Eyryannell* o 1359. Erbyn yr unfed ganrif ar bymtheg nodir *Eiriannell* yn 1590 ac 1592 (Sotheby). Pa bryd y trodd yn *Eirianallt*? Mae'n anodd dweud yn bendant, ond *Arianallt* sydd gan William Bulkeley yn ei ddyddiadur ar 19 Ebrill 1734, a nodwyd *Yr Arianallt* ar fap John Evans o ogledd Cymru yn 1795. *Arienallt groes, Arienallt wen* ac *Arienallt goch* sydd ar fap OS 1839–41. *Eirianallt wen* ac *Eirianallt groes* sydd yn RhPDegwm plwyf Bodwrog yn 1843. Yr unig un a nodwyd ar fap OS 1903–10 oedd *Eirianallt Groes,* a hynny yn ôl yn y ffurf *Eiriannell*.

Mae'r enw *Pentre Eiriannell* yn enwog fel cartref y brodyr llengar a dawnus hynny, sef Lewis, Richard a William Morris. Yn *Y Fferam* ym mhlwyf Llanfihangel Tre'r-beirdd y ganwyd y brodyr, ond pan oeddynt yn ifanc iawn symudodd y teulu i fod yn denantiaid fferm *Pentre Eiriannell* ger traeth Dulas (DWW). Mae ail elfen yr enw yn hollol gyfarwydd erbyn hyn, ond mae'n anodd esbonio sut y daeth yn rhan o enw'r fferm yn ardal Dulas oherwydd, yn wahanol i'r anheddau eraill ym Môn â'r elfen *Eiriannell* yn eu henwau, nid oedd *Pentre Eiriannell* yn nhrefgordd *Eiriannell*, ac yn wir, mae'n rhai milltiroedd i ffwrdd. Rhaid ystyried *Eiriannell* yma fel elfen drosglwyddedig, hynny yw wedi ei benthyca o enw'r drefgordd. Yn wahanol iawn i'r drefgordd, ychydig iawn o gofnodion a gadwyd o enw *Pentre Eiriannell*, a'r rheiny yn rhai eithaf diweddar. Nodwyd y ffurf wallus ac anesboniadwy *Pentre'r ddûanallt* ar fap John Evans o ogledd Cymru yn 1795, a *Pentre arienallt* ar fap OS 1839–41. Ar lafar tueddir i gymathu'r *e* ar ddiwedd *Pentre* â'r *e* ar ddechrau *Eiriannell*. Yn RhPDegwm Penrhosllugwy yn 1845 *Pentreiranell* yw'r ffurf, ac fel 'pentre rianell' yr ysgrifennodd Morris Prichard Morris yr enw mewn llythyr at ei fab Lewis Morris ar 25 Medi 1749 (ALMA). Fodd bynnag, mae William Morris yn defnyddio'r ffurf *Pentre Eirianallt* fwy nag unwaith (ML).

Beth am yr elfen *Pentre*? Ystyr arferol *pentref* heddiw yw clwstwr o anheddau llai ei faint na thref, ond yn aml iawn mewn enw lle cyfeiria at ddim byd mwy na fferm neu annedd unigol, ac yn ddiau dyma'n syml yw'r ystyr yn enw *Pentre Eiriannell*. Am ryw reswm mae William Owen Pughe yn dehongli'r enw *Eiriannell* fel 'belvidere'[*sic*] a *Pentre Eiriannell* fel 'the village of Belvidere'(Camb.Reg.). Math o dŵr bychan ar ben adeilad i edrych allan ar yr olygfa yw 'belvedere'. Nid yw Pughe yn cynnig *eiriannell* fel enw cyffredin gyda'r ystyr hon yn ei Eiriadur ac mae'n anodd deall o ble y cafodd y syniad.

Sut, felly, mae esbonio'r enw *Eiriannell*? Os ystyriwn mai ansoddair yw *eirian* yma, mae'n anodd iawn egluro'r ôl-ddodiad enwol bachigol. Wrth drafod rhai o'r nentydd sy'n dwyn yr enw, mae R. J. Thomas yn awgrymu mai enw personol sydd yma wedi ei drosglwyddo i enw'r nant (EANC). Mae'n debyg mai enw anwes ydoedd *E[i]riannell*, o ystyried yr ôl-ddodiad bachigol. Gellid ei gymharu ag *Eiriannws*, enw annedd yn Henryd ger Conwy. Yma hefyd ceir y bôn *eirian* ynghyd ag ôl-ddodiad enwol bachigol neu anwesol, sef *–ws* y tro hwn. Ceir digon o enghreifftiau o'r terfyniad *–ws* mewn enwau anwesol megis *Deicws*, *Iocws* a *Nanws*. Fel y gwelsom, gwelir yr ôl-ddodiad bachigol *–ell* yn aml gydag enw cyffredin. Tybed a oes gennym yn *Eiriannell* enghraifft brin ohono mewn enw personol ar batrwm enw megis *Cadell*?

Erddreiniog

Lleolir *Erddreiniog* i'r gogledd-ddwyrain o Dregaean yng nghanol Ynys Môn. Nid nepell mae *Cors Erddreiniog*, sydd yn warchodfa natur o bwys oherwydd cyfoeth y rhywogaethau a geir ynddi. Mae Afon *Erddreiniog*, un o lednentydd afon Cefni, yn tarddu yn y gors ac yn llifo i Gronfa Ddŵr Cefni (AfMôn).

Bu tŷ annedd yn *Erddreiniog* ers canrifoedd. Canodd Iolo Goch, (*c.*1320–*c.*1398) gywydd moliant a chywydd marwnad i feibion Tudur ap Goronwy. Hanai Tudur o linach glodwiw ym Môn, gan mai ei or-or-hendaid oedd Ednyfed Fychan. Yn ei gywydd moliant cyfeiria'r bardd at un o'r meibion, sef Rhys ap Tudur ap Goronwy, a oedd yn byw yn *Erddreiniog*:

Erddreiniog, urddai'r ynys,
Ydd af, wtresaf, at Rys. . . (GIG)

Mae'r Athro Dafydd Johnston, golygydd *Gwaith Iolo Goch*, yn deall 'wtresaf' fel 'af i wledda', ac mae'n amlwg fod croeso i'r bardd ar aelwyd Rhys yn *Erddreiniog*. Ni ellir cymryd yn ganiataol fod y ffurf *Erddreiniog* a ddyfynnir yn y cwpled uchod yn gyfoes â chyfnod Iolo Goch. Er mai *Erddreiniog* sydd yn y darlleniad uchod, dangosodd Dafydd Johnston nad oedd y ffurf hon yn unrhyw un o'r llawysgrifau, ond yn hytrach *Aurddreiniog* a geir yn y rhai gorau ac *irddreiniog* mewn rhai eraill (GIG).

Nid Iolo Goch oedd yr unig fardd i ymweld ag *Erddreiniog*. Mae'n amlwg fod Lewys Môn (*c.*1465–1527) yntau yn cael croeso yno. Canodd Lewys gywydd gofyn i Ieuan ap Gwilym (Siôn Wilym) o *Erddreiniog*. Yn wahanol i Iolo Goch, nid yw'n gofyn am gael gwledda gyda'i noddwr: mae'n gofyn am baderau neu leinres weddi. Meddai, braidd yn hunangyfiawn: 'bwyd i ŵr ei baderau'. Mae'n cyffelybu'r gleiniau i rawn a ffrwythau:

Yr oedd rawn aur Erddreiniog
Fal grawn afalau y Grog. (GLM)

Yma eto ni ellir dibynnu ar y darlleniad *Erddreiniog*, gan mai 'aer y ddereinioc' a geir mewn un fersiwn.

Canodd Lewys Môn farwnad i Hywel ap Madog ap Hywel. Gŵr o Lanarmon yn Llŷn oedd Hywel, ond gwelwn o'r cywydd fod ganddo gysylltiadau teuluol ag *Erddreiniog*:

Yr oedd Ronwy'n Erddreiniawg,
taid Rhys ap Tudur yrhawg . . .

Rydym eisoes wedi cyfarfod Rhys ap Tudur yng nghywydd Iolo Goch. Trwy ei hen nain yr oedd Hywel o'r un dras â Rhys. Gallwn dderbyn y ffurf *Erddreiniawg* fel rhagflaenydd naturiol i *Erddreiniog,* ond, fel y nododd

Eurys Rowlands, golygydd *Gwaith Lewys Môn*, 'avr ddreiniawg' oedd y ffurf mewn un llawysgrif.

Felly, os na fedrwn ddibynnu ar y beirdd am ffurfiau cynnar yr enw *Erddreiniog*, rhaid troi at ffynonellau eraill. Y cyfeiriad cynharaf a welwyd hyd yn hyn yw *Erdreynok* mewn rhôl llys o Fôn yn 1346 (TCHNM, 1932). Ceir *Erdrinok* yn Stent Môn o'r flwyddyn 1352, ac roedd y ddau gyfeiriad hyn, wrth gwrs, yn gyfoes â Iolo Goch. *Erdrinok* a nodwyd hefyd yn 1466 ac 1479/80 (PFA). Mae'n syndod cyn lleied o gofnodion cynnar a welwyd o'r enw. Ceir *Erthtrynioge* o 1637 ym mhapurau Wynnstay ac *Erthiniock als Erthreniock als y Ddriniog* o'r flwyddyn ganlynol ym mhapurau Llanfair a Brynodol. Ar fap OS 1839–41 cawn y ffurfiau llafar *Ddraenog*, *Cors Ddraenog* a *Melin ddraenog*. Yng nghofnodion y Cyfrifiad nodwyd *Erddraeniog* yn 1841, 1861, 1871 ac 1881, *Erddireniog* yn 1851 ac *Erddreiniog* yn 1901 ac 1911.

Mae'n bryd inni geisio esbonio'r enw. Ymddengys mai'r ansoddair *dreiniog* yn yr ystyr fod yna lawer o ddrain sydd yma. Ond sut mae esbonio'r rhagddodiad *er–*? Yn ei ysgrif ar 'Tregaian' yn *Nabod Môn*, mae John Owen yn awgrymu'n gynnil mai 'Er(w)ddreiniog' yw tarddiad yr enw. Mae hwn yn gynnig digon teg ar un olwg: mae'n gwneud synnwyr, a byddai'n ddigon hawdd i'r *–w–* gael ei llyncu. Fodd bynnag, ni welwyd arlliw ohoni mewn unrhyw gofnod. Tybed nad rhagddodiad cydnabyddedig sydd yma, sef *ar–* neu *er–*? Roedd hwn yn hen ragddodiad ac iddo rym atgyfnerthol. Dywed GPC y gellir ei weld mewn geiriau megis *erbarch*, sef parch mawr, *ergrynu,* sef crynu'n ofnadwy, ac *erlyn* yn yr ystyr o lynu'n dynn at rywun. O ystyried eto yr amrywiadau yn narlleniadau'r cywyddau, a ellir awgrymu'n betrus fod olion ffurf gynharach y rhagddodiad, sef *ar–*, i'w gweld yn y ffurfiau *aurddreiniog* ac *avr ddreiniawg*? Os derbyniwn mai'r rhagddodiad atgyfnerthol hwn sydd yn *Erddreiniog*, byddai'n cyfleu lle a oedd yn llawn o ddrain. Mae'r enw ar yr un patrwm ag enwau megis *Rhedynog, Eithinog* a *Clegyrog*. Ansoddeiriau sydd yma mewn gwirionedd, ond fe'u defnyddir fel enwau i ddisgrifio man lle ceir llawer o ryw elfen arbennig. Drain oedd y nodwedd amlwg yn *Erddreiniog*.

Esgobaeth Brân

Mae *Esgobaeth Brân* i'r gogledd o Dalwrn ac i'r de-orllewin o Lanbedr-goch. Mor hawdd fyddai tybied fod yr enw crand, urddasol hwn yn coffáu rhyw esgob canoloesol o'r enw Brân. Ond ni fu esgob Cymraeg o'r fath enw. Efallai, felly, mai cyfeiriad sydd yma at linach enwog Llywarch ap Brân ym Môn. Ond nid yw hyn yn gywir chwaith. Un o'r enwau twyllodrus hynny yw hwn y rhybuddiodd Syr Ifor Williams inni fod yn ofalus iawn wrth eu dehongli, a pheidio â dibynnu ar y ffurf fodern. Melville Richards a ddarganfu'r ateb yn gyntaf ac mae eraill wedi ei drafod wedyn (YEE; ELlMôn).

Bu Melville Richards yn pori'n ddyfal ym mhapurau Baron Hill, ac yno y darganfu'r cofnod *tyddyn gobaith bran* o'r flwyddyn 1490–1. Trafododd ddatblygiad yr enw drwy'r canrifoedd (TCHNM, 1973). Yn 1514–15 y ffurf oedd *tyddyn gobaith bran*; yn 1617 cofnodwyd *Tythyn gobeth bran* (BH). Yna collwyd yr elfen *tyddyn* ac mae ystyr yr enw yn mynd yn fwy annelwig, er nad oedd efallai yn eglur iawn i gychwyn. Yn ATT ceir *Gobaith bran* yn 1764, ond *Gobaith Brân* yn 1777. Dyma'r enw personol *Brân* wedi dod i mewn i enw'r annedd, ac yn awr mae'r ymyrryd bwriadol yn cychwyn o ddifrif. Gan na theimlid fod unrhyw ystyr i *Gobaith Brân / Bran* aeth rhywun ati i greu nid yn unig ystyr, ond tras ffug i'r enw. Erbyn 1786 *Esgobaeth Bran* sydd yn ATT. Nodwyd *Esgobaeth-brân* ar fap OS 1839–41. Mae'n ddiddorol sylwi fod cae o'r enw *Gobaith y brain* ar dir Tŷ Newydd yn RhPDegwm plwyf Llanddyfnan yn 1845. Yng nghofnodion y Cyfrifiad nodwyd *Gobath Bran* yn 1841; *Esgobaeth Bran* yn 1851, 1861 ac 1901; *Esgobaeth* yn unig yn 1871; *Esgobeth Brân* yn 1881 ac *Esgobaith Bran* yn 1911. *Esgobaeth Bran* sydd ar y map OS cyfredol.

O ddarllen y cofnodion cynnar mae'n amlwg nad oedd yna'r un esgobaeth yn yr enw, ond yr oedd yna frân o ryw fath. Yn 1932 cyhoeddodd Stella Gibbons lyfr dychanol, doniol o'r enw *Cold Comfort Farm*. Nid enw dychmygol oedd *Cold Comfort Farm*. Mae'n digwydd mewn ambell le yn Lloegr. Ond enw wedi ei lurgunio a'i newid yw hwn hefyd, oherwydd y ffurf wreiddiol oedd ***Crow** Comfort Farm*, gyda'r un ystyr yn union â *Tyddyn Gobaith Brân*. Yr awgrym yw fod y lleoedd hyn mor dlodaidd ac anffrwythlon fel mai prin y medrai brân fyw yno heb sôn am neb arall. Enw dilornus yw hwn, ac mae rhai eraill tebyg i'w cael yng Nghymru a Lloegr. Mae John Field yn cyfeirio at gaeau yn Lloegr o'r enw *Starvecrow Field*, *Starvegoose Close* a *Starvelarks Field* (EFN). Yn *Iaith Sir Fôn* dywed Bedwyr Lewis Jones mai enw gweision fferm Môn ar le gwael am fwyd oedd 'Llanllwgu'. Ceir yr un syniad yn yr enw *Gwag y Noe* y gwelir nifer o enghreifftiau ohono yn Llŷn ac Eifionydd. Ystyr *noe* yw padell neu ddysgl fawr. Dysgl wag yn hytrach na dysgl lawn oedd yn y ffermydd hyn, o leiaf yn y dyddiau a fu. Ffordd liwgar o ddisgrifio tir digynnyrch sydd yma, ond yn *Esgobaeth Brân* aethpwyd gam ymhellach a llwyddo i barchuso'r enw a'i ddyrchafu nes bod ei wir ystyr wedi llwyr ddiflannu.

Fagwyr

Mae hwn yn enw sydd i'w weld mewn dau le gwahanol ym Môn. Lleolir *Fagwyr Fawr* a *Fagwyr Bach* i'r gogledd o Dalwrn ym mhlwyf Llanddyfnan, a *Fagwyr Isaf* a *Fagwyr Uchaf* yn Llaneilian. Bydd yn haws delio â'r ddau leoliad ar wahân. Ceir cofnod am *Fagwyr* Llanddyfnan fel *y vagwyr* yn 1520 (BH). Yn yr un ffynhonnell ceir *tyddyn y vagwyr* o 1528 a *Tythyn y Vagwyr* o 1617. Cofnodwyd *Tythyn y Vagwyr* yn 1733 (Tl). Wedi hynny, mae'r elfen *tyddyn* yn diflannu. *Fagwyr* oedd yn RhPDegwm plwyf Llanddyfnan yn 1845. Cofnodwyd *Fagwyr* yng nghofnodion Cyfrifiad 1851. Erbyn Cyfrifiad 1881 mae wedi troi'n *Fagwyr Fawr*, ac erbyn 1901 ceir *Fagwyr Fawr* a *Fagwyr bach.* Ar fap OS 1901 nodwyd *Fagwyr-fawr* yn unig, ond ar y map OS cyfredol gwelir *Fagwyr-fawr* a *Fagwyr-bâch.*

Mae'r cofnodion ar gyfer *Fagwyr* Llaneilian ychydig yn brinnach. Y cynharaf a welwyd yw cyfeiriad at *Tir Gwen o'r vagwer* yn Llaneilian yn 1586 (Pres.) Cofnodwyd *Vagwyr* yn 1749 ym mhapurau Bodorgan. *Vagwur* oedd y ffurf yng nghasgliad Porth yr Aur yn 1756: mae'n amlwg nad oedd gan y copïwr unrhyw syniad am ystyr yr enw. Nodwyd *Fagwyr* ar fap OS 1839–41, ond erbyn map OS 1901 ceir *Fagwyr* a *Fagwyr-uchaf.* Heddiw, yn y CCPost nodir *Fagwyr Uchaf* a *Fagwyr Isaf.*

Cymylir ystyr yr enw rywfaint gan y treiglad meddal ar ei ddechrau. Yr hyn sydd gennym yma yw *[Y] Fagwyr*, ond fod y fannod wedi ei cholli. Y ffurf gysefin yw *magwyr*. Enw cyffredin yw hwn â'r ystyr o 'fur' neu 'wrthglawdd', ond gall hefyd olygu 'murddun' neu 'adfail'. Benthyciad o'r gair Lladin *maceria* sydd yma, sef wal neu fur amddiffynnol. Ceir trafodaeth gan Gwynedd Pierce o'r elfen *magwyr* wrth drafod *Magor* yng Ngwent, er nad yw'r elfen mor amlwg yn y ffurf anghyfiaith honno (ADG). Mae *magwyr* yn elfen weddol gyffredin mewn enwau lleoedd, yn arbennig ym Mhenfro, fel y dangosodd B. G. Charles yn ei waith cynhwysfawr *The Place-Names of Pembrokeshire*. Fe'i gwelir hefyd mewn Hen Lydaweg yn y ffurf *macoer,* ac mae wedi goroesi yn y Gernyweg mewn dau enw lle, sef *Maker* a *Magor* (Corn.PNE). Mae'n anodd gwybod pam y cafodd yr anheddau yn Llaneilian a Llanddyfnan yr enw hwn, ac ni wyddom chwaith ai mur ynteu murddun yw'r ystyr yn y mannau hyn.

Feisdon

Lleolir *Feisdon* i'r de o Drefdraeth ac fe'i nodir dan Drefdraeth yn y CCPost. Yn y CCPost hefyd nodir annedd o'r enw *Feisdon Bach* ym Malltraeth. Gwelir mai *Feis**d**on* yw'r ffurf yn enwau'r anheddau hyn, ond mae'r ffurf *feis**t**on* yn fwy arferol. Cofnodwyd *Tyddyn y Distain* alias *Tyddyn y Feiston* yn Nhrefdraeth yn 1613 ym mhapurau Bodorgan. Mae hwn yn enw diddorol, gan ei fod yn codi peth amheuaeth ai llurguniad o'r elfen *distain* a welir yma yn *feiston*. A yw'r tebygrwydd yn y sain wedi peri cymysgu rhwng dwy elfen, ond a fyddai'r gair *feiston* yn ddigon cyfarwydd iddo ddisodli *distain*? Efallai y byddai *distain* wedi mynd yn air digon dieithr erbyn dechrau'r ail ganrif ar bymtheg a'i ystyr wedi ei cholli. Ac eto byddai'n hollol naturiol cael cyfeiriad at y *distain*, sef y prif stiward yn y llys canoloesol, yn Nhrefdraeth, gan fod trefgordd Trefdraeth wedi ei rhannu'n ddwy ran, sef *Trefdraeth Wastrodion* a *Threfdraeth Ddisteiniaid*. Efallai y dylid derbyn fod yma ddau enw gwahanol ar yr un annedd.

Enw benywaidd unigol yw *beiston*. Yn enwau'r anheddau fel y maent yn y CCPost ceir treiglad meddal ar ddechrau'r enw oherwydd y fannod a gollwyd – *y feiston*. Ystyr arferol *beiston* yw 'traeth, tywyn, glan y môr'. Noda GPC fod y gair *beiston* yn Arfon a Môn yn cyfeirio at y rhimyn o dir glas rhwng y gorllanw a'r tir sydd wedi ei drin. Wrth drafod yr enw mae Syr Ifor Williams yn dweud mai hyn oedd ystyr *beiston* yng Nghlynnog, ond yng Nghwm-y-glo, Arfon, fe'i defnyddid am stepen neu ris mewn afon lle yr oedd yn ddiogel i blant ymdrochi (BBGC, IV). Er bod rhai wedi dehongli elfennau'r enw fel *bas* + *ton* ('shallow wave'), mae Syr Ifor yn awgrymu mai'r enw *beis* sydd yn yr elfen gyntaf, sef sarn neu fan lle gellir rhydio afon. Mae geiriadur William Salesbury yn dehongli '*beisio dwfyr*' fel 'to wade', ac yn y Mabinogi pan groesodd Bendigeidfran i Iwerddon i achub Branwen dywedir mai 'y ueis yd aeth ef', hynny yw, ar droed y croesodd o'r naill wlad i'r llall. Yn ail elfen *beiston* ni welai Syr Ifor don y môr, ond y *ton* a geir mewn enwau megis *Tonypandy*, neu yn *tonnen*, sef tywarchen neu groen ar wyneb y ddaear.

Nid yw'r gair *feiston* / *feisdon* yn gyffredin ar lafar bellach, ond yr oedd yn fyw i Ellis Wynne. Wrth iddo siarad â'r bardd Taliesin yng Ngweledigaeth Angau dywed y Bardd

Cwsg: 'Onid allai'r fad felen, a ddifethodd Faelgwn Gwynedd, eich lladd chwithau ar y *feiston*'. Gwelir y gair eto yng Ngweledigaeth Uffern, lle disgrifir Afon y Fall fel '*y feiston ddinistriol*' a'r '*feiston felltigedig*' (GBC). Fodd bynnag, er mor ddieithr yw'r gair i ni heddiw, nid yw'n unigryw i'r ddau enw ym Môn fel enw lle. Ar un adeg roedd tŷ o'r enw *Feiston* ar lan Afon Menai nid nepell o aber Afon Saint yng Nghaernarfon. Cofnodwyd *Tan-y-feisdon* yn Ninas Dinlle, Arfon, ac yn Rhestrau Pennu'r Degwm ceir *Cae feistwn* ar dir Lleiniau yn Llanwnda, Arfon, a *Cae Feiston* ym Mryntrefeilir, Llandwrog.

Figin

Mae *Figin-fawr* i'r de o Foelfre, nid nepell o Farian-glas. Dyma'r ffurf ar y map OS cyfredol, a dyna oedd ar fapiau OS 1839–41 ac 1901. Prin iawn yw'r cyfeiriadau at yr enw hwn, ond nid yw hynny'n ei wneud yn llai diddorol. Nid yw'n datgelu ei ystyr ar yr olwg gyntaf. Yn *Figin*, fel yn *Feiston* a *Fagwyr*, collwyd y fannod a achosodd y treiglad meddal ar ddechrau'r enw. *Y Figin* fyddai'r ffurf lawn gan mai *mign*, neu *migin* ar lafar, yw ffurf gysefin yr enw. Ystyr *mign* yw tir corsiog neu leidiog. Un o ffurfiau lluosog yr enw yw *mignedd*: ceir *mignau* a *mignïoedd* hefyd. Yn Nyffryn Nantlle lleolir *Tal y Mignedd Uchaf* a *Tal y Mignedd Isaf* ar *dal*, neu ben eithaf, tir corsiog. Mae'n debyg mai'r ffurf luosog *mignedd* sydd hefyd yn enw *Trefignath* ger Caergybi. Nodwyd *Nant-y-figin* yn Llanuwchllyn ar fap OS 1838, ac yn RhPDegwm plwyf Bangor yn 1841 cofnodwyd annedd o'r enw *Tyddyn Migin*. Yn ôl GPC, yr enw lleol am Gors Fochno yng Ngheredigion yw *Y Fign*. Gwelir ffurf fachigol yr enw, sef *mignen,* yn enw *Waun Fignen Felen* ym mhen uchaf Cwm Tawe.

Mae *mign* hefyd yn digwydd fel elfen mewn enwau cyfansawdd, megis *mignant*, sef *mign + nant*. Cofnodwyd annedd o'r enw *Mignant* yn Llanllechid, Arfon, a gwelir y ffurf luosog yn *Y Migneint* ger Llan Ffestiniog. Fe'i ceir hefyd yn *mignwern*, gair y mae ei ddwy elfen *mign* a *gwern* yn gyfystyr. Mae hyn fel petai'n cryfhau'r syniad o gors arswydus, oherwydd cyfeiriai *mignwern* yn aml at uffern yn yr hen destunau.

Frogwy / Gafrogwy

I'r gogledd-orllewin o Langefni ar y map OS cyfredol nodir *Frogwy Fawr* a *Llyn Frogwy*, ond hefyd *Gafrogwy Bach*. Enw arall ar ran uchaf Afon Cefni yw *Afon Gafrogwy*. Pwll mawr yn yr afon hon yw *Llyn Frogwy*, a ehangwyd i wneud blaenddwr i'r felin ddŵr gerllaw (ELlMôn). Mae'n amlwg mai talfyriad llafar o'r ffurf *Gafrogwy* sydd yn *Frogwy*, ond mae wedi dod yn enw ynddo'i hun bellach. Rhaid tybio mai bôn y ffurf *Gafrogwy* yw'r ansoddair *gafrog*. Mae GPC yn nodi'r gair hwn fel bathiad o'r ugeinfed ganrif ac yn ei esbonio fel 'yn perthyn i afr; yn debyg i afr'. Efallai yn wir mai dyna yw ei ystyr bresennol, ond rhaid fod yr ansoddair ei hun yn llawer hŷn: mae'r cyfeiriadau at *Gafrogwy* yn mynd yn ôl ganrifoedd, ac roedd pwy bynnag a enwodd y lle yn amlwg yn gyfarwydd â'r ansoddair *gafrog*. Ymdriniwyd â'r ôl-ddodiad *–wy* wrth drafod enw *Dronwy*. Ar un adeg tueddid i gredu fod iddo ystyr o lif y dŵr, ond credai R. J. Thomas fod iddo o bosib rym tiriogaethol, fel ag a geir yn yr enw *Ardudwy*. Byddai cyfuno'r ôl-ddodiad *–wy* â'r ansoddair *gafrog* yn cyfleu 'lle gafrog', ac mae'n debyg mai'r ystyr mewn enw lle fyddai 'man lle mae geifr yn ymgasglu', neu 'man lle cedwir llawer o eifr'.

Y cyfeiriad cynharaf a welwyd at y ffurf *Gafrogwy* yw *Mol. Gaffrogcwy* o'r flwyddyn 1352 (Rec.C). Talfyriad yw *mol.* o'r gair Lladin *molendinum*, sef 'melin'. Mae yna felin wynt a melin ddŵr hyd heddiw ar lan *Llyn Frogwy*, y ddwy bellach wedi eu hatgyweirio a'u moderneiddio. *Gafrogwy* hefyd oedd enw'r drefgordd ganoloesol. Ceir sawl cyfeiriad at y lle ym mhapurau Baron Hill yn yr unfed ganrif ar bymtheg: yn y ffurf *Gaffrogwy* yn 1522 ac 1581, *Gau'ogwey* yn 1575 a *gavrogwy* yn 1595.

Mae'n debyg fod y talfyriad *Frogwy* wedi bod yn fyw yn hir ar lafar gwlad, ond map John Evans o ogledd Cymru yn 1795 yw un o'r troeon cyntaf o bosib iddo gael ei nodi'n swyddogol fel enw cydnabyddedig. *Yfrogwy* sydd ar y map hwn. Yn raddol daethpwyd i'w dderbyn fwyfwy. Ceir *Frogwy fawr* a *Frogwy bach* yng nghofnodion Cyfrifiad 1841, 1861, 1891, 1901 ac 1911, ond *Gafrogwy Fawr* a *Gafrogwy Bach* yn 1851 ac 1871. Fel y gwelsom, rhyw hanner a hanner yw hanes yr enw bellach gyda *Frogwy Fawr* a *Gafrogwy Bach* wedi eu nodi ar y map OS, ond *Frogwy Fawr* a *Frogwy Bach* yn y CCPost.

Fferam

Yn yr adran hon ceir ymdriniaeth fer ag enw sy'n nodweddiadol o Fôn. Ni wneir unrhyw ymgais i drafod enwau'r anheddau unigol nac i olrhain eu hanes, dim ond tynnu sylw at ddefnydd o air sydd o bosib wedi ei gyfyngu i'r ynys. Ystyr *fferam* yn syml yw 'fferm'. Ar yr olwg gyntaf gellid tybio mai enghraifft sydd yn yr *–a–* yn *fferam* o lafariad epenthetig, neu lafariad ymwthiol. Gwelir y math hwn o lafariad mewn geiriau megis *pobl* > *pob**o**l*; *aml* > *am**a**l*; *sawdl* > *sawd**w**l* a *llwybr* > *llwyb**y**r*. Er bod y ffurfiau â'r llafariad ymwthiol yn hollol dderbyniol ar lafar, ni fyddem yn eu defnyddio wrth ysgrifennu Cymraeg safonol: *pobl* ac *aml* a ddefnyddiem, os nad oeddem am gyfleu tafodiaith arbennig. Ond nid oes awgrym fod *fferam* yn ffurf lafar ar *fferm*. Mae GPC yn trin y ddwy ffurf yn gyfartal ac yn ystyried *fferam,* a *fferem*, fel amrywiadau ar *fferm*. Rhaid cofio mai gair benthyg o'r Saesneg 'farm' yw *fferm*, beth bynnag.

A welir y ffurf *fferam* y tu allan i'r ynys? Yr unig enghraifft a nodwyd hyd yn hyn yw *Bryn y Fferam*. Mae hwn yn digwydd yn Llanddeiniolen, ac fel enw chwarel yn Llandwrog, Arfon. Os oes enghreifftiau eraill, mae'n bosib mai enwau trosglwyddedig ydynt, wedi eu benthyca o Fôn. Mae'n rhyfedd nad yw Bedwyr Lewis Jones yn crybwyll y gair *fferam* yn ei lyfr *Iaith Sir Fôn*, o ystyried ei fod yn air mor nodweddiadol o iaith y Monwysion. Fodd bynnag, nid ydynt hwy wedi cefnu ar y ffurf *fferm*; mae'r ddwy ffurf yn cyd-fyw'n hapus ar yr ynys.

Yn *Y Fferam* ym mhlwyf Llanfihangel Tre'r-beirdd y ganwyd y Morrisiaid, ac o fwrw golwg frysiog drwy'r CCPost a'r mapiau OS, mae'n syndod sawl enghraifft o *fferam* a welir mewn enwau anheddau. Ceir *Fferam* yn syml ym Modedern a Thŷ-croes, Aberffraw; *Fferam Bach* yn Nhŷ-croes a *Fferam Bach Llugwy* yn Nulas; *Fferam Fawr*, eto yn Nhŷ-croes, a hefyd yn Llangristiolus; *Fferam Bailey* yn Nhrefdraeth; dwy *Fferam Gorniog*, y naill yng Nghaergybi a'r llall ym Mhentraeth; dwy *Fferam y Llan*, y naill ym Mynydd Mechell a'r llall yng Ngherrigceinwen; dwy *Fferam Isaf*, y naill yn Llansadwrn a'r llall yn Rhos-goch; *Fferam Uchaf* yn Llanddeusant; *Fferam Parc* yn Nhrefdraeth; *Fferam Rhosydd* yn Soar, Bodorgan; *Fferam Wyllt* yn Llanfaethlu; *Fferam Paradwys* rhwng Trefdraeth a Llangristiolus; *Tywyn Fferam* i'r de o Lanfaelog a *Fferam y Llyn* yn Rhos-goch. Mae'n debyg fod yna rai eraill hefyd sydd wedi dianc drwy'r rhwyd.

Fflicws

Enw ar dŷ rhwng Llangoed a Llanddona yw *Fflicws*. Mae'n enw rhyfedd iawn, a hyd yn hyn ni welwyd unrhyw ymgais wirioneddol dderbyniol i'w esbonio. Gwyddom o gofnodion y Llysoedd Chwarter fod yr elfen *tyddyn* yn rhan o'r enw ar un adeg: *Tyddyn Fflicws* oedd y ffurf yn 1801. Fel rheol, dilynir yr elfen *tyddyn* gan enw personol neu ansoddair. Yn sicr, nid yw *Fflicws* yn enw personol. *Flicws* oedd y ffurf yn RhPDegwm yn 1846. *Flicws* sydd hefyd yng nghofnodion y Cyfrifiad am bob blwyddyn rhwng 1841 ac 1911, ac eithrio 1881. Mae'r ysgrifen yn y cofnod hwnnw yn anodd ei darllen, ond mae'n edrych fel *Fliciws*.

Mae William Owen Pughe yn ei Eiriadur yn tarddu *fflicws* o *fflig*. Honnai mai ansoddair oedd *fflig* gyda'r ystyr o 'tending to overcast'. Dywed mai enw bachigol yw *fflicws* yn golygu 'that is dripping with rain, or dew', neu gallai fod yn ansoddair â'r ystyr 'drizzling'. Mae'n eithaf tebyg ei fod wedi cael yr esboniad hwn o eiriadur Thomas Richards a gyhoeddwyd yn 1753, gan fod hwnnw yn honni mai ystyr yr enw *fflicws* oedd 'that is dropping [*sic*] with rain or dew: a drizzling'. Afraid dweud nad yw GPC yn cynnwys y naill air na'r llall; yr agosaf ato a gynhwysir yno yw *fflics* yn yr ystyr o lifiant gwaed, sef benthyciad o'r Saesneg *flux*.

Mae'n amlwg fod Trebor Môn wedi bod yn pori yn yr hen eiriaduron hyn, oherwydd cynigiodd ef mai ystyr *fflicws* oedd 'defniau', sef 'diferion', mae'n debyg. Ond wrth gwrs, roedd yn rhaid iddo ef ychwanegu mai cyfeiriad oedd hwn yn ddiau at golli gwaed 'mewn rhyw ymdrech bybyr ar faes y gâd'. Dywed hefyd fod y Monwysion yn dweud: 'Rwy'n wlyb fflican' os ydynt yn wlyb at eu croen mewn glaw (ELlMT). Nid yw GPC yn nodi hwn chwaith. Fodd bynnag, mae Bedwyr Lewis Jones yn cyfeirio at y term 'yn wlyb fel *ffricod'* am rywbeth sy'n wlyb domen (ISF). Tybed ai amrywiad ar yr un gair sydd yma? Os oes unrhyw sail i'r ystyr o wlybaniaeth yn yr enw *Fflicws*, mae'n bosib mai 'tyddyn gwlyb' oedd yr ystyr, ond rhaid dweud ei fod yn ddefnydd cwbl anghyfarwydd.

Yn AMR mae Melville Richards yn nodi'r enw 'Fflicws < Ffilcws', ond heb air o esboniad. Ni welais enghraifft arall o'r gair *ffilcws*. Mae GPC yn nodi'r ffurf *ffilcas* gyda'r ystyr o hen gadachau neu garpiau, ond nid yw hyn fawr o gymorth. Yn yr ychydig gofnodion sydd gennym ar gyfer enw'r annedd hwn, ni welwyd yr un enghraifft o *Ffilcws*.

Mae gan Gwenllian Morris-Jones esboniad hollol wahanol. Credai hi mai gair Saesneg o dafodiaith Sir Gaer oedd yma, sef *fleek*, ac mai'r ystyr oedd dau gilbost â barrau rhyngddynt. Dywed mai 'gatehouse' oedd ystyr 'fleek-house' (GM-J). Er ei fod yn air dieithr iawn, rhaid cyfaddef fod y terfyniad *-ws* yn *Fflicws* yn ein hatgoffa o'r modd y mae'r elfen 'house' yn Saesneg yn dod yn *-ws* yn Gymraeg, mewn geiriau megis *becws*, *warws* a *storws*. Ni wyddom o ble y cafodd Gwenllian Morris-Jones y cyfeiriad at *fleek* fel gair o Sir Gaer. Mae'n bosib ei bod wedi gweld llyfr a gyhoeddwyd yn 1877 gan ŵr o'r enw Egerton Leigh, sef *A Glossary of Words used in the Dialect of Cheshire*. Ynddo ceir cyfeiriad at y gair 'flake' neu 'fleak' gyda'r ystyr 'hurdle'. Tybed ai'r un gair oedd hwn â'r 'fleek' a gyfeiriai at farrau rhwng y cilbyst? Nid ymddengys fod unrhyw giatws o bwys yn *Fflicws*, felly efallai mai rhyw fath o lidiart neu glwyd a olygir. Rhaid gofyn hefyd sut y byddai gair Saesneg mor ddieithr wedi dod yn enw ar dŷ yn Llanddona. Wedi dweud hyn i gyd, y gwir amdani yw fod ystyr *Fflicws* yn gryn ddirgelwch.

Gelliniog

Mae *Gelliniog Wen* a *Gelliniog Ddu* i'r dwyrain o Ddwyran; lleolir *Gelliniog Bach* ychydig i'r de ohonynt a *Gelliniog Goch* ymhellach eto i'r de, nid nepell o Afon Menai. Yn 1535 cofnodwyd yr enw fel *Kellyneok* (Val. Ecc.). *Kylliniog* oedd y ffurf yn 1569 ym mhapurau Glynllifon, a *Kelliniog* yn yr un ffynhonnell yn 1633. *Gelleiniog* oedd enw'r drefgordd, ond fe'i cofnodwyd fel *Cylliniog* yn 1646–7 (Thor). Ceir rhywfaint o bendilio rhwng *C* ac *G* ar ddechrau'r enw gyda'r blynyddoedd, ond y sain *C* sydd yn y cyfeiriadau cynharaf. *Kelleiniog* oedd y ffurf ym mhapurau Baron Hill yn 1686, a *Celliniog* ym mhapurau Henblas yn 1733. *Gelliniog* a *Gelliniog Coch* sydd ar fap OS 1903–10; *Gelliniog* a *Gelliniog-goch* ar fap 1922, tra nodir *Gelliniog Wen*, *Gelliniog Ddu*, *Gelliniog Goch* a *Gelliniog Bach* ar y map OS cyfredol.

Mae'r ffurfiau ar fap OS 1839–41 yn ddiddorol, sef *Lleiniog wen* a *Lleiniog-ddu*, sy'n awgrymu fod yr enw wedi ei gwtogi ar lafar. Tybed a yw dylanwad *Lleiniog* / *Aberlleiniog* ger Penmon i'w weld yma? Roedd Henry Rowlands o'r farn fod yr enw personol *Lleiniog* i'w weld yn y ddau le. Meddai, yn ei *Antiquitates Parochiales* yn 1710, wrth drafod *Celleiniog*:

> 'Should anyone affirm that it received its name from the Cell of some Lleiniog or other, I say nothing against him, since there is another place in this island, namely Lleiniog, or Porth Lleiniog, near Penmon, known to have been distinguished by the name of some Lleiniog' (Arch. Camb., 1846).

Felly, roedd Henry Rowlands yn dadansoddi'r enw fel *cell* + yr enw personol *Lleiniog*. Roedd Melville Richards yn llai pendant ei farn. Cyfaddefodd nad oedd yn siŵr beth i'w wneud â'r enw *Gelleiniog / Celleiniog*. Awgrymodd mai'r enw personol *Gellan* o bosib oedd bôn yr enw (ETG). Yn rhyfedd iawn, enwyd telynor a phencerdd o'r enw *Gellan* yn yr hanes am Gruffudd ap Cynan yn ymladd ym mrwydr *Aberlleiniog*. Ni welai Melville Richards unrhyw arwyddocâd yn hynny, gan na chredai fod yr enw *Lleiniog* yn rhan o *Gelleiniog*. Mae ef yn awgrymu mai *Gellan* + yr ôl-ddodiad tiriogaethol *–iog* sydd yma. Ceir digon o enghreifftiau o enw personol + *–iog / –og* yn yr ystyr o dir hwn a hwn: e.e. mae'r enwau personol *Tudwal* a *Conws* wedi esgor ar yr enwau tiriogaethol *Tudweiliog* a *Conysiog*. 'Tir Gellan' oedd yr ystyr a gynigiai Melville Richards i *Gelleiniog*.

Glanhwfa / Nanhwrfa

Efallai na ddylid trafod yr enw hwn dan y pennawd *Glanhwfa*, gan nad yw'r fath le yn bodoli mewn gwirionedd. Ac eto, mae trigolion Llangefni yn cerdded ar hyd *Lôn Glanhwfa* bob dydd. Mae gan yr enw hwn ddatblygiad cymhleth a diddorol. Enw'r drefgordd ganoloesol yn ardal Llangefni oedd *Nanhwrfa*. Y cyfeiriadau cynharaf a welwyd at yr enw yw *Nanhwrva* yn 1306 ac 1398 (Rec.C). Mae'r ffurf *Nant-hurva* o 1470/1 yng nghasgliad Llanfair a Brynodol o gymorth mawr i ddeall ystyr yr enw. *Nant* yw'r elfen gyntaf, mae'n amlwg, ond mae'r ail elfen *hwrfa* yn dipyn o ddirgelwch. Ai enw personol sydd yma? Nodwyd *Nant hurvay* ym mhapurau Baron Hill yn 1520, ond collir y *–t* ar ddiwedd *nant* ym mwyafrif y cyfeiriadau. Ceir *Nanhurva* yn

1549 ac 1562 (Cglwyd). *Nanhwrva* sydd yn yr un ffynhonnell yn 1568. Ceir cyfeiriad at dŷ, sef *Tithin Nanhorva*, yn 1607 (BH). Daw'r *-t* derfynol yn ôl am gyfnod: cofnodwyd *Nant hwrfa* yn 1712, 1760, 1777 ac 1791 (BH). Gwelwn y ffurf hon am un o'r troeon olaf yn ATT yn 1816.

Daeth newid arwyddocaol i'r enw yn niwedd y ddeunawfed ganrif. Cofnodwyd y ffurfiau *Llanhurfa* a *Llanhwrfa* yn 1796 (Poole). Gellid tybio y byddai newid yr elfen *nant* i *llan* yn rhywbeth go anghyffredin. Fodd bynnag, mae gennym enghreifftiau eraill o'r newid hwn. Yn wir, aeth R. J. Thomas mor bell â honni: 'Peth eithaf cyffredin mewn enwau lleoedd Cymr[aeg] ydyw cyfnewidiad yr elf[en] *glan*, *llan*, *nant* â'i gilydd' (EANC). Un o'r enghreifftiau y mae ef yn cyfeirio atynt yw *Nantboudy* > *Llanboidy*. Gwyddom hefyd fod *Nant Gwynhoedl* yn Llŷn wedi troi'n *Nantgwnnadl* ac yna'n *Llangwnnadl*. Trafododd Gwynedd Pierce ddatblygiad enw *Llancarfan* ym Morgannwg, a aeth drwy broses debyg, gan droi o *Nant caruan* tua 1200 i *Llancarfan* yn bur gynnar (PNDPH). Fodd bynnag, ceir awgrym o darddiad yr enw o hyd yn yr *-c-* yn ei ganol. Byddid wedi disgwyl treiglad meddal yn yr *-c-* ar ôl *llan*, ar batrwm *Llangaffo* neu *Llangeinwen*, ond cadwodd yr enw *Llancarfan* yr atgof am y nant drwy gadw'r *-c-* heb ei threiglo. Mae'n ddiddorol fod yr un ymgyfnewid rhwng *nant* a *llan* i'w weld hefyd yn yr elfennau cytras *nans* a **lann* yn y Gernyweg mewn enwau megis *Nancarrow*, a drodd yn *Lancarrow* (Corn.PNE).

Felly, erbyn diwedd y ddeunawfed ganrif mae *Nan[t]hwrfa* wedi troi'n *Llanhwrfa*, ond mae dau gam pellach i ddod. Yn 1841 nodwyd *Glanhwrfa issa* fel enw annedd yn ATT. Roedd *Nant* eisoes wedi troi'n *Llan*, ac yn awr mae *Llan* wedi troi'n *Glan*. Y cam olaf yw newid *hwrfa* yn *hwfa*. Gwelir hyn yn ATT yn 1839 mewn cyfeiriad at annedd o'r enw *Glan Afon Hwfa*. Mae'n hawdd gweld o ble y daeth yr enw *Hwfa*. Roedd *Hwfa* yn enw poblogaidd ym Môn drwy'r canrifoedd, gan yr honnai cynifer o deuluoedd eu bod yn ddisgynyddion i Hwfa ap Cynddelw, ac roedd trigolion Llangefni yn arbennig o gyfarwydd â'r enw oherwydd fod *Trehwfa* a *Rhostrehwfa* ar garreg eu drws. Nid oes ryfedd fod yr enw cyfarwydd *Hwfa* wedi disodli'r elfen ddieithr *hwrfa*, a thrwy hynny greu'r cam olaf yn natblygiad *Nan(t)hwrfa* i fod yn *Glanhwfa*.

Godreddi

Lleolir yr anheddau *Godreddi Mawr* a *Godreddi Bach* yn Llanddona yng nghyffiniau Bwrdd Arthur. Y cyfeiriad cynharaf a welwyd at yr enw hwn yw cofnod o ddarn o dir yn Llanddona yn 1638/9 o'r enw *Y Llain yn y Godrefy* (BH). Gwelir mai *f* oedd yng nghanol yr enw yr adeg honno, nid *dd*. Ond mae *f* ac *dd* yn ymgyfnewid ar lafar ambell dro: e.e. *camfa / camdda*. Mae'r cofnod hwn o 1638/9 yn datgelu ystyr yr enw. Yr hyn sydd gennym yma yw *godrefi*, sef ffurf luosog yr enw *godref*. Ychydig iawn o enghreifftiau o'i ddefnydd a geir yn GPC. *Go + tref* yw elfennau'r enw, a'r ystyr yw 'tyddyn bychan'. Cyfeiria GPC at yr un elfen yn enw *Godrevy* ym mhlwyf Gwithian yng Nghernyw. Mae Oliver Padel yn ei gyfrol *Cornish Place-Name Elements* yn nodi'r enw benywaidd unigol Cernyweg **godre* yn gytras â *godref*, ac yn ei gyfieithu fel 'homestead, small house'.

Ni fyddai newid *Godrefi* yn *Godreddi* dros gyfnod o ryw dri chant a hanner a mwy o flynyddoedd rhwng 1638/9 a heddiw yn newid syfrdanol, ond yn ystod y cyfnod hwn gwelwyd newidiadau llawer mwy sylfaenol yn hanes enw *Godreddi*. Yr awgrym cyntaf fod newid ar droed yw'r ffurf *Cyd-drefi* ar fap OS 1839–41. Mae'n amlwg fod yma ymyrryd bwriadol, mewn ymgais i greu rhyw fath o ystyr i enw anghyfarwydd. Ond nid yw'r newid yn cydio ar unwaith, gan mai *Godref* [*sic*] *fawr* a *Godrefi bach* sydd yng nghofnodion y Cyfrifiad yn 1841. Erbyn Cyfrifiad 1851 mae'r newid wedi ei dderbyn, oherwydd yno cofnodwyd *Cydreddi* a *Gydreddi bach*. *Cydreddi* yw'r ffurf yn y Cyfrifiad rhwng 1861 ac 1891, ac eithrio *Cadreddi bach* yn 1881. *Gydreddi* a gofnodwyd yn y Cyfrifiad yn 1901 ac 1911.

Godreddi yw ffurf bresennol yr enw yn y CCPost, felly mae fel pe bai'r enw wrthi'n cael ei adfer fesul cam i'w ffurf wreiddiol, yn fwriadol neu'n anfwriadol.

Goferydd

Lleolir *Goferydd* ar Ynys Gybi ychydig i'r dwyrain o Ynys Lawd. Ni fu llawer o newidiadau yn ffurf yr enw dros y blynyddoedd. Cofnodwyd *Goferydd* yn 1833 (Penrhos), ond *Gyferydd* oedd ar fap OS 1839–41 a *Glyferydd* yng nghofnod Cyfrifiad 1841. *Goferydd* oedd yng Nghyfrifiad 1851, 1861 ac 1871, a dyna sydd ar y map OS cyfredol.

Enw lluosog yw *goferydd*; y ffurf unigol yw *gofer*. Gall olygu ffynnon, ffrwd, afonig neu unrhyw arllwysiad o ddŵr. Yn ardal *Goferydd* ar Ynys Gybi ceir nifer o ffynhonnau. Gwelir y ffurf unigol yn y Beibl, lle cyffelybir gŵr cyfiawn a syrthiodd i blith y drygionus fel 'ffynnon wedi ei chymysgu â gofer budr' (Diarhebion XXV, 26). Gwelir cytras *gofer* yn y ffurf *gover* mewn Cernyweg, ac yn enw *Gover Valley* ger St Austell yng Nghernyw. Mae iddo gytrasau hefyd mewn Llydaweg a Gwyddeleg.

Gwelir yr un elfen mewn mannau eraill yng Nghymru. Ym Môn cofnodwyd *Rhos y Gofer* yng Ngherrigceinwen. *Gofer* yn syml a nodwyd yn Llandysul a Llanefydd, *Parc y Gofer* yn Sain Ffagan, a *Cae'r Gofer* ym Mynyddislwyn ac Abergele (AMR). Nodwyd dau gae, sef *Yr ofer* a'r *Ofer uchaf* yn RhPDegwm plwyf Trawsfynydd. Yn ôl GPC, gall yr enw fod yn wrywaidd neu'n fenywaidd. Mae'n ddiddorol ei fod yn cael ei ystyried yn fenywaidd ym Meirionnydd, yn wahanol i'r enghreifftiau o fannau eraill. Ni welwyd enghraifft arall o'r ffurf luosog mewn enw lle heblaw *Goferydd* Ynys Gybi.

Gwaith y Bobl

Un o'r agweddau difyrraf ar enwau lleoedd yw'r hyn a ddatgelir am waith a diwydiant. Nid oes ond rhaid bwrw golwg frysiog ar fap o Gymru i weld pa mor aml mae'r geiriau *melin*, *pandy* ac *odyn* yn ymddangos. Ni fyddai pen ar y gwaith pe ceisid rhestru pob cyfeiriad at grefftau a diwydiant mewn enwau lleoedd ardal arbennig; felly, rhaid bodloni ar sôn am rai enghreifftiau o Fôn. Bydd llawer o'r enwau a godwyd o lawysgrifau bellach wedi marw o'r tir, ond ni ddylid gadael iddynt fynd i ddifancoll, gan fod ynddynt dystiolaeth werthfawr am waith ein hynafiaid.

Ni welwyd cyfeiriad at y *barcer* fel y cyfryw ym Môn, fel ag a geir ym *Maes y Barcer* yng Nghaernarfon, ond mae ei weithdy yma. Cofnodwyd *Cae'r Barcty* yng Nghaergybi, Llanfair-yn-neubwll a Llanfechell, a *Tyddyn y Barcty* yn Llanbedr-goch. Ar y map OS diweddaraf nodir *Ynys y Barcty* i'r gogledd o Langaffo. Gwaith y *barcer* oedd trin lledr trwy ei drochi yn gyntaf mewn pwll calch i gael gwared o'r blew cyn ei fwydo mewn trwyth o ddŵr oer a rhisgl. Benthyciad o'r Saesneg Canol *barker* yw *barcer*. Y rhisgl hwn (*bark)* a roddodd y gair *barker* yn Saesneg. Rhisgl derw a ddefnyddid fel rheol gan ei fod yn cynnwys tannin, a oedd yn angenrheidiol i feddalu'r crwyn a'u rhwystro rhag pydru. Byddai'r lledr yn mynd wedyn at y *crydd*. Nodir un crydd wrth ei enw, yn *Tyddyn Gutyn Goch y Crydd* yn Aberffraw. Nodwyd *Tythyn y crydd* yn Llanddyfnan yn 1648 (MostynB), ac mae'r un enw yn digwydd ar wahanol adegau yn Llanfair Mathafarn Eithaf a Llangadwaladr. Roedd mwy nag un crydd yn *Tyddyn y Cryddion* yn Llangristiolus.

Os oedd y crefftwyr yn troi at y crydd am eu hesgidiau, yr oedd yn rhaid iddynt fynd â'u ceffylau at y *gof* am eu pedolau, yn ogystal ag ar gyfer llawer o offer tŷ a fferm. Ymhlith yr enwau sydd yn coffáu'r *gof* mae *Mynydd y Gof*, Bodedern; *Tre'r Gof*, Heneglwys a Chaergybi; *Ynys y Gof* a *Gof Du*, Caergybi, a *Tyddyn y Gof*, Llansadwrn. Nodwyd *Tythyn y Goff ucha* a *Tythyn y Goff issa* yn Llansadwrn yn 1685 (CENgh). Ar y map OS cyfredol nodir *Bryn Gof* a *Bryngof Bella* ar gyrion Llanfair Pwllgwyngyll. Cofnodwyd *erw vap* [mab] *y gof* yn nhrefgordd Ysgeifiog yn 1330 (PFA). Ceir cyfeiriadau at *Hafod y Gof* yn Rhosbeirio ym mhapurau Penrhos. Mae ffurfiau'r enw hwn yn fympwyol iawn: *Havod y Goo* yn 1579; *Tythyn Havod y goo* yn 1607, a *Havod-y-goe* yn 1696. Mae gweithdy'r gof, sef yr efail, yn elfen fynych mewn enwau lleoedd. Dyma ychydig o'r rhai a welwyd ym Môn: *Cae'r Efail* yn Llanfair Mathafarn Eithaf, Llanfechell, Llangristiolus, Rhodogeidio a Chaergybi; *Efail Gwydryn* ar gyrion Brynsiencyn; *Hen Efail* yn Llanfaethlu a Llangoed, a *Tyn yr Efail* ym Mhenmynydd a Llanddyfnan.

Byddid wedi disgwyl gweld mwy o gyfeiriadau at y *gwehydd*. Mae'n wir ei fod yn ddigon eglur yn enw *Tŷ'r Gwehydd* ym Modwrog, ond efallai ei fod hefyd yn ymguddio yn enwau *Cae'r Gwydd* yn Llanfihangel Tre'r Beirdd, yn *Pant y Gwydd* yng Ngharreg-lefn, ac yn *Tyddyn y Gwydd* yn Llanddyfnan. Yn 1771 cofnodwyd *Cae engan wydd* yng Nghaergybi (Poole): ffurf amgen ar yr enw personol Einion yw *Engan*. Yn RhPDegwm plwyf Pentraeth yn 1841 nodwyd annedd o'r enw *Tyddyn Evan Gwydd*. Roedd y gair *gwehydd* yn aml yn cael ei gywasgu. Er enghraifft, yng nghofnodion Llysoedd Chwarter Sir Gaernarfon rhwng 1541 ac 1548 cofnodwyd *gwehydd* fel elfen mewn enwau personol fel *Wedd*, *Widd*, *With*, *Wydd* ac *Wyth* ar wahanol adegau.

Ni welwyd y *pannwr* ei hun mewn enw lle ym Môn, er ei fod yn digwydd yn enw *Coed y pannwr* yng Nghaernarfon (HEALIE). Fodd bynnag, mae digonedd o enghreifftiau o enwau yn cynnwys yr elfen *pandy* yn yr ynys. Yn eu plith nodwyd *Nant y Pandy* yn Llangefni; *Hen Bandy* ym Modedern; *Pont y Pandy* yn Llanddeusant; *Cae'r Pandy* yn Amlwch; *Llain y Pandy* yn Llanfair Mathafarn Eithaf, a *Pandy Treban* ger Bryngwran. Yn y *pandy* byddai'r pannwr yn curo'r defnydd er mwyn ei lanhau a'i dewhau. Ar ôl cael ei olchi mewn dŵr glân, byddai'r defnydd yn cael ei sychu drwy ei estyn â bachau ar ffrâm y *deintur*. Nodwyd *Cae'r Deintur* yn Llanfwrog, *Maes y Deintur* yn Llanidan, a *Pen y Deintur* yn Llandegfan. Nodwyd cae o'r enw *Cae dinter* yn RhPDegwm plwyf Llanbeblig, a chofnodwyd *Cae'r-dintir* yn Llanfair-is-gaer. Gair benthyg o'r enw Saesneg am y ffrâm sychu, sef 'tenter', yw *deintur*. O'r broses o osod y defnydd ar y bachau y daw'r idiom Saesneg 'on tenterhooks'. Ceir llu o enwau yn cynnwys yr elfen hon yn Lloegr mewn ardaloedd lle cynhyrchid gwlân ar raddfa fawr, megis *Tenter Field* a *Teyntourcroft* yn Essex (EFN).

Pan oedd y defnydd yn barod byddai'n mynd at y *teiliwr*. Yr unig gyfeiriad a geir at deiliwr unigol yn AMR yw cofnod o 1608 o *Buarthgay Tir y tailiwr* yn Rhoscolyn. Fodd bynnag, mae'n bosib y gellir bellach roi enw i'r teiliwr hwn, oherwydd yng Nghartiwlari Penrhyn ceir cyfeiriad o 1467 at *Tere* [tir] *Tudur Tailior* yn nhrefgordd Rhoscolyn. Ceir sawl cofnod o'r enw *Tyddyn Teilwriaid* yn Llangadwaladr, a nodir *Tyddyn talwriad* yn RhPDegwm plwyf Aberffraw yn 1843.

Roedd y *bugail* yn rhan hanfodol o fywyd yr ardaloedd gwledig. Fe'i gwelir yn *Pant y Bugail* yn Llanfair Mathafarn Eithaf. Hen ffurf luosog amgen *bugail*, sef *bugelydd*, yn ddiau sydd yn yr enw *Brynbekelegh*, a gofnodwyd ym Mhenmon yn 1415 (BH). Dylid cofio hefyd mai *Maen y Bugail* yw enw Cymraeg ynys West Mouse, er i'r enw Saesneg ei ddisodli i raddau helaeth. Ond gallai'r ystyr fod ychydig yn wahanol yn yr enw hwnnw, gan ei fod o bosib yn cyfeirio at yr ynys fel rhyw fath o wyliwr, yn hytrach na chyfeirio at unrhyw fugail dynol. Ceir creigiau oddi ar ynysoedd bychain yn Ynysoedd Scilly ag enwau Cernyweg cyfatebol, megis *Biggal of Gorregan*, *Biggal of Mincarlo* (Corn.PNE). Mae yna gyfeiriad o'r flwyddyn 1399 at *Tiddin yr hwswr* yn Nhregwehelyth (MostynB). Ai 'heusor' sydd yma? Bugail neu wyliwr gwahanol fathau o anifeiliaid oedd yr heusor: mae'r enw yn cyfateb o ran ystyr i'r Saesneg 'herdsman'.

Roedd yn rhaid i bob crefftwr gael ei ddogn o fara, ac ni ellid cael hwnnw heb y *melinydd*. Yr unig enghraifft a welwyd hyd yma o'r *melinydd* ei hun mewn enw lle ym Môn yw *Tythyn y Melynyth* ym Miwmares, mewn cofnod o 1638 ym mhapurau Baron Hill. Fodd bynnag, mae'r *felin* yn elfen boblogaidd iawn mewn enwau lleoedd ym Môn fel ym mhobman arall. Ymhlith y llu o enwau a nodwyd mae *Felin Engan* i'r gogledd o Lanfair Pwllgwyngyll; *Melin Esgob* yn Llandyfrydog; *Bryn y Felin* yn Llandegfan; *Tan y Felin* yn

Llanddyfnan a Llangoed; *Tyn y Felin* yn Llanfachreth; *Tyddyn y Felin* yn Llanfair Pwllgwyngyll; *Bonc y Felin*, *Cae'r Felin* a *Carreg y Felin* yn Llanfaelog, a *Porth y Felin* yng Nghaergybi.

Trown yn awr at y tai. Byddai'n rhaid cael saer at y gwaith coed. Gwelir hwnnw yn enwau *Pant y Saer* yn Llanfair Mathafarn Eithaf, a *Tyddyn y Saer* yn Llangadwaladr. Mae Melville Richards yn rhestru *Gauell Sayr* ac *Wele Kennyn ap Sair* o 1352 (Rec.C) yn AMR, a cheir cyfeiriad at *Tudur*, *Eingion* ac *Jevan ap Gwilim Sayr* mewn rhentol y Goron o 1549 (BH; MWS). Ar ôl adeiladu'r tŷ byddai'n rhaid rhoi to arno. Os to gwellt oedd, yna gelwid am y *towr*. Gwelir hwnnw yn enw *Tyddyn y Towr* yn Llanfair Mathafarn Eithaf. Os to llechi oedd, yna byddai'r *sglatar* yn dod draw. Nodir *Pant Sclater* yn Llanfair Mathafarn Eithaf, sydd yn blwyf a chanddo gyfoeth o enwau lleoedd diddorol. Ceir sawl cyfeiriad at *Cae'r Slater* yn Llangaffo. Mae'n amlwg mai benthyciad o'r Saesneg *slater* sydd yma, a sillefir yr enw fel *slater* droeon yn achos yr enw yn Llangaffo. Fodd bynnag, mae gweld ei sillafu fel *Cae'r slatter* yn ATT yn 1753, a'r cyfeiriadau at *Tyddyn y Sclatter* yn Llanfihangel Ysgeifiog yn 1754 (AMR) a *Ty Sclatters* yn Llandegfan yn RhPDegwm yn 1844, yn awgrymu mai ynganiad Cymraeg ei naws oedd iddo. Nid oes diben ymhelaethu ymhellach yma ar yr enw hwn oherwydd rhoddwyd sylw neilltuol iddo mewn adran ar wahân wrth drafod *Cae'r Slater / Tyddyn Slater*.

Crefftwr arall y ceir nifer o gyfeiriadau ato yn enwau lleoedd Môn yw'r *cowper*. Benthyciad o'r Saesneg 'cooper' sydd yma. Gwaith y gŵr hwn oedd gwneud a thrwsio casgenni a bwcedi pren. Disgrifir Morris ap Rhisiart, tad y Morrisiaid, ambell dro fel *cowper* a thro arall fel *cylchwr*. Y *cylchwr* fyddai'n llunio fframwaith y casgenni. Cyfeirid ato weithiau fel 'hooper' yn Saesneg, ond mewn gwirionedd, byddai'r cowper yn aml yn gwneud y ddwy dasg. Ceir cofnod ym mhapurau Bodorgan o 1637 o *Tythyn y Cowp* neu *Kay yr Cowper* yn Llanfair Mathafarn Eithaf, ac yn yr un ffynhonnell ceir nifer o gyfeiriadau o'r ddeunawfed ganrif at dŷ o'r enw *Tyddyn y Cowper* yn Aberffraw. Nodwyd yr un enw hefyd yn Niwbwrch yn 1638. Mae *Merddyn Cowper* yn Llaneilian hyd heddiw (CCPost). Ffurf amgen ar *murddun* yw *merddyn*.

Cyn gadael y crefftau, efallai y dylid nodi un neu ddau o'r rhai llai cyffredin a welir mewn enwau lleoedd ym Môn. Ceir *Cae rhaffwr* yn Llanidan yn ATT. *Tyddyn rhoffier* sydd yn RhPDegwm yn 1841, ond mae'n amlwg mai *rhaffwr* a olygir oherwydd rhestrir rhai o'r caeau fel *Caeau rhaffwr* yn yr un ffynhonnell. Mae wedi ei nodi fel *Tyddyn-rhaffwr* ar fap OS 6" 1887–8. Mae'n bosibl i'r term 'rhaffwr' olygu creigiwr, sef 'rock-man' mewn chwarel lechi (GPC), ond yr ystyr fwy tebygol mewn ardal arfordirol fel Llanidan fyddai gwneuthurwr rhaffau, gan y byddai cryn alw amdanynt ar gyfer llongau. Yn y cyswllt hwn, mae'n werth sylwi ar yr enw *Rope Walk*, sydd yn digwydd yng Nghaergybi a Chaernarfon, dau borthladd lle byddai galw mawr am raffau. Llain hirgul oedd y 'rope walk', lle byddai'r rhaffwyr yn cerdded yn wysg eu cefnau yn dirwyn y rhaffau (HEALlE).

Crefft arall weddol anghyffredin a welir mewn dau enw lle ym Môn yw gwaith y *lliwydd,* sef un a oedd yn lliwio brethyn ('dyer'). Tri chyfeiriad yn unig o Gymru gyfan sydd yn AMR at y *lliwydd* fel elfen mewn enw annedd, ac maent i gyd o Fôn. Y ddau gyntaf yw *Cay r lliwith* o 1521, a *Kay llywydd* yn 1533 (Sotheby). Cyfeiriad at yr un lle ym Modewryd sydd yn y ddau gofnod hyn. Ceir hefyd *Kay y Lliwidd* ym Moelfre o 1666 ym mhapurau Wynnstay. Fodd bynnag, cofnodwyd cae o'r enw *Cae'r lliwydd* yn RhPDegwm Trawsfynydd ym Meirionnydd. Cofnod arall diddorol o Fôn yw'r un am y *pedler* yn *Tythyn Arthur y Pedlar* yn Llysdulas yn 1756 (Kinmel). Trafodir yr *eurych* yn weddol fanwl mewn adran ar wahân wrth sôn am *Tyddyn yr Eurych* a *Cae'r Eurych*.

Gwelir un cyfeiriad eithaf amwys mewn rhentol y Goron o'r flwyddyn 1549 sef *tythyn y kynnullwr* yn Amlwch (BH;

MWS). Awgrymodd Melville Richards mai *canhwyllwr* sydd yma. Byddai'n elfen anghyffredin iawn mewn enw lle. Ceir problem gyda *Llain-y-glover* ger Talwrn, gan ei bod yn demtasiwn tybio ein bod wedi dod o hyd i wneuthurwr menig. Yng Nghyfrifiad 1841, ffurf yr enw oedd *Llain Glwver*. Fodd bynnag, wrth astudio'n fanwl enwau caeau pum plwyf yn Arfon, gwelais ddeuddeg o gyfeiriadau at gaeau o'r enw *Cae glover* a dau *Cae glofer*. Mae'n amlwg mai llygriad o'r gair Saesneg 'clover' oedd yma. Eithriad oedd gweld 'meillion' fel elfen yn enwau'r caeau: *clover* a geid fel rheol, neu yn y ffurf *glover* neu *glofer.* Ym Môn gwelwyd cofnod o annedd o'r enw *Tyddyn Glover* yn Llangadwaladr yn 1780 ym mhapurau Bodorgan, a nodwyd cae o'r enw *Cae Glover* yn RhPDegwm plwyf Llanfaethlu yn 1840. Mae'n fwy na phosib fod gennym enghraifft arall o'r un arfer yn *Llain-y-glover* Talwrn.

Mae *Tyddyn Sadler* i'w weld hyd heddiw ar y map OS i'r gogledd o Mona. Cofnodwyd *Pant y Sadler* yn Llanddona. Yr enw safonol yn Gymraeg ar y 'saddler' yw 'cyfrwywr', ond mae GPC yn derbyn mai 'sadler' a ddefnyddir ar lafar gwlad. Byddai hwn yn ŵr prysur pan ddefnyddid ceffylau yn amlach ar gyfer teithio a gwaith y fferm. Gŵr a fyddai'n ddiau yn gwneud cryn ddefnydd o'i geffyl oedd yr *heliwr*, ac mae gennym gyfeiriad prin at y swyddogaeth hon yn *Ffynnon yr Heliwr* ym Mhenrhosllugwy. Ceir cyfeiriad at *Melyn y marchog* ym Mhenmon yn 1648 (MostynB).

Ym mhapurau Baron Hill ceir cyfeiriadau o'r ail ganrif ar bymtheg at *Gwaun yr Athro* a *Gweirglodd yr Athro* yn Llaneilian. Yng Nghaergybi, ffurf ar *ysgolhaig* a welir yn y cyfeiriadau at *Tythyn Sclaig*. Gwyddom hyn, nid yn unig oherwydd mai 'sglaig' yw ffurf dafodieithol y gair ym Môn ac Arfon, ond am fod cofnod hefyd wedi ei gadw o 1693 o enw'r annedd fel *Tû yr Y sglaig* (*sic*) (AMR). Cofnodwyd cyfeiriad at *dir David ap David ap Eingion [ysgo]laig* yn Rhosmynach, Llaneilian, yn 1549 (BH; MWS). Yn Llangristiolus ceir ambell gyfeiriad at *Cae Buarth yr Offeiriad*, ac mae'n debyg mai offeiriad sydd hefyd yn y cyfeiriad at *dir Jevan yfyriad* yn Nhrysglwyn Hywel yn 1549 (BH). Nodwyd *erow y ffeiriad* ym Mathafarn Eithaf yn 1621 (MostynB). Cofnodwyd 'a place called *Sarn y Feiriad Dy*' yn Amlwch yn 1612 (Pres.). Yr un sarn oedd hon ag a gofféir yn enw pentref cyfagos Pen-y-sarn. Tybed ai'r un gŵr oedd yr 'Offeiriad Du' â'r Madog sydd yn enw *Tyddyn Madog Offeiriad* yn Amlwch yn yr un ffynhonnell yn 1612? Byddai'n ddiddorol cael rhywfaint o wybodaeth hefyd am y proffwyd a gofféir yn enw *Tir Mab y Proffwyd* yn Llysdulas yn 1549 (BH; MWS).

Roedd yr hen Fonwysion, fel ninnau, yn mynd yn sâl o bryd i'w gilydd, a gwelwyd rhai cyfeiriadau at y *meddyg*. Mae'n debyg mai ffisigwr pengoch a goffeid yn enw *Kay y physigor coych* yn Niwbwrch yn 1496/7 (MostynB). Nodwyd cofnod o *Tithyn y meddig* ym Mhenmynydd yn 1450 (Elwes). Fe'i gwelir eto yn yr un ffynhonnell fel *tythyn y methyk* yn 1520 a *Tythyn y meddyge* yn 1555. Cofnodwyd *Tythyn meddic* hefyd ym Mhentraeth yn 1413 (Penrhyn). Ym mhapurau Prysaeddfed ceir nodyn eithaf manwl o 1664 sydd yn cyfeirio at annedd yng Nghaerdegog o'r enw *Tyddyn Fadog*, gan ychwanegu enwau eraill arno, sef *tir y meddig* + *Kay'r meddig coch*. Mae'n debyg mai'r un lle yw hwn â *Cay'r Methig Coch* a gofnodwyd yn Llanfechell yn 1696, ac o bosib y *Cae Meddig* a nodwyd yno yn 1693 (CENgh).

Anaml y clywir sôn am y merched. Er na welwyd cyfeiriadau mewn enwau lleoedd ym Môn at y gweyddesau a'r golchwragedd, yn ddiau yr oeddynt yno, yn gweithio cyn galeted â'r dynion. Nid nepell o Garreg-lefn gellir gweld carreg enfawr a elwir yn *Maen y Goges*. Yn anffodus, ar ambell fap mae wedi ei nodi fel *Maen yr Eoges*, ond *coges*, neu gogyddes, sydd yma, er na wyddom ddim am y wraig hon na'i chysylltiad â'r garreg. Yr oedd yna un swyddogaeth a oedd yn briod waith i'r wraig, sef gwaith y famaeth. Y term Saesneg yw 'wet nurse': byddai hon yn cymryd plentyn gwraig arall i'w fwydo o'r fron neu hyd yn oed i'w fagu. Mewn oes pan amddifadwyd babanod yn aml o'u mamau ar eu genedigaeth, yr oedd y famaeth yn anhepgor. Ceir nifer o gyfeiriadau o'r ddeunawfed ganrif ym mhapurau Bodorgan at *Tyddyn y Famaeth* yn Nhrewalchmai. Cofnodwyd annedd o'r enw *Tyddyn Famaeth* hefyd yn Llandrillo-yn-Edeirnion. Gwyddom enw un famaeth o Fôn, oherwydd nodwyd *Tyddyn Nan-y-fameth* yn Llanddeusant yn 1705/6 (Pres.). Gwyddom enw un o Arfon hefyd, gan y cofnodwyd *Tir Sioned y Famaeth* ym mhlwyf Bangor yn 1647 (HEALIE).

Byddai'r holl weithwyr hyn yn debygol o gael ambell awr o seibiant i ymlacio, ac un ffordd o wneud hyn fyddai gwrando ar gerddoriaeth. Ym Môn mae gennym un o'r ychydig enghreifftiau o'r *telynor* fel elfen mewn enw lle. Ceir nifer o gyfeiriadau ym mhapurau Baron Hill at *Tyddyn y Telynor* yn Llaneilian. Cofnodwyd *Tyddyn Crythor* yn Amlwch a Threfdraeth, ac mae'r enw yn fyw yn y ddau le hyd heddiw. Mae'n rhaid fod pobl Trefdraeth yn eithaf cerddorol, oherwydd yno y ceir un o'r enghreifftiau prin o'r elfen *pibydd* yn enw *Braich y Pibydd*. Yn 1671–2 cofnodwyd *Traeth y Pybidd* yno (DH). Mae'r elfen yn dal i fodoli hyd heddiw mewn annedd o'r enw *Pibydd* yn Llangoed, a chofnodwyd *Gweirglodd y Pibydd* yno yn y gorffennol. Mae'r *Cae fidler* [*sic*] a gofnodwyd yn Llanddaniel-fab yn RhPDegwm yn 1841 yn dipyn o ddirgelwch. Byddai'n braf meddwl ein bod wedi dod o hyd i *ffidler*, ond gan y gall y sillafu fod yn eithaf mympwyol yn RhPDegwm, gwell peidio â rhoi gormod o ffydd yn yr enw hwn. Tybed a ellir dibynnu'n hytrach ar yr enw *Ogof Ffidler* a nodir ar y map OS cyfredol wrth aber Afon Cefni?

Wrth sôn am ddifyrrwch, ni ddylem anghofio am y *bardd*. Cyfeirir yn gyson yn y gyfrol hon at swyddogaeth y beirdd yn diddanu a moli eu noddwyr yn y plastai. Coffeir y beirdd yn *Llanfihangel Tre'r Beirdd*, enw plwyf yn Nhwrcelyn. Yr hen enw oedd *Llanfihangel Tre'r Bardd*. Ceir *Tre'r Beirdd* yn Llanidan yn ogystal. Cofnodwyd cyfeiriad at *dir y Prydydd Glewynt* yng Nghoedana yn 1549 (BH; MWS). Ceir cyfeiriad at gae o'r enw *Tir y prydydd* yn RhPDegwm Corwen yn 1839. Yn Llanaelhaearn hefyd ceir cyfeiriad at brydydd mewn cae o'r enw *Werglodd y prydydd* yn

RhPDegwm yn 1840. Ond dylid dychwelyd i Fôn i gofio am ddau o feirdd y Tywysogion, sef Meilyr Brydydd a'i fab Gwalchmai. Cedwir coffa am Walchmai yn enw *Trewalchmai*, a roddodd ei enw yn ei dro i bentref *Gwalchmai*. Credai Bedwyr Lewis Jones mai Meilyr Brydydd ei hun a anfarwolwyd yn enw *Trefeilir* yn ardal Bodorgan (YEE), ond barn Melville Richards a Tomos Roberts oedd mai ei ŵyr Meilyr ap Gwalchmai a gofféir yno (ETG; ELlMôn).

Ar ôl yr holl waith a'r difyrrwch fe ddeuai'r awr i ffarwelio â'r fuchedd hon. A dyna pryd y byddai'n rhaid galw am y *clochydd* i dorri'r bedd a chanu'r cnul adeg yr angladd. Mae'r elfen *clochydd* yn digwydd sawl gwaith mewn enwau lleoedd ledled Cymru. Ymhlith yr enghreifftiau ym Môn ceir *Cae Maen y Clochydd* yn Llangaffo, *Pant y Clochydd* yn Llanfair Mathafarn Eithaf, *Tyddyn y Clochydd* yn Llanidan a Llangefni, a chae o'r enw *Cae'r Clochydd* yn Llanfwrog. Creigiau yn y môr oddi ar *Porth y Clochydd* yn Llanddwyn yw *Ynys y Clochydd*.

Gwredog

Gwelir yr enw hwn mewn dau le gwahanol yn Ynys Môn. Lleolir *Gwredog Uchaf* a *Gwredog Isaf* ar lan ddeheuol Llyn Alaw; fe'u nodir yn y ffurfiau hyn ar y map OS cyfredol. Gwelir *Gwredog* arall i'r gogledd o Ros-goch. Er mwyn gwahaniaethu rhyngddynt, cyfeiriwn at y ddau annedd ger Llyn Alaw fel *Gwredog* [LlA], a chyfeiriwn at y llall fel *Gwredog* [RhG].

Daw'r cyfeiriad cynharaf at *Gwredog* [LlA] o'r flwyddyn 1254 yn y ffurf *Carredauc* (Val. Nor.). Fe'i cofnodwyd fel *Waredoc* yn Stent Bangor yn 1306. Ceir dau gyfeiriad ato yn 1348 yn y ffurfiau *Gwaeredrok* a *Gweredok*, ac fel *Gweredok* yn 1352 (Rec.C). *Gweredoc* oedd y ffurf yn 1535 (Val. Ecc.), *Gwredog* yn 1647 (WChCom) ac yn 1751 (Henllys). Nodwyd *Gwaredog Frynn* ar fap John Evans o ogledd Cymru yn 1795, a *Gw'redog* ar fap OS 1839–41.

Symudwn yn awr at *Gwredog* [RhG]. Daw'r cyfeiriad cynharaf at *Gwredog* [RhG] o'r flwyddyn 1306 yn y ffurf *Waredoc*, ac eto yn 1399 fel *Waredok* (Rec.C). Cyfeiriadau at y drefgordd o'r un enw yw'r cofnodion cynharaf am *Gwredog* [RhG]. Y ffurf a gofnodwyd yn 1413 ym mhapurau Penrhyn oedd *Gwaredog*, ond *Gwredock* sydd yn yr un ffynhonnell yn 1590. Cyfeiriad amlwg at y drefgordd sydd yn y cofnod *vill of gwaredock* tua 1540 (CENgh). Ceir *Gwredog* ym mhapurau Penrhos yn 1718, *Gwaredog* ar fap John Evans yn 1795 a *Gw'redog* ar fap OS 1839–41. *Gwredog* sydd ar y map OS cyfredol.

Nid yw'r enw wedi ei gyfyngu i Fôn. Ceir *Gwredog* a *Gwredog Uchaf* yn y Waunfawr, Arfon, a *Gwredog Isaf* rhwng y Waunfawr a Rhostryfan; mae'r cofnodion amdanynt yn mynd yn ôl i'r ail ganrif ar bymtheg. Awgrymodd yr Athro J. Lloyd-Jones mai *gwaredog* < *gwaered* sydd yma yn yr ystyr o 'redeg i lawr i', ond mae'n anodd iawn penderfynu ai *gwaredog* ynteu *gweredog* oedd y ffurf gysefin (ELlSG). Roedd ef yn canolbwyntio ei sylw ar y *Gwredog* yn Arfon, ond byddai ei ddadl yn briodol ar gyfer y ddau *Gwredog* ym Môn hefyd, gan fod datblygiad yr enw yn debyg iawn ym mhob lleoliad. Yn ei thraethawd ymchwil rhoddodd Gwenllian Morris-Jones yr ystyr 'sloping' wrth drafod yr enw ym Môn, ac mae hyn yn cytuno â'r ystyr a gynigiwyd gan J. Lloyd-Jones. Cyfeiriodd Melville Richards at drefgordd *Caerwedog* (Crewedog / Gwredog) yn ardal Glasinfryn ger Bangor, ond ni cheisiodd esbonio'r enw (TCHSG,1991–2). Tybed ai olion yr enw hwnnw sydd yn *Bryngwredog* a nodir dan Pentir yn AMR?

Gwydryn

Ar y map OS cyfredol nodir yr enwau *Gwydryn Hir*, *Gwydryn Bach* a *Gwydryn Newydd* i'r dwyrain o Frynsiencyn. Enw'r hen efail yno ar un adeg oedd *Efail Gwydryn*. Mae'r enw yn mynd yn ôl ymhell. *Gwydryn* oedd enw'r drefgordd ganoloesol, a gofnodwyd yn 1284 fel

Geythrem (ExAng). *Goydrun* oedd y ffurf a nodwyd yn 1352 (Rec.C). Ym mhapurau Penrhyn ceir *Gwedryn* o'r flwyddyn 1472. Ceir dau gofnod yng nghasgliad Llanfair a Brynodol yn y flwyddyn 1537, sef 'y place yn gwiddryn' ac 'y tuy mawr ym hen karrek gwiddryn'. Ceir cyfeiriad arall at 'y plas' yn 1627 fel *Plas yn gwydrin* (DH). *Gwydryn* yn syml a nodir ym mwyafrif y cyfeiriadau, gydag amrywio rhwng *-y-* ac *-i-* yn yr ail sillaf. Cofnodwyd *Gwydryn* yn 1443 a thua 1590 (Penrhyn); yn 1591–2 (Ex.P.H-E); *gwydryn* yn 1505 (Penrhyn) ac 1579 (LlB). *Gwydryn* a nodwyd yn 1586 (PCoch); yn 1695–6 (Llig), ac ar fap OS 1839–41. Fodd bynnag, *Gwydrin* a gofnodwyd yn 1759 (Llig), yn 1773 (PCoch), ac ar fap John Evans yn 1795. Ar fap OS 1839–41 ceir *Gwydrin-hir*, *Gwydrin newydd* a *Gwydrin-y-pant*, ond ar fap OS 1903–10 ceir *Gwydryn* a *Gwydryn-hir*. Yng nghofnodion Cyfrifiad 1851 mae'r modd y sillefir yr enw yn bur fympwyol: *Gwydryn bach*, *Gwydryn Bant* a *Gwydryn hir*, ond *Gwydrun newydd* ac un enw arall, sef *Gwydrun isaf*, sy'n ymddangos am y tro cyntaf.

Mae GPC, wrth drafod ystyr yr enw *gwydrin*, yn nodi y gall olygu'r planhigyn *glaslys* / *glesyn*, yn ogystal â gwydr a phethau wedi eu gwneud o wydr, megis ffenestri a diodlestri. Mae'n cyfieithu *gwydrin* yn yr ystyr o blanhigyn fel 'woad'. Dywed mai dyna'r ystyr yn enw *Ynys Wydrin*, sef hen enw Cymraeg Glastonbury. Yn *Geiriadur yr Academi* cynigir *glas* a *glaslys* ar gyfer 'woad', ond nodir *glesyn* fel cyfieithiad o 'borage'. Felly, mae rhywfaint o gymysgu yma rhwng dau blanhigyn gwahanol. Defnyddid *glaslys* ('woad') yn helaeth ar un adeg i liwio defnydd, gan ei fod yn cynhyrchu lliw glas cryf. Mae *glesin* ('borage') hefyd yn blanhigyn tra defnyddiol ac iddo rinweddau diwretig i annog gwneud dŵr, neu fe ellid gwneud powltris ohono i drin chwyddiadau llidiog. Ym mhentrefan *Glasinfryn* ger Bangor mae'n amlwg fod yna ar un adeg fryn lle tyfai *glesin*. Cofnodwyd *Dôl-y-glesyn* hefyd yng Nghorwen. Ceir cyfeiriad at y planhigyn hwn yng Nghanu Llywarch Hen. 'Yr aelwyt honn neus cud glessin', meddai'r bardd wrth edrych ar y llystyfiant gwyllt sydd bellach yn cuddio neuadd y gyfeddach yn Rheged. Os ydym yn derbyn mai planhigyn o ryw fath oedd yn tyfu yn *Gwydryn* ym Môn, mae gennym ddewis rhwng *glaslys* a *glesyn*.

Cynigiodd Henry Rowlands esboniad hollol wahanol yn ei *Antiquitates Parochiales,* a gyhoeddwyd yn 1710. Honnai ef mai *gwydd-ddrain* oedd elfennau'r enw, a'i fod yn cyfeirio at le yn llawn drain a mieri. Meddai: 'such places (or groves rather) were favourite resorts of the Druids' (Arch.Camb., 1848).

Yn hytrach nag ymbalfalu drwy'r llystyfiant a'r drain, un ffordd hawdd allan o'r benbleth fyddai dilyn yr hyn sydd gan R. J. Thomas i'w gynnig. Wrth gyfeirio at enw *Ynys Wydrin,* dywed y gall *Gwydrin* fod yn enw personol yno, ac mae'n ei gyplysu â *Gwydryn* ym Môn (EANC). Felly, mae'n bosib mai enw personol sydd yma wedi'r cyfan.

Fodd bynnag, cynigiodd Hywel Wyn Owen eglurhad hollol wahanol, sef mai *gwydir*, yn tarddu o *gwo* + *tir*, sydd yma, gyda'r ystyr o 'dir isel'. Mae'r elfen *gwydir* yn digwydd mewn sawl lle yng Nghymru. Awgryma ef mai ffurf fachigol *gwydir* a welir yn enw *Gwydryn*.[24]

Hangwen

Enw rhyfeddol yw hwn ar annedd ym Mryngwran. Enghraifft sydd yma o enw trosglwyddedig, ond yn wahanol i fwyafrif enwau o'r fath, nid yw hwn wedi ei fenthyca oddi ar rywle sydd yn bodoli eisoes, ond yn hytrach oddi ar enw lle dychmygol. Rhaid casglu mai *Ehangwen* fyddai ffurf wreiddiol yr enw. *Ehangwen* oedd enw neuadd y Brenin Arthur. Ceir cyfeiriad ati yn hanes Culhwch ac Olwen: 'a Gluydyn Saer a wnaeth Ehangwen, neuadd Arthur' (CO).

I'r beirdd, daeth *Ehangwen* i gynrychioli neuadd wych a moethus. Mae Guto'r Glyn (*fl.* *c.*1430–*c.*1490) yn disgrifio

24 Mewn nodyn personol at yr awdur. Gweler hefyd drafodaeth gan Hywel Wyn Owen yn *Papur Menai* (Mehefin, 2013).

cartref Syr Rhisiart Herbert yn y Fenni fel 'Ehangwen yng Ngefenni' (http://www.gutorglyn.net) Yn ei awdl foliant i'r Abad Dafydd ab Owain o Ystrad Marchell mae Tudur Aled (*fl.* 1480–1526) yn cymharu'r haelioni a'r llawnder a welai ar aelwyd yr Abad â llong yr arwr Eneas ac Ehangwen, neuadd frenhinol:

> Llong Eneas, lle Ehangwen newydd;
> Llwythau can donnau, cnwd o winwydd (GTA)

Yn ei gywydd i abad arall, sef Sieffre Cyffin, Abad Maenan, mae Tudur Aled yn dweud fod neuadd yr abad yn 'Naw ehangach no 'Hangwen'. Hynny yw, trwy ei chymharu ag Ehangwen, mae'n pwysleisio mor fawr a gwych yw'r neuadd ym Maenan. Defnyddia'r bardd yr un gyffelybiaeth eto, sef 'Erw ehangach no'r Hangwen', yn ei farwnad i Gruffudd ap Rhys ap Dafydd ap Hywel. Mae'r bardd Rhys Goch Eryri, a oedd yn byw yn nechrau'r bymthegfed ganrif, wrth ddisgrifio llys noddwr nad yw'n ei enwi, yn sôn am y beirdd a'r cerddorion yn tyrru yno: 'Beirdd ymsang[25] fal yn 'Hangwen' (GRhGE). Felly, roedd y beirdd yn dychmygu'r llys yn Ehangwen fel rhywle ysblennydd, lle croesewid beirdd a cherddorion i loddesta.

Go brin fod gweithgareddau o'r fath yn cael eu cynnal yn yr *Hangwen* bach distadl ym Mryngwran. Enw trosglwyddedig dychanol sydd yma, yn pwysleisio'r gwahaniaeth rhwng dau le o'r un enw, y naill yn wych, a'r llall yn ddi-nod. Ond sut y gwyddai'r sawl a enwodd yr annedd ym Môn am Ehangwen fel llys Arthur? Byddai'n galw am dipyn o ddiwylliant i wybod am enw mor anghyfarwydd.

Ychydig o gofnodion a gadwyd o enw'r annedd. Y cynharaf yw cyfeiriad at *Tythin Hangwenn* ym mhlwyf Bodedern, ym mhapurau Penrhos yn 1623. Y ffurf yn yr un ffynhonnell yn 1650 yw *Tythyn Hangwen*, ac erbyn 1695, collwyd yr elfen gyntaf a'i nodi'n syml fel *Hangwen*. Cofnodwyd *hangwen* yn

25 *ymsang* = torf, tyrfa

1775 (Pres.). *Yr Hanwan* yw'r ffurf hynod gartrefol a nodwyd ar fap OS 1839–41. Yng nghofnodion y Cyfrifiad nodwyd *Hangwan* a *Hangwan bach* yn 1841; *Hangwen* yn 1851; *Hangwan* yn 1861 ac 1871, a *Hangwen* yn 1881.

Mae gan awduron *Enwau Lleoedd Môn* gyfeiriad diddorol iawn, sy'n enghraifft ardderchog o'r modd y mae enwau'n cael eu llurgunio i greu stori dda. Yn ôl adroddwyr y stori arbennig hon, yr oedd *Bodychen* unwaith yn garchar, ac anfonid y carcharorion oddi yno i'r *Gwyndy* i sefyll eu prawf. Os oeddynt yn euog, roedd rhaid iddynt gerdded i *Cefnithgroen*, hen enw Bodfeillion yn Llanbeulan. Ond honnai'r chwedleuwyr mai *Cefn-noethgroen* oedd enw'r lle hwn mewn gwirionedd, gan fod y drwgweithredwyr yn cael eu chwipio yno. Wedyn byddent yn mynd ymlaen i *Hangwan* i gael eu crogi fesul un. A dyna sut y cafodd y lle hwnnw ei enw, sef 'hang one'! Mae'n anodd credu fod neb erioed wedi coelio esboniad mor annhebygol. Er bod yr hygoelus Drebor Môn yn adrodd yr hanes am y chwipio yn 'Cefn-noeth-groen', ac yn manylu ar y modd y gwneid hynny, sef â'r 'gath naw cynffon', nid yw ef hyd yn oed yn mynd mor bell â sôn am 'hang one'.

Hirdre-faig

Mae *Hirdre-faig* ar gyrion dwyreiniol Llangefni, oddi ar y lôn sy'n arwain i Benmynydd. Ychwanegwyd darnau helaeth at gnewyllyn y tŷ gwreiddiol yn y ddeunawfed ganrif, ond chwalwyd yr holl adeilad yn 1967. Cedwir yr enw ar yr adeiladau sydd ar safle'r hen dŷ. *Afon Hirdre-faig* hefyd yw enw un o lednentydd Afon Cefni sy'n llifo'n gyfochrog ag Afon Ceint am lawer o'i thaith cyn ymuno ag Afon Cefni ei hun (AfMôn).

Y cyfeiriad cynharaf a welwyd at *Hirdre-faig* yw *Hirdrecheyc* o'r flwyddyn 1254 (Val.Nor.). Rhyfeddach fyth yw *Heyrdesweyth* a gofnodwyd yn 1284 (ExAng). *Hirdreneyk* oedd yn stent Môn yn 1352 (Rec.C). Cofnodwyd *herdrefaic* ym mhapurau Penrhyn yn 1413, a *Hydrevaige* yn yr un ffynhonnell yn 1443. Yn 1565 cofnodwyd *hiredrevaike* (Cglwyd). Nodwyd dwy ffurf wahanol yn 1603, sef *Heredrevaig* a *Hyrdrevayge* (Ex.P.H-E). *Hardrauaig* sydd ar fap John Speed yn 1610, a *Herdrauaig* ar fap Blaeu yn 1645. Nodwyd *Hildravaght mill* ar fap stribed Ogilby yn 1675.

Yn y ddeunawfed ganrif fe wnaeth Henry Rowlands lawer i gymylu ystyr a ffurf yr enw drwy honni yn ei *Antiquitates Parochiales* yn 1710 fod *Hirdre-faig* yn cyfateb i ryd o'r enw *Rhyd y Wraig*, lle roedd y lôn bost yn croesi *Afon Hirdre-faig* ger Llangefni (Arch.Camb., 1846; RhMôn). Ymddengys fod enw dilys y rhyd wedi ei golli, a bod Henry Rowlands wedi creu enw i'r rhyd ac eglurhad anghywir i enw *Hirdre-faig*. Ar un adeg, roedd tuedd ar lafar i alw *Hirdre-faig* yn *Hendrefaig*, a glynwyd at y ffurf hon am gryn amser. Yng nghofnodion y Cyfrifiad nodwyd *Hendrefaig* yn 1861 ac 1871, ond *Hirdrefaig* rhwng 1881 ac 1910. Defnyddiai William Morris y ffurf *Trefaig* ambell dro (ML).

Elfennau'r enw yw'r ansoddair *hir* + *tref* + yr enw personol *Maig*, gyda threiglad meddal ar ddechrau *Maig*, fel ag a geir yn dilyn yr elfen *tref*. Yn aml iawn, gall *tref* olygu dim mwy nag annedd neu fferm, ond mae'n debyg mai cyfeirio at y drefgordd a wna yn enw *Hirdre-faig*, gan mai dyna oedd enw'r drefgordd ganoloesol. Enw disgrifiadol yw hwn. Gwyddom fod ffiniau'r hen drefgordd yn cyfateb i ffiniau plwyf Llanffinan, ac os edrychwch ar y plwyf hwnnw ar y map fe welwch mai siâp hirgul sydd iddo. Yn anffodus, ni wyddom pwy oedd *Maig*.

Roedd *Hirdre-faig* yn un o'r tai mawrion lle câi'r beirdd groeso a nawdd. Unwaith eto mae Dafydd Wyn Wiliam wedi gwneud gwaith ardderchog wrth gasglu'r canu i'r teulu (CMDH). Mae'n amlwg mai un o'r noddwyr mwyaf hael oedd Siôn Wyn ab Ifan ap Siôn, ynghyd â'i wraig Mallt. Roedd Siôn Wyn yn Siryf Môn yn 1573. Sioned, merch Rhys ap Llywelyn ap Hwlcyn o Fodychen oedd ei fam, ac roedd ei wraig, Mallt, yn ferch i Rydderch ap Dafydd o Fyfyrian. Roedd teuluoedd blaenllaw Môn wedi creu rhwydwaith o gysylltiadau dylanwadol trwy briodas. Yn y canu i'r teulu dilynir y patrwm o foli'r noddwr am ei ddewrder, ei dras a'i haelioni. Dewrder a chyfoeth Siôn Wyn sydd yn cael sylw Simwnt Fychan (*c.* 1530–1606) yn y llinellau:

Y dewr o Fôn o Dre-faig,
O'r wengrair lys ariangraig (CMDH)

Canu i ddewrder a thras Siôn Wyn a wna Huw Pennant:

I'r gwiwrym eryr gwrawl
O Hirdre-faig ordria fawl,
Hwn yw Siôn, ddaionus wedd,
Wyn, o ben enw a bonedd. (CMDH)

Yn ei farwnad i Siôn Wyn mae'r bardd Siôn Tudur yn canmol y croeso a'r rhoddion hael a gawsai ar aelwyd ei noddwr yn Hirdre-faig:

Siôn Wyn, ni gawsom ei aur,
Siôn a'i roddion o ruddaur,
Rhywiog honsel[26] rhoi cansaig,[27]
Hwyr dŷ o'r fath Hirdre-faig (CMDH)

Pan fu farw Mallt yn 1593/4 canodd Lewys Dwnn farwnad iddi yn canmol ei haelioni a'i thras hithau, ac yn pwysleisio'r golled i Hirdre-faig ac i Fôn:

Gwraig annwyl, gorau gwinoedd
A gwraig wych, myn y Grog, oedd.
Merch ysgwïer haelder hon,
Merch Rydderch, mawrwych roddion,
Ac ar Dref-aig oer dro fu,
Aeth[28] ar Fôn o'i therfynu. (CMDH)

Dyfynnwyd yn helaeth o'r canu mawl yn y gyfrol hon er mwyn dangos pwysigrwydd tai mawrion Môn ym mywyd y beirdd. Efallai nad ydym bob amser yn gwerthfawrogi

26 *honsel* = rhodd, anrheg
27 *cansaig* = cant o seigiau
28 *aeth* = poen, tristwch

cyfraniad Môn i'r traddodiad barddol, nac yn sylweddoli cyfoeth y diwylliant a ffynnai yno. Rhaid cofio hefyd fod y tai hyn yn foethus a soffistigedig yn ôl safonau eu dydd. Oes aur y beirdd a'u noddwyr oedd y cyfnod rhwng canol y bedwaredd ganrif ar ddeg a chanol yr ail ganrif ar bymtheg.

Lastra

Annedd nid nepell o Amlwch sydd bellach yn westy yw *Lastra.* Enw rhyfedd yr olwg yw hwn, ac enw a fu'n faen tramgwydd i lawer un a geisiodd ei esbonio. Roedd y tebygrwydd rhyngddo a'r gair *galanastra* yn fêl ar fysedd y rhai a fynnai weld cythrwfl, brwydrau a distryw ym mhobman. Yn anffodus, nid oedd ganddynt gofnodion cynnar i daflu goleuni pellach arno chwaith. Y cyfeiriad cynharaf a welwyd hyd yn hyn yw *Lastre* o'r flwyddyn 1520/1 ym mhapurau Penrhos. Mewn rhentol o'r flwyddyn 1549 ceir *y lastre* (BBGC, X). Yn ATT rhwng 1753 ac 1796 gwelir y ffurf *Lastre* a *Lastra* mor aml â'i gilydd. Cofnodwyd *Lasdre* yn ATT yn 1760. Nodwyd *Lastre* a *Rhyd-lastre* ar fap OS 1839–41.

O ystyried tafodiaith Môn, mae'n ddigon hawdd gweld datblygiad yr enw hwn. Yr hyn sydd gennym yma yw *Glastref*, ac oherwydd y fannod o'i blaen mae wedi mynd yn *Y Lastref*. Wedyn collwyd yr *f*, fel ag a wneir gyda *tref* > *tre*, gan roi inni'r ffurf *Lastre*, a gofnodwyd yn eithaf aml. Fodd bynnag, y duedd ar lafar ym Môn yw troi'r *e* derfynol yn *a*, fel ag a wneir yn *pentref* > *pentre* >*pentra*, a *cartref* > *cartre* > *cartra*.

Beth, felly, oedd ystyr *Y Lastref*? Gwyddom y gall *tref* olygu annedd unigol neu fferm, a dyna'r ystyr yma. Ond mae hon yn dref *las*, nid yn yr ystyr o liw glas fel yr awyr, ond y glas a geir yn *glaswellt*. Gwyrddni porfeydd gwelltog braf sydd yma. Nid yw'r enw yn annhebyg i'r *Lasynys* ger Harlech, sef cartref Ellis Wynne. Ynys werdd sydd yno, llecyn ir yng nghanol tir corsiog.

Long Shipping

Lleolir yr annedd â'r enw anghyffredin hwn i'r de o Niwbwrch. *Long Shipping* sydd ar y map OS cyfredol; *Long Sipping* oedd yn RhPDegwm plwyf Niwbwrch yn 1845. *Long Siping* a gofnodwyd yng Nghyfrifiad 1841; *Long Sipping* yn RhPDegwm yn 1845, a *Long Shiping* yn 1891, ond ffurf yr ail elfen fel rheol yw *Shipping*. Mae'n enw anarferol, ond nid yw'n unigryw, hyd yn oed yng Nghymru. Ceir enghreifftiau o'r elfen *shipping* mewn enwau anheddau ym Mhenfro, gan gynnwys hefyd y cyfuniad *Long Shipping* (PNPem). Trodd hwnnw yn *Landshipping* yno am ryw reswm.

Mae'n amlwg nad enw Cymraeg yw hwn. Llurguniad yw'r ffurf *shipping* o'r gair Saesneg *shippon* neu *shippen*. Yr ystyr yw beudy. Felly, o'i gyfuno â'r ansoddair Saesneg 'long', adeilad hir i gadw gwartheg sydd yma. Daw'r elfen *shippon* neu *shippen* o'r ffurf Hen Saesneg *scypen*. Mae John Field yn rhestru enghreifftiau o'r ffurfiau *shippen*, *shippon* a *shippum* mewn enwau caeau yn siroedd Caerhirfryn, Caerlŷr a Chaer (EFND). Mae'n debyg mai ymgais fwriadol i wneud synnwyr o air Saesneg dieithr drwy ei gyfnewid am air mwy cyfarwydd a drodd *shippon* yn *shipping* yng Nghymru. Byddai'n ddiddorol gwybod sut y daeth i fod yn rhan o enw annedd yn Niwbwrch.

Llaered / Leurad / Ynys Leurad

Mae'n anodd iawn penderfynu sut i sillafu'r enw hwn. *Leurad* ac *Ynys Leurad* sydd ar y map OS. *Leurad* yw'r ynganiad ar lafar gwlad, ond os edrychwn yn GPC gwelwn y ffurf *llaered*. Ystyr *llaered* yw darn o dir rhwng penllanw a distyll y medrwch ei groesi pan fo'n drai. Enw arall ar y math hwn o groesfan yw 'glasryd'. O edrych ar leoliad *Leurad* ac *Ynys Leurad* ar y map, fe welir enw mor ddisgrifiadol yw hwn. Enw'r culfor sy'n gwahanu Ynys Gybi a'r tir mawr yw'r Lasinwen. Mae'r *leurad / llaered* ei hun yn cyfeirio at y rhan o'r culfor i'r de o Arglawdd Lasinwen, neu

Arglawdd Stanley fel y cyfeirir ato yn amlach heddiw, ac i'r dwyrain o Drearddur. Saif yr anheddau o'r enw *Leurad* a *Leurad Villa* ar gyrion Trearddur i'r gorllewin o'r Lasinwen wrth nesáu at Bontrhypont. Enw ar benrhyn bychan ar ochr arall y culfor yw *Ynys Leurad.* Roedd dwy groesfan â'u henwau yn cynnwys yr elfen *llaered* yn croesi'r Lasinwen o *Ynys Leurad* i Ynys Gybi. Mae Gwilym T. Jones yn eu nodi fel *Llaered-y-Felin* a *Llaered Uchaf* ar y map o rydau Ynys Gybi yn ei lyfr *Rhydau Môn*.

Ychydig o gofnodion sydd gennym o'r elfen *leurad* / *llaered*. Trafodwyd yr elfen gan W. J. Gruffydd yn 1943 (BBGC, XI) a Bedwyr Lewis Jones yn 1982 (TCHNM). Ceir rhyw ddau gofnod o'r enw ym mhapurau Baron Hill: *Leurad Island* yn 1776, a *Laurad Storehouse* o 1777. Yr unig gyfeiriad sydd gan Melville Richards yn AMR yw *Tyddyn geinor or Laerad*, a nodwyd ar fap OS 1839–41. Mae *Ynys Laerad* hefyd ar y map hwnnw. Yn RhPDegwm plwyf Caergybi yn 1840 cofnodwyd *Tyddyn Gaenor or Leurad*. Yno hefyd ceir cyfeiriad at gae o'r enw *cae dryll leurad* ar dir Glan Traeth. Ar fap OS 6" 1887–8, y sillafiad yw *Lleuerad* ac *Ynys Lleuerad*. Defnyddiodd W. D. Owen y geiriau 'Ar y Llaerad' yn deitl i bennod yn ei lyfr *Madam Wen*, ac mae ganddo ryw ddau gyfeiriad arall yno at 'y llaerad' (MWen).

Daw'r enghraifft gynharaf o ffurf ar yr enw *llaered* o waith y bardd Gruffudd ap Maredudd ap Dafydd (*fl.* 1352–82). Gŵr o Fôn oedd Gruffudd; ceir cyfeiriad ato yn Stent Môn yn 1352 yn dal tir yn Dronwy, Aberalaw a Charneddor (Rec.C). Canodd awdl farwnad i ferch o'r enw Gwenhwyfar. Ni wyddom ryw lawer amdani, ond mae'r bardd yn ei disgrifio fel 'eurgannwyll Bentraeth', ac yn ei chysylltu ag Afon Cyrchell sydd yn llifo drwy Bentraeth, felly mae'n amlwg mai un o'r ardal honno ydoedd. Pan fu farw Gwenhwyfar aethpwyd â'i chorff o Bentraeth i'w gladdu yng Nghaergybi mewn bedd o farmor yn yr eglwys yno. Ni wyddom pam yr oedd yn rhaid mynd â hi mor bell i'w chladdu, ond awgrymwyd bod ei theulu o bosib yn noddwyr i eglwys Cybi (GGapM). Byddai taith olaf Gwenhwyfar yn mynd â hi ar draws y Lasinwen, a dyma ddisgrifiad Gruffudd ap Maredudd o'r daith alarus honno:

> Pan aeth (mau hiraeth herwydd trymfryd)
> I glaer Gaer Gybi, fro rhi rhoddglyd,
> Llun difreg prifdeg yn ôl pryd – gwenwawr,
> Llawer llef a gawr uwch llawr *lleyryd*,
>
> Llawer och ym moch, aml ddihewyd,
> Llawer deigr uwch gran ger glan *glasryd*,
> Llawer arraedd gwaedd, nid gwŷd – ei chwyno,
> A llafur wylo, llif oreilyd.[29] (GGapM)

Nodwyd y ddau air sy'n berthnasol i'r drafodaeth yma mewn print italig, sef *lleyryd* a *glasryd*. Mae GPC yn nodi'r ffurf *lleuryd*, ac yn cynnig yr ystyr *lleu* + *rhyd,* sef rhyd loyw, ond dywed y gallai *lleyryd*, ar y llaw arall, fod yn ffurf luosog ar *llaered*. Mae'n amlwg mai cyfeiriad sydd yma at yr orymdaith angladdol ddagreuol yn croesi'r llaered neu'r glasryd ar drai i Ynys Gybi.

Llanlleiana

Lleolir annedd *Llanlleiana* nid nepell o Lanbadrig i'r dwyrain o Gemais. Ni chadwyd llawer o gofnodion ar gyfer yr enw *Llanlleiana*, er ei bod yn amlwg ei fod yn eithaf hen. Ceir cyfeiriad ato o'r flwyddyn 1535 yn y ffurf *Llan liane* (ValEcc.). Mae John Leland yn ei nodi fel *Llan Lliane* yn 1536–9. Ar y map OS cyfredol nodir yr annedd *Llanlleiana*, ac enwir y penrhyn cyfagos fel *Llanlleiana Head*. Nodir

29 'Pan aeth (mae arnaf hiraeth oherwydd digalondid) i Gaer Gybi ddisglair, bro arglwydd hael ei roddion, yr un ddi-nam, brydferth iawn, a'i phryd fel y wawr, bu llawer llef a bloedd uwch llawr y llaered. Llawer ochenaid ar enau, hiraeth mawr; llawer deigryn ar rudd ger glan y lasryd; llawer gwaedd hir, nid ffug mo'r galar, a chystudd wylo yn llifeiriant gormesol.'

hefyd *Porth Llanlleiana*, sef cilfach o'r môr lle roedd unwaith borthladd bach ar gyfer allforio'r clai llestri o'r gweithfeydd a ffynnai yno tan 1920. Mae adfeilion yr adeiladau i'w gweld o hyd. Ar fap OS 1839–41 nodir yr annedd fel *Llanlliana*, a nodir yn ogystal *Llan-lleiana* ar safle hen gapel bychan a safai gerllaw. Ychydig iawn o olion y capel sydd yno bellach.

Arweiniodd presenoldeb y capel a'r enw *Llanlleiana* at y camsyniad fod lleiandy wedi bodoli yno ganrifoedd yn ôl. Nid yw hyn yn wir, gan mai dim ond tri lleiandy a gofnodwyd yng Nghymru yn yr oesoedd canol. Roedd gan y Sistersiaid leiandy yn Llanllŷr yng Ngheredigion ac yn Llanllugan yng Nghedewain, Powys. Urdd Sant Bened oedd biau'r lleiandy arall, a oedd ym Mrynbuga. Nid olion lleiandy sydd yn *Llanlleiana,* ond olion y capel bach, a oedd yn ddiau yn gapel anwes ar gyfer plwyf gwasgaredig Llanbadrig.

Mae'n anodd esbonio'r enw *Llanlleiana*. Y ffurf luosog fwyaf naturiol i ni ar gyfer *lleian* yw *lleianod*, ond mae GPC yn nodi *lleianau* a *llieini* yn ogystal. Dyfynnir yno gofnod o lawysgrif yn y Llyfrgell Brydeinig yn dyddio o 1613 sy'n cyfeirio at ferched yn cymryd y llw 'a myned yn *lleianev'*. Felly, mae'n bur debyg mai *lleianau* = *lleianod* sydd yn ail elfen yr enw *Llanlleiana*. Ond nid yw hyn yn golygu fod yno leiandy, a rhaid pwysleisio na fu yno leiandy erioed.

Fel y dywedodd Melville Richards, nid oes gennym ddigon o gofnodion cynnar i'n galluogi i benderfynu'n bendant beth yw tarddiad yr enw (ETG). Mae'n awgrymu y gellid ei gymharu â *Llangwyryfon* yng Ngheredigion. Credir mai cyfeiriad sydd yno at y santes Ursula a'r llu o wyryfon a ferthyrwyd gyda hi yng Nghwlen, yn ôl yr hanes. Nid awgrymir mai'r merthyron hyn a gofféir yn *Llanlleiana*, oherwydd ni wyddom i bwy y cyflwynwyd y capel anwes yno. Mae'n bosib fod yma atgof am ryw hen hanes sydd bellach wedi ei golli.

Gwyddom fod ffermdy *Llanlleiana* yn lle digon hwyliog ar un adeg, oherwydd mewn carol wirod, a gofnodwyd gan

Richard Morris yn nechrau'r ddeunawfed ganrif, cyfeirir at y croeso cynnes a geid yno:

> Yforu yn ddigon bora mi awn i lanlliana
> I mae yno gwrw a bir a darpar sir or ore (LlRM)

Lledwigan

Roedd trefgordd ganoloesol *Lledwigan*, a oedd yn ardal Llangristiolus i'r de o Langefni, mewn dwy ran, sef *Lledwigan Llan* a *Lledwigan Llys*. Gwelsom yr un rhaniad wrth drafod *Conysiog Lan* a *Conysiog Lys*. Yn wreiddiol yr oedd y tiroedd *llan* yn eiddo i'r eglwys a'r tiroedd *llys* yn eiddo i'r brenin. Gwelir yr annedd o'r enw *Lledwigan* heddiw ar y dde i'r lôn sy'n arwain i Langefni oddi ar yr A55. Mae'n debyg fod hwn ar safle *Lledwigan Llys*. Gyferbyn, ar draws yr A55, mae eglwys Llangristiolus ac annedd o'r enw *Llanfawr*. Credir mai hwn oedd lleoliad *Lledwigan Llan*.

Cadwyd nifer o gyfeiriadau at enw *Lledwigan* drwy'r canrifoedd. Y cynharaf a welwyd hyd yn hyn yw *Ledewigan* o 1254 (Val. Nor.). Nid yw'r cyfeiriad nesaf a welwyd mor eglur, sef *Thledwyganthles* am *Lledwigan Llys* yn Stent Môn yn 1284 (ExAng). Ceir yr un ffurf yn union, ynghyd â *Thledwygan Thlan* am *Lledwigan Llan*, o'r flwyddyn 1346 yn rholiau llys Môn. *Ledewygaules* a *Ledewyganlan* sydd yn Stent Môn yn 1352 (Rec.C). Cofnodwyd *lleadwygan* yn 1562 a *lleydwygan* yn 1575 ym mhapurau Baron Hill; *Lledwigan* sydd yn yr un ffynhonnell yn 1625, 1774 ac 1777. *Lledwugan* sydd ar fap OS 1839–41, a nodir *Llan-fawr* hefyd ar hwnnw.

Trafodwyd yr elfen *gwigan* eisoes wrth sôn am *Bodwigan*. Gwelsom fod awduron *Enwau Lleoedd Môn* yn awgrymu mai *bod* + yr enw personol *Gwigan* sydd yn *Bodwigan*, a *lle* + yr enw personol *Gwigan* yn *Lledwigan*. Cytuna D. Geraint Lewis: yn ei farn ef, *lle* + *Gwigan*, sef 'Gwigan's place', sydd yma (LlE). Ond mae'n anodd diystyru'r llythyren *d* sydd yn bresennol ym mhob ffurf ar yr enw *Lledwigan* o'r drydedd ganrif ar ddeg ymlaen. A fyddai'n bosib i *Llegwigan* droi'n *Lledwigan* ar lafar? Credai Melville Richards mai ffurf fachigol *gwig*, sef 'coedwig', oedd *gwigan*, yn yr ystyr o goedlan fechan. Nid yw GPC yn cynnwys yr enw cyffredin *gwigan*, ond mae'n derbyn y posibilrwydd mai ffurf fachigol *gwig* sydd yn yr enw *Lledwigan*.

Fodd bynnag, mae'r *d* yng nghanol yr enw yn dal i beri problem. Tybed nad yw'n bryd i rywun gofio am y *d* ac ystyried mai *lled* yn hytrach na *lle* yw'r elfen gyntaf? Byddai'n anodd iawn gweld unrhyw ystyr i *lled* os enw personol yw *Gwigan*, ond a ellid cael rhyw ystyr o gyplysu *lled* â *gwigan* = coedlan fechan? Mae *lled* wedi peri treiglad meddal ar ddechrau *gwigan*, felly a ellid awgrymu fod iddo'r ystyr 'hanerog' neu 'rhannol', fel ag a geir mewn geiriau megis 'lled-dybio' neu 'lledgyfieithiad'? A yw'n rhy ffansïol cynnig fod yna goedlan fach yn *Lledwigan* a oedd mor ddisylw fel mai *lled-wigan* ydoedd, nad oedd prin yn haeddu ei galw'n *wigan*? Os yw hwn yn awgrym rhy fympwyol, sut felly mae esbonio'r *d*?

Llwydiarth

Mae'r enw *Llwydiarth* yn digwydd mewn sawl lle yng Nghymru: yn Llanbryn-mair, Llandinam a Llanfihangel-yng-Ngwynfa ym Mhowys, ac yn Nhal-y-llyn, Meirionnydd. Fodd bynnag, canolbwyntir yma ar yr enghreifftiau a welir ym Môn. *Llwydiarth Esgob* oedd enw'r drefgordd ganoloesol rhwng Llannerch-y-medd a Llandyfrydog; cedwir yr enw hyd heddiw ar fferm *Llwydiarth Esgob*. Fel yr awgryma'r enw, roedd y drefgordd unwaith yn eiddo i Esgob Bangor. Roedd *Llwydiarth* hefyd yn enw ar bentrefan i'r gogledd o Lannerch-y-medd yn yr ardal lle mae annedd *Llwydiarth Fawr* heddiw. Gwelir yr enw eto yn *Mynydd Llwydiarth* i'r dwyrain o Bentraeth.

Y cyfeiriad cynharaf a welwyd hyd yn hyn yw *Llwytyarth* yn Stent Bangor o'r flwyddyn 1306 (Rec.C). Cofnodwyd y ffurf ryfedd *ludzard* yn 1399 (WChCom). Nod orgraffyddol yw'r *z*. Gwelir yr un symbol yn y ffurfiau *Lloydzarde Eskop* a *Lloydzarth Eskop* a gofnodwyd yn 1413 (PFA), ond yn yr un ffynhonnell yn 1443 ceir *Lloydyarth Escop.* Ym mhapurau Baron Hill yn 1482 nodwyd *llwydiarth Escope*. Cofnodwyd *Lloydieth* yn 1571 (CENgh). *Lloydearth* sydd ar fap Speed yn 1610 a map Blaeu yn 1645. Nodwyd *Tythin mynyth llwydiart* ym mhapurau Bodorgan yn 1636 a *Mynydd Llwydiart* ym mhapurau Baron Hill yn 1667. Ar fap OS 1839–41 ceir *Llwydiarth*, *Llwydiarth Esgob* a *Mynydd Llwydiarth*, ac ar y map OS cyfredol ceir *Llwydiarth Fawr*, *Llwydiarth Esgob Farm* a *Mynydd Llwydiarth.*

Dylai fod gan *Llwydiarth Esgob* le arbennig yng nghalon y Monwysion, oherwydd hwn oedd cartref Hugh Hughes, y Bardd Coch o Fôn (1693–1776). Canodd gywydd annerch i Goronwy Owen, ac ateb Goronwy iddo oedd y cywydd sy'n cynnwys y llinellau adnabyddus: 'Henffych well, Fôn, dirion dir, / Hyfrydwch pob rhyw frodir', geiriau a lafarganwyd gan genedlaethau o blant ysgol yr ynys.

Elfennau'r enw *Llwydiarth* yw *llwyd* + *garth*. Mae *garth* yn elfen gyffredin iawn mewn enwau lleoedd ledled Cymru. Gall *garth* olygu iard neu fuarth, ac mae'n debyg mai dyna'r ystyr yn y nifer fawr o ffermydd o'r enw hwn. Dyna'r ystyr hefyd mewn geiriau megis *buarth*, sef iard i'r buchod, a *lluarth*, sef lle i dyfu llysiau (ELleoedd). Ond mae'n debyg mai ystyr arall *garth* sydd yn *Llwydiarth*, sef cefnen o dir. *Y Garth* yw enw'r gefnen y saif prif adeilad y Brifysgol arni ym Mangor. Gwelir yr elfen yn aml mewn enwau cyfansawdd megis *Sycharth*, *Talgarth* a *Tregarth*. Yn *Llwydiarth*, a hefyd yn *Peniarth*, ceir *–i–* yng nghanol yr enw. Atgof sydd yma o dreiglad yr *–g–* yn *garth* pan fo'n ail elfen gair cyfansawdd (ELleoedd). Dyma'r sain y ceisiai'r llythyren *z* ei chyfleu yn rhai o'r enghreifftiau a nodwyd uchod. Ystyr *Llwydiarth*, felly, yw 'cefnen lwyd', ac yn sicr nid 'arth lwyd', fel yr awgrymodd T. Pritchard ('Rhen Graswr Eleth). Am unwaith, roedd Trebor Môn yn nes ati pan esboniodd yr enw fel tir neu fynydd sâl.

Roedd *Llwydiarth Esgob* yn un o'r tai lle câi'r beirdd groeso a nawdd. Mae Guto'r Glyn yn annog y beirdd i foli un o'r noddwyr, sef Dafydd ap Gwilym o Lwydiarth:

> Gwnaed y glêr ganiadau glân
> I garw Llwydiarth garllydan.[30]
> (http://www.gutorglyn.net)

Gwelir y modd y mae Guto yn cyfarch ei noddwr fel 'carw', anifail urddasol. Mae tynfa Llwydiarth yn gryf i'r bardd. Yno caiff lonyddwch i gorff ac enaid:

> Ewch â mi i Lannerch-y-medd
> A Llwydiarth oll i adwedd.[31]
> Od af, o deuaf i'w dai,
> Adref unwaith drwy Fenai,
> Nid â fy nghorff drwy'r afon,
> Nid rhaid a'm enaid ym Môn!
> (http://www.gutorglyn.net)

Canodd Lewys Glyn Cothi (*fl.* 1447–86) farwnad i Ddafydd, gan ddwyn i gof y croeso a gâi yntau yn Llwydiarth:

> Llawenydd ryw ddydd ydd oedd – yn Llwydiarth,
> a gwin Llydaw'n foroedd;
> Llwydiarth, gorau lle ydoedd,
> Lle ieirll o waed, lle'r llu oedd. (GLGC)

Yr un yw'r gân bob tro: clodfori croeso, haelioni a thras y noddwr.

Efallai y dylid crybwyll tynged anffodus un arall o deulu Llwydiarth, sef Dafydd ab Ieuan ap Hywel, taid y Dafydd ap Gwilym y sonnir amdano uchod. Yn ôl yr hanes, lladdwyd ef mewn ysgarmes ym Miwmares, digwyddiad y cyfeirir ato ambell dro fel 'Y Ffrae Ddu'. Mae Dafydd ab Edmwnd yn cyfeirio at ei farwolaeth ddisyfyd:

30 *garllydan* = 'â choesau praff'
31 *i adwedd* = adref

Doe brysiaist ti o bresen[32]
I gysgu'n brudd mewn gwisg bren. (CMDLl)

Dywedir fod ei wraig, Angharad, wedi marw o fraw pan glywodd am farwolaeth Dafydd ab Ieuan, a'u bod ill dau wedi eu claddu yn yr un bedd yn nhŷ'r Brodyr Llwydion yn Llan-faes (MedAng). Mae'r bardd Hywel Cilan yn cyfeirio at hyn yn ei farwnad i Ddafydd ab Ieuan:

Rhoed yn un bedd, mawredd Môn,
Eu deugorff urddedigion,
Yng nghôr, ef ac Angharad,
Llan-faes deg, llawn fu o stad. (GHC)

Madyn Dysw

Lleolir *Madyn Dysw* yn nhref Amlwch. Mae'n enw ar annedd, ac enwyd lôn *Madyn Dysw* ar ei ôl. Yn y CCPost nodir *Madyn Dysw*, *Madyn Farm*, *Madyn Road* a *Maes Madyn*. Ychydig o gofnodion sydd gennym o'r enw. Nodwyd *Madyn Dysw* yn 1658 (Pres.), a'r un ffurf yn 1789 (Tl). *Madun Dwesy* oedd y ffurf ryfedd yn ATT yn 1753. *Madyn dusw* yw'r ffurf a nodwyd amlaf yn ATT, er y ceir *Madyn* yn syml yn 1795, 1797 ac 1808, a *Madin* yn 1796, 1805 ac 1806. *Madyn* oedd ar fap OS 1839–41, a *madyn dwsw* yn RhPDegwm yn 1841. Fodd bynnag, cadwyd un cofnod ychydig yn gynharach o'r flwyddyn 1612, ac mae hwnnw'n fwy dadlennol. Daw o bapurau Prysaeddfed, a'r hyn a ddywed yw 'Tir Madyn tyssw'. Mae'r ffaith fod Madyn yn berchen ar dir yn dangos mai enw personol sydd yma.

Ceir digon o dystiolaeth o'r enw *Madyn* mewn enwau lleoedd, yn enwedig yng ngogledd Cymru. Ffurf anwes ar yr enw gwrywaidd *Madog* sydd yma. Trafodir y defnydd o'r enw *Madyn* i gyfeirio at lwynog yn yr adran 'Defaid ac ychen oll ac anifeiliaid y maes hefyd. . . ' uchod. Ond gŵr a chanddo dir yn ardal Amlwch oedd Madyn Dysw. Sillafiad arferol yr

32 *presen* = y byd hwn

ail elfen yw *Dysw*. Honnai Gwenllian Morris-Jones mai 'hypocoristic form of Rhys', sef ffurf anwes ar yr enw Rhys, oedd *Dysw* (GM-J). Os yw hyn yn wir, mae'n rhaid fod y defnydd ohono yn eithriadol o brin.

Awn yn ôl at gofnod 1612. *Madyn tyssw* sydd yno. Yr unig esboniad y gellir ei gynnig, yn betrus, yw mai *tusw* yw'r ail elfen, a'i fod yn disgrifio Madyn mewn rhyw fodd neu'i gilydd. Mae GPC yn rhoi sawl ystyr i *tusw*, gan gynnwys bwndel, sypyn, a bwnsiad o flodau. Ni fyddai'r rhain yn gwneud rhyw lawer o synnwyr ar ôl yr enw personol *Madyn*. Ond nodir hefyd yr ystyr o gudyn o wallt. A oedd gan Madyn ryw steil nodweddiadol o gribo'i wallt, rhyw fath o 'ciw-pi'? Mae'r gair hwnnw hefyd yn GPC!

Marchynys

Saif fferm *Marchynys* oddi ar y lôn sy'n mynd o Borthaethwy i Benmynydd. Y cyfeiriadau cynharaf a welwyd hyd yn hyn yw *Marchynnes* a *March Inys* yng Nghartiwlari Penrhyn o'r flwyddyn 1443. Ychydig iawn o amrywiaeth a fu yn sillafiad yr enw dros y blynyddoedd. Fodd bynnag, ychwanegwyd yr elfen *tyddyn* at yr enw yn y cofnodion *Tythyn march ynys* yn 1606/7 (Elwes), a *Tyddyn March Ynis* yn 1705 (Pres.). Fel arall, *Marchynys* neu *March Ynys* yw'r ffurfiau a nodwyd. Cyn ystyried y *march*, mae'n werth edrych ar yr *ynys*.

I'r Monwysion ar y cyfan, mae'n debyg mai un ystyr yn unig a gyfleir gan y gair *ynys*, sef darn o dir wedi ei amgylchynu gan ddŵr. A phwy all eu beio, a hwythau'n byw naill ai yn Ynys Môn ei hun neu ar Ynys Gybi? Ond mae ystyron, neu o leiaf arlliwiau, eraill i'r gair. Gall olygu dôl ar lan afon, a gall hefyd gyfeirio at lecyn ir ar dipyn o godiad yng nghanol tir corsiog. Dyna yn ddiau yw'r ystyr yn *Y Lasynys* ger Harlech, hen gartref Ellis Wynne. A dyna'r ystyr hefyd yn *Marchynys*. Mae fferm *Marchynys* ar gefnen isel uwchben Afon Braint a'r tir corsiog o'i chwmpas.

Beth am y *march*? Bûm yn chwarae â'r syniad mai ystyr

lai cyffredin *march* fel rhagddodiad yn golygu 'mawr' oedd yma, fel ag a geir yn enw *Marchwiail* ger Wrecsam, sef gwiail mawr, bras. Fodd bynnag, wedi mynd drwy'r enghreifftiau yn GPC, ymddengys na ddefnyddir y rhagddodiad *march* yn yr ystyr hon, ond o bosib mewn enwau planhigion neu greaduriaid. Ceir *marchfieri*, *marchredyn*, *marchwellt*, *marchforgrug* a *marchgacwn*. Mae'r defnydd hwn yn cyfateb yn union i *horse* fel rhagddodiad yn Saesneg yn yr un cyd-destun, mewn geiriau megis *horse-chestnut*, *horseradish* a *horse-mackerel*. Ni welwyd unrhyw ddefnydd a fyddai'n cyfateb i *marchynys*. Fodd bynnag, mae D. Geraint Lewis yn esbonio'r *march* yn *Marchlyn* ger Llanberis fel 'mawr' ac yn ei gyfieithu fel 'large lake'. Os gellir cael *Marchlyn*, pam nad *Marchynys*? Os *march* yn yr ystyr gyffredin o geffyl sydd yma, a oedd y codiad tir yn fan lle âi'r meirch am droedle sych pan fyddai Afon Braint yn gorlifo?

Marian

Mae'r elfen *marian* yn hynod o gyffredin ym Môn. Afraid dweud nad cyfeiriad sydd yma at enw merch. Ystyr arferol *marian* mewn enw lle yw 'cerrig mân'. Gall y cerrig fod ar draeth graeanog, neu gallant fod ychydig yn fwy eu maint ar ochr mynydd: 'scree slope'. Mae Tomos Roberts, wrth drafod yr elfen hon, yn cynnig mai benthyciad o bosib o'r Saesneg *moraine* yw *marian* (ADG2). Er yr ystyrir *marian* efallai yn ffurf fwy safonol, mae GPC yn cadarnhau fod y ffurf *marion* yn digwydd ar lafar yn Arfon. Ceir sawl cofnod o'r ffurf hon yn y cyfeiriadau at *Coed Marion* ar gyrion Caernarfon, ond fe'i gwelir hefyd mewn mannau eraill. Gwelwyd cofnod yn 1798 o *Fridd gwaen y marion* yn Nwygyfylchi, ac o'r ffurf *Marrion* yn Llanasa yn 1785. Fodd bynnag, *marian* yw'r ffurf a ddefnyddir amlaf yn gyffredinol.

Ceir sawl enghraifft o'r elfen *marian* yn ardal Llangoed ger Biwmares. Yn ôl y CCPost, mae'r enwau canlynol i'w gweld yn Llangoed heddiw: *Marian Newydd*, *Marian*

Terrace, *Tan y Marian*, *Tan y Marian Mawr* a *Tros y Marian*. Cofnodwyd *Pen-y-Marian* hefyd yn Llangoed ar fap OS 1839–41. Gwelir yr elfen mewn rhannau eraill o Fôn yn ogystal: cofnodwyd *Marian* a *Marian Bach* yn Llanddyfnan. Nodir *Marian* yn Llanddeusant ar fap OS 1839–41, a cheir cyfeiriad at *kae y marrian* yn Llanfair Mathafarn Eithaf yn 1637 ym mhapurau Bodorgan.

Lleolir ardal *Marian-glas* rhwng Benllech a Moelfre. Yr un glas sydd yma ag yn *glaswellt*, wrth gwrs, ac mae hyn yn awgrymu fod gwellt yn tyfu rhwng cerrig y marian yma. Ond mae ardal i'r gogledd o Langoed o'r enw *Mariandyrys*. Gall problem fod yn ddyrys, yn anodd ei datrys, ond mewn enw lle, ystyr *dyrys* fel rheol yw 'gwyllt, garw, llawn drain a mieri'. Gwelir *Llwyndyrys* yn Llannor yn Llŷn ac mewn mannau eraill, ac mae *Prysdyrys* yn enw ar fferm yn Llanddeiniolen. Felly, byddai'r *marian* ym *Marian-glas* yn weddol hawdd cerdded arno gan fod y gwellt yn tyfu drwyddo, ond mae'n debyg fod y *marian* yn *Mariandyrys* yn llawer mwy gwyllt ac anodd mynd drosto.

Mae'n bosib fod yr elfen yn gyfyngedig i enwau lleoedd gogledd Cymru. Ceir *Brynmarian* yn Henryd; *Penymarian* yn Abergele; *Cae Marian* yn Nolgellau; *Llanfarian* yng Ngheredigion; *Coetgae'r Marian* yng Nghaerwys; *Mariandir* yn Nwygyfylchi a *Tanymarian* yn Llanllechid.

Myfyrian

Lleolir *Myfyrian Uchaf* a *Myfyrian Isaf* i'r de o'r Gaerwen. Mae'r cofnodion cynharaf a welwyd yn cyfeirio at *Ffridd Myfyrian*. Nodwyd *Ffrydd Mifirian* yn 1586; *ffryth Myferian* yn 1627/8; *Ffrithe Myvyrian* yn 1631/2, a *ffrith Mevyrian* yn 1661, i gyd ym mhapurau Plas Coch. Yn 1615/16 ceir cyfeiriad at fragdy yno: 'bruery in Mevyrian' (MostynB). Nodwyd *Myvyrian* yn 1695/6 ac 1747/8 (Llig). *Myfyrion* sydd ar fap OS 1839–41. Am ryw reswm, nodwyd *Myfyriant-uchaf* a *Myfyriant-isaf* ar fap OS 6" 1887–8. *Myfyrian-uchaf* a *Myfyrian-isaf* a geir ar y map OS cyfredol.

Mae gan Syr Ifor Williams nodyn am yr elfen *myfyr* (ELleoedd). Dywed fod y gair Lladin *memoria,* sef 'cof, coffa', wedi rhoi *myfyr*, *myfyrdod* a *myfyriwr* yn Gymraeg. Ond dywed fod ystyr arall hefyd i'r elfen *myfyr*, sef 'bedd'. Dyma'r ystyr yng Nghanu Heledd, lle ceir cyfeiriad at y 'glas vyuyr' yn y Dref Wen. Er bod William Owen Pughe wedi cynnig y cyfieithiad rhyfeddol 'blue sons of contemplation' am hwnnw, dywed Syr Ifor mai 'glas feddau' yw'r ystyr yno (CLlH).

Roedd Henry Rowlands o'r farn mai ffurf luosog yr enw *myfyr* oedd *Myfyrion*. Mae ef yn amlwg yn dehongli'r enw yn yr ystyr o 'fyfyrdod'. Meddai, yn ei *Antiquitates Parochiales* yn 1710:

> The old name Myfyr, or as it is in the plural number, Myfyrion, may be derived from those secluded retreats which the Druids formerly delighted to frequent, for the purpose of meditation, or of inward recollection (Arch. Camb., 1848).

Cydiodd Trebor Môn yn awchus yn y cysylltiadau derwyddol, gan ychwanegu rhai manylion esoterig o'i eiddo ei hun. Dywed mai *Myfyrian* oedd man cyfarfod darpar dderwyddon ifainc, lle'r ymgasglent i ddysgu eu 'tair mil moes-wersi' ar dafod leferydd (ELlMT).

Damcaniaeth wahanol, a challach, sydd gan Melville Richards am ystyr yr elfen *myfyr*. Dywed fod 'rhyw gymaint o dystiolaeth i'r ffurf *Myfyrion*' (ETG). Yn sicr, dyna'r ffurf ar fap OS 1839–41, ond prin fod hwnnw'n ffynhonnell gadarn. Awgrym Melville Richards yw mai'r enw personol *Myfyr* + y terfyniad tiriogaethol *–ion* sydd yma, gyda'r ystyr o dir rhywun o'r enw *Myfyr*. Mae'r ystyr hon yn sicr yn gwneud mwy o synnwyr na'r cynigion eraill, ond mae'n syndod cyn lleied o enghreifftiau o'r ffurf *Myfyrion* a geir.

Mae rhannau o annedd presennol *Myfyrian Uchaf* yn dyddio'n ôl i ddiwedd yr unfed ganrif ar bymtheg neu ddechrau'r ail ganrif ar bymtheg (IAMA). Er mai bychan oedd *Myfyrian* o'i gymharu â rhai o dai mawr Môn, roedd yn gyrchfan i feirdd o bwys, megis Gruffudd Hiraethog, Wiliam Llŷn a Wiliam Cynwal, yn ogystal â rhai eraill llai adnabyddus. Noddwr a glodforid yn arbennig am ei haelioni oedd Rhydderch ap Dafydd, gŵr a ddaliodd sawl swydd ym Môn: roedd yn Siryf yn 1544. Canodd Syr Dafydd Trefor, a oedd yn rheithor Llaneugrad yn 1504, gywydd i Rydderch yn gofyn am farch ar ran Rhys Cwg, cogydd y noddwr. Mae'r bardd yn canmol y croeso a gâi ym *Myfyrian:*

Dra fych yn dy dai a'r fan,
Mae imi fara 'm Myfyrian;
Mae dy blas yn urddasol
A'th aer a'i cynnal i'th ôl. (GSDT)

Bu'r etifedd hwnnw, Rhisiart, yn noddwr cystal â'i dad i'r beirdd. Priododd Rhisiart ag un o ferched Owen ap Meurig o Fodeon. Ategwyd yr hyn a ddywed Syr Dafydd Trefor am y tad a'r mab gan Ddafydd Alaw yn ei farwnad i Rydderch yn 1562:

Aur da im a roed imi,
Arian ym Myfyrian fu.
Tra fu Rydderch, tref roddfawr,
Tra fo'i fab mae tyrfa fawr. (CMDMyf)

Cwyn Wiliam Llŷn yn ei farwnad i Risiart ap Rhydderch yn 1576, oedd fod barddoniaeth wedi mynd yn ddistaw gyda marwolaeth ei noddwr:

Marw yw cerdd a muriau cân
Am ei farw, llew Myfyrian;
Cerdd aeth fal yn draeth o drai,
Och ei myned uwch Menai. (CMDMyf)

Mynachdy

Saif *Mynachdy* i'r gogledd o Lanfair-yng-Nghornwy. Bu cryn dipyn o gamddehongli ynglŷn â'r enw hwn, gyda llawer yn honni mai olion hen fynachlog sydd yma. Gellir maddau hyn ar un olwg, gan nad yw GPC yn gwahaniaethu rhwng *mynachlog* a *mynachdy* o ran ystyr. Fodd bynnag, mae hanes yr anheddiad yn Llanfair-yng-Nghornwy yn dangos yn glir mai fferm yn perthyn i Abaty Sistersiaidd Aberconwy oedd yma. Yn Saesneg, gelwir y math hwn o fferm yn 'grange', gair sy'n dangos ei ystyr yn eglur, gan ei fod yn tarddu yn y pen draw o'r Lladin 'granica', sef ydlan. Tiroedd oedd y rhain, a oedd yn aml gryn bellter o'r fynachlog ei hun, a ddefnyddid i dyfu cnydau neu gadw anifeiliaid. Byddai tir ffrwythlon Môn yn werthfawr i fynaich Aberconwy. Roedd ganddynt nifer o ffermydd o'r fath ar yr ynys, gan gynnwys *Mynachdy* a *Gelliniog*.

Y cyfeiriad cynharaf a welwyd at yr enw hyd yn hyn yw *y mynachty* ym mhapurau Nanhoron o'r flwyddyn 1511. Ceir sawl cofnod ohono yn y llawysgrifau hyn: *Manaughtie* yn 1576; *imanaughtie in Cornewey o. y managhty in Cornwy* yn 1577; *Mynachty* yn 1656, a *Manachdu* yn 1698. Yn 1548–54 cyfeiriwyd at *Graunge y managhty* (Rec.C.Aug). Mae Robert Bulkeley o Dronwy yn sôn yn ei ddyddiadur ar 8 Chwefror 1634–5 amdano'i hun yn mynd yno i wasaela: 'goe a wasellinge to monachdu'. Sylwer mai *o* sydd ganddo ef yn sillaf gyntaf yr enw. Mae William Bulkeley, y dyddiadurwr o'r Brynddu, yntau yn defnyddio'r ffurf *Monachty*, a hefyd *Manachty*. Yn ei lythyrau ef mae William Morris yn pendilio rhwng *Monachdy* a *Mynachdy*, tra bo Lewis ei frawd yn defnyddio *Monachdy*. *Mynachdy* sydd ar fap OS 1839–41 ac ar y map OS cyfredol.

Cysylltir enw *Mynachdy* ag effeithiau dau longddrylliad yn y ddeunawfed ganrif. Yn 1739 collwyd William Robinson, perchen *Mynachdy*, a thua 13 o gyfeillion a chymdogion. Roeddynt wedi mynd i Ynysoedd y Moelrhoniaid, lle buont yn bwyta ac yfed nes i storm godi. Penderfynwyd herio'r storm a mentro yn ôl tua'r lan, ond gan eu bod erbyn hyn yn 'heated with liquor', yn ôl William Bulkeley sy'n adrodd yr hanes yn ei ddyddiadur, collasant reolaeth ar y cwch a boddwyd pawb. Perchennog nesaf *Mynachdy* oedd Francis Lloyd, meddyg lleol. Yn 1745 llwyddodd ef i achub bywyd un o ddau fachgen ifanc a daflwyd i'r lan mewn cwch bychan ar noson stormus. Ni lwyddwyd i ddarganfod pwy oedd y plentyn, ond fe'i hymgeleddwyd ym *Mynachdy*. Cafodd gartref gerllaw a'i enwi'n Evan Thomas. Ohono ef yr hanodd teulu enwog meddygon esgyrn Môn (ELlLl).

Mysoglen / Maesoglan

Lleolir *Mysoglen* i'r gogledd o Ddwyran. *Mysoglen* oedd ffurf yr enw am ganrifoedd, ond bellach mae wedi ei lurgunio i *Maesoglan*, a dyna'r ffurf ar y map OS cyfredol. Ar fap OS 1839–41 nodir yr anheddau *Maesoglen* a *Cefn Maesoglen* nid nepell oddi wrth ei gilydd, ac mae'r ddau annedd yno hyd heddiw. *Mysoglen* oedd enw'r hen drefgordd. Fe'i nodwyd yn y ffurf *Myssoglen* yn 1284 yn Stent Môn (ExAng). *Mossogolen* a gofnodwyd yn Stent 1352 (Rec.C), a *Mossogelen* yn 1443 (PFA). Ceir cyfeiriadau ym mhapurau Plas Coch yn yr unfed a'r ail ganrif ar bymtheg at ffridd, sef *ffrydd mossoglyn* yn 1587/8 ac 1627/8. Nodwyd *Kefn-Mosoglen* yn yr un ffynhonnell yn 1716, a *Cefn mysoglan* yn 1797. Yna gwelir newid yn ffurf yr enw. Erbyn 1821 mae wedi ei nodi fel *Cefnmaesoglen*. Fel y gwelsom, mae *Mysoglen* hefyd wedi troi'n *Maesoglen* erbyn 1839. Cam bach wedyn oedd newid y terfyniad *–en* yn *–an* ar lafar.

Mae'n debyg mai ymyrryd bwriadol sy'n cyfrif am droi *Mysoglen* yn *Maesoglan*. Byddai'r 'gwybodusion' wedi tybio mai llygriad o *maes* oedd y *Mys–* yn sillaf gyntaf yr enw, a mynd ati i'w 'gywiro'. Fodd bynnag, nid oedd angen unrhyw gywiro, oherwydd nid *maes* sydd yma ond *mwsogl* + yr ôl-ddodiad *–en*. Gwelai Henry Rowlands y planhigyn uchelwydd yn yr enw yn hytrach na mwsog. Awgrymodd fod *Mysoglen* yn dod 'perhaps from *Viscus* or *Misseltoe*' (MAR). Y rheswm pam yr oedd mor awyddus i weld y cysylltiad annhebygol hwn oedd fod traddodiad yn honni fod yr uchelwydd yn blanhigyn a ystyrid yn gysegredig gan y derwyddon. Mae Gwenllian Morris-Jones yn gweld tebygrwydd rhwng ffurf yr enw *Mysoglen* a *Meillionen*, enw a geir mewn sawl lle yng Nghymru, gan gynnwys

Llandyfrydog (GM–J). Ceir yr ôl-ddodiad *–en* yn aml mewn enwau afonydd. Cyfeiria R. J. Thomas at *Brwynen*, *Celynen*, *Cerdinen* a dywed fod y nentydd hyn wedi cael eu henwau am fod llawer o'r cyfryw blanhigion neu goed yn tyfu ar eu glannau (EANC). Rhaid casglu mai ystyr *Meillionen* yw llecyn lle tyfai llawer o feillion, ac mai ystyr *Mysoglen* yw llecyn lle ceid llawer o fwsogl. Roedd y ffurf *Mysoglen* yn gwneud synnwyr ac yn cyfleu ystyr, ond ni ellir dweud hynny am *Maesoglan*.

Roedd *Mysoglen* yn un o'r tai lle noddid y beirdd gynt. Mae Huw Cornwy (*fl.* 1580–96), gŵr o Lanfair-yng-Nghornwy fel yr awgryma ei enw, yn canmol Rhys Wyn ap Huw ap Rhys o Fysoglen, a fu farw yn 1581, a'r croeso a gâi'r beirdd ar ei aelwyd:

> Llys yw hwn – lle sy'n hynod,
> Llwybr y glêr oll – biau'r glod,
> Sarn y beirdd – a'u siwrnai ben –
> Sy' eglur yw Mysoglen. (CMDMys)

Canu clodydd Marged, gwraig Rhys Wyn, a wna Wiliam Cynwal yn ei farwnad iddi hi yn 1574, a galaru am golli ei chroeso:

> Oergri dwys am Fargred wen,
> A siglodd dŵr Mysoglen.
> Yno, lendid gwin lawnder,
> Le teg clyd, oedd lety clêr. (CMDMys)

Canodd bardd o'r enw Robert ab Ifan foliant i'r ardd ym Mysoglen. Ni wyddom ryw lawer am y bardd hwn, ond, yn ôl y sôn, roedd ei fam yn ferch Mysoglen, felly byddai ef yn bur gyfarwydd â'r ardd:

> Gardd len Mysoglen sy'n eglwys – adail,
> Odiaeth fan i orffwys,
> Urddedig dan lurig lwys
> O bryd ail gardd baradwys. (CMDMys)

Olgra

Ar y map OS cyfredol nodir *Oelgra-fawr* ac *Oelgragerrig* i'r gorllewin o Fenllech. Ceir y ffurf *Tyddyn yr Olgre* ym mhapurau Bodorgan o'r flwyddyn 1637. Yn 1738 cofnodwyd *yr Olgre ucha* ym mhlwyf Llanddyfnan (Thor). Ceir cyfeiriad at *Olgrei* yn 1759 (LlEsgob). Y ffurfiau ar fap OS 1839–41 oedd *Olgra-bach* ac *Olgra-geryg*. Fodd bynnag, ymddengys mai'r un lle oedd *Olgra Fach* ac *Olgra Gerrig*. Dywed John Idris Owen na chlywodd neb erioed yn galw *Olgra Fach* ar y fferm: 'Olgra Gerrig oedd hi i ni'. Roedd ef yn hen gyfarwydd â'r enw *Olgra*, ond bu'n rhaid iddo holi'r Athro Hywel Wyn Owen i gael esboniad o'i ystyr (CHM). A phwy all ei feio? Mae hwn yn enw hynod o ryfedd ar yr olwg gyntaf, ac nid yw'r ffurf *Oelgra* ar y map OS presennol yn gymorth i ddatrys yr ystyr.

Ceir cofnod o'r enw yn y ffurf *Yr Olgre* yn 1520 ym mhapurau Baron Hill, ac mae'r ffurf honno yn dangos ystyr yr enw yn eglur. Felly hefyd *yr Olgre ucha* o'r flwyddyn 1738. Elfennau'r enw yw *ôl* + *gre*. Mae'r elfen *ôl* yn hollol gyfarwydd inni, sef y marc a adewir gan droed dyn neu anifail; soniwn am ddilyn yn ôl traed rhywun. Daw wedyn i olygu 'trywydd' neu 'lwybr'. Felly, mae gennym olion neu lwybr a adawyd gan rywbeth neu'i gilydd. Yr ail elfen a achosodd y broblem, gan fod *gre* yn air dieithr iawn bellach. Ystyr *gre* yw gyrr o anifeiliaid: ceffylau neu wartheg, fel rheol. Gofelid amdanynt gan y *greor* neu'r *grëwr*. Mae Iolo Goch yn defnyddio'r gair mewn cywydd, lle mae'n gofyn am farch gan ei noddwr, Ithel ap Robert:

> *Gre* sy eiddo, gras eiddun,
> A meirch; pam na rydd im un? (GIG)

Felly, yr hyn sydd gennym yn *Olgre* yw llwybr a adewid gan yrr o anifeiliaid. Naturiol iawn ar lafar oedd i'r *-e* ar y diwedd droi'n *-a*. Mae gennym enghreifftiau eraill yng Nghymru o'r elfen *gre* mewn enwau lleoedd: *Buarth-y-re* yn Llanrhaeadr-ym-Mochnant, ac yn Llanfachreth,

Meirionnydd, *Bryn-y-re* yn Nhrawsfynydd, a *Bwlch-y-re* ger Beddgelert. Mae'r elfen *ôl* hefyd yn yr ystyr o drywydd anifail i'w gweld mewn enwau lleoedd eraill yng Nghymru. Cyfeiria Gwynedd Pierce at *Heol-y-march* ger Llanddunwyd ym Mro Morgannwg. Llurguniad o *ôl march* sydd yma. Cadwyd yr enw hwn yn y ffurf *Olmarch* ym Mhenfro a Cheredigion (ADG). Daw'r enw *Epynt*, mynyddoedd i'r de o Fuallt, o *eb* + *hynt*. Yr un ystyr sydd yma i *hynt* ac *ôl*, sef llwybr neu drywydd. Yr un gwraidd sydd i'r rhagddodiad *ep–* â'r *eb–* yn ebolion. Llwybr a ddefnyddid gan geffylau oedd *Epynt*. Er mor ddieithr yr ymddengys ar yr olwg gyntaf, nid yw ystyr yr enw *Olgra* mor anarferol â hynny wedi'r cwbl.

Pant y Morfil

Trafododd Tomos Roberts yr enw hwn yn fanwl ac yn fedrus iawn mewn ysgrif yn *Ar Draws Gwlad*, ond mae'n werth ymweld ag ef unwaith yn rhagor, gan mai'r un yw ei ffurf o hyd, a gallai arwain cenhedlaeth newydd ar gyfeiliorn ynglŷn â'i ystyr. Annedd yn Nhalwrn ym mhlwyf Llanddyfnan yw *Pant y Morfil*. Y ffurf yn y CCPost yw *Panty Morfil*. Cofnodwyd *Pant-morfil* ar fap OS 1839–41, ond nodwyd y ffurf luosog *Pant yr Morfilod* yn 1776 mewn map o stad Baron Hill, a'r ffurf *Pant morirod* mewn un o lyfrau rhent y stad yn 1755. Nodwyd *Pant-y-Morfilod* hefyd yn 1867 (RLloyd). *Pant Morfil* oedd yn y Cyfrifiad yn 1841, a *Pantmorfil* yn 1851. *Pant Morfel* oedd yn RhPDegwm yn 1845. Nid oes fawr o anghysondeb yn y cofnodion; yn wir, i bob golwg, gellid tybio fod gennym yma yr unig gyfeiriad at forfil mewn enw lle yng Nghymru. Gellir diystyru *Y Morfil* ym Mhenfro, gan fod hwnnw yn dod o'r enw Ffrangeg *Morville*.

Roedd gan Tomos Roberts yn amlwg ei amheuon ynglŷn ag ystyr yr enw, yn enwedig ar ôl i rywun geisio ei ddarbwyllo fod yr annedd wedi cael ei enw oherwydd fod gŵr o'r enw Jonah wedi byw yno am flynyddoedd, a rhywun arall wedi honni fod morfil wedi ei gladdu ar dir y fferm yn Nhalwrn (ADG; ELlMôn)). Nid oedd Trebor Môn wedi ei lwyr argyhoeddi gan y morfil chwaith. Meddai:

> Pant Morfil a elwid fel hyn oblegid i "Dafydd Jos,"[33] fel yn hanes Jonah fordwyo'r morfil, teyrn y môr, i'r glannau hyn, ond ni ddywed hanes na thraddodiad i wyrth gael ei harfer y tro hwn ar y draethell Gymreig. (ELlMT)

Digon gwir, yn enwedig gan fod Talwrn eithaf bellter i ffwrdd o unrhyw draethell, a byddai'n gamp go fawr dod â morfil yno.

Diolch i ymchwil drylwyr Tomos Roberts ym mhapurau stad Baron Hill, datgelwyd fod ei amheuon yn gywir ac na fu morfil erioed yn y pant yn Nhalwrn. Yn llyfr rhent stad Baron Hill am 1741 nodwyd *Pant morvidd*. Mae'n amlwg nad morfil sydd yma ond merch o'r enw *Morfydd* / *Morfudd*. Symbylwyd Tomos Roberts i durio ymhellach i geisio darganfod mwy am y ferch hon. Yn rhôl rhent 1617 darganfu'r cofnod *kae pant morfydd verch Iollo.* Ni lwyddodd i ganfod mwy amdani, ond o leiaf roedd wedi dod o hyd iddi hi a'i thad a chael gwared o'r morfil. Mae annedd o'r enw *Tyddyn Forfydd* hefyd ym mhlwyf Llanddyfnan, ond nid oes modd dweud ai'r un ferch a gofféir yno. Cofnodwyd hwn fel *Tyddyn Morvydd* yn 1519 (BH); *Tyddyn Forfydd* sydd yn y CCPost heddiw.

Mae'n rhyfedd fod enw mor gyffredin â *Morfydd* wedi cael ei gamddeall a'i newid i *morfil*. Ond fe fu bron i rywbeth tebyg ddigwydd i ferch o'r enw *Gwerful* hefyd dros y dŵr yn Sir Gaernarfon. Enw arall ar *Pwll-y-bar* ym Mhont-rug ger Caernarfon ar un adeg oedd *Tyddyn Gwerful*. Ym mhapurau'r Faenol yn 1799 mae cofnod o'r enw fel *Tyddyn Moerfil* (HEALlE). Roedd Gwerful hithau hanner ffordd

33 H.y. *Davy Jones*, personoliad o'r môr. Yn Saesneg cyfeirir at waelod y môr fel 'Davy Jones's locker'.

trwy'r metamorffosis o droi'n forfil. Llwyddodd hi i ddianc rhag ei thynged ddyfrllyd, oherwydd adferwyd yr enw i'w ffurf gywir, ond ni fu Morfydd ferch Iolo druan mor ffodus a diflannodd hi i ddyfnderoedd yr eigion am byth.

Paradwys

Mae *Paradwys* yn enw ar ardal yng nghyffiniau Llangristiolus, ac fe'i gwelir hefyd yn enwau'r anheddau *Paradwys*, *Fferam Paradwys* a *Parc-Paradwys* rhwng Llangristiolus a Threfdraeth. Nid oes unrhyw arwyddocâd crefyddol i'r enw. Daw *Paradise* / *Paradwys* yn y cyswllt hwn o ddau air o'r Hen Berseg a ddynodai ardd, hirsgwar fel rheol, wedi ei hamgylchynu gan furiau. Ym Mhersia byddai'n lloches ddymunol rhag gwres yr haul, gan fod coed cysgodol a dŵr rhedegog yn nodwedd amlwg mewn gardd o'r fath. Ym Mhrydain daeth i olygu yn syml unrhyw ardd amgaeëdig weddol fawr, a geid yn arbennig mewn plastai. Gellir gweld gardd fawr amgaeëdig hyd heddiw yn y Brynddu, Llanfechell, ond mae hon yn ardd ymarferol lle tyfir blodau a llysiau 'at iws' yn hytrach na nodwedd addurniadol. Dyna oedd ei phwrpas yn nyddiau William Bulkeley hefyd, er ei fod ef yn tyfu rhai ffrwythau eithaf anarferol megis orennau, eirin gwlanog ac afalau cwins. Mae'n amlwg fod gardd amgaeëdig wedi bod yn rhan o'r tir o amgylch annedd *Paradwys* hefyd ar un adeg, ond os cyfeirid ati fel *paradwys,* mae'n bosib ei bod yn fwy addurniadol ei naws.

Ychydig o gofnodion sydd gennym o'r enw *Paradwys*. Cyfeiriwyd at 'farm called *Paradise*' yn 1732 (Poole), ond y ffurf Gymraeg *Paradwys* a welir gan amlaf. Nodwyd *Paradwys* ar fap John Evans o ogledd Cymru yn 1795, a *Paradwys* a *Paradwys-bâch* ar fap OS 1839–41. *Paradwys, Fferam Paradwys* a *Parc-Paradwys* sydd ar y map OS cyfredol. Cofnodwyd darn o dir o'r enw *Gardd y Nefoedd* yn Chwaen yn 1633 ym mhapurau Bodorgan, ond mae'n fwy na thebyg mai llecyn dymunol oedd hwn yn hytrach na gardd amgaeëdig.

Penbol

Mae *Penbol* a *Penbol Uchaf* ar lan ogleddol Llyn Alaw. Daw'r cyfeiriad cynharaf a welwyd at yr enw hyd yn hyn o'r flwyddyn 1443 yn y ffurf *Penbole* (PFA). Nodwyd yr un ffurf yn yr un ffynhonnell yn 1505. *Penboll* sydd yng Nghartiwlari Penrhyn yn 1453–4. Yn 1589/90 ceir *Penbol* (Penrhos), ond am ryw reswm cofnodwyd *Penbell* yn 1594–7 ((Ex.P.H-E). Nodwyd *penbol* yn 1639 (BH). *Penybol* sydd ar fap John Evans o ogledd Cymru yn 1795, a *Pen-bol* ar fap OS 1839–41. *Penbol* a *Penbol Uchaf* sydd ar y map OS cyfredol. Ambell dro gwelir a chlywir y ffurf *Pembol*. Ar lafar tueddir i greu'r sain *–mb–* o'r cyfuniad *–nb–*: yn aml cyfeirir at Lanbedr Pont Steffan fel *Llambed*.

Mae'n hollol amlwg mai elfennau'r enw *Penbol* yw *pen* + *bol*, dwy ran o'r corff sydd wedi eu defnyddio i ddisgrifio lleoliad neu nodwedd ddaearyddol. Nid oes unrhyw broblem â'r elfen *pen*; mae'n elfen hynod o gyffredin mewn enwau lleoedd. Fodd bynnag, mae'n werth ystyried *bol* yn fwy manwl. Llyn a grëwyd trwy foddi rhan o *Gors y Bol* yn chwedegau'r ugeinfed ganrif yw Llyn Alaw, felly roedd y *bol* yno ymhell cyn y llyn, ac roedd *Penbol* yno hefyd ar ran uchaf neu *ben* y *bol*. Mae'r elfen *bol* yn amlwg iawn yn enwau'r ardal hon: *Penbol*, *Cors y Bol*, ac mae pentref *Rhos-y-bol* yn bur agos. Credai Syr Ifor Williams fod yr un elfen hefyd i'w gweld yn enw *Llanol*, a leolir nid nepell o *Benbol*. Mae ef yn awgrymu mai *Glanfol* oedd tarddiad posib *Llanol*. Gall *bol* olygu 'stumog' wrth gwrs, ond gall olygu ceudod ar y naill law neu chwydd ar y llaw arall, sef tir sy'n pantio am i mewn neu yn poncio am allan.

Gwelir y ffurf luosog yn enw cwmwd *Talybolion*, ac oherwydd y ddwy ystyr sydd i *bol* cynigiodd Syr Ifor ddewis o ' the end of the deep cavities' neu 'the end of the ridges' fel cyfieithiad i'r enw hwnnw (PKM). Nid oes angen dweud nad oes sail o gwbl i'r ffurf *Tal Ebolyon*, a ddefnyddiwyd gan adroddwr hanes Branwen yn y Pedair Cainc i esbonio sut y bu'n rhaid i Fendigeidfran roi meirch ac ebolion i Fatholwch yn dâl am y sarhad a wnaethpwyd gan Efnisien. Meddai Syr Ifor: 'Ni raid credu'r stori! Ymgais llên gwerin yw i esbonio enw anodd'(PKM).

Barn Trebor Môn oedd fod enw *Penbol* yn tarddu 'oddiwrth Polyn (*Paulinus*), blaenor y Rhufeiniaid, yr hwn a ddarostyngodd Fon'. Mae hefyd yn cynnig awgrym arall, sef mai Gwyddelod oedd y 'Bol' a ddaeth i Fôn 'ag hynt anhymunol' (ELlMT). Ni raid credu hyn chwaith.

Nid y *bol* a welir ym *Mhenbol* a *Thalybolion* yw'r unig ddefnydd o air sy'n golygu 'bol' mewn enw lle. Ystyr *cest*, a geir yn *Y Gest*, *Borth-y-gest* a *Moel-y-gest* ger Porthmadog, yw 'bol mawr' neu 'geudod'. Ai siâp bryn *Y Gest* a esgorodd ar y syniad o fol mawr? Fodd bynnag, mae Hywel Wyn Owen a Richard Morgan yn awgrymu'n deg iawn mai cyfeirio at y gors gerllaw y mae *cest*. Byddai hyn hefyd yn esbonio'r defnydd o *bol* yn enw *Cors y Bol*, gan fod cors yn llowcio popeth i'w chrombil (DPNW). Gair arall â'r un ystyr, sef 'bol' neu 'geudod', yw'r *rhumen* a geir yn enw *Rhos-y-rhumen* yn Llangwnnadl, Llanllyfni a Llanuwchllyn.

Penhesgyn

Ceir tystiolaeth am yr enw *Penhesgyn* yn mynd yn ôl rai canrifoedd mewn dau le ym Môn. Ychydig o gofnodion sydd ar gyfer y *Penhesgyn* a welir hyd heddiw yn Llanfaethlu, ond gwyddom fod tŷ o'r enw hwn yno yn y bymthegfed ganrif, gan fod Lewys Môn wedi canu marwnad i Gruffudd Felyn o Benhesgyn. Cyfeiriwyd at Gruffudd mewn un llawysgrif fel 'gr. velyn o von alias gr. ap hol. ap gr. o penheskyn yn llan ffaythlvv y mon' (GLM). Yn ei farwnad iddo, *Uwch Hesgyn* yw'r ffurf a ddefnyddiodd Lewys Môn wrth gwyno'r golled ar ôl y croeso a gâi ar aelwyd Gruffudd:

Mae'r gynau pân?[34] Mae'r gwin pêr?
Mae'r gwas hael ym mrig seler?
Ys bu ddydd, os heibio'dd âi,
yn Uwch Hesgyn na chysgai. (GLM)

Yn llawysgrifau Bangor ceir cofnod o 1650: 'There is a place called Penheskin in Talebolion otherwise called Uwch-Heskin from a little brook there'. Enw'r ffrwd hon yw *Hesgyn*, ac mae'n un o lednentydd Afon Alaw Fach (AfMôn). Mae'n amlwg mai'r ffrwd a roes ei enw i'r *Penhesgyn* yn Llanfaethlu. *Pen Hesgin* a gofnodwyd yn 1776 (BH), *Penhesgin* yn 1779 (PA), a *Penhisgin* yn 1792 (PCoch). *Penhesgyn* sydd ar y map OS cyfredol.

Mae gennym lawer iawn mwy o gofnodion ar gyfer y *Penhesgyn* ym mhlwyf Llansadwrn. Ar y map OS cyfredol nodir *Penhesgyn Hall*, *Penhesgyn* a *Penhesgyn Gors* i'r gogledd o Lanfair Pwllgwyngyll. Ar un adeg defnyddid y *Penhesgyn* hwn fel sanatoriwm. Y cofnodion cynharaf a welwyd ar gyfer *Penhesgyn* Llansadwrn yw *Penhiskyn* o 1306 (WChCom). Cofnodwyd *Peneskyn* yn yr un ffynhonnell yn 1399. Ceir dau gofnod hefyd o 1398/9, sef *Peneskyn* a *Penesken*, mewn stent o diroedd Esgob Bangor (Rec.C). Nodwyd *penheskyn* yn 1413 a *Penhescyn* yn 1443 ym mhapurau Penrhyn. Ceir *penhesgyn* o 1505 (Penrhyn), a *penneeskyn* o 1521 (BH). *Penhescin* sydd ar fap John Evans yn 1795, a *Pen-esgyn* ar fap OS 1839–41.

Yn ôl GPC, mae *hesg* yn enw lluosog, a rhydd *hesgen* fel y ffurf unigol. Yr ystyr yw corsennau neu frwyn sy'n tyfu mewn tir gwlyb. Mae gan Syr Ifor Williams esboniad diddorol iawn i'r ffurf *hesgyn* / *hesgin* (ELleoedd). Dywed iddo glywed *hesgin* yn cael ei ddefnyddio i gyfeirio at y gors ei hun. Mae ef yn dewis y sillafiad *hesgin*, ac yn gweld tebygrwydd ynddo i'r ffurf *derwin* yn enw *Bwlchderwin* yn Eifionydd. Dywed mai ystyr yr enw hwnnw yw 'bwlch lle bu derw'n tyfu rywdro'. Cyfeiria hefyd at *Dinas Gwernin*, enw

34 *pân* = ffwr, ermin

Cymraeg hen fynachlog yn Iwerddon. Gwern a dyfai yno. Felly, mae Syr Ifor yn dadlau, os gellir galw man lle mae derw'n tyfu yn *derwin*, a man lle mae gwern yn tyfu yn *gwernin*, pam na ellid cael *hesgin* am fan lle mae hesg yn tyfu? Yn Llanfaethlu, mae'r enwau *Uwch Hesgyn* a *Penhesgyn* yn awgrymu fod yr annedd wedi ei leoli uwch darn o dir corsiog. Os yw wedi cymryd ei enw o'r ffrwd *Hesgyn* efallai fod hesg yn nodwedd amlwg ar lannau honno. Yn Llansadwrn, mae'r gors ger *Penhesgyn* wedi ei nodi ar y map OS, ac mae enw *Penhesgyn Gors* yn brawf pellach o'i bodolaeth.

Penhwnllys

Lleolir *Penhwnllys* i'r gogledd-ddwyrain o Landdona a'r gogledd-orllewin o Langoed. Yn y CCPost nodir *Penhwnllys Bach*, *Penhwnllys Mawr*, *Penhwnllys Plas* a *Penhwnllys Uchaf*. Cofnodwyd *Penhwnllys groes* hefyd yn 1798 (Poole). Mae hwn yn enw pur anodd ei esbonio. Gellid cynnig ar un olwg mai'r ystyr fyddai *pen* + *hwnt* + *llys*, gyda'r ystyr o'r ardal uwch rhan bellaf tir y llys, sef llys Llan-faes. Ond yr *h* yng nghanol yr enw fyddai wedi ein hudo i gynnig esboniad o'r fath, heb ystyried ffurfiau cynnar yr enw, ac mae hyn yn bechod anfaddeuol wrth ddehongli enwau lleoedd. Y gwir amdani yw mai map OS 1839–41 yw un o'r enghreifftiau cynharaf o gynnwys yr *h*.

Un o'r cofnodion cynharaf yw *Penwenthles* o'r flwyddyn 1310 (Penrhyn). Ymgais rhywun di-Gymraeg i gyfleu'r sain *ll* yw'r cyfuniad *thl* yma. Yn 1346 cofnodwyd y ffurf *Penwynthles* mewn rhôl llys. Gellir rhannu ffurfiau'r enw i rai *–wenllys* a rhai *–wynllys*, gyda'r mwyafrif yn y dosbarth *–wynllys*. Gwelsom *Penwenthles* o'r flwyddyn 1310 uchod; ceir *Penowenllis* yn 1541/2 (PCoch), a *Penwenllys* yn 1412/3 (Penrhyn). Yn y garfan *–wynllys* gwelsom eisoes *Penwynthles* o 1346. Ceir *Penwynlees* yn 1352 (Rec.C). Yn 1392 cofnodwyd *Pennwynllys* ym mhapurau Baron Hill, ac yn yr un ffynhonnell nodwyd *penwynllys* yn 1470/1, a

Penwynllys yn 1477. Ceir *Penwynlles* yn 1539 (Sotheby). Efallai fod y ffurf *Penwnllys* a gofnodwyd yn 1607 (Sotheby) yn arwyddocaol, gan y gellir dychmygu'r *h* yn ymwthio i mewn i ganol y ffurf hon. Erbyn map OS 1839–41 mae'r *h* yn solet yng nghanol yr enw: *Pen-hwnllys* a *Penhwnllys isaf* sydd ar hwnnw, ac o hynny ymlaen mae'r *h* yn dod yn rhan annatod o'r enw.

Sut mae esbonio fod rhai ffurfiau yn *–wenllys* ac eraill yn *–wynllys*? Tybed a oes a wnelo hyn rywbeth â'r ffaith fod *llys* wedi newid o fod yn enw benywaidd i fod yn wrywaidd dros y blynyddoedd? Gwrywaidd yw *llys* i ni heddiw, ond gwelir olion iddo fod yn fenywaidd mewn enwau lleoedd megis *Llyswen* a *Llysfaen*. Roedd yn fenywaidd yn y Pedair Cainc, ond mae'n wrywaidd erbyn i Ellis Wynne ysgrifennu ei Weledigaethau. Ac eto, yn achos *Penhwnllys,* nid yw'r newid rhwng *–wenllys* ac *–wynllys* yn dilyn trefn gronolegol. Yn wir, cofnodwyd *Penwynllys* a *Penwenllis* yn yr un ddogfen yn 1413 (PFA), a thrachefn yn 1481 (Penrhyn).

Beth yw arwyddocâd yr ansoddair *gwyn* / *gwen* gyda'r enw *llys*? Yr un yw'r cysyniad ag a geir yn enw *Llyswen* ym Mrycheiniog. Mae Hywel Wyn Owen a Richard Morgan yn gofyn yr un cwestiwn wrth drafod enw *Llyswen* (DPNW). Awgrymant y gallai gyfeirio at furiau wedi eu gwyngalchu, neu fe allai fod yn ddisgrifiad digon amwys o'r llys, megis 'hardd, gwych, teg'. Rhaid cyfaddef fod sawl problem yn codi wrth geisio dehongli ystyr *Penhwnllys*.

Penmynydd

Nid oes unrhyw hynodrwydd arbennig i'r enw hwn ynddo'i hun, ac eithrio'r ffaith fod y Monwysion wedi ystyried fod yr allt sydd yn codi o ddyffryn Afon Ceint i bentrefan *Penmynydd* yn haeddu cael ei disgrifio fel 'mynydd' o gwbl. Ond byddai'n anodd iawn trafod enwau lleoedd Môn heb grybwyll *Penmynydd*, yr enwocaf o bosib o dai'r ynys oherwydd ei gysylltiad â'r Tuduriaid. Adeiladwyd y tŷ presennol yn 1576 ar safle tŷ cynharach. *Penmynydd* yn syml oedd enw'r tŷ am ganrifoedd. Ychwanegwyd *Plas* ato yn ddiweddarach, yn rhannol er mwyn dyrchafu ei statws, ac yn rhannol i wahaniaethu rhwng y tŷ a phentref *Penmynydd*. Mae'r pentref ar ben yr allt, ond mae'r tŷ ym mhen draw lôn fach breifat ryw hanner ffordd i lawr yr allt yn edrych dros Afon Ceint.

Roedd Llywelyn Fawr wedi rhoi nifer o drefgorddau ym Môn gyda breintiau arbennig i Ednyfed Fychan, ei ddistain. Yn eu plith roedd rhan o drefgordd *Penmynydd*. Daethai *Penmynydd* i fod yn brif gartref disgynyddion Ednyfed erbyn tua 1300. Daliodd nifer ohonynt swyddi o bwys ym Môn trwy gydol y bedwaredd ganrif ar ddeg. Roedd Tudur ap Goronwy, er enghraifft, yn rhaglaw Dindaethwy yn 1336, a daliodd y swydd hyd ei farwolaeth yn 1367 (MedAng). Canodd Iolo Goch i feibion Tudur, a gysylltid â thai blaenllaw yr ynys: Goronwy â Phenmynydd, Ednyfed â Threcastell, Rhys ag Erddreiniog a Gwilym â Chlorach. Nid yw'r bardd yn crybwyll y brawd arall, Maredudd, ond ohono ef yr hanodd llinach frenhinol y Tuduriaid. Dyma sut y cyfarchodd Iolo Goch y brodyr yn ei gywydd moliant:

> Myned yr wyf dir Môn draw,
> Mynych im ei ddymunaw,
> I ymwybod â meibion
> Tudur, ben ymwanwyr Môn:
> Gronwy, Rhys, ynys hynaif,[35]
> Ednyfed, Gwilym, lym laif. . .[36] (GIG)

Mae'r bardd yn disgrifio sut y mae'n cyniwair rhwng tai'r gwahanol frodyr, gan anelu yn gyntaf am *Benmynydd* i gyfarch Goronwy:

> Cyntaf lle'r af, llew a rydd,
> Caer Pen Môn, carw Penmynydd . . .

35 *hynaif* = penaethiaid
36 *glaif* =gwaywffon

Mae gan Iolo Goch gywydd marwnad hefyd i Goronwy ac Ednyfed. Ynddo, dywed mai boddi yng Nghaint fu tynged drist Goronwy. Canodd Llywelyn Goch ap Meurig Hen yntau farwnad i Goronwy, gan ei ddisgrifio fel:

> Penadurwawr mawr, maranedd – gynnal,
> Penmynydd ardal, aur mâl a'r medd.[37] (GLlGMH)

Parhaodd y traddodiad o ganu mawl i deulu Penmynydd i'r unfed ganrif ar bymtheg. Canodd Simwnt Fychan gywydd marwnad i Rhisiart Owain II, a fu farw yn 1558, gan gyfeirio at y galar o'i golli:

> Mae'n wannach o'i mewn Wynedd,
> Mae'n oer Môn, maenor y medd,
> Mae'n ddiwres man oedd araul,
> Mae'n ddu Penmynydd heb haul. (CMDPen)

Canu moliant i Rhisiart Owain III (*c*. 1536–1586) y mae Wiliam Cynwal, gan ganmol haelioni'r croeso a gâi gan ei noddwr:

> Dy aelwydau da i d[lodion],
> Dy blas fu urddas i [Fôn],
> A thyrau a phyrth araul
> A than y pyrth wyneb haul.
> Pa blas o sail urddas sydd?
> Pa henw' Môn heb Benmynydd? (CMDPen)

Cyfeiriadau at y drefgordd yw'r cofnodion cynharaf sydd gennym am *Benmynydd*. Daw'r cofnod cynharaf a welwyd hyd yn hyn o'r flwyddyn 1254 yn y ffurf *Penniminit* (Val. Nor.). Cofnodwyd y ffurf eithaf rhyfedd *Pennenuz* yn 1291 (Tax. Nich.). *Pennyneth* a geir yn 1352, ond mae'r ffurf a nodwyd yn 1398/9 yn llawer nes at y ffurf fodern, sef *Penmynyth* (Rec.C). Nodwyd *Penmynyth* hefyd yn 1409 (PFA), yn 1525–6 ac 1652 (Bodrhyddan), ac yn 1519/20

37 Arglwydd a phennaeth mawr ardal Penmynydd, yn cynnal aur pur a medd.

(BH). Dryslyd iawn yw'r ffurf *Penmewnethe* o'r flwyddyn 1586/7 (Ex.P.H-E). *Penmeneth* sydd ar fap John Speed yn 1610; *Penmoneth* ar fap Blaeu yn 1645; *Penmenis hall* ar fap stribed John Ogilby yn 1675, a *Penmynydd* ar fap John Evans yn 1795. Gwelwn fod *hall* wedi ei ychwanegu at yr enw yn 1675; erbyn map OS 1839–41 mae'r enw wedi dod yn *Plâs Penmynydd*, a *Plas Penmynydd* sydd ar y map OS cyfredol.

Pen yr Orsedd

Ym mhapurau Henllys cofnodwyd annedd o'r enw *Tythyn pen yr orsedd* yn Llangefni yn 1632. Ceir cyfeiriadau ato drwy'r ddeunawfed ganrif yn yr un ffynhonnell, fel rheol heb yr elfen 'tyddyn' o'i flaen: *Penrorsedd* oedd y ffurf yn 1707 a *Pen'r Orsedd* yn 1742. Mae'n debyg fod yr annedd hwn wedi bod ar gyrion y dref; os felly, ai hwn a gofféir yn y lôn o'r enw *Pen yr Orsedd* ar stad ddiwydiannol Llangefni heddiw? Dewiswyd yr annedd yn Llangefni, nid am fod unrhyw hynodrwydd arbennig iddo, hyd y gwyddom, ond i gynrychioli'r defnydd o'r elfen *gorsedd* y ceir cynifer o enghreifftiau ohoni mewn enwau lleoedd ym Môn. Yn wir, gwelir yr elfen hon mewn rhannau eraill o Gymru hefyd, ond mae'n arwyddocaol fod pob un o'r dwsinau o enghreifftiau a nodir yn AMR yn dod o ogledd Cymru, ac eithrio rhyw un neu ddwy o swydd Amwythig yn yr oesoedd canol.

Cofnodwyd yr enw *Pen yr Orsedd* hefyd yng Ngharreglefn, Dinam, Llandrygarn, Llanfachreth, Llechylched, Rhos-y-bol, Llangaffo a Gwalchmai. Nodir dau annedd o'r enw hwn ar y map OS cyfredol yn yr un ardal, y naill i'r dwyrain o Lanfair-yng-Nghornwy, a'r llall i'r gogledd. Lleolir *Orsedd Goch* hefyd i'r de-orllewin o Lanfair-yng-Nghornwy. Cofnodwyd *Braich-yr-orsedd* yn Llanfaelog ar fap OS 1839–41. Roedd annedd o'r enw *Bryn yr Orsedd* yn Llaneilian yn 1639/40 (BH). Mae'r enw *Cae'r orsedd* wedi ei nodi ar anheddau yn Amlwch, Biwmares, Llanbeulan, Llanfair Mathafarn Eithaf, Penrhosllugwy a Rhoscolyn.

Roedd yna *Dryll yr Orsedd* a *Llain yr Orsedd* hefyd yn Rhoscolyn. *Gorsedd* yn syml a nodwyd yn Llandegfan, ond *Orsedd* yn Llanfaethlu. Roedd *Pant yr Orsedd* yn Llaneilian a *Tyn yr Orsedd* yn Llanrhwydrys. Cofnodwyd *Gorsedd Donnog* yn Llangristiolus yn 1778 (Poole). Mae'n bur debyg fod enghreifftiau eraill yma ac acw ar yr ynys.

Beth yw ystyr yr elfen *gorsedd*? I ni heddiw, prif ystyr y gair yw cadair grand y mae brenin neu frenhines yn eistedd arni ar achlysur seremonïol. Wrth gwrs, os ydych yn eisteddfodwr bydd gan 'yr Orsedd' ystyr arall ichwi, sef cynulliad y beirdd a'r cerddorion yn nefodau'r ŵyl. Mae defnydd y gair *gorsedd* i gyfeirio at gynulliad fel hyn yn adlewyrchu ei ystyr gynharaf, gan fod tystiolaeth ohono yn golygu llys barn yng nghyfreithiau Hywel Dda. Ond ni thâl yr ystyr hon yn enw *Pen yr orsedd* a'r holl enwau eraill a nodwyd uchod. Nid yw'r ystyr o orseddfainc frenhinol chwaith yn briodol, gan mai go brin fod pethau o'r fath i'w gweld wedi eu sodro yma a thraw ar gaeau Môn. Rhaid troi at ystyr arall eto, un nas defnyddir bellach, sef tomen neu fryncyn. Gwelir yr ystyr hon yn y Mabinogi. Ar fryncyn, sef *Gorsedd Arberth*, yr oedd Pwyll yn eistedd pan welodd Riannon am y tro cyntaf. Yn ne Cymru, ym Mhenfro, y mae Arberth, ac eto mae'n rhyfedd sylwi mai yn y gogledd y mae'r elfen *gorsedd* wedi goroesi mewn enwau lleoedd. Dewiswyd *Pen yr Orsedd* fel pennawd i'r adran hon am fod yr enw hwnnw o bosib yn cyfleu natur *gorsedd* yn well na'r enwau eraill, gan mai rhywbeth y gellir dringo i'w phen yw *gorsedd*. Dyma'r ystyr sydd yn enw *Pen yr Orsedd*, sef pen y bryncyn.

Planhigion, coed a chnydau

Un agwedd ddiddorol ar enwau lleoedd yw'r wybodaeth a gawn am blanhigion, coed a chnydau. Mae hyn yn arbennig o wir am enwau caeau, gan eu bod hwy yn ffynhonnell hynod werthfawr i roi syniad inni am y mathau o gnydau a dyfid.

Un o'r planhigion a grybwyllir fynychaf yw *eithin*. Cofnodwyd anheddau o'r enw *Bryn Eithin* ym Modedern, Aberffraw, Caergybi, Llanidan a Threfdraeth. Ceir *Carreg* neu *Cerrig yr Eithin* yn Niwbwrch. Mae *Cae eithin* yn enw hynod o gyffredin ar gae, a chofnodwyd anheddau hefyd o'r un enw yn Llanddaniel-fab, Heneglwys, Llanddeusant a Niwbwrch. Yn RhPDegwm nodwyd *Mynydd yr Eithin* yn Llanfachreth, ac mae yno hyd heddiw. Cofnodwyd *Tyddyn-yr-eithin* yn Llanfihangel-yn-Nhywyn, *Tyddyn eithin* yn Llanrhuddlad a *Bryneithinog* ym Mhenrhosllugwy. Heddiw, efallai y byddem ni yn ystyried tir llawn eithin yn dir digon sâl, ond nid oedd eithin yn gwbl ddiwerth o bell ffordd. Ar un adeg roedd yn cael ei falu yn borthiant i geffylau. Defnyddid eithin a rhedyn hefyd fel tanwydd, ac ystyrid fod siwrwd eithin, sef eithin wedi ei falu'n fân, yn dda iawn i gynnau tân.

Mae'r elfen *rhedyn* yn hynod o gyffredin, ac roedd i hwnnw hefyd ei ddefnydd fel gwasarn i'r anifeiliaid orwedd arno. Wrth sôn am wasarn, tybed pa fath o wasarn oedd yn annedd *Tyddyn-gwasarn* yn Llanfaethlu? 'Aur dan y rhedyn, arian dan yr eithin a newyn dan y grug', meddai'r hen air. Honnai William Salesbury y byddai llosgi dail rhedyn a'u taenu ar y ddaear yn cadw nadroedd draw (LlS). Cofnodwyd *Maes y Rhedyn* yn Llanddaniel-fab yn 1841, *Tŷ rhedyn* yn Llanfair Mathafarn Eithaf yn 1841, a *Drum redyn* yn Llanbadrig yn 1844, i gyd yn RhPDegwm. Lleolir *Rhedyn Coch* yn Niwbwrch. *Rhedincoch* oedd y ffurf yn 1759 (CENgh).

Os oedd rhinweddau i'r eithin a'r rhedyn, mae'n debyg fod drain yn fwy o drafferth na dim arall. Yn ôl Rhestrau Pennu'r Degwm roedd yna annedd o'r enw *Tyn Drain* yn Llanddaniel-fab a *Cae tyddyn drain* yn Llanddyfnan. Nodwyd annedd o'r enw *Cae Drain* yn Llandegfan yn y ddeunawfed ganrif (BH) ac yn Llangwyllog ar fap OS 1839–41. Roedd yna *Fron Drain* a *Llwyn Drain* yn Llandyfrydog, ac, fel y gwelsom wrth sôn am *Erddreiniog*, mae'n debyg mai drain oedd nodwedd amlycaf y llecyn hwnnw ar un adeg. Enw tlws yw *Porth y Ddraenen Wen* sydd i'r de o Aberffraw. Ceir annedd ym Mhentraeth hyd heddiw o'r enw *Coch Mieri*; roedd yn RhPDegwm yn 1841. Cofnodwyd *Cae Mieri* yn Llanidan a llawer lle arall. Mae'n debyg fod ysgall yr un mor drwblus â drain; mae'r planhigyn hwn i'w weld yn enw *Ysgellog*, ac yn enw'r cae a gofnodwyd fel *Cae as gellog* yn Llanidan yn 1841. Math arall o dir a fyddai'n anodd ei drin fyddai tir yn llawn o frwyn neu hesg. Mae'n debyg mai hesg sydd yn enw *Penhesgyn* a drafodwyd uchod. Yn sicr, roedd brwyn yn nhrefgordd *Bodbabwyr*, fel y gwelsom eisoes. Cofnodwyd *Tyn y Brwyn* yn Llanddaniel-fab yn 1841.

Ceir sawl cyfeiriad at anheddau o'r enw *Talcen Eiddew*. Mae'n amlwg mai disgrifiad sydd yma o'r modd yr oedd eiddew wedi tyfu dros dalcen y tŷ. Cofnodwyd yr enw yng Ngharreg-lefn ar fap OS 1839–41, ac mae yno o hyd. Ceir yr un enw yn Llanbadrig. Fe'i nodwyd yn y ffurf gartrefol lafar *Talcian eiddaw* yn RhPDegwm plwyf Penmynydd yn 1843; mae'n debyg mai'r un lle oedd hwn â'r *Tythyn Talken uddew* a nodwyd yno yn 1744 (BH). Mae'r annedd hwn hefyd yno hyd heddiw yn ardal Star, y Gaerwen. Cofnod gwallus o'r un enw sydd yn RhPDegwm Pentraeth yn 1841, sef *Talcianeiddan*. Gwelir yr un enw ym Modwrog: fe'i nodwyd fel *Talgan Eiddaw* yn ATT yn 1769. Ceir cyfeiriad at annedd o'r enw *Ty talcen eiddaw* hefyd yn Nhrefdraeth yn 1770 ym mhapurau Bodorgan.

Gwelir rhai planhigion llai cyffredin yn ogystal, fel yn *Bryn suran*, enw cae a gofnodwyd ym mhlwyf Caergybi yn 1840. Ceir yr un elfen yn enw *Erw Suran* yng Nghwmystradllyn, Garndolbenmaen. Ceir sawl math o *suran*, ond mae'n debyg mai *suran y cŵn* ('common sorrel') neu *suran y coed* ('wood sorrel') a olygir yma, gan mai'r rheiny a ddefnyddid amlaf gynt. Benthyciad o'r Hen Saesneg yn golygu 'sur' yw *suran*. Er bod y dail yn chwerw ac yn sur, fe'u cynhwysid yn aml mewn salad a sawsiau yn yr un modd â finegr. Credid hefyd fod suran yn llesol i buro'r gwaed, i gryfhau'r stumog ac i roi archwaeth am fwyd i'r claf. Gwneid trwyth o sudd y dail a'i roi ar gadach i leddfu chwyddiadau. Planhigyn arall anarferol yw *ffenigl*, a welir yn enw *Pwllfanogl* yn Llanfair Pwllgwyngyll. Trafodir hwn yn fwy manwl isod.

Cofnodwyd annedd o'r enw *Bryn pupur* yn RhPDegwm Llanfachreth yn 1845. Mae'n bosib fod naill ai'r planhigyn mintys poeth neu bupurlys y maes yn tyfu'n wyllt yma ar un adeg. Roedd annedd o'r enw *Llain Pepper* yng Nghaernarfon yn RhPDegwm 1841. Trodd hwnnw wedyn yn *Llanbupur*. Mae Melville Richards yn dehongli'r enw *Dryll y bippe* a gofnodwyd ym Metws Cedewain yn 1610/11 fel 'dryll y pupur'.

Wrth ystyried pa goed neu lwyni a welir yn enwau lleoedd Môn, byddid wedi disgwyl gweld mwy o gyfeiriadau at y dderwen na'r un arall o bosib. Fodd bynnag, y goeden a welir amlaf yw'r ysgawen. Mae William Salesbury yn canmol rhinweddau'r ysgawen yn ei Lysieulyfr. Roedd ei haeron yn ardderchog ar gyfer gwneud gwin, fel y gwyddom hyd heddiw, ond yr oedd ef yn eu hargymell hefyd i iro'r pen er mwyn duo'r gwallt. Roedd i'r dail eu defnydd ar gyfer lleddfu llosgiadau neu frath ci (LlS). Yn Rhestrau Pennu'r Degwm cofnodwyd anheddau o'r enw *Llwyn Ysgaw* yn Aberffraw, Llandegfan, Llandyfrydog, Llanrhwydrys, Pentraeth, Llangeinwen, ac yn y ffurf *Llwyn y sgaw* yn Llanfechell. Ym Mhentraeth nodwyd *Pant yr Ysgaw* hefyd, a *Caer ysgawen* yn Llanfair Mathafarn Eithaf, y ddau hyn eto yn RhPDegwm. Gwelir yr enwocaf o'r cyfeiriadau at yr ysgawen yn enw *Tresgawen*, tŷ mawr yng Nghapel Coch, Llangefni, sydd bellach wedi ymddyrchafu i fod yn *Tre-ysgawen Hall* ac yn westy moethus. Trafodir yr enw hwn ar wahân.

Mae'r dderwen yma, wrth gwrs. Cofnodwyd *Tanydderwen* yn Llaneilian ar fap John Evans o ogledd Cymru yn 1795, roedd *Cefn Dderwen* ar fap OS 1839–41, ac mae yno heddiw i'r de-orllewin o Frynsiencyn. Gwelir y dderwen hefyd yn yr elfen *deri*, elfen gyffredin iawn mewn enwau lleoedd ledled Cymru: nid oes raid edrych ddim pellach na'r enwog

Cwmderi, er mai pentref dychmygol yw hwnnw. Ond ym Môn, mae *Deri Fawr* yn bodoli hyd heddiw i'r gorllewin o Ddulas. *Deri* oedd enw'r drefgordd ganoloesol. Ffurf luosog *dâr*, sef derwen, yw *deri*. Yn y Pedair Cainc dywedir fod 'blodeu y deri' ymhlith y blodau a ddefnyddiodd Gwydion a Math i greu Blodeuwedd drwy hud.

Gwelsom mai celyn sydd yn ymguddio yn enw *Clynnog Fechan*, fel yng *Nghlynnog Fawr*, wrth reswm. Cofnodwyd annedd o'r enw *Mynydd Celyn* yng Nghaergybi yn ATT yn y ddeunawfed ganrif. Ar y map OS cyfredol gellir gweld fod *Mynydd-celyn-bach* a *Mynydd-celyn-mawr* yno o hyd ar gyrion Caergybi. Cofnodwyd annedd yn Llanbadrig fel *tythin Coach* [coch] *y Celyn* yn 1707 (BH). Ceir cyfeiriad at ywen mewn enw cae ar dir *Dragon Du* ym Mhenmynydd yn 1843, sef *Cae'r ywen*. Cofnodwyd onnen arbennig ym Mhenmon yn 1630–1 yn enw *Dryll yr onnen gam* (BH). Llurguniwyd enw'r onnen yn y ffurfiau *tyn Ronan* a *tynronan* yn ATT Bodwrog yn 1769 ac 1774.

Nodwyd *Bwlch-y-fedwen* yn Llangeinwen yn ATT yn y ddeunawfed ganrif ac ar fap OS 1839–41. Cedwir yr enw ar stad o dai yn Nwyran heddiw. Mae *Fedw Fawr* yno o hyd i'r gogledd o Fariandyrys ger Llangoed. Cofnodwyd *Fedw bach* yn y plwyf nesaf, sef Llanfihangel Dinsylwy, yn 1849 yn RhPDegwm. Yn 1715 cofnodwyd *Tyn y fedw* yn Llangoed ym mhapurau Bodorgan; erbyn RhDegwm yn 1849 roedd wedi troi'n *Tan Fedw*. Coeden ychydig mwy anarferol sydd yn *Tyddyn yr aethnan* a gofnodwyd yn Llangefni yn 1770 (Poole). *Tanraethnen* sydd yn RhPDegwm yn 1843. Ai'r un lle yw *Tyddyn yr Aethnant* yn Llangefni a nodir yn y CCPost? Math o boplysen a chanddi ddail arbennig o grynedig yw'r aethnen. Mae William Morris, mewn llythyr at ei frawd Richard, yn sôn amdano'i hun yn cerdded o Bentre Eiriannell 'drwy'r lôn Aethnen' rywle yng nghyffiniau Bodafon (ML). Cofnodwyd *Pant yr Aethnen* yng Ngharreg-lefn yn 1792 ym mhapurau Plas Coch, ac mae'r enw *Llwyn yr Aethnen* i'w weld yn Nhrefor ger Llanaelhaearn.

Coeden arall sy'n cystadlu â'r ysgawen o ran poblogrwydd yw'r helygen. Prif ddefnydd yr helygen oedd ar gyfer gwneud basgedi o bob math. Cofnodwyd annedd o'r enw *Cae Helyg* ym Mhenmynydd yn ATT yn y ddeunawfed ganrif, ond *Cae helig* oedd y ffurf yn RhPDegwm yn 1843. Mae *Cefn Helyg* ar y map OS cyfredol ger Cemais; nodwyd yr enw fel *Kenynhelik* yn 1352 (Rec.C). Cofnodwyd *Gelli helig* yn Llanallgo yn ATT. Ychydig yn anarferol yw'r ffurf *Helyglwyn* a nodwyd fel enw cae ym Mhenmon yn 1584 (BH). Mae'n amlwg mai helygen sy'n llechu hefyd yn enw *Porth-lygan* yn Llaneilian; mae ar fap OS 1839–41. *Porth Helygen* yw'r ffurf ar y map heddiw. Ceir annedd o'r enw *Cae'r Helygen* rhwng Rhos-isaf a'r Bontnewydd yn Arfon. Yma hefyd gwelir yr un ffurf lafar ag a geir yn *Porth-lygan*. Ar gyfer y fferm yn Llanwnda nodir *Cae'r lygan* sawl gwaith dros y blynyddoedd yn ATT. Dangosodd Dr B. G. Charles fod cwtogi cyffelyb wedi digwydd yn enw Afon *Helygen* yn Sir Benfro, a gofnodwyd fel *Lygen*, ac yn enw *Nant-yr-helygen*, a gofnodwyd fel *Nant yr lygen* a *Nantyrlegon* (PNPem).

Cofnodwyd annedd o'r enw *Wern* yn Llansadwrn ar fap OS 1839–41: mae yno hyd heddiw. Ceir yr un enw yn Llanddona, Llandegfan a Llangoed. Wrth inni gyfeirio yn Gymraeg at y goeden 'alder' dylid sylweddoli mai *gwernen*, yn hytrach na *gwern*, yw'r ffurf unigol fwy safonol. Ffurf luosog yw *gwern* neu *gwernenni*. O roi'r fannod o flaen y ffurfiau lluosog cawn *y gwern* ac *y gwernenni*. Sut felly mae esbonio'r enw *Wern*, sef *y wern*? Enw benywaidd yw 'y wern' am fan lle mae gwernenni yn tyfu. Mae *gwernen* a *gwern* yn enwau ar goed sydd yn tyfu ar dir gwlyb ac mewn corsydd, a daeth 'y wern' i olygu'r math o dir lle mae'r coed hyn i'w gweld. Felly, yn aml iawn mewn enwau lleoedd, megis *Pengwern*, yr ystyr yw gweirglodd laith neu gors. Cofnodwyd *Pengwern* yn Llanddona yn 1720 ac 1758 ym mhapurau Baron Hill, ac enw ag ystyr debyg, sef *tall y wern* yn Llaneilian yn yr un ffynhonnell yn 1639–40. Ceir *Pengwern* hefyd yn Llanwnda, Arfon, ac ym Modelwyddan a Llangollen.

Mae'n anodd gwybod a ddylid cynnwys pren afalau gyda'r coed ynteu gyda'r cnydau, felly caiff fod yn bont rhyngddynt. Cofnodwyd *Tythin yr yvallen* yn Amlwch yn 1612 (Pres.). Roedd annedd o'r enw *Cae'r afallen* ym mhlwyf Llandegfan yn 1844, a chae o'r enw *Cae bryn afalau* yng Nghaergybi yn 1840. Yr unig ffrwythau eraill a welwyd yn yr enwau yw eirin: yn *Cerrig yr eirin* a *Pant yr eirin*, y ddau annedd wedi eu cofnodi yn Llanfechell. Ceir cyfeiriad hefyd at *Kau kerrig yr eirin* yn Rhoscolyn yn 1657 (Penrhos).

Gwelir cyfeiriadau at y cnydau yn amlach yn enwau'r caeau nag yn enwau'r anheddau ar y cyfan. Un o'r ffynonellau gorau ar gyfer astudio enwau caeau yw Rhestrau Pennu'r Degwm. Yno, fesul plwyf, nodir fel rheol enw pob annedd a chanddo dir ynghlwm wrtho, ynghyd ag enwau'r caeau. Fodd bynnag, rydym dan anfantais ym Môn yn hyn o beth. Yn anffodus, mae'r plwyfi lle rhestrir y caeau wrth eu henwau yn y lleiafrif. Mae yna eithriadau, megis plwyfi Bodedern, Caergybi, Llanddaniel-fab, Llanddyfnan, Llanedwen, Llanfwrog, Llanidan, Penmynydd a Phentraeth, ond maent yn brin iawn ac ystyried nifer y caeau a nodwyd wrth eu henwau yn Rhestrau Pennu'r Degwm plwyfi Arfon, Llŷn ac Eifionydd.

Gan Gerallt Gymro y cafodd yr ynys yr enw 'Môn Mam Cymru', gan ei bod yn cynhyrchu cymaint o fwyd. Mae'n debyg mai ŷd o bob math fyddai'r prif gynnyrch. Fe'i gwelir mewn enwau caeau megis *Tan y gardd yd* ym Mhentraeth yn RhPDegwm 1841, ac ŷd a dyfwyd unwaith yn ddiau yn *Cae sovel* yn yr un ffynhonnell. Y bonion a adewir ar y cae ar ôl medi'r ŷd yw'r *sofl*. Cofnodir y gwenith yn y ffurf wallus *Yr Gwynith*, sef enw cae ym Mhentraeth, ac yn enwau'r anheddau *Gwenithnant* yn Llanrhuddlad a *Gwenithfryn* yn Llanfechell (RhPDegwm). Mae *Gwenithfryn* yn y CCPost heddiw. Ceir digon o enghreifftiau o *Cae Haidd* ledled y wlad, ond mae'r enw *Cae bara haidd* a gofnodwyd yn Nhrefdraeth yn 1791 ychydig yn wahanol (Tl). Yn Llanfechell nodwyd annedd o'r enw *Cae heidden* yn RhPDegwm yn 1842. Mae'r un enw yn RhPDegwm

Llangoed yn 1849; mae'n debyg mai'r un annedd yw hwn â'r *Cae Heidden* a nodir dan Llanddona yng nghofnodion y Cyfrifiad. Ffurf unigol *haidd* yw *heidden*, ac anaml y gwelir ei defnyddio yn y ffurf unigol, ac eithrio yn yr enw *Siôn / Sionyn (yr) Heidden*, sef ffurf Gymraeg John Barleycorn, personoliad o gwrw neu wisgi. Cofnodwyd cae o'r enw *Copa Heidden* yn Llandwrog, Arfon. Gwelir ffurf unigol debyg yn enw *Maesgeirchen* ym Mangor, ond *Maes y Ceirchiau* oedd enw hwnnw yn wreiddiol. Ceir cyfeiriad at *Cae ryegrass* yn Llanddaniel-fab; defnyddid y cnwd hwn i borthi anifeiliaid. Yn RhPDegwm plwyf Rhoscolyn yn 1840 cofnodwyd annedd o'r enw *Llafur*. Yr ystyr yma yn ddiau fyddai ŷd neu rawn o ryw fath. Gwelsom eisoes gyfeiriad at annedd *Tyddyn-gwasarn* yn Llanfaethlu, a chofnodwyd *Tyddyn Gwair* yn Llanfaelog yn 1844.

Tyfir meillion fel porthiant i anifeiliaid. Mae'n syndod mor anaml y defnyddir y gair 'meillion'; gwell o lawer gan ein hynafiaid oedd defnyddio 'clofer' neu 'glover'. Gwelsom eisoes, wrth drafod gwaith y bobl, gyfeiriad at yr enw camarweiniol *Llain y glover,* a nodwyd yn Llanddyfnan. Gwelwyd hefyd gofnod o annedd o'r enw *Tyddyn Glover* yn Llangadwaladr yn 1780 ym mhapurau Bodorgan, a nodwyd cae o'r enw *Cae Glover* yn RhPDegwm plwyf Llanfaethlu yn 1840. Eto roedd y gair 'meillion' yn hollol hysbys i'r werin, oherwydd cofnodwyd annedd o'r enw *Park y meillion* yn Llechgynfarwy yn 1806 (PA), ac annedd o'r enw *Meillionen* yn Llandyfrydog yn 1840 yn RhPDegwm.

Un o'r cnydau mwyaf cyffredin fyddai tatws. 'Tatw' yw'r ffurf a ddefnyddir mewn rhai mannau ym Môn, ond ym mhlwyf Caergybi, cofnodwyd *Llain byttato* yn RhPDegwm yn 1840. Ar y llaw arall, yng Nghaergybi yn yr un ffynhonnell ceir *Cae pwll tatws* yn Nhrefignath. Cawn gyfeiriad at gnwd arall yn RhPDegwm Caergybi yn enw *Dryll y ffa*. Cofnodwyd *Bryn y ffa* yn Llanddona yn RhPDegwm yn 1846, a *Cilfach y ffa* yn Llaneilian yn 1720 (Henblas B). Cnwd ychydig yn wahanol ei natur oedd llin, sef 'flax', oherwydd cynhyrchir hwn, nid fel bwyd i ddyn nac anifail, ond i wneud lliain o'i ffeibrau ac olew o'i hadau. Fodd bynnag, mae William Salesbury yn argymell ei ddefnyddio'n amrwd i gael gwared o frychau ar groen yr wyneb, a honna ei fod yn dda at 'haint calon' o'i drwytho mewn finegr (LlS). Gwelir cyfeiriadau ato yn enw *Hafod y Llin*, annedd yn Amlwch, a gofnodwyd fel *havot llene* ym mhapurau Baron Hill yn 1450 ac 1468/9, ac fel *hauot y llin* yn yr un ffynhonnell yn 1470–1. Mae'r enw yno hyd heddiw yn *Hafodllin Bach* a *Hafodllin Mawr* i'r de-orllewin o Amlwch. Cofnodwyd cae o'r enw *Pant y llin* yng Nghaergybi yn 1840.

Cnwd arall oedd cywarch, planhigyn sy'n cynhyrchu math o edafedd a ddefnyddid i wneud hwyliau a bagiau cryfion yn ogystal â rhaffau. Os gellir credu Salesbury, efallai fod gan y cywarch ddefnydd arall yn oes y teuluoedd mawrion oherwydd dywed: 'O chymerir dogyn mawr o had y [cywarch] dof diley planta a wna'. Y perygl o bosib fyddai y gallai dogn mawr ddileu un o'r rhieni yn ogystal. Ond mae'n ei gymeradwyo hefyd ar gyfer anhwylderau mwy di-nod, megis chwyddiadau a chyrn (LlS). Nodwyd *Tyddyn y cywarch* yn Llanfechell yn niwedd yr ail ganrif ar bymtheg a dechrau'r ddeunawfed ganrif. Y ffurf yn 1694/5 oedd *tyddyn y Kowarch* (BH). *Tyddyn-cywarch* oedd ar fap OS 1839–41.

Porthaml

Lleolir *Porthaml* ym mhlwyf Llanidan i'r dwyrain o Frynsiencyn. Adeiladwyd cnewyllyn y tŷ yng nghanol yr unfed ganrif ar bymtheg, ac ychwanegwyd ato a'i newid yn helaeth yn y bedwaredd ganrif ar bymtheg (IAMA). *Porthaml* hefyd oedd enw'r drefgordd gynt. Fe'i nodwyd fel *Porthamal* yn 1284 (ExAng) ac yn 1352 (Rec.C). Cofnodwyd enw'r drefgordd fel *Porthammall* yn 1425 (PFA). Ceir *Porthamall* yn 1464, *Porthamal* yn 1472, a *Porthamall* yn 1474 yng Nghartiwlari Penrhyn. Ceir nifer o gyfeiriadau ym mhapurau Plas Coch yn yr unfed ganrif ar bymtheg, i gyd yn y ffurf *Porthamel*. Nodwyd *Porthamble* ar fap Speed yn 1610, felly hefyd ar fap Blaeu yn 1645. *Porthamel* sydd ar fap OS 1839–41, a *Plas Porthamel* ar y map OS cyfredol. *Porthaml Isaf* oedd hen enw *Plas Coch* yn Llanedwen.

Mae sawl ystyr i *porth*, ond dwy yn unig fyddai'n gymwys yn yr enw *Porthaml*. Fel enw gwrywaidd, yr ystyr arferol yw 'drws'. Gwyddom am y 'porth cyfyng' sydd yn arwain i'r bywyd (Mathew VII, 13). Fe'i defnyddir hefyd yn aml i olygu mynedfa neu glwyd mewn mur amddiffynnol, fel ag a geir yn *Y Porth Mawr* yng Nghaernarfon. Mae'n wir fod yna borth eithaf trawiadol ym *Mhorthaml*, sydd wedi ei lunio o gwmpas drws o'r unfed ganrif ar bymtheg. Fodd bynnag, ni allai hwn fod yn sail i'r enw gan fod *Porthaml* yn enw ar y drefgordd ymhell cyn bodolaeth y drws. Gall *porth* hefyd fod yn fenywaidd, a'i ystyr bryd hynny yw 'porthladd' neu 'lanfa', fel ag a geir yn *Y Borth* yng Ngheredigion. Gan mai enw'r drefgordd oedd *Porthaml* i gychwyn, rhaid ystyried pa borthladd o bwys oedd yno. Ac mae yna lanfa hynod o bwysig yn y cyffiniau, sef *Moel-y-Don*, un o groesfannau mwyaf prysur Afon Menai ar un adeg. Mae'n fwy na thebyg mai cyfeiriad at brif borthladd ardal y drefgordd sydd yn enw *Porthaml*.

Yr ansoddair *aml* yw ail elfen yr enw. Ystyr arferol *aml* i ni yw 'mynych' neu 'llawer', ond gallai olygu 'mawr' neu 'helaeth' gynt. Gwelir yn ffurfiau'r enw *Porthaml* fod y llafariad *a* neu *e* yn dueddol o ymwthio rhwng yr *m* a'r *l*, yn union fel sy'n digwydd ar lafar. Awgrymodd Henry Rowlands yn ei *Antiquitates Parochiales* yn 1710 mai 'the frequent port' oedd ystyr yr enw, gan fod cymaint o fynd a dod oddi yno dros Afon Menai. Fodd bynnag, mae hefyd yn awgrymu mai 'Porth ym Moel' oedd yr ystyr, gan gyfeirio at *Moel-y-Don*. Gallwn ddiystyru'r awgrym hwn, ac yn sicr gallwn anwybyddu'n llwyr ei gynnig arall fod yr enw yn tarddu 'from some Roman called Æmilius . . . as some would say Porth Aemil, i.e. the port of Æmilius'. Dyma'r esboniad a ddewisodd Trebor Môn, wrth gwrs. Ond wedi dweud hyn, a yw'n bosib mai enw personol a ddiflannodd o'r iaith oedd

Amal / *Amel*? Gwelir yr un elfen mewn annedd o'r enw *Glyn Amel* yn Abergwaun, Penfro.

Bu beirdd o bwys yn canu clodydd teulu *Porthaml*, gan gynnwys Rhys Goch Eryri, Lewys Môn, Gruffudd Hiraethog, Siôn Brwynog, Tudur Aled a Wiliam Cynwal. Mae gan Rys Goch Eryri, a oedd yn byw yn nechrau'r bymthegfed ganrif, gyfeiriad diddorol yn ei gywydd marwnad i'w noddwr Maredudd ap Cynwrig o Borthaml. Disgrifia'i hun yn gwylio 'gwinllong', sef llong yn cludo gwin, yn hwylio 'parth â Gwynedd'. Yr awgrym yw y byddai peth o'r gwin yn cyrraedd *Porthaml*. Ond gŵyr y bardd mai siwrnai seithug a gâi'r llong gan fod y sawl a fyddai'n rhannu'r gwin yn ei fedd:

> Canys rhodded ar F'redudd
> Tyfod, marmor côr a'i cudd. (GRhGE)

Noddwr hael a oedd yn byw yn ddiweddarach ym Mhorthaml oedd Rolant Bwcle, a oedd yn aelod seneddol Môn yn ystod teyrnasiad y Frenhines Mari. Canodd Wiliam Cynwal fawl i Rolant a'i wraig Als yn 1569 yn canmol haelioni eu croeso. Mae Siôn Tudur yntau yn moli Rolant ac Als, ac yn chwarae â gwahanol ystyron y gair *porth*:

> Porth dda i gael pyrth a gwledd
> Yw Porthaml, parth ddiomedd.[38] (CMDPorth)

Gellir awgrymu mai ystyron cydnabyddedig eraill sydd i *porth* a *pyrth* yn y cwpled hwn, sef 'cefnogaeth' neu 'nawdd', a 'porthiant' neu 'fwyd'.

Prysaeddfed

Plasty i'r gogledd o Fodedern yw *Prysaeddfed*, gyda chnewyllyn y tŷ presennol yn dyddio'n ôl i ddiwedd yr ail ganrif ar bymtheg. Nodwyd yr enw fel *Preceadduet* ar fap Speed yn 1610, felly hefyd ar fap Blaeu yn 1645. *Presaddfed*

38 *diomedd* = heb ei atal, hael

sydd ar fap John Evans yn 1795, a *Presaddfedd* ar fap OS 1839–41.

Hen air yw *prys* / *prysg* am glwstwr o fân lwyni neu blanhigfa goed, ac mae'n elfen a geir mewn sawl enw lle. Mae'r gair *prysglwyn* hefyd yn eithaf cyffredin. Clwstwr o goed aeddfed oedd yr ystyr yn enw *Prysaeddfed*. Ceir enghreifftiau eraill o'r elfen *prys* ym Môn, yn enwau *Prysiorwerth* i'r de o Langristiolus, ac yn *Prysdolffin* ym Mhenrhosllugwy. Rhag i neb dybied mai enw ar batrwm *Pant y Morfil* sydd yn *Prysdolffin*, rhaid esbonio mai ystyr yr enw hwn yw coedlan gŵr o'r enw Dolffin, hen enw personol cwbl ddilys a welir eto ym Môn yn enw *Treddolffin*. Ceir yr elfen *prys* hefyd yn *Prysgol*, ger Caeathro, Arfon, sef coedlan gŵr o'r enw Coel; yn *Prysdyrys*, ger Pontrhythallt, Llanrug; *Penprys* yn Llannor, Llŷn, a Llanwnnog, Powys; *Prysgyll* ym mhlwyf Llandygái; *Prysor* yn ardal Trawsfynydd, ac yn yr enwau lle Cernyweg *Priske* a *Preeze*. Mae'n amlwg o ffurfiau cynharach enw'r annedd *Bryscyni*, ger Clynnog Fawr, mai *prys* sydd yn hwnnw hefyd.

Fel y gwelsom o'r ffurfiau a nodwyd uchod ar gyfer *Prysaeddfed*, mae'r ffurf *Pres–* yn digwydd yn aml iawn yn hytrach na *Prys–* yn elfen gyntaf yr enw. Yn wir, gellid dweud mai *Presaddfed* yw'r sillafiad a welir fynychaf, a dyna sydd ar y map OS cyfredol. Gwelir y ffurf *Pres–* hefyd yn enw *Mynydd Presely* neu *Preselau* ym Mhenfro. Yr ystyr yno oedd coedlan gŵr o'r enw *Seleu*, ffurf Gymraeg ar Solomon. Mae'n debyg mai ffurf fachigol *prys* a welir yn *Prysan-Fawr* i'r de o Fodedern.

Ceir yr enw *prys* yn y ffurf *prysg* yn y drydedd ganrif ar ddeg yn yr Oianau yn Llyfr Du Caerfyrddin lle mae Myrddin yn rhoi gorchymyn i'r mochyn bach a oedd yn gydymaith iddo yng Nghoed Celyddon: 'nachlat im *prisc*', sef 'paid â thyrchu yn y *mân lwyni*'. Cofnodwyd darn o dir ym Mhenmon yn 1584 o'r enw *Y Prysse* (BH). Mae T. Pritchard ("Rhen Graswr Eleth') yn gwneud ymgais dila i'n dallu â rhyw wybodaeth ffug pan honna fod *Presaddfed*, fel y sillefir yr enw ganddo ef, wedi ei lunio 'o'r gair lladin, *praesidio* –

(llywydd); a gair Cymraeg *seddfod*, am lys barn, ac felly yr ystyr yw *"Llys barn y Llywydd"'* (HYELlM). Rhywbeth tebyg oedd esboniad Trebor Môn, ond gyda rhagor o fanylion nas darganfuwyd gan neb arall.

Nid oes yma le i drafod yr holl ganu mawl a dderbyniodd teulu *Prysaeddfed* gan feirdd megis Guto'r Glyn, Rhisierdyn, Hywel Cilan, Ieuan Deulwyn, Tudur Penllyn, Lewys Môn, Siôn Brwynog, Wiliam Cynwal a Siôn Tudur. Prin fod angen gwneud hynny beth bynnag, gan fod y canu wedi ei drafod yn feistrolgar gan Dafydd Wyn Wiliam mewn cyfres o ysgrifau ysgolheigaidd (TBB). Digon yw dweud fod y beirdd wedi derbyn nawdd am gyfnod hir ym Mhrysaeddfed. Caiff Siôn Tudur siarad drostynt i gyd yng ngeiriau ei gywydd i Wiliam Lewys o Brysaeddfed:

> Mawr yw sôn beirddion heb wedd
> Am lys Wiliam lysieuwledd.
> Mae unwedd, glain annedd gled,
> Im orseddfa 'Mhrysaeddfed.
> Llyna fan llawen i fod,
> Llety henieirll, tŷ hynod.[39]

Pwllfanogl

Roedd *Pwllfanogl*, a leolir mewn llecyn hyfryd ar fin Afon Menai ar gyrion Llanfair Pwllgwyngyll, yn gartref i'r arlunydd enwog Kyffin Williams am flynyddoedd. Mae'r enw *Pwllfanogl* hefyd yn cyfeirio at yr ardal o gwmpas y tŷ. Cofnodwyd *Aber Pwllfannog* gan John Leland yn 1536–9, ac mae ef yn cyfeirio hefyd at *Avon Fannog*, a ddisgrifia fel 'broke', sef ffrwd. Yn ôl Gwilym T. Jones, cangen ogleddol Afon Braint yw'r afon fach hon (AfMôn). Gwelir fod Leland yn cyfeirio at aber, ac yn aml gelwir y lle yn 'Aber Braint'. Cawn drafod yr elfen *fanogl* yn nes ymlaen, ond mae'n werth ystyried yma natur y *pwll*. Barn Gwilym T. Jones yw

39 'Y Traddodiad Barddol ym Mhlwyf Bodedern', TCHNM rhwng 1969 ac 1975.

mai yn y culfor, sef Afon Menai, y mae'r pwll yn hytrach nag yn yr afon fechan, a dywed fod Siartiau'r Morlys yn cadarnhau fod pwll dwfn iawn ar wely Afon Menai yn yr ardal hon.

Yn ei lyfr am Lanfair Pwllgwyngyll, mae John L. Williams yn olrhain hanes y diwydiant a ffynnai ym Mhwllfanogl ar un adeg (LlPwll). Roedd yma borthladd bach prysur hyd ddechrau'r ugeinfed ganrif. Oddi yno allforid llechi ysgrifennu ar gyfer ysgolion o'r ffatri gerllaw. Galwai llongau hefyd yn iard lo *Pwllfanogl*. Ond gwelwyd prysurdeb diwydiannol yno ymhell cyn hyn. Ceir cyfeiriad at *melin pwll y ffanogl* yn 1529/30 ym mhapurau Llanfair a Brynodol, ac fe'i nodwyd fel *Pwllfanogle Mill* yn 1751 (Henllys). Cofnodwyd pandy yno yn 1616 yn yr un ffynhonnell, ac fe'i gwelir yn ATT yn 1753 fel *Pandu pwll y Fanogle*.

Ffurf ysgrifenedig yr enw fel rheol yw *Pwllfanogl*, ond ar lafar gwlad tueddir i golli'r *l* derfynol a'i ynganu fel *Pwllfanog*. Mae hyn yn arfer eithaf cyffredin; gwelir yr un duedd mewn geiriau megis *perygl* > *peryg*, a *huddygl* > *huddyg*. Yn wir, gwelwn hyn yn un o'r enghreifftiau cynharaf a nodwyd o'r enw, sef *Pullfannok* o 1444 (PFA). Ffurf arferol yr ail elfen yw *fanogl*, ond mae GPC yn rhoi sawl ffurf i'r enw: *ffenigl*, *ffanigl* a *ffan(u)gl*. Planhigyn yw hwn sy'n tyfu ar dir diffaith. Mae'r enw Cymraeg wedi ei fenthyca o enw Lladin y planhigyn, sef *Faeniculum vulgare*. Yr enw Saesneg arno yw 'fennel'. Prif ddefnydd *ffanigl* heddiw yw i wneud saws a fwyteir fel rheol gyda physgod, ond yr oedd William Salesbury yn ei argymell ar gyfer 'diphic anhetl', hynny yw, os oeddech yn fyr eich gwynt (LlS).

Efallai y dylid crybwyll fod gan Gwenllian Morris-Jones ddamcaniaeth sydd yn ymddangos yn bur resymol ar yr olwg gyntaf, sef mai 'pwll llyfanog' oedd ystyr yr enw *Pwllfanogl* (GM-J). Enw arall ar y planhigyn 'llysiau'r afu' ('liverwort') yw *llyfanog*, a adwaenir hefyd fel 'gwymon yr afon'. Y ddadl gryfaf yn erbyn cynnig Gwenllian Morris-Jones, fodd bynnag, yw nad oes unrhyw arwydd fod *-l* wedi ei cholli ar ddiwedd yr enw *llyfanog*, tra bo'r *–l* yn gyson yn ffurfiau ysgrifenedig enw *Pwllfanogl* drwy'r canrifoedd, ac felly hefyd yn *ffanigl*. Gellir derbyn yn eithaf hyderus mai *ffanigl*, nid *llyfanog*, sydd yn enw *Pwllfanogl*, ac mae'r cofnod clir *melin pwll y ffanogl* o 1529/30 yn ategu hyn.

Mae *ffanigl* yn elfen anarferol mewn enw lle, ond nid yw'n unigryw. Ceir anheddau o'r enw *Bryn-ffanugl-uchaf*, *Bryn-ffanugl-isaf* a *Bryn-ffanugl-canol* i'r de-orllewin o Abergele. *Brynffanugl* oedd enw'r drefgordd ganoloesol yn yr ardal hon. Rhyfedd ac ofnadwy oedd rhai o'r ffurfiau a gofnodwyd ar yr enwau hyn dros y blynyddoedd: *ffanygell*; *fannuk*; *fannucke*, a *fannyk* ymhlith eraill. Ceir yr un elfen yn enw *Moel Ffenigl* yn Llanuwchllyn; nodwyd hwn fel *Moel-phenic* ar fap OS 1838.

Rhosbothan

Lleolir *Rhosbothan* i'r gorllewin o Lanfair Pwllgwyngyll ac i'r gogledd o Landdaniel-fab. Mae'n debyg fod yr annedd wedi cymryd ei enw o'r rhostir yr adeiladwyd ef arno. Arhosodd yr enw yn bur ddigyfnewid dros rai canrifoedd. Y cyfeiriad cynharaf a welwyd ato hyd yn hyn yw *Rhosbothan* o 1637 (PA). Cofnodwyd yr un ffurf ym mhapurau Henllys yn 1683, 1692, 1704 ac 1784. *Rhose Pothen* sydd yn yr un ffynhonnell yn 1715, *Rhose bothan* yn 1751, a *Rhos Bothan* yn 1774. Am ryw reswm, *Rhôs-botham* a gofnodwyd ar fap OS 1839–41. *Rhosybothan fawr* oedd yn RhPDegwm yn 1841. *Rhosbothan* sydd ar y map OS cyfredol.

Prin fod angen esbonio'r elfen gyntaf *rhos*, gan ei bod mor gyffredin mewn enwau lleoedd, yn enwedig yng ngogledd Cymru. Tir gwastad digynnyrch gweddol uchel yw'r ystyr arferol, er bod yr elfen yn digwydd sawl gwaith ym Môn lle nad oes llawer o dir gwirioneddol uchel. Fe'i gwelir yn enwau *Rhostrehwfa*, *Rhoscolyn*, *Rhosneigr* a mannau eraill yn yr ynys. Mae'r ail elfen *pothan* yn fwy anarferol, er nad yw'n unigryw, fel y cawn weld.

Ceir enghreifftiau o *Pothan* / *Bothan* fel enw personol. Yn

Galwad y Blaidd mae Cledwyn Fychan yn cyfeirio at ŵr o'r enw Dykus ap Ior'[werth] Pothan a oedd yn byw ym Môn yn niwedd y bedwaredd ganrif ar ddeg, ac at Ieuan Bothan a Rolant Bothan a oedd yn byw yno yng nghanol y bymthegfed ganrif. Nid awgrymir bod a wnelo'r gwŷr hyn ddim â *Rhosbothan*, ond byddai'n gwneud synnwyr petai gŵr o'r un enw wedi bod yn berchen ar y rhostir ger Llanddaniel-fab.

Fodd bynnag, mae ystyr i *pothan* fel enw cyffredin, sef 'cenau blaidd'. Efallai mai dyna oedd ystyr yr enw personol i gychwyn. Yn ôl Cledwyn Fychan, yr oedd gan Rhirid Flaidd, rhyfelwr o fri a oedd yn berchen tiroedd lawer ym Mhowys yn y ddeuddegfed ganrif, orwyr a oedd mor falch o gampau ei hendaid nes iddo alw ei hun yn Rhirid y Pothan neu Pothan Flaidd. Roedd gan y teulu yn amlwg gryn barch tuag at y blaidd, gan mai Gwrgenau oedd enw tad Rhirid (GyB). Felly, yn *Rhosbothan* gallai *Pothan* fod yn enw personol, neu fe allai gyfeirio'n llythrennol at ryw genau blaidd a grwydrai'r rhostir ers talwm.

Gwelir yr elfen *pothan* mewn man arall ym Môn hyd heddiw. Ar gyrion Caergybi mae annedd o'r enw *Cae'r-bothan*: dyna ei ffurf ar y map OS cyfredol. *Cae bothan* oedd ar fap OS 1839–41. Ym mhapurau Penrhos ceir cyfeiriadau hefyd at dŷ o'r enw *Tyddyn Bothan* yng Nghaergybi. Nodwyd y ffurfiau *Tyddyn Porthan* yn 1693, *Tythun Bothan* yn 1738, ond *Tyddyn Berthan* yn 1776. Mae'n amlwg fod ystyr yr enw yn yr achos hwn wedi ei golli erbyn 1776, ond cadwyd yr enw heb ei lurgunio yn *Rhosbothan* a *Cae'r Bothan*.

Rhyd y Delyn

Mae *Rhyd y Delyn Fawr* a *Rhyd y Delyn Bach* i'r gogledd o Benmynydd. Dywed Gwilym T. Jones fod yr anheddau yn cymryd eu henwau o enw rhyd ar Afon Braint, ond gan fod patrwm llwybrau'r ardal wedi newid dros amser, mae'n anodd lleoli safle'r rhyd yn bendant erbyn hyn (RhMôn).

Ceir ychydig o amhendantrwydd hefyd ynglŷn â ffurf yr enw. Y cyfeiriad cynharaf a welwyd hyd yn hyn yw *Rydelyn* o'r flwyddyn 1413 (Penrhyn). Cofnodwyd *rrydelyn* yn 1479 (Pres.). Os 'rhyd [y] delyn' oedd yr ystyr, byddai'r fannod o bosib wedi cael ei llyncu, a'r ddwy *d* yng nghanol yr enw wedi eu cywasgu'n un sain gan roi 'rhydelyn'. Fodd bynnag, am ganrifoedd ni cheir cyfeiriad at unrhyw delyn. Enw merch a welai'r brodorion yn yr enw, a'i nodi fel *Rhydellen* yn 1656, ac fel *Rhyd Elin* yn 1751 ym mhapurau Henllys. Mae'n bosib mai ymgais fwriadol i roi ystyr i'r enw oedd hyn. Erbyn 1786, mae'n cael ei nodi fel *Rhydydelin* yn yr un ffynhonnell. *Rhyd-delyn* sydd ar fap OS 1839–41, a *Rhyd-y-delyn Fawr* a *Rhyd-y-delyn Bach* ar y map OS cyfredol. Gellir deall ystyr yr elfen *telyn* mewn enwau megis *Llain y Delyn*, gan y byddai'n disgrifio darn trionglog o dir tebyg i siâp telyn, ond mae'n anodd deall sut y gellid cyffelybu rhyd i delyn.

Petaem yn bwrw golwg ar gofnodion y Cyfrifiad fe welem ddatblygiad yr enw. Mae'r cofnodion hyn yn rhoi syniad go lew inni o sut yr oedd y brodorion yn ynganu enw arbennig. Er bod *Rhyd-delyn* wedi ei nodi ar fap OS 1839–41, *Rhidelyn* sydd yng Nghyfrifiad 1841. Ceir *Rhydydelyn* yng Nghyfrifiad 1851, ond mae'n ôl yn *Rhydelyn* yn 1861. *Rhyd y Delyn* a nodwyd yn 1871, ac mae'r delyn yn aros yn rhan o'r enw ar ôl hynny.

Mae Trebor Môn yn ceisio cysylltu'r enw â'r sant y cyflwynwyd eglwys Penmynydd iddo, sef Gredifael, gan gynnig mai enw gwreiddiol *Rhyd y Delyn* oedd *Rhyd-Gredifaelyn*. Ni ellir derbyn yr esboniad hwn, wrth gwrs. Ond gan ei fod ef ei hun yn cyfeirio at yr enw fel *Rhyd Elyn*, nid yw Trebor Môn am golli'r cyfle i gyfeirio at yr holl 'elynion bywyd a meddianau' a welid ar rydau drwy'r oesoedd (ELlMT). Mae cynnig T. Pritchard ("Rhen Graswr Eleth') yn odiach fyth. Dywed ef mai *Rhyd Elen* yw'r ffurf gywir: 'rhyd ydyw afon, ac elen yw amaethdy'(HYELlM). Y gwir amdani yw fod ystyr yr enw hwn yn bur amwys.

Sarn Fraint

Mae *Sarn Fraint* yn awr yn enw ar dŷ ar droad yn y lôn rhwng Porthaethwy a Phenmynydd, ond yn wreiddiol, fel yr awgryma'r enw, cyfeiriai at sarn a groesai Afon Braint yn y fan hon. Ystyr *sarn*, sydd yn elfen hynod o gyffredin mewn enwau lleoedd, yw llwybr ar ychydig o godiad i groesi afon neu gorstir. Yn aml iawn byddai'r sarn yn arwain at ryd mewn afon. Fel y dangosodd Gwilym T. Jones, roedd y sarn a'r rhyd yn un â'i gilydd ambell dro. Mae'n dyfynnu cwpled sy'n ategu hynny: 'Os ai di [*sic*] gerdded sarn mewn afon / Gwylia rhag y cerrig llyfnion' (RhMôn). Yn sicr, roedd angen sarn neu ryd ar Afon Braint, gan fod yn rhaid i'r lôn brysur o'r fferi ym Mhorthaethwy i Langefni groesi'r afon yn yr ardal hon.

Ail elfen yr enw yw ffurf dreigledig enw'r afon, sef *Braint*, afon weddol fawr yn ôl safonau Môn. Mae'n codi yn Llyn Llwydiarth, ac yn rhannu'n ddwy yn Llanddaniel-fab. Mae un gangen yn llifo i mewn i Afon Menai ym Mhwllfanogl, a'r llall yn cyrraedd y môr yn Nhraeth Melynog i'r de o Ddwyran (AfMôn). Trafodwyd yr enw *Braint* gan Bedwyr Lewis Jones (YEE). Dangosodd mai enw duwies Frythonig sydd wrth wraidd enw'r afon, sef *Brigantia*. Credai'r Brythoniaid fod duwiesau yn rheoli afonydd, a cheisient eu nawdd drwy enwi'r afonydd ar eu hôl. Prif addolwyr Brigantia oedd y Brigantes, llwyth a oedd yn byw lle mae gogledd Lloegr heddiw. Mae'n amlwg, fodd bynnag, fod parch i Brigantia wedi lledaenu i ardaloedd eraill, oherwydd yr un enw sydd i Afon Braint ym Môn ag Afon Brent yn Llundain. Mae gan honno ei 'Sarn Fraint' hefyd, sef *Brentford*.

Ceir cyfeiriad at y sarn a'r rhyd ym Mhenmynydd fel *Rhyd sarn frainte* yn 1559 (Elwes). Mae'n debyg mai'r annedd a olygir yn y cofnodion ym mhapurau Baron Hill: *sarn fraint* yn 1720, *Sarn fraint* yn 1758, a *Sarn Braint* yn 1775. *Sarn y braint* sydd ar fap John Evans yn 1795, a *Sarn fraint* ar fap OS 1839–41. Ar un adeg roedd annedd *Sarn*

Fraint yn dafarn. Bryd hynny fe'i gelwid yn *Panton Arms*, gan ei bod yn eiddo i deulu Panton, Plas Gwyn, Pentraeth. Mae'n anodd dweud am ba hyd y bu'n dafarn: fe'i cofnodwyd fel *Panton Arms* yng Nghyfrifiad 1841 ac 1851, ond erbyn 1861 mae wedi ei nodi fel *Sarn fraint.* Yn ôl y traddodiad yn nheulu perchenogion *Sarn Fraint*, roedd un o'u hynafiaid yn hanu o Lanefydd ac yn gyfoeswr a chyfaill i Twm o'r Nant. Byddai hyn yn ei ddyddio i ail hanner y ddeunawfed ganrif. Yn ôl yr hanes, arferai Twm ymweld â'i hen ffrind, a pherfformiwyd rhai o anterliwtiau Twm ar dir *Sarn Fraint*. Gellir gweld darn sgwâr o dir y tu ôl i'r tŷ a adwaenir hyd heddiw fel *Yr Anterliwt*.[40]

Sherry a Brandy

Mae'n anodd credu fod *sherry* a *brandy* yn elfennau sydd i'w gweld mewn enwau lleoedd ym Môn. Wrth gwrs, nid diodydd meddwol a olygir yma, ond gyda'r blynyddoedd daeth yr enwau i gael eu sillafu yn yr un modd. Os edrychwch ar y map OS cyfredol a dilyn y lôn sy'n mynd o adfeilion hen westy'r Gwyndy yn Llandrygarn i Lannerch-y-medd, fe welwch fod annedd o'r enw *Sherry* wedi ei nodi ychydig i'r gogledd o'r Gwyndy. Fe dynnwyd sylw Syr Ifor Williams gan yr enw rhyfedd hwn ac mae'n ei drafod yn *Enwau Lleoedd*. Llurguniad sydd yn *Sherry* o'r gair *seri*. Nodwyd *Seri-fach* yn yr un ardal ar fap OS 1839–41, ychydig ymhellach i'r de na'r *Sherry* presennol.

Mae *seri* yn rhannu'r un gwraidd â *sarn*, ac yn wir, yr un ystyr, sef cerrig a osodwyd i alluogi cerdded dros gors neu afon. Sarn a oedd yn cario trac dros lednant Afon Caradog oedd y *seri* yn Llandrygarn (RhMôn). I'r de o Lanfaelog mae annedd o'r enw *Penseri*: dyna'r ffurf ar y map OS cyfredol. Nodwyd hwn fel *Pen Sherry* yn 1763 (Poole). Ar un adeg

40 Gwybodaeth gan Mrs Angharad Holmes, Sarn Fraint, mewn sgwrs â Chymdeithas Hynafiaethwyr Môn ar ymweliad â'i chartref ar 18 Mai 2013.

roedd sarn gerllaw i groesi Afon Llifon, yn fwy na thebyg yn y fan lle mae *Pont Penseri* heddiw. Yn RhPDegwm plwyf Llanfaelog yn 1844 nodwyd *Penseri* a *teddyn Sherri*. *Tyddyn Serri* sydd yn y CCPost heddiw. Cofnodwyd annedd o'r enw *Cae Seri* yng Nghaergybi. Yma hefyd roedd ystyr yr enw yn ddirgelwch i'r brodorion, a gwelir cynnig i'w esbonio fel *Cae'r Sieri* yn 1771 (Poole). Yng nghofnodion ATT ceir ffurfiau megis *Cae'r Sheriff* yn 1818. *Cae Sherri* oedd yn RhPDegwm yn 1840. Cofnodwyd *Cae Seri* hefyd ym Mhentir, Arfon, a gwelir *Cae Sherri* yn 1770 ac 1784, a *Cae Sherif* yn 1780 ar gyfer hwnnw yn ATT. Y ffurf luosog yw *Serïor*, a geir fel enw annedd ym Metws-yn-Rhos ger Abergele ac yn Llandrillo-yn-Edeirnion.

Gan ei fod yn gwybod fod *seri* yn golygu sarn, roedd Syr Ifor Williams wedi deall ystyr llinell o'r hen ganu a achosodd gryn benbleth i lawer, sef 'Meirw sengi mal seri sathar'. Disgrifiad sydd yma gan Lywarch ap Llywelyn ('Prydydd y Moch') o filwyr mewn brwydr yn sathru celanedd y gelyn fel petaent yn rhyw fath o balmant dan eu traed (ELleoedd).

Beth am y *brandy*? Fel mae'n digwydd, yn Llanfaelog y cofnodwyd yr elfen hon hefyd. Fe'i gwelir yn enw *Pant-y-brandy*, a nodwyd ar fap OS 1839–41. Er nad yw'n crybwyll *Pant-y-brandy*, mae Bedwyr Lewis Jones wedi trafod enw *Brandy Bach*, tafarn yn Llandegla. Dywed fod cofnod o'r enw *Brandy Bach* yn Nolbenmaen yn ogystal, a *Brandy* ym Mallwyd (YEE). Yr hyn sydd gennym yma yw'r gair *ebrandy*, sef adeilad lle cedwid *ebran*. Ystyr *ebran* yw porthiant ceffylau, a'r *ebrandy* fel rheol oedd tafarn lle byddai teithwyr yn galw i borthi eu ceffylau. Gan na welwyd unrhyw gofnodion eraill o'r enw *Pant-y-brandy*, ac eithrio *Pant y brandy* yn RhPDegwm 1844, *Pant y Brandi* yng Nghyfrifiad 1861 a *Pant y Brandy* yn 1871, ni ellir dweud yn bendant beth oedd ffurf wreiddiol yr enw. Fodd bynnag, gellir tybio mai *Pant Ebrandy* sydd yma, a'r *e* ar ddechrau *ebrandy* wedi cael ei chamddehongli fel y fannod *y*.

Siglen

Enw benywaidd cyffredin yw 'siglen', a'r ystyr yw 'cors', ond gwelir *Y Siglen* fel enw annedd mewn sawl man: yn Nolgarrog, Llangynog a Llandanwg. Fodd bynnag, yr un sydd o ddiddordeb i ni yma yw'r un ym Môn, yn Llanfair Pwllgwyngyll. *Sicla* oedd ffurf yr enw hwnnw ar fap OS 1839–41, er mai *Siglan* yw'r ffurf lafar arferol. Yn RhPDegwm y plwyf yn 1842 nodwyd enwau'r anheddau *Siglen newydd*, *Siglen bach* a *Llain Siglen*. Merch *Y Siglan* Llanfair Pwllgwyngyll oedd Mary Hughes, gwraig Syr John Morris-Jones. Mae'r fferm ar gyrion y pentref bellach, gan fod y pentref hwn wedi tyfu mor gyflym yn ystod yr ugeinfed ganrif. Fe'i nodir fel *Siglan Farm* ar y map OS cyfredol.

Ym mhapurau Baron Hill yn 1720 ac 1758 nodwyd *Tyddyn Siglen*. Ai'r un lle oedd hwn? Yn aml gollyngwyd yr elfen *tyddyn* mewn enw fferm. Cofnodwyd *Llain Siglen* hefyd yn Llanfair Pwllgwyngyll, ac yn 1779 nodwyd annedd yno o'r enw *Tyddyn y felin neu Siglen Wen* (BH). Ar fap OS 1839–41 nodwyd annedd o'r enw *Merddyn-siglan* ym Miwmares. Ffurf lafar ar 'murddun', sef adfail, yw *merddyn*. Mae'n ffurf a welir yn aml mewn enwau lleoedd.

Sling

Dewisodd yr actor John Ogwen alw ei hunangofiant yn *Hogyn o Sling*. Teitl y bennod gyntaf yw 'Hogyn o Ble?' ac mae'n mynd ymlaen i esbonio mai pentref bach yw hwn sydd hanner ffordd rhwng Tregarth a Mynydd Llandygái. Hawdd y gallai ofyn 'Hogyn o Ble?' oherwydd mae'n rhaid cyfaddef fod *Sling* yn enw rhyfedd. Fodd bynnag, nid yw'n unigryw o bell ffordd. Ceir yr un enw ym Môn hefyd.

Lleolir un man o'r enw *Sling* ym Môn rhwng Biwmares a Llanddona. *Y Sling* sydd ar fap OS 1839–41 a *Sling* ar y map OS cyfredol. Cofnodwyd yr enw hefyd yn Llangristiolus a Llanddaniel-fab. Mae'n llawer mwy cyffredin fel enw ar gae. Mewn tri phlwyf yn Arfon gwelais ddeg enghraifft o'r enw: saith ym mhlwyf Llanbeblig, dau yn Llanwnda, ac un yn Llandwrog. Ac mae hynny yn hollol naturiol, oherwydd ystyr *sling* yw rhimyn neu lain hirgul o dir. Benthyciad uniongyrchol o'r Saesneg *sling* sydd yma. Nid benthyciad modern mohono, gan fod enghraifft o'r enw *Erowe Slynge* [Erw Sling] yn digwydd yn Sir Drefaldwyn yn 1552. Ceir sawl enghraifft yn Lloegr o gaeau hirgul a elwir yn *The Sling*, neu ambell dro yn *Slinge* neu *Slenge*. Mae'r ffurf *Slang* hefyd yn digwydd yng Nghymru a Lloegr gyda'r un ystyr. Yn Rhestrau Pennu Degwm plwyfi Meirionnydd ni welwyd yr un enghraifft o'r ffurf *Sling*, ond mae *Slang* yn digwydd sawl tro. Cofnodwyd *Erow kaer slang* yn Sir Drefaldwyn yn 1652–3. Defnyddir y term 'slangen o dir' yng Ngheredigion.

Fel y nododd Syr Ifor Williams yn *Enwau Lleoedd*, mae gennym ni yng Nghymru doreth o enwau ar gyfer y darnau bach hyn o dir: *sling*, *slang*, *clwt*, *dryll*, *llain*. Ond mae *sling* a *slang* efallai yn fwy penodol, gan mai stribedi cul yw'r rhain, tra gall llain, dryll a chlwt fod yn unrhyw siâp. Enw diddorol am ddarn bychan o dir yw *sinach*. Mae GPC yn nodi ystyr *sinach* fel rhimyn o dir heb ei aredig. Y rheswm am hyn yn aml oedd am ei fod ar gornel letchwith neu'n garegog dan y pridd. Fe'i defnyddid weithiau fel rhyw fath o linell derfyn. Mae Syr Ifor yn manylu drwy ddweud fod *sinach* yn ddwy droedfedd o led ac yn ddiffaith. Daeth i gael ei ddefnyddio am ddyn diffaith, annymunol neu gybyddlyd. Ar fap OS 1839–41 nodir *Sinach* i'r gogledd o *Fwrdd Arthur* yn Llanfihangel Dinsylwy. Gobeithio mai cyfeiriad sydd yma at stribed o dir ac nid at un o'r Monwysion lleol. Yn RhPDegwm plwyf Llanidan yn 1841 cofnodwyd *Cae shimnachod* ar dir Trefarthen. Tybed ai ffurf luosog *sinach* sydd yma? Nage, yn ôl Trebor Môn, a honnai mai 'rhyw ymrwymau personau i'w gilydd mewn rhyw gyffrawd neillduol' oedd ystyr yr enw, beth bynnag a olygir wrth hynny.

Swtan

Lleolir *Swtan* nid nepell o lan y môr yng ngogledd-orllewin Môn. Gerllaw mae bae o'r enw *Porth Swtan*. Bwthyn bach to gwellt o'r unfed ganrif ar bymtheg yw *Swtan*, sydd bellach wedi ei atgyweirio a'i adfer i adlewyrchu sut yr edrychai ar ddechrau'r ugeinfed ganrif. Mae'n cynnwys Amgueddfa Treftadaeth Swtan, ac mae'n atyniad poblogaidd gydag ymwelwyr. Clywir cyfeirio at *Borth Swtan* yn llai aml bellach, gan fod yr enw Saesneg *Church Bay* wedi ei ddisodli i raddau helaeth. Enw a fathwyd gan forwyr yw hwnnw, oherwydd eu bod yn defnyddio tŵr pigfain eglwys Llanrhuddlad gerllaw fel tirnod.

Y cyfeiriad cynharaf a welwyd hyd yn hyn at *Swtan* yw'r un gan John Leland, yr hynafiaethydd, yn 1536–9. Mae ganddo gofnod o *Porth Swttan* ac *avon Suttan*. Honnai ef mai 'a propre name of a giant' oedd *Swtan*, a disgrifiodd yr afon fel 'a litle rille'. Gan ddilyn Leland, o bosib, bu tuedd i sillafu'r enw â dwy *t* am gyfnod. *Swttan* a gofnodwyd yn 1678 ac 1694/5 (Bangor); yn 1679 (Penrhos); yn 1701 (Bodorgan) ac yn 1754 (Dinam). *Porth Sŵtan* sydd ar fap OS 1839–41, a *Porth Swtan or Church Bay* a *Swtan* ar y map OS cyfredol.

Tyfodd y syniad cyfeiliornus fod *Swtan* yn llurguniad o enw Suetonius Paulinus, y cadfridog Rhufeinig a ymosododd ar Fôn yn Oed Crist 60–61, a daeth yr esboniad hwn yn bur boblogaidd ar lafar gwlad. Nid oes unrhyw sylfaen iddo; y gwir amdani yw mai pysgodyn sydd yma, nid cadfridog. *Swtan* yw enw Cymraeg y pysgodyn sydd â sawl enw yn Saesneg: 'pout whiting' neu 'pouting', 'bib', ac ambell dro, 'Scotch haddock'. Pysgodyn gweddol fychan o deulu'r penfras yw hwn. Mae ychydig yn annisgwyl cael ffurf unigol enw'r pysgodyn; rywsut byddid wedi disgwyl gweld y lluosog *swtanod*, fel ag a geir yn enwau *Trwyn Penwaig* ger Porth Amlwch a *Porth y gwichiaid* ger Llaneilian.

Sybylltir / Ysbylltir

Ysbylldir yw ffurf yr enw hwn ar y map OS cyfredol, ac *Ysbylltir* yn y CCPost. Lleolir yr annedd i'r gogledd-ddwyrain o Gaergeiliog ac i'r de-orllewin o Fodedern. Os awn yn ôl i'r cofnod cynharaf a welwyd ohono, sef *Sybylltyr* o 1393 (Sotheby), fe welwn fod y ddwy lythyren gyntaf wedi ymgyfnewid dros y canrifoedd: *Sy*– oedd ar ddechrau'r enw gynt, ond *Ys*–sydd ynddo bellach. Mae'n werth dilyn hynt y ddwy lythyren hyn. *Sybylltir* a nodwyd yn 1623 (Penrhos), *Sybyllter* yn 1633 (Cglwyd), a *Sybylldir* yn 1657 (Bodewryd). *Sybylltir* sydd gan Robert Bulkeley, Dronwy, yn ei ddyddiadur ar 14 Tachwedd 1631, a *sybylldir* ar 10 Ionawr 1633. *Sybylltir* a ddefnyddiodd Lewis Morris wrth ysgrifennu at ei frawd William yn 1757, a dyna'r ffurf a ddefnyddiodd William wrth ysgrifennu at Richard yn 1759. *Y Sybylldir* sydd gan William mewn llythyr at Richard yn 1760. *Sy*– sydd ar ddechrau pob enghraifft hyd yn hyn, a rhaid cyfaddef mai *Sy*– sydd yn gywir, nid yr *Ys*– a welir yn yr enw heddiw.

Dylid sylwi yn awr ar ddau sillafiad ychydig yn wahanol, sy'n rhoi gwell awgrym inni o ystyr yr enw, sef *Subwlltir* yn 1671 (Kinmel), a *Subwlltyr* o 1756 (Tl). Bôn yr enw yw *sybwll*. Mae sawl ystyr i *sybwll*: pwll dwfn iawn, trobwll, llynclyn, merllyn, gwern, cors. O gyfuno *sybwll* â *tir* cawn *sybylltir*, sef tir corsiog. Fe geisiodd Gwenllian Morris-Jones fod ychydig yn orglyfar wrth ddehongli'r enw. Awgrymodd hi mai 'claddfa' oedd yr ystyr, o'r Lladin 'sepelio'(GM-J). Ond enw cwbl Gymraeg ei dras yw *Sybylltir*. Mae'n rhyfedd nad oedd Gwenllian Morris-Jones wedi gweld esboniad Henry Rowlands, oherwydd yr oedd ef wedi dehongli'r enw'n gywir. Meddai, yn ei *Antiquitates Parochiales* yn 1710: 'It seems to me to have acquired its name, Sybylltir, from its moist and ditchy soil' (Arch.Camb., 1849). Ffurf wedi ei chwtogi rywfaint, sef *Spylltir*, sydd yng nghofnodion Cyfrifiad 1841 ac 1851; mae'r sillafiad hwn yn ddiau yn adlewyrchu'r ynganiad ar lafar gwlad.

Tybed pa bryd y trodd y *Sy–*, a fu ar ddechrau'r enw cyhyd, yn *Ys–*? Gellir rhoi'r bai o bosib ar fap OS 1839–41. *Ysbylltir* sydd ar hwnnw. Mae lle i amau fod ymyrryd bwriadol wedi digwydd yma. Gan fod pobl wedi arfer â geiriau megis *ysbaid*, *ysbryd*, ac *ysbyty*, aethpwyd ati i 'gywiro' *Sybylltir* i gyd-fynd â'r patrwm hwn. Ond ein hynafiaid oedd yn iawn, nid y diwygwyr geiriau.

Traffwll

Mae *Traffwll* yn enw ar lyn ac ar annedd yn Llanfihangel-yn-Nhywyn i'r gogledd-ddwyrain o faes awyr y Fali. Dynodwyd *Llyn Traffwll* yn safle o ddiddordeb gwyddonol arbennig oherwydd yr amrywiaeth o blanhigion dŵr a geir ynddo a'r adar dŵr sy'n gaeafu o'i gwmpas.

Arhosodd sillafiad yr enw bron yn ddigyfnewid dros y blynyddoedd. *Traffwll* yw'r ffurf yn gyson, er y ceir *Traphwll* yn 1611 (Pres.), a *Llyn Treffwll* a *Trefwll* ar fap OS 1839–41. Elfennau'r enw yw *tra* + *pwll*. Felly, *Traphwll* yw'r ffurf ramadegol gywir, gan fod treiglad llaes yn achosi *p* > *ph*, nid *p* > *ff*. Gall *tra–* fod yn rhagddodiad cryfhaol fel ag a geir yn *trachwant* a *tra-arglwyddiaethu*. Os rhagddodiad o'r fath yw'r *tra* yn *Traffwll*, ei swyddogaeth fyddai cryfhau ystyr *pwll*. Nid *pwll* cyffredin fyddai mwyach, ond andros o bwll. Syniad tebyg sydd yn *Y Trallwng*. Elfennau'r enw hwnnw yw *tra* + *llwng*. Tir corslyd, gwlyb yw *llwng*, ond yn *Y Trallwng*, mae'n eithriadol o wlyb. Fodd bynnag, gall *tra* hefyd fod yn arddodiad â'r ystyr 'y tu hwnt i' neu 'y tu draw i'. Os arddodiad yw'r *tra* yn *Traffwll*, mae'n fwy tebygol o fod yn cyfeirio at yr annedd, sydd 'y tu draw' i'r *pwll*.

Mae'n anodd penderfynu pa un o'r ddwy swyddogaeth sydd i *tra* yn *Traffwll*. Yn aml, gellir edrych ar y treiglad dilynol i ddatrys y broblem, ond gan y byddai *tra* fel rhagddodiad ac arddodiad yn achosi treiglad llaes yn y *p–* ar ddechrau *pwll*, nid yw hynny'n fawr o gymorth. Felly, mae gennym ddewis. Os tybiwn mai cyfeiriad at y llyn sydd yma, yr ystyr yw 'llyn neu bwll anferth'; os tybiwn mai cyfeiriad at yr annedd sydd yma, mae'n pennu ei leoliad, sef 'y tu draw' i'r llyn.

Treangharad

Down yn awr at rai o'r llu o enwau ym Môn sy'n dechrau â'r elfen *Tre*–. Bellach daeth y gair *tre* / *tref* i olygu ardal boblog sy'n fwy na phentref, ond yn llai na dinas, er na ellir cyffredinoli am ddinasoedd o gofio *Tyddewi* a *Llanelwy*. Cyfeirir yn aml at *drefgordd* fel *tref*. Yr ystyr bryd hynny yw uned diriogaethol ganoloesol. Ond yn aml iawn, mewn enwau lleoedd yr ystyr yn syml yw 'fferm' neu 'annedd'. Dilynir yr elfen *Tre* mewn enw annedd yn aml ag enw'r perchennog neu ryw nodwedd ddisgrifiadol. Mae'r elfen yn digwydd yn arbennig o fynych mewn enwau ym Môn a Phenfro.

Pan oeddem yn trafod yr holl enwau a oedd yn cynnwys yr elfen *bod* + enw personol, gwelsom mai enw personol gwrywaidd a geid bron yn ddieithriad. Felly, mae'n werth ystyried yr enw *Treangharad* er mwyn dangos nad yw'r merched wedi eu llwyr anghofio mewn enwau lleoedd ym Môn, nac yn wir ledled Cymru.

Lleolir *Treangharad* i'r de o Fodedern. Bu tuedd i lurgunio'r enw dros y blynyddoedd. Mae'n bosib mai cyfeiriad at *Treangharad* sydd yn y ffurf ryfedd *T'fughdrid* yn Stent Môn yn 1352. Un o'r cofnodion cynharaf dibynadwy yw *Trefanghared* o 1579 (AMR). Mae pethau'n gwaethygu cyn hir: ym mhapurau Prysaeddfed cofnodwyd *Tre-Angharett* yn 1686, *Treancharad* yn 1722, a *trengarad* yn 1775. Yn ATT ceir *am Drengared* yn 1745 a *Treyngharod* yn 1753. *Tre'-ngharad* oedd ar fap OS 1839–41, *Treynghared* yn RhPDegwm yn 1840, a *Tre-Angharad* sydd ar y map OS cyfredol. Cofnodwyd yr enw *Angharad* hefyd yn *Rhyd Angharad* yn Llanrhuddlad: fe'i cofnodwyd nifer o weithiau fel *Rhydynghared* ym mhapurau Baron Hill yn niwedd y ddeunawfed ganrif. *Rhyd'Ngharad* oedd y ffurf ar fap OS 1839–41, a *Rhyd yn gharod* yng nghofnodion Cyfrifiad 1841.

Mae'n rhyfedd fel y llurguniwyd cymaint ar yr enw *Angharad*, o ystyried ei fod yn enw cyfarwydd a fu'n boblogaidd yng Nghymru ers canrifoedd. Ond nid *Treangharad* ym Modedern yw'r unig enghraifft o lurgunio'r enw hwn. Ceir dau annedd o'r enw ym mhlwyf Llanwnda yn Arfon sef *Bodgarad* a *Llwyn Angharad*. Rhaid tybio mai *Bod + Angharad* sydd yn enw *Bodgarad*, ond mae'r ail elfen wedi ei llurgunio'n gyson: nodwyd *Bodgarrd*, *Bodgarat*, *Bodgwrad* a sawl ffurf wallus arall. Ni chafodd *Llwyn Angharad* driniaeth lawn mor giaidd, ond cofnodwyd *Lloyn yngharad*, *Llwyn y nharad*, *Llwyn'n hared* a *Llwyn gared* ar gyfer hwnnw hefyd (HEALlE). Llurguniwyd yr enw fwy neu lai yn yr un modd yn achos *Bodangharad* yn Llanfwrog ger Rhuthun ac yn *Tyddyn Angharad* yn Llanfairfechan (AMR).

Ni wyddom pwy oedd y merched hyn o'r enw *Angharad*, ddim mwy na'r rhan fwyaf o'r merched eraill a gofféir mewn enwau lleoedd ym Môn. Ac mae yna gryn nifer ohonynt. Cofnodwyd *Cerrig Efa* yn Rhoscolyn, *Tyddyn Lleucu* yn Llanrhuddlad, Llanfaelog a Llanfwrog, a *Carreg Gwladus* yn Niwbwrch (AMR). Yng Nghaergybi nodwyd *Penllech Nest* a *Cae Mabli*, ac yng Nghaergybi hefyd y cofnodwyd ym mhapurau Prysaeddfed yn 1612 ddwy ferch yn yr un enw, yn *Tir Susana vz* [verch] *Gwenllian*. Nodwyd *Tythyn Gwenhwyvar* yn Rhoscolyn yn 1608. Merch o'r enw *Dyddgu* sydd yn llechu yn y *kay dythgye* a nodwyd yn Nhrefdraeth, Môn, yn 1609 (ArchGw). Awgrymodd Melville Richards mai'r enw *Sioned* sydd yn y cyfeiriad ym mhapurau Baron Hill at *Tythyn Gardd Sonett* ym Mhenmynydd yn 1607 (AMR).

Enw ychydig mwy anarferol yw *Hunydd*, ond cofnodwyd *Gweyrglodd hvnvdd* ym Mathafarn Eithaf yn 1530/1 (BH). Ceir enw anarferol arall yn *Cae Farsli*, a gofnodwyd yn Llangefni. Dywedir mai ffurf Gymraeg ar yr enw *Marcella* yw *Marsli*, er bod rhai yn honni mai *Margery* / *Marjorie* sydd yma. Mae'n enw annisgwyl ym Môn, ond mae eglwys Llanddeusant wedi ei chyflwyno i *Marcellus* a *Marcellinus*. Mae enwau benywaidd eraill i'w gweld ledled Cymru. Ceir nifer o enghreifftiau o *Elen*; megis *Tyddyn Elen* yn Llandwrog a Llanystumdwy a *Cae Elen* yn Llanfair-yn-Neubwll. Nodwyd *Tyddyn Sabel*[41] ym Methesda; *Mur Mallt* yn Aber-erch; *Cae Gwerful* yn Rhiwabon; *Dôl Elliw* yn Nolgellau; *Cae Erddylad* yn Wrecsam; *Cae Generys* yn Ffestiniog a *Tir Tangwystl* yn Abertawe. Yn ddiau ceir llawer enghraifft arall nas nodwyd yma. Ac yn sicr, ni ddylem anghofio am *Forfydd* druan ym *Mhant y Morfil* yn Nhalwrn.

Trearddur

I ni heddiw mae'r enw *Trearddur* yn golygu pentref glan y môr ar Ynys Gybi sy'n boblogaidd iawn gyda'r ymwelwyr. Ond nid felly yr oedd yn y gorffennol. Enw ar dŷ oedd *Trearddur*, ac nid oedd *Bae Trearddur* yn bodoli. Enw'r bae oedd *Porth y Capel*, ac enw'r ardal lle mae'r pentref heddiw oedd *Tywyn y Capel*, am fod yno gapel wedi ei gyflwyno i'r santes Ffraid. Yn wir, cyfeirid at y lle ambell dro fel *Llansanffraid*.

Elfennau enw *Trearddur* yw *tre* + yr enw personol gwrywaidd *Iarddur*. Mae hwn yn enw cwbl anghyfarwydd bellach, ond ceir tystiolaeth o'i ddefnydd ym Môn. Yn 1352 cofnodwyd *Wele Yardur*[42] yn Llanddyfnan, a *Wele Werion Yardur*[43] yn Nhre-fraint (Rec.C). Yn 1654 ym mhapurau Penrhos ceir cyfeiriad at *Cae Croys Yarthir* yn Nhre'r-ddôl, Llechgynfarwy.

Ceir cyfeiriad at *Trearddur* yn y ffurf *Treffyarddr'* mor gynnar ag 1409 (ArchGw). Cyfeiriad at anheddiad neu bentrefan fyddai hwn yn hytrach na chyfeiriad at annedd. Daw'r cofnodion am yr annedd yn ddiweddarach: *Tre Iarthure* yn 1628 (Pres.) a *Trefarthur* yn 1633 (Cglwyd). Gwelir fod yr enw *Iarddur* eisoes wedi mynd yn ddieithr, a

41 Isabel
42 Gwely Iarddur
43 Gwely Wyrion Iarddur

cheisiwyd ei esbonio drwy gynnig enw mwy cyfarwydd, sef *Arthur*, fel ail elfen. Cofnodwyd *Tre Arthur* eto yn ATT yn 1788, a *Tref Arthur* oedd ar fap OS 1839–41. Nodwyd enw'r bae fel *Porth y Capel* ar fap 1839–41. Erbyn map OS 1903–10 mae'r annedd wedi ei nodi fel *Tre-Arddur*, ac mae enw'r bae wedi ei newid i *Tre-Arddur Bay*.

Treban

Mae pawb sy'n arfer teithio ar hyd yr A55 neu'r A5 i gyfeiriad Caergybi yn gyfarwydd â chroesffordd *Treban* rhwng Gwalchmai a Bryngwran. I'r gogledd o'r gyffordd bwysig hon gellir gweld ar y map OS cyfredol yr anheddau *Treban Meurig*, *Treban*, *Melin Treban* a *Pandy Treban*. Yr unig un o'r enwau hyn sy'n rhoi unrhyw awgrym inni o ystyr wreiddiol yr enw yw *Treban Meurig*, ac nid yw hwnnw chwaith yn dangos tarddiad yr elfen *Treban*. Cywasgiad sydd yn *Treban* o'r geiriau *Tre Meibion*. Nid oes raid dehongli *meibion* yn hollol lythrennol: gallent gyfeirio at 'etifeddion' yn fwy cyffredinol. Etifeddion rhywun o'r enw Meurig oedd yn *Tre Feibion Meurig*, ond cofnodwyd enwau tebyg mewn mannau eraill ym Môn. Down at y rheiny maes o law.

Y cyfeiriad cynharaf a welwyd hyd yn hyn at *Tre Meibion Meurig* yw *villa filiorum Meurik* o 1284 (ExAng). Yn 1291/2 ceir *ville filii meurik* yng nghyfrifon Siryf Môn (BBGC, IX). Cofnodwyd *Trefmybion Meuryc* a *Trefmyvion Meuric* yn 1352 (RecC). Nodwyd y ffurf *Trevybian Meryc* yn 1544–5 (Rec.C.Aug), a *Tref Mybeon Merick* yn yr un ffynhonnell yn 1569. Ym mhapurau Carreg-lwyd yn 1565 cyfeirir at *Trevibion Mericke*. Ceir *Treybyn mirike* yn 1575 (BH), *Treban Myricke* yn 1586 (LlB), a *Treveibin Meirick* yn 1667 (Bodewryd). Mae Robert Bulkeley, Dronwy, yn cyfeirio at *treveibion Meiricke* yn ei ddyddiadur ar 14 Awst 1631. *Trefeibion Meyrig* sydd gan y dyddiadurwr arall, William Bulkeley, y Brynddu, ar 10 Ebrill 1734, a *Trefeibion Meyrick* ar 12 Tachwedd 1736. Fodd bynnag, defnyddiodd William

Morris y ffurf *Treban* mewn llythyr at ei frawd Richard ar 12 Mehefin 1751. Un o'r cofnodion olaf a welwyd o'r enw llawn yw *Trefeibion Meyrick* o 1749 ym mhapurau Bodorgan. Erbyn 1770 ceir *Treban* a *Pandy Treban* yn yr un ffynhonnell. Yn 1776 nodwyd *Treban* a *Melin Dreban* ym mhapurau Baron Hill. Cyn hir anghofiwyd am Feurig a'i etifeddion.

Trown yn awr at yr enghreifftiau o enwau eraill tebyg ym Môn sy'n cyfeirio at etifeddion rhywun neu'i gilydd. Roedd yna hen drefgordd yn Llanidan o'r enw *Tre Feibion Pyll*. Yn 1284 cofnodwyd yr enw fel *Trefeylon Pylth* (ExAng), ac fel *Trefmibion Pilth* yn 1352 (Rec.C). Mae *Pyll* yn hen, hen enw personol gwrywaidd. Yng Nghanu Llywarch Hen, honnir mai *Pyll* oedd enw un o feibion Llywarch. Mae tystiolaeth o'r enw mewn rhan arall o Fôn: ceir cyfeiriadau at *Gwely Hywel ap Pyll* yn nhrefgordd Caerdegog yn y bedwaredd ganrif ar ddeg. Ond ni wyddom pwy oedd y *Pyll* a gofféir yn *Tre Feibion Pyll*, ddim mwy na'r *Meurig* yn *Tre Feibion Meurig*. Ni wyddom chwaith pwy oedd y *Maelog* yn enw trefgordd *Tre Feibion Maelog* yn Llanddeusant gynt. Ambell dro cyfeirid at yr etifeddion hyn fel 'wyrion'. Ym Môn, yr enwocaf o'r rhain, wrth gwrs, oedd *Wyrion Eden*, sef disgynyddion Ednyfed Fychan, ond ceir cyfeiriadau hefyd at *Wele Werion yago* yn Chwaen, a *Wele Werion Sandey* a *Wele Werion Ithon*[44] yn Nhwrcelyn yn 1352 (Rec.C). Rhag i neb dybied mai'r meibion a'r wyrion yn unig a gofféir mewn enwau o'r fath, dylid cofio enwau megis *Muriau Merched Engan*[45] a gofnodwyd yn Rhostryfan, Arfon (HEALlE).

Enwau pryfoclyd yw'r rhain oherwydd enwir y tad ond nid yr epil. Ceir enghreifftiau tebyg yn enwau *Cae Mab Ynyr* yn y Waunfawr, Arfon, a *Cae Mab Adda* ym Mangor. Llwyddwyd i ddarganfod mai Ieuan oedd enw mab Ynyr

44 Gwely Wyrion Iago, Gwely Wyrion Sandde, a Gwely Wyrion Iddon.

45 Ffurf amgen ar *Einion* yw *Engan*. Gweler yr adran ar *Tyddyn Engan* isod.

drwy gofnod o *Kay Jevan ap Yner* yn 1541, ond ar hyn o bryd mae enwau meibion Meurig, Pyll a Maelog, mab Adda, merched Einion a'r holl wyrion yn aros yn ddirgelwch.

Treddolffin

Lleolir *Treddolffin* i'r gorllewin o Walchmai. Ni ddylid tybio am funud mai cyfeiriad at y creadur morol sydd yn ail elfen *Treddolffin*. Hen enw personol gwrywaidd oedd *Dolffin*. Er mor anghyffredin yw mewn enw lle, nid yw'n unigryw. Cofnodwyd darn o dir o'r enw *buarth gwerglodd olffyn* ym Metws Garmon yn 1670/1 (BH) ac eto yn 1699 (PA). Ceir *Bryndolffin* ym Modelwyddan, a nodwyd rhai enghreifftiau o'r enw yn Sir y Fflint (AMR). Yn wir, gwelir enghraifft arall ym Môn, yn enw *Prysdolffin* ym Mhenrhosllugwy. Coedlan rhywun o'r enw *Dolffin* oedd yno. Nodwyd hwnnw fel *Prysdolphin* ar siart forol Lewis Morris yn 1748. Ceir cyfeiriadau at *Wely Dolffin ap Carwed* yn Llysdulas yn 1352 (Rec.C).

Daw'r cyfeiriad cynharaf a welwyd at yr enw *Treddolffin* o 1352 yn y ffurf *Trefetholfyn* (Rec.C). Yn rhyfedd iawn, ni welwyd cofnod ohono wedyn nes daw llu ohonynt yn ATT o ail hanner y ddeunawfed ganrif ymlaen. *Treddolffin* yw'r ffurf a welir fynychaf ynddynt hwy. Cofnodwyd *Treddolphin* yn 1749; *Treddolffin* yn 1770, a *Tre Ddolffin* yn 1795, i gyd ym mhapurau Bodorgan. *Tredolphin* oedd ar fap OS 1839–41, a *Treddolphin* sydd ar y map OS cyfredol.

Trefarthen

Plasty hardd yn dyddio o ganol y bedwaredd ganrif ar bymtheg yw *Plas Trefarthen*. Mae'n sefyll mewn llecyn hyfryd i'r de o Frynsiencyn nid nepell o Afon Menai. Er nad yw'r tŷ presennol mor hen â hynny, mae'r enw yn mynd yn ôl ymhell gan mai *Trefarthen* oedd enw'r drefgordd ganoloesol.

Y cyfeiriad cynharaf a welwyd at yr enw yw *Srefarthen* o

1284 yn Stent Môn (ExAng). Mae'n amlwg mai gwall ar ran y copïwr yw'r *S* ar ddechrau'r enw. *Trefarthen* a gofnodwyd yn 1319 (BH), a *Treuarthen* yn 1352 (Rec.C). Ym mhapurau Carreg-lwyd nodwyd *Trefarthen* yn 1389 a *Trevarthen* yn 1429. Ceir nifer o enghreifftiau o *-yn* yn hytrach nag *-en* ar ddiwedd yr enw: yng nghasgliad Lleweni yn LlGC nodwyd *Trefarthen* yn 1446, ond *Trevarthyn* yn 1447. Cofnodwyd *Trefearthyn* yn 1470/1, a *Trevarthyn* yn 1478/9 (LlB). *Trefvarthyn* a nodwyd fel enw'r drefgordd yn 1505 (Penrhyn). *Treuarthin* oedd ar fap Saxton yn 1578, a'r un ffurf ar fap Speed yn 1610. *Trefarthin* oedd ar fap John Evans yn 1795, a *Tre'farthen* ar fap OS 1839–41. *Trefarthin* oedd ar fap OS 1903–10, a *Trefarthen* ar fap OS 1922. Erbyn heddiw ychwanegwyd *Plas* at yr enw, a *Plas Trefarthen* sydd ar y map OS cyfredol.

Gallwn fod yn eithaf sicr mai'r enw personol gwrywaidd *Arthen* yw'r ail elfen yn enw *Trefarthen*. Mae hwn yn enw cydnabyddedig, a cheir tystiolaeth i'w ddefnydd yn yr achau cynnar (WG). Ceir cyfeiriadau at *Arthen ap Seisyll* yr honnir ei fod yn frenin Ceredigion yn y nawfed ganrif. Nid yw hyn yn dod â ni ddim nes at ddarganfod pwy oedd yr *Arthen* a gofféir yn enw *Trefarthen*, ond o leiaf fe wyddom ei fod yn enw dilys, a cheir rhywfaint o dystiolaeth o'r enw ym Môn, gan y cofnodwyd *Gwely Wyrion Arthen* ym Modafon (Rec.C).

Trefeilir

Lleolir *Trefeilir* i'r gogledd o Fethel a Bodorgan. Adeiladwyd y tŷ presennol tua 1735 ar safle tŷ cynharach. Yn ôl traddodiad, cysylltid enw *Trefeilir* â'r Gogynfardd, Meilyr Brydydd (*fl.* 1100–37), pencerdd Gruffudd ap Cynan. Credai Syr Ifor Williams mai Meilyr Brydydd ei hun a anfarwolwyd yn yr enw, a chytunodd Bedwyr Lewis Jones ag ef (ELleoedd;YEE). Ni chytunai Tomos Roberts; honnai ef nad oedd unrhyw dystiolaeth i gadarnhau hynny, heblaw fod rhai o ddisgynyddion Meilyr wedi byw yno (GM). Roedd yn haws gan Tomos Roberts a Melville Richards gredu mai ei ŵyr, sef Meilyr ap Gwalchmai, a gofféir yn enw *Trefeilir* (ETG; ELlMôn). Gwyddom fod gan y teulu gysylltiadau pendant â'r ardal. Pan fu farw Meilyr Brydydd dilynwyd ef fel bardd llys Aberffraw gan ei fab Gwalchmai. Dywedir bod hwnnw wedi derbyn tir yn rhodd gan ei noddwr Owain Gwynedd yn Nhrewalchmai, lle mae pentref Gwalchmai heddiw. Roedd tri o feibion Gwalchmai hefyd yn feirdd: Einion, Elidir a Meilyr. Dyma'r Meilyr a enwir yn Nhrefeilir ym marn rhai ysgolheigion, ond Einion a gysylltid yn bennaf â Threfeilir (GM).

Er bod cryn hynafiaeth i'r enw, ychydig o gofnodion a welwyd ar gyfer *Trefeilir*. Mae Lewys Dwnn, yn ei restrau achau o'r unfed ganrif ar bymtheg, yn cyfeirio ato fel *Trev Veilir* a *Tre Veilir*. Cofnodwyd y ffurf *Trevilor* yn 1600/1 (Ex.P.H-E). Ceir dau gyfeiriad ym mhapurau Henblas o 1681 ac 1682, sef *Trevilir* a *Treveilir*. Nodwyd *Trefeilir* ar fap John Evans yn 1795; ar fap OS 1839–41, ac ar y map OS cyfredol.

Fel cynifer o dai mawr Môn, bu *Trefeilir* yn gyrchfan i'r beirdd. Ymhlith y rhai a ganodd glodydd *Trefeilir* yr oedd Llywarch Bentwrch yn ail hanner y bedwaredd ganrif ar ddeg. Disgrifiodd ei hun yn cyniwair rhwng *Trefeilir* a *Trehwfa* ym Modedern:

O Drehwfa, hwylfa hir,
Drwy foliant i Drefeilir;
O Drefeilir, wir warrant,
I Drehwfa, cyrchfa cant. (HPRhF)

Pan fu farw Ieuan ap Llywelyn o Drefeilir mae Lewys Môn yn cyffelybu'r aelwyd hebddo i adfeilion Caerdroea:

Troea foel yw Trefeilyr:
torres Duw Tad trawst y tir. (GLM)

Mae'n amlwg fod cryn atgyweirio ac ychwanegu wedi bod ar y tŷ yng nghanol yr unfed ganrif ar bymtheg, oherwydd mae Lewys Menai yn canu clodydd plas Siôn ap Rhys o Drefeilir ar ei newydd wedd yn 1557:

Mawr a hardd ei muriau hi,
Main nadd yw pob man iddi;
. . . .
Y gaer wen glaer, enwog lys,
A adnewyddwyd yn weddus. (CMTTref)

Trefollwyn

Fferm yw *Trefollwyn* ar gyrion gogleddol Llangefni yn ardal Rhosmeirch. Mae hwn yn hen enw: *Trefollwyn* oedd enw'r drefgordd ganoloesol. Mae'r enw yn digwydd hefyd yn Llanengan yn Llŷn. Y cyfeiriad cynharaf a welwyd at y drefgordd yn ardal Llangefni yw *Trefolwyn* o 1284. Mae hwn yn gofnod tipyn cywirach na'r *T'solthwyn* a gofnodwyd yn Stent Môn yn 1352 (Rec.C). Nodwyd *Trewolloyn* yn 1470/1 a *Trevolloyn* yn 1478/9 (LlB). Ceir *Trevollwyn* ym mhapurau Baron Hill yn 1509. Ar ôl hyn nid oes fawr o amrywiaeth yn y sillafiad: mae'n pendilio rhwng *Trevollwyn* a *Trefollwyn*. Aeth John Evans ar ddisberod pan nododd *Treforllwyd* ar ei fap yn 1795, onid oedd yn ymgais i roi rhyw fath o ystyr i'r enw. *Tre'-follwyn-fawr* sydd ar fap OS 1839–41. *Trefollwyn* sydd ar y map OS cyfredol. Nodir *Trefollwyn* a *Trefollwyn Goed* yn y CCPost.

Mae'n amlwg mai *tref* yw elfen gyntaf yr enw, a rhaid casglu mai enw personol sydd yn yr ail elfen. Ond pa enw? Cynigiodd Tomos Roberts *Mollwyn* neu *Collwyn* (ELlMôn). Awgrymodd Melville Richards *Ollwyn* yn gyntaf, ond gwrthododd hwn gan na welsai erioed enghraifft ohono. Yna cynigiodd *Bollwyn*, enw y ceir enghreifftiau prin ohono yn Sir Ddinbych. Mae yntau'n cytuno â Tomos Roberts wrth gynnig *Collwyn*, ac mae'n amlwg yn tueddu tuag at yr enw hwn gan ei fod yn enw a geir yn aml yn yr achau (ETG). Felly, gellir awgrymu mai cartref gŵr o'r enw *Collwyn* oedd *Trefollwyn* ganrifoedd yn ôl.

Tregarnedd

Saif *Tregarnedd Fawr* oddi ar Lôn Penmynydd ar gyrion dwyreiniol Llangefni. Mae *Tregarnedd-bach* ymhellach i'r de. *Tregarnedd* oedd enw'r drefgordd gynt, ond yn rhyfedd iawn nis cofnodwyd yn Stent 1284 na Stent 1352. Daw un o'r cofnodion cynharaf o 1409 yn y ffurf *Treffgarnet* (ArchGw). Ym mhapurau Penrhyn yn 1443 fe'i nodwyd fel *Bodelewe als Trefgarneth*, ond ni welwyd cyfeiriad arall at *Bodelewe* yn gysylltiedig â Thregarnedd. Nodwyd *Trefgarneth* eto yn 1505 (Penrhyn) ac yn 1586/7 (Ex.P.H-E). Ceir cryn dipyn o bendilio rhwng *–th* ac *–dd* ar ddiwedd yr enw yn yr ail ganrif ar bymtheg. Yn 1752 cofnodwyd *Tregarnedd o[therwise] Tregarnedd issa* (Coleman), ac yn 1810 nodwyd *Tregarnedd Uchaf* (Penrhos). Ceir *Tregarnedd*, *Tregarnedd Farm* a *Tregarnedd-bâch* ar fap OS 1839–41. *Tregarnedd Fawr* a *Tregarnedd-bâch* sydd ar y map OS cyfredol a *Tregarnedd Fawr* yn y CCPost.

Mae *Tregarnedd* yn enghraifft dda o enw lle gyda'r elfen *tre–* yn cael ei dilyn gan nodwedd ddisgrifiadol, sef *carnedd*. Ofer fyddai mynd i chwilio am y garnedd ar dir *Tregarnedd* heddiw. Mae'n wir fod hen olion i'w gweld, ond gwrthglawdd sydd yno a gweddillion dyfrffos, yn dyddio o'r bedwaredd ganrif ar ddeg neu o bosib cyn hynny (IAMA). Fodd bynnag, roedd yna garnedd ar un adeg, a honno'n un bur drawiadol yn ôl y sôn. Mae Samuel Lewis yn ei *Topographical Dictionary of Wales* yn ei disgrifio fel 'an immense carnedd, or piled heap of stones, surrounded by a circle of upright stones' (TopDict). Dywed fod y rhan fwyaf o'r cerrig wedi cael eu symud oddi yno gan y tenant yn 1822 er mwyn adeiladu wal i rannu'r cae yn ddau. Roedd Thomas Pennant yntau wedi synnu at faint y garnedd a chymharodd hi ag un Bryn Celli Ddu. Mae rhai olion yn y pridd yn awgrymu fod y garnedd wedi ei lleoli i'r gogledd-orllewin o *Dregarnedd* (IAMA). Nid yw'r enw *Tregarnedd* yn unigryw: fe'i ceir hefyd yn Nwygyfylchi a Thudweiliog.

Tregwehelyth

Heddiw gellir gweld *Tregwehelydd* a *Pendre-gwehelydd* yn Llantrisant, i'r gogledd-orllewin o Fodedern a Llyn Llywenan. *Gwehelyth* yn hytrach na *gwehelydd* yw ffurf arferol yr ail elfen. Mae sŵn hynafol i'r enw hwn, sy'n dwyn i gof bwysigrwydd llinach a thylwyth i'n hynafiaid. Iddynt hwy roedd y *gwehelyth* yn golygu ach a theulu, y gorffennol a'r presennol. Fodd bynnag, mae'n rhyfedd cael annedd o'r enw *Tregwehelyth*, gan fod llawer annedd gynt yn *dre* i ryw wehelyth neu'i gilydd. Yn anffodus, ni wyddom pa wehelyth a goffeid yn Llantrisant. Tybiai Trebor Môn fod yr *hel* yn enw *Tregwehelyth* yn gysylltiedig â *hela*, a'i fod o bosib yn cyfeirio at 'y llwythau cyntaf o'r Brythoniaid, oeddynt yn haner noethion yn treulio bywyd rhyddid [*sic*] yn nhew-wigoedd Môn' (ELlMT).

Daw'r cyfeiriad cynharaf a welwyd at yr enw o Stent 1352, ond ni chyfeirir ato yno fel *Tregwehelyth*, ond yn hytrach fel *Bodlew*. Rhaid bod yn ofalus iawn yma. Gwelsom eisoes fod *Bodlew* yn enw ar annedd ac ar drefgordd gynt ym mhlwyf Llanddaniel-fab, ond lle hollol wahanol oedd hwnnw ac ni ddylid cymysgu'r ddau. Nid yw hynny'n debygol o ddigwydd, mewn gwirionedd, gan mai buan iawn y disodlwyd enw *Bodlew* yn Llantrisant gan yr enw *Tregwehelyth*. Cofnodwyd *Trefygwehelyth* ym mhapurau Prysaeddfed yn 1419. *Tregwehelydd* sydd yn yr un ffynhonnell yn 1632–3. Nodwyd *Tregwhelith* yn 1638/9 a *Tregwhelydd* yn 1699 (Penrhos). Ym mhapurau Bodorgan *Tregwehelydd* a nodwyd yn 1704, a *Tregwyhelydd* yn 1714. *Tre-gweheleth* a *Pen-dre gwehelyth* sydd ar fap OS 1839–41, a *Tregwehelydd* a *Pendre-gwehelydd* ar y map OS cyfredol.

Ceir tystiolaeth sy'n cysylltu'r bardd Gruffudd Gryg (*fl.* 1330–80) â Thregwehelyth. Mae ef ei hun yn cyfeirio at ei wreiddiau yn yr ynys. Meddai, yn ei gywydd i dir Môn: 'Delwyf–fan y hanwyf–Fôn' (GGG). Ceir dwy ddogfen gyfreithiol o 1336 ac 1338 sy'n enwi'r bardd. Mae ei enw ef wedi ei ysgrifennu dros enw arall, sef Iorwerth ap Cynwrig, ac mae lle i gredu mai ei frawd oedd hwn. Achos o roi benthyg arian a geir yn y ddwy ddogfen, a hynny i bobl o Dregwehelyth. Yn ddiweddarach ceir dogfennau eraill sy'n cyfeirio at Cynrig ap Cynrig ap Gruffudd o Dregwehelyth, sef brawd arall, mae'n debyg. Enwyd Gruffudd Gryg ei hun yn 1356/7 mewn achos arall (GGG). Roedd y bardd yn rhingyll Malltraeth yn 1357–8 (MedAng; GGG).

Treiorwerth

Lleolir *Treiorwerth* i'r dwyrain o Fodedern. Mae'n dŷ sylweddol sy'n dyddio'n ôl i ddiwedd y ddeunawfed ganrif. Mae'r enw a'r safle, wrth gwrs, yn llawer hŷn, gan mai *Treiorwerth* oedd enw'r drefgordd gynt. Ceir cyfeiriad at *Treffierwyth* yn 1409 (ArchGw). Cofnodwyd *Trevyerwerth* yn 1587 (Nan), a *Treferwerth* yn 1590 (Bodorgan). Ni fu llawer o amrywio wedyn ar y sillafiad dros y blynyddoedd. Cofnodwyd *Trejorwerth* yn 1775 (Pres.) ac yn ATT yn 1791, a dyna'r ffurf oedd ar fap John Evans yn 1795. Arwydd orgraffyddol yw'r *j* ac ni fyddai wedi amharu ar ynganiad yr enw. *Treiorwerth* oedd ar fap OS 1839–41. *Tre Iorwerth* sydd ar y map OS cyfredol.

Prif deuluoedd cwmwd Llifon yn yr oesoedd canol oedd rhai Prysaeddfed, Bodychen, Chwaen a Threiorwerth. Gallent olrhain eu tras i Hwfa ap Cynddelw drwy Iorwerth Ddu ab Iorwerth ap Gruffudd ab Iorwerth (MedAng). Mae'r enw olaf hwn ynddo'i hun yn rhybudd digonol i unrhyw sy'n honni ei fod yn gwybod yn bendant pwy a gofféir mewn enw lle arbennig. Gan mai stôr gymharol gyfyng o enwau a ddefnyddid yn yr oesoedd canol, mae'r un rhai yn tueddu i ymddangos yn rheolaidd. Felly, mae'n anodd iawn dweud pwy yn hollol oedd yr Iorwerth a roddodd ei enw i *Dreiorwerth*.

Trelywarch

Mae *Trelywarch* yn Llanfwrog, i'r gogledd o Lanfachreth ac i'r de o Lanfaethlu. Ambell dro fe'i cofnodwyd ym mhlwyf Llanfaethlu. Daw'r cyfeiriad cynharaf a welwyd at yr enw o Stent Môn yn 1284 yn y ffurf *Threfchlawrch*. Y ffurf yn Stent 1352 oedd *Treflowar* (Rec.C). Cofnodwyd *Trefloargh* yn 1443 a *Treflowargh* yn 1444 (PFA), *Treflleωarch* yn 1470/1 a *Trefelewarch* yn 1478/9 (LlB). Yn 1505 nodwyd *tref loargh* (Penrhyn), *Treflowarch* yn 1532 a *Trelowarch* yn 1548 (Sotheby). *Trelowarch* sydd ym mhapurau Penrhos yn 1668, 1675 ac 1694, a *Trelowarchth* sydd ym mhapurau Bodewryd yn 1697. *Tre-lywarch newydd* oedd ar fap OS 1839–41, a *Tre-lowarch* yn RhPDegwm yn 1840. *Trelywarch* sydd ar y map OS cyfredol.

Er y cysylltir Llywarch ap Brân yn bennaf â chwmwd Menai, a'i ddisgrifio ambell dro fel arglwydd y cwmwd hwnnw, dywedir hefyd mai ef a gofféir yn enw *Trelywarch*, er bod hwnnw yng nghwmwd Talybolion. Ystyrir Llywarch, a oedd yn byw yng nghanol y ddeuddegfed ganrif, fel sylfaenydd un o Bymtheg Llwyth Gwynedd a honnir ei fod yn frawd yng nghyfraith i Owain Gwynedd.

Treriffri

Lleolir *Treriffri* i'r gogledd o Lechgynfarwy ac i'r de-orllewin o Lannerch-y-medd. Ffurf yr enw yn Stent Môn yn 1284 oedd *vill de Griffry*. Yn 1352 fe'i cofnodwyd fel *Trefgriffri* a *T'rgreffri* (Rec.C). Ym mhapurau Penrhyn yn 1505 nodwyd *trefgyffry*. *Treriffry* oedd ym mhapurau Bodorgan yn 1644, ac ymhlith y ffurfiau a nodwyd yn ATT ceir *Tre rifri* o 1744 a *Treddiffri* o 1753. *Tre'ryffyth* oedd ar fap OS 1839–41, a *Treriffri* sydd ar y map OS cyfredol.

Hen enw personol gwrywaidd sydd yma yn dilyn yr elfen *tref*. Cartref gŵr o'r enw *Griffri* oedd *Treriffri*. Mae hwn yn enw gwahanol i *Gruffudd*, er bod pwy bynnag a luniodd fap OS 1839–41 wedi tybio mai'r un enw oedd yma. Mae

Melville Richards yn esbonio'r enw fel *griff*, sef enw ar anifail neu aderyn chwedlonol ('griffin'), + *rhi*, yn yr ystyr o frenin. Felly, mae'n enw sydd i fod i gyfleu urddas, nerth a bonedd. Tebyg iawn yw tras *Gruffudd*, sef *griff* + *udd*; hen air am dywysog yw *udd* (ETG). Er na chlywir yr enw *Griffri* bellach, roedd yn gyffredin iawn ar un adeg ac fe'i gwelir mewn sawl enw lle. Cofnodwyd *Gwaun Riffri* yn Llanfairfechan a *Llwyn Griffri* yn Llanddwywe, Meirionnydd. Fodd bynnag, aeth ar chwâl yn llwyr yn enw *Bach Riffri* yn Llanddeiniolen, Arfon. Nodir hwnnw fel *Bach yr Hilfry* ar y map OS, a chyfeirir ato yn lleol fel *Braich Effri* (HEALlE). Fodd bynnag, yr ystyr oedd llecyn yn perthyn i ŵr o'r enw *Griffri*. Roedd *Griffri* yn enw cyfarwydd ym Môn yn yr oesoedd canol: cofnodwyd *Gwely Adda ap Griffri*, *Gwely Bledrws ap Griffri*, *Gwely Brochwel ap Griffri* a *Gwely Dyfnwal ap Griffri* yn Llysdulas.

Tresgawen

Tŷ mawr yng Nghapel Coch, Llangefni, yw *Tresgawen*. Bellach mae wedi ymddyrchafu i fod yn *Tre-ysgawen Hall* ac yn westy moethus. Er nad yw'r adeilad presennol yn dyddio'n ôl ddim pellach nag 1882, mae'r enw yn llawer hŷn. Ceir cofnod ohono yn 1284 yn y ffurf *Crefscaweyn* (ExAng). *Trefyscawen* oedd y ffurf a nodwyd yn 1425 (PFA). Fe'i cofnodwyd fel *Trefyskawyn* yn 1472 (Cart.Pen.). Ym mhapurau Baron Hill ceir *Trefscawen* yn 1486; *Trescawen* yn 1489; *Treffescawen* yn 1499; *Trefeskawen* yn 1505; *Trescawen* a *Trefeskawen* yn 1506, a *Treskawen* yn 1648. *Tre'scawen* oedd ar fap OS 1839–41. Ar y map OS cyfredol nodir *Tre-Ysgawen (Hotel)* a *Tre-Ysgawen Home Farm*.

Ceir yn enw *Tresgawen* enghraifft o gyfuno'r elfen *tre* ag enw arall sy'n rhoi mwy o wybodaeth inni am leoliad yr annedd. Coeden ysgaw ('elder') sydd yma, wrth gwrs, ac mae'n amlwg fod yno unwaith ysgawen ddigon trawiadol i haeddu cael ei hymgorffori yn enw'r lle. Ceir ambell gyfeiriad at annedd arall o'r enw *Tresgawen* ym Môn yn ATT yn ail hanner y ddeunawfed ganrif. Roedd hwnnw ym mhlwyf Llanfaelog.

Trysglwyn

Lleolir *Trysglwyn Fawr* a *Trysglwyn Isaf* yn Rhos-y-bol ar gyrion Mynydd Parys. Rhaid cofio hefyd y cyfeirid at Fynydd Parys ambell dro fel *Mynydd Trysglwyn*. Mae *Melin Trysglwyn* ychydig ymhellach i'r de. *Trysglwyn* oedd enw'r drefgordd ganoloesol, ac roedd honno ymhlith y tiroedd a roddwyd i Ednyfed Fychan gan Lywelyn Fawr. Yn y cofnodion cynnar ceir cyfeiriadau at *Trysglwyn Ednyfed*, ac mae'n fwy na thebyg mai Ednyfed Fychan oedd hwn. Gwyddom fod un o ddisgynyddion Ednyfed, sef Madog ap Tudur, yn dal rhan o Drysglwyn yn 1352 (MedAng). Ceir cyfeiriadau hefyd at *Trysglwyn Hywel* a *Trysglwyn Ddisteiniaid*.

Cyfeiriad at *Trysglwyn Ddisteiniaid* yw'r cofnod cynharaf a welwyd hyd yn hyn yn y ffurf *Troscloyndysteynet* o 1284 (ExAng). *Truscluyn* yw'r ffurf yn Stent Môn yn 1352 (Rec.C). Cofnodwyd *Truscloyn Edn'* yn 1413 a *Trusclwyn Eden* yn 1443 (PFA). Cyfeiriadau at *Trysglwyn Ednyfed* yw'r rhain. Mewn rhentol y Goron o 1549 nodwyd *dryscloyn*, *tryscloyn hoel* (sef *Trysglwyn Hywel*) a *tryscloyn ednyfed* (BBGC, X). Yn yr un ffynhonnell cyfeirir at *tir hoell prydydd yn tryscloyn hoell*, ond ni ddylid cymryd yn ganiataol mai'r prydydd hwn a roddodd ei enw i *Trysglwyn Hywel*. Yn ATT ceir *Trusglwyn* a *Trusclwyn isaf* yn 1753. Nodwyd yr enw fel *Trustlwyn* ar fap John Evans yn 1795. *Dryslwyn* a *Dryslwyn-isa* oedd ar fap OS 1839–41. *Trysglwyn-fawr*, *Trysglwyn-isaf* a *Melin Trysglwyn* sydd ar y map OS cyfredol.

Mae gennym gofnodion ym mhapurau Plas Coch sy'n cyfeirio at yr un enw yn Llanidan, sef *Ffridd Trysglwyn* yn nhrefgordd Gwydryn. Nodwyd *Ffrydd Trosglin* yn 1586 a *Ffrithe Tresklwyn* yn 1631/2. Mae'r enw yn digwydd hefyd yn Arfon, i'r de-orllewin o Garmel ar y ffin rhwng plwyfi Llandwrog a Llanllyfni. *Trosglwyn* yw'r ffurf a welir gan amlaf yno, er bod y *Trysclwyn*, a gofnodwyd yn 1764, yn dangos mai'r un enw sydd yma.

Elfennau'r enw yw'r ansoddair *trwsgl + llwyn*. Er bod *trwsgl* i ni heddiw yn ansoddair a ddefnyddir i ddisgrifio rhywun afrosgo, dangosodd Syr Ifor Williams y gallai hefyd olygu gerwinder o bob math, yn ogystal â chrach a chroen garw (ELleoedd; BBGC, XI). Ai llwyn crebachlyd a gofféir yn yr enw *Trysglwyn*? Ond efallai mai llwyn garw, afreolus a olygir. Os felly, mae'r ffurfiau *Dryslwyn* a *Dryslwyn-isa* a nodwyd ar gyfer yr anheddau yn Rhos-y-bol ar fap OS 1839–41 yn ddiddorol. Yr un fyddai ystyr *dryslwyn* a *trysglwyn*, ond mae tarddiad y ddau air yn wahanol. *Dyrys + llwyn* sydd yn *Dryslwyn*, ond *trwsgl + llwyn* sydd yn *Trysglwyn*.

Tyddyn Clidro

Er bod yr annedd o'r enw hwn wedi hen ddiflannu, ac er bod Tomos Roberts eisoes wedi ei drafod (ADG2), efallai y dylid edrych ychydig yn fwy manwl ar yr enw gan ei fod mor annisgwyl a'i darddiad mor anodd ei adnabod heb olrhain rhywfaint o'i hanes. Lleolid yr annedd a'i dir yn yr ardal lle mae swyddfeydd y Cyngor Sir a rhan o'r stad ddiwydiannol yn awr yn Llangefni. Roedd y tyddyn ei hun wedi diflannu erbyn canol y bedwaredd ganrif ar bymtheg. Fe'i cofnodwyd fel *Clydro* yn RhPDegwm plwyf Llangefni yn 1843.

Yn aml iawn ar ôl yr elfen *tyddyn* cawn enw personol, ac mae hynny yn fan cychwyn da i geisio dehongli'r enw. Gwyddom mai enw personol oedd *Clidro* gan fod bardd o'r enw Robin Clidro yn byw yng nghanol yr unfed ganrif ar bymtheg. Bardd, neu yn hytrach clerwr, hynod o dila oedd Robin a ganodd farwnad i'w gath a cherddi eraill ar ryw destunau diysbrydoliaeth o'r fath. Mae'n bosib mai un o Ddyffryn Clwyd ydoedd ac mae'n debyg nad oedd ganddo unrhyw gysylltiad â Llangefni. Ond mae wedi gadael y cyfenw *Clidro* ar ei ôl fel y gallwn fentro dehongli ystyr enw *Tyddyn Clidro* yn weddol hyderus. Ceir cofnodion hefyd am deulu o'r enw *Clidro* yng nghyffiniau Harlech yn y bymthegfed ganrif a'r unfed ganrif ar bymtheg. Ym mhapurau Mostyn a Phorth yr Aur ym Mhrifysgol Bangor ceir cyfeiriadau at sawl aelod o'r teulu hwnnw, gan gynnwys Dickon Clidro yno yn 1438 a Thomas Clidro yn 1529. Roedd teulu o'r un enw yn byw ym Môn yn yr un cyfnod, ond ni wyddom a oedd y ddau deulu yn perthyn i'w gilydd.

Wrth reswm, y teulu o Fôn sy'n hawlio ein sylw ni yn bennaf. Ym mhapurau Baron Hill ceir cyfeiriad o'r flwyddyn 1658 at *David Clidro* yn Llanddyfnan, a cheir cyfeiriad ym mhapurau Plas Gwyn at wraig ddienw a ddisgrifir fel 'merch David ap David Clidro'. Credai Tomos Roberts fod *Tyddyn Clidro* Llangefni wedi ei enwi ar ôl y Dafydd ap Dafydd Clidro hwn, a bod tŷ o'r enw *Tyglidro* ym Modffordd wedi ei enwi ar ôl ei dad (ADG2).

Dechreuwn weld cofnodion am *Tyddyn Clidro* yn y ddeunawfed ganrif ym mhapurau Henllys ym Mhrifysgol Bangor. Yno nodir tri enw arall ar yr un annedd, sef *Cae Maes y Felin*, *Cae Gwyn* a *Maes Gwyn*. Cofnodwyd y ffurf *Tythyn Clidro* yn 1733/4, *Tyddyn y clidro* yn 1766 a *Tyddyn Clydro* yn 1774. Ni ddylem synnu at weld y fannod yn y ffurf *Tyddyn y clidro*. Mae'n eithaf cyffredin cael y fannod o flaen enw personol i ddangos meddiant, yn enwedig mewn enw gweddol ddieithr. Cymharer *Tyddyn y Bisley* ym mhlwyf Llanrug, Arfon. Cyfeiriodd yr Athro Gwynedd O. Pierce at sawl enghraifft o Forgannwg o'r fannod gyda chyfenw anghyfiaith, e.e. *Craigybwldan* (o'r cyfenw *Bulden* neu *Boulden*) a *Tir y Barnard*, a chyfeiriodd Dr B. G. Charles yntau at enwau megis *Coed y Devonald* yn Sir Benfro.

Penderfynwyd, felly, mai cyfenw yw'r elfen *Clidro* yn enw *Tyddyn Clidro*, ond mae'n werth edrych yn fwy manwl ar yr enw hwn. Er bod rhyw naws Gymreig iddo, enw Saesneg sydd yma, sef *Clitheroe*, sy'n deillio o enw'r dref yn Sir Gaerhirfryn. Ffurf yr enw hwnnw yn 1102 oedd *Cliderhou*

(CODEPN). Roedd sain y ffurf hon yn eithaf tebyg i'r ffurf Gymreig *Clidro*. Mae'n bosib fod yr enw *Clitheroe* yn tarddu o elfen hen Norseg ynghyd ag elfen Saesneg gyda'r ystyr 'bryn y fronfraith'. Awgrym arall yw mai *clȳder*, gair Hen Saesneg am gerrig mân, yw'r elfen gyntaf (DS). Aeth Tomos Roberts gam ymhellach a chynnig mai'r gair Cymraeg *cludair* oedd yr elfen gyntaf, ynghyd â'r elfen Saesneg *hoh*, sef cefnen o dir. Ystyr *cludair* yw tomen o gerrig. Mae ffurf lurguniedig *cludair* i'w gweld yn glir yn enwau'r mynyddoedd *Y Glyder Fawr* a'r *Glyder Fach*, ond mae cryn amheuaeth ai hon yw'r elfen yn yr enw *Clitheroe*.

Tyddyn Engan

Lleolir un annedd o'r enw hwn i'r gogledd o Ben-y-sarn ar gyrion Mynydd Eilian. Fe'i cofnodwyd fel *Tyddyn Engan* yn 1773 (PA), ac fel *Tyddyn-engan* ar fap OS 1839–41. *Tyddyn Engan* yw ffurf yr enw ar y map OS cyfredol ac yn CCPost. Ceir yr un enw ar annedd ym Modorgan. Cofnodwyd hwn fel *Tythin Einyan* ym mhapurau Bodorgan yn 1749, ac mae'r ffurf *Einyan* yn arwyddocaol, fel y cawn weld. Yn yr un ffynhonnell nodwyd *Tyddyn Eingan* yn 1755 a *Tyddyn Engan* yn 1780. *Tyddyn-engan* oedd ar fap OS 1839–4. *Tyddyn Engan* sydd ar y map OS cyfredol ac yn y CCPost. Ceir rhai cyfeiriadau hefyd at yr un enw yng Nghaergybi: nodwyd *Tyddyn Eingan* yn 1693 (Penrhos). Ceir cofnod o 1532 o *Tuthyn Eign'* ym Mhenrhosllugwy (Sotheby). Nodir yr un lle yn yr un ffynhonnell fel *tuthyn Eign'* yn 1542, ac fe'i gwelir yn y ffurf *Tythyn Eignan* yn 1663 ym mhapurau Penrhos. Cofnodwyd annedd o'r enw *tythyn Eigan ap Eigan* ym Modegri Gaeth yn 1558 (CENgh), ac eto fel *Tyddyn Eigan' ap Eigan'* yn 1587 yn llawysgrifau Bangor.

Yn y cofnodion olaf hyn cawn rywfaint o oleuni ar ail elfen yr enw *Tyddyn Engan*. Gan fod y gair *eingion / einion,* sef y darn haearn a ddefnyddia'r gof i guro metel poeth arno ('anvil') yn aml iawn yn cael ei ynganu fel *engan* ar lafar, daethpwyd i dybio mai dyna oedd yr ystyr hefyd mewn rhai enwau lleoedd. Ond mae'r cofnodion uchod o 1558 ac 1587 ym Modegri Gaeth yn dangos yn glir iawn mai dyn oedd *Eigan'*, ac mai dyna oedd enw ei dad hefyd, neu, yn hytrach, *Einion*. Am ryw reswm, mae'r enw personol *Einion* wedi cael ei lurgunio drwy'r canrifoedd. Roedd y *Tythin Einyan* a gofnodwyd yn 1749 ym Modorgan yn arwyddocaol am ei fod yn llawer nes at y ffurf *Einion* nag a welir fel rheol.

Gwelir yr enw *Einion / Engan* mewn sawl lle ym Môn. Nodwyd *Bryn-engan* yn Llanfair Mathafarn Eithaf ar fap OS 1839–41, a cheir sawl cyfeiriad ato yn ATT yn niwedd y ddeunawfed ganrif: *Engan* yw ffurf yr ail elfen bob tro. Ceir sawl cyfeiriad yn ATT hefyd at *Cae Engan* yng Nghaergybi. *Engan* yw'r ffurf yn hwnnw hefyd, a cheir ambell gyfeiriad ato hefyd fel *Cae Engan Wydd*, sy'n dangos mai gwehydd oedd yr Einion arbennig hwn. Mae cryn nifer o gofnodion ym mhapurau Bodorgan o'r enw *Cerrig Engan* yn Aberffraw, gan gynnwys *Tythyn Kerrig Eingion* yn 1614, a *Cerrig Engan* yn 1751. Ceir nodyn diddorol ar yr enw hwn yn yr un ffynhonnell yn 1755, sef *Cerrig Eingan alias Engan*, sydd fel petai'n awgrymu y tybid mai *Engan* oedd ffurf gysefin a chywir yr enw.

Mae gennym lu o gyfeiriadau at *Felin Engan*. Cedwir yr enw hyd heddiw yn yr annedd ar y safle i'r gogledd o Lanfair Pwllgwyngyll ac i'r gorllewin o Borthaethwy. *Felinengan* sydd ar y map OS cyfredol. Cofnodwyd yr enw hwn mor gynnar ag 1352: ceir *Melyn Eig[n]* yn Stent Môn. (Rec.C.) Nodwyd *melin eingen* yn 1583 (CENgh). Ceir un cofnod diddorol o 1775, sef *Melin Eneon*, sydd fel petai'n awgrymu rhyw ymwybyddiaeth mai *Einion* oedd yn yr ail elfen (Elwes). Rhyfeddach fyth yw'r ffurfiau a gofnodwyd ar gyfer *Mynydd Engan* yn Llaneilian, enw arall ar Fynydd Nebo. Nodwyd *Menyth Engey* yn 1471 a *Meneth engey* yn 1472 ym mhapurau Baron Hill.

Mae'n anodd dod o hyd i unrhyw enghreifftiau ym Môn o'r enw *Einion* heb ei lurgunio, ac eithrio mewn enwau gweddol ddiweddar, lle bu ymyrryd bwriadol o bosib i adfer y ffurf *Einion*. Hyd yn oed pan oedd yn hollol amlwg mai enw personol a olygid, eithriad yw cael y ffurf gywir. Ceir cyfeiriad yn 1352, er enghraifft, at *Wele Dauid ap Eign* yn nhrefgordd Botan yn Llanfachreth (Rec.C), *Welle Meredith ap Eingon* ym Motan yn 1608 (Pres.), a *Cay Ithel ap dd ap Eigan* yn Llaneilian yn 1639/40 (BH). Ni allai'r elfen fod yn ddim byd ond yr enw personol *Einion* yn yr enghreifftiau hyn.

Beth a achosodd y fath lurgunio ar enwau personol megis *Angharad* ac *Einion*, enwau a oedd yn eithaf cyffredin a chyfarwydd yn yr oesoedd canol? Yn ddiau, ni lurgunid yr enwau personol ar lafar gwlad wrth gyfeirio at bobl â'r enwau hyn, ond pan ddaw'r enwau personol yn elfen mewn enwau lleoedd mae rhyw ddallineb yn peri na all y werin sylweddoli mai'r un hen enwau cyfarwydd sydd yno. Cynigiodd J. Lloyd-Jones esboniad am y llurgunio yn enw *Einion*, drwy ddweud fod tuedd i ychwanegu *–g* at *in* yn Gymraeg (ELlSG). Cyfeiriodd at y modd y troir y gair Saesneg 'inn' yn aml yn *Y Ring* ar lafar gwlad mewn enw tafarn. Mae'n wir fod *–in* yn troi yn *–ng* yn nherfyniad geiriau o dras Saesneg, e.e. *gwaring*, *beting*, *sieting*. Fodd bynnag, mae'n anodd gweld fod hyn yn esbonio'r llurgunio cyson a fu ar yr enw personol *Einion*, oherwydd cyfeirio at ychwanegu *g* ar ddiwedd gair a wna J. Lloyd-Jones. Mae Syr John Morris-Jones yn cyfeirio at yr un nodwedd, gan roi fel enghreifftiau *pringhaf* am *prinnaf*, a *meithring* am *meithrin*. Ond nododd hefyd fod *Einion* yn aml yn troi'n *Eingion* neu *Eingnion*, ac yn *engan* yng Ngwynedd (WGram). O fwrw golwg eithaf cyffredinol drwy enghreifftiau o'r enw *Einion* yn AMR, yn ddiau ceir rhywfaint o dystiolaeth fod llai o lurgunio ar yr enw yn Sir Ddinbych a Sir y Fflint, a gwelir ffurfiau megis *Eynon* yn amlach yno. Yn Rhestrau Pennu Degwm plwyfi Meirionnydd hefyd ceir sawl enghraifft o'r ffurf *Einion* neu *Enion*. Yn achos yr enw *Portheinion* yng Ngŵyr, ni cheir unrhyw arlliw o'r llythyren *g* ynddo drwy'r canrifoedd. Gwyddom fod y ffurfiau sy'n cynnwys *g*, megis *Eign'* ac *Eignon*, i'w gweld i ryw raddau ledled Cymru, o leiaf ar glawr. Fodd bynnag, mae'n bosib mai yng Ngwynedd y ceir y ffurf *Engan* ar lafar fynychaf, fel yr oedd Syr John wedi amau. Yn sicr, mae'n amlwg iawn ym Môn.

Tyddyn Gyrfa

Mae'n anodd deall ystyr yr enw *Tyddyn Gyrfa* o edrych arno yn ei ffurf bresennol. Annedd yw hwn yng Nghemais, a roddodd ei enw hefyd i stad o dai yn y pentref hwnnw. *Tyddyn Gyrfa* yw'r ffurf yn y CCPost, a hefyd ar fap OS 1839–41. Fodd bynnag, mae ymchwil ofalus ac ysgolheigaidd Tomos Roberts wedi datguddio fod hanes pur annisgwyl i'r enw hwn (PTR). Darganfu ef gofnod diddorol o 1772, sef *Tyddyn y cyrfer*, sy'n awgrymu'n gryf nad *gyrfa* oedd yr ail elfen. Ond daeth o hyd i ddau gofnod arall a gryfhaodd ei amheuon ynglŷn ag ystyr yr enw, sef *Tythyn Kerver* o 1743 a *Tyddyn Kerver* o 1788. Efallai hefyd fod presenoldeb y fannod yng nghofnod 1772 yn arwyddocaol, oherwydd yn aml ceir y fannod o flaen cyfenw anghyfiaith mewn enwau lleoedd.

Sylweddolodd Tomos Roberts mai cyfenw Saesneg pur anghyffredin oedd yma, sef *Kerver*. Gwyddai fod gŵr o'r enw Richard Kerver o Rosbeirio wedi priodi merch o Lechgynfarwy yn yr ail ganrif ar bymtheg (PTR). Yn sicr, ceir cofnod o'r un cyfenw ym mhapurau Bodorgan yn 1508, lle sonnir am ŵr o'r enw John Kerver o Fiwmares mewn gweithred yn ymwneud â thir ym Mathafarn Wion. Felly, mae'n amlwg fod y cyfenw dieithr *Kerver* yn bodoli unwaith ym Môn. Tybed ai ffurf ar y cyfenw mwy cyfarwydd *Carver* sydd yma? Awgrymir dwy ystyr bosib i'r enw hwnnw, sef cerfiwr, o'r gair Saesneg Canol *kerve(n)*, neu yrrwr gwedd o'r Ffrangeg Eingl-Normanaidd *caruier* (DS). Beth bynnag yw tarddiad y cyfenw, gellir bod yn hyderus nad *gyrfa* sydd yn ail elfen enw *Tyddyn Gyrfa*.

Tyddyn Iocyn

Enw annedd yn Llanfair Mathafarn Eithaf oedd *Tyddyn Iocyn*. Fe'i cofnodwyd fel *Tyddyn jockyn* yn 1780 (Bodorgan) ac fel *Tyddyn Ioccyn* yn 1792 (BH). Gwelir annedd o'r enw *Tyddyn Iocyn* hefyd yn RhPDegwm plwyf Llanfechell yn 1842.

Mae sawl cyfeiriad yn AMR at annedd o'r enw *Cae Iocyn* ym mhlwyf Llangaffo. Daw mwyafrif y cyfeiriadau o gofnodion ATT o ddiwedd y ddeunawfed ganrif a dechrau'r bedwaredd ganrif ar bymtheg. Mae'n fwy na phosib nad oedd gan y cofnodwyr unrhyw syniad beth oedd ystyr yr enw, gan fod y modd y sillefid ef yn hynod fympwyol: *Cae Jocun*, *Cae Ocun*, *Cae Iocklyn*, *Cae Jockun*. Yn RhPDegwm Llangeinwen 1840 nodwyd annedd arall o'r enw *Caeioccyn*, ac mae yna annedd o'r enw *Cae Iocyn* yn Llaneilian heddiw.

Yn y cyswllt hwn, mae'n werth nodi rhai enwau eraill o Fôn. Yn 1494 cofnodwyd lle o'r enw *Terr yokys*, sef Tir Iocws, yn Llaneilian (Sotheby). Ceir sawl cyfeiriad at *Plas Iolyn* yn Llangoed, ac mae'r modd y sillefid hwn yn ATT yn bur od ar adegau, e.e. *Plâs Jollun* a *Pasolyn*. Cofnodwyd *Tyddyn Iolyn* yn ogystal â *Tyddyn Iocyn* yn Llanfair Mathafarn Eithaf. Gwelir yr un elfennau mewn enwau lleoedd ledled Cymru. Gellid hefyd ychwanegu ffurfiau megis *Iol*, *Iolcyn*, *Ioca*, *Iwca*, *Iocws* ac *Icws*.

Pam y casglwyd yr holl enwau hyn at ei gilydd a beth sydd ganddynt yn gyffredin? Pe ychwanegid y ffurf *Iolo* atynt byddai'r rheswm yn hollol glir. Yr hyn sydd gennym ynddynt i gyd yw ffurfiau anwes ar yr enw personol *Iorwerth*. Fodd bynnag, gan mai *Iolo* a *Iori* o bosib yw'r unig ffurfiau anwes ar Iorwerth a oroesodd, mae'n ddigon hawdd gweld sut y methodd y cofnodwyr â deall yr elfennau hyn. Efallai mai un o'r datblygiadau rhyfeddaf i ddod o'r diffyg dealltwriaeth oedd troi enw *Tyddyn Iocws* ger Pwllheli i'w ffurf bresennol, sef *Yoke House*.

Roedd gan y Cymry lawer mwy o amrywiaeth yn eu henwau anwes ers talwm. Heddiw gallem gyfeirio'n annwyl at ŵr o'r enw Dafydd fel Dai, Deian neu Deio (neu fel Dafs, a bod yn fwy cyfoes), ond yn y gorffennol, gellid cyfeirio ato mewn sawl ffordd arall. Ar yr olwg gyntaf ni fyddem yn gweld Dafydd yn enw *Tyddyn Deicyn* yn Llanfair Pwllgwyngyll. Dyna'r enw, er mai *Tyddyn dici* oedd yn RhPDegwm 1842 a *Tyddyn Ddeici* sydd yn y CCPost. Ond esgorodd yr enw Dafydd ar y ffurfiau anwes *Deicyn* a *Dykan*: gwelir yr ail ffurf yn enw *Rhosdican* ar gyrion Caernarfon. Fodd bynnag, gall yr enw Richard hefyd esgor ar y ffurfiau anwes *Dickon* a *Dickin*, o leiaf yn y Saesneg. Credai'r Athro J. Lloyd-Jones mai ffurf anwes ar Richard oedd *Dican*, a honnai W. J. Gruffydd yntau mai ffurf fachigol ar *Dic* oedd yma. Tueddai Melville Richards i gredu mai ffurfiau anwes ar Dafydd oedd *Deicyn* a *Dican*, yn ogystal â *Dai*, *Deio*, *Deia*, *Dacyn*, *Deicyn* a *Deicws*. Nodwyd annedd o'r enw *Deicws* yn Llanfachreth yn RhPDegwm 1845. *Bwth Dicws* oedd ffurf hwnnw yn 1572 ac 1608 (Pres.). Yn ddiweddarach trodd yn *Bytheicws* ar lafar. Mae'r annedd yno hyd heddiw, a *Bytheicws* yw ffurf yr enw yn y CCPost. Mae Melville Richards yn cyfeirio at *Ric*, *Dic*, *Hic* a *Hicyn* fel ffurfiau anwes ar Richard. Ym Môn, cofnodwyd *Tir Hic* ym Mhorthaml, ac mae *Tyddyn Hic* yn bodoli o hyd ym Mhentreberw. Mae T. J. Morgan a Prys Morgan yn nodi *Dai*, *Dei*, *Deio*, *Deia*, *Deian*, *Deito*, *Deicyn*, *Deiwyn* a *Deicws* fel ffurfiau anwes ar Dafydd, ond dim ond *Rhisierdyn* fel ffurf anwes ar Richard (WS).

Er ei bod yn demtasiwn tybio mai bachigion o Richard yw *Deicyn a Dican* oherwydd fod yr *c* yn yr enw yn adlewyrchu'r ffurfiau Saesneg *Dick* a *Dickon*, rhaid cofio fod cynnwys *c* mewn ffurfiau anwes lle nad oes *c* yn yr enw gwreiddiol yn amlwg yn digwydd yn Gymraeg i greu rhyw ymdeimlad o anwyldeb. Nid *Dafydd* yw'r unig enw i fagu'r *c* anwesol annisgwyl hon. Fel y gwelsom eisoes, mae'r enw Iorwerth yn esgor ar y ffurfiau *Iocyn*, *Iolcyn*, *Iocws*, *Ioca* ac *Iwca*. O'r enw Hywel ceir *Hwlcyn* a *Hwlca*, yn ogystal â *Hwlyn*, *Hwla* a *Hwlta.* Ceir cofnod o ddarn o dir o'r enw *Kae Llewelyn ap Hwlkyn* yn nhrefgordd Bodlew yn 1581 (PCoch), ac yr oedd yna annedd o'r enw *Tyddyn Hwlcyn* yn Llanddaniel-fab.

Gallem nodi sawl ffurf anwes arall a gollwyd bellach o'r iaith. Arferid y bachigion *Llel* a *Llelo* am Lywelyn; *Bedo*, *Badi* a *Badyn* am Faredudd; *Guto* (sydd yn fyw hyd heddiw) a *Gutun* am Ruffudd. Mae'n debyg mai *Llel Goch* sydd yn enw'r annedd *Lel-goch* a nodwyd yn RhPDegwm Llangeinwen yn 1840: yn ddiau byddai'r elfen *cae* neu *tyddyn* yn rhan o'r enw hwn ar un adeg. Fe'i nodir yn y CCPost heddiw fel *Lel-Goch*. Ceir *Bedo* yn Llanfachreth ar y map OS cyfredol; cofnodwyd yr enw *Murddun Gutun* ar annedd yn Llanrhuddlad, *Llain Gutyn* yn RhPDegwm Pentraeth yn 1841, ac mae AMR yn nodi *Tyddyn Gutyn Goch y Crydd* yn Aberffraw.

Gwelsom eisoes fod *Madyn* nid yn unig yn enw a roddid i'r llwynog, ond ei fod hefyd yn ffurf anwes ar *Madog*. Fe'i cofnodwyd yn enwau *Plas Madyn* yn Llanrhuddlad a *Tyddyn Madyn* yn Llanfachreth. Mae'n debyg mai ffurf anwes arall ar *Madog* oedd y *Matw* a gofnodwyd yn *Tyddyn Matw* yn Llandegfan a *Tŷ Fatw* yn Llanrhwydrys. Ceir *Mato* hefyd: cofnodwyd *Tir Mato* ym Modedern a *Tyddyn Mato* yn Niwbwrch. Mae nifer o'r ffurfiau anwes hyn i'w gweld yn enwau lleoedd Môn, fel ym mhob rhan arall o Gymru, er nad ydynt bob amser yn amlwg i'r glust a'r llygad modern.

Tyddyn Leci

Mae *Tyddyn Leci* yn Llanfwrog yng ngogledd-orllewin Môn. *Tyddyn leici* oedd y ffurf yn RhPDegwm plwyf Llanfwrog yn 1840. *Tyddyn Leci* yw'r ffurf heddiw yn y CCPost, a *Leci* oedd ffurf yr ail elfen yng nghofnodion Cyfrifiad 1841, 1851, 1871 ac 1901. Ni fyddai unrhyw bwrpas troi at eiriadur i ddarganfod beth yw *leci*. Yr hyn sydd gennym yma yw enw merch sydd wedi ei lurgunio fel nad oes modd ei adnabod bellach. *Tyddyn Leucu* fyddai ffurf wreiddiol yr enw, yn coffáu rhyw ferch o'r enw *Lleucu*.

Nid rhywbeth sy'n gyfyngedig i enw *Tyddyn Leci* yn Llanfwrog yw'r llurgunio hwn ar yr enw *Lleucu*. Ym Môn cofnodwyd yr enw *Tyddyn Leci* yn Llanfaelog hefyd, a *Leci* yw ffurf yr ail elfen yn hwnnw yn RhPDegwm 1844 ac yng Nghyfrifiad 1841, 1851 ac 1861. Mae'r enw yn digwydd yn Llanrhuddlad yn ogystal. Cofnodwyd hwn fel *tythyn lleiki* yn 1664 (Pres.); *tythin Llykie* yn 1707 (BH), a *Tyddyn Leiku* yn 1751 (Henllys). Yn RhPDegwm plwyf Llanrhuddlad yn 1843 fe'i nodwyd fel *Penrhyn or Teddyn Leccy*. Ceir cyfeiriadau yn ATT at annedd o'r enw *Cae Leci* yn Llanfihangel Tre'r-beirdd. Nodwyd hwnnw fel *Caelace*, *Cae licci* a *Cae lecy* ar wahanol adegau. A rhag i neb feddwl mai'r Monwysion yn unig oedd yn euog o gam-drin Lleucu, cofnodwyd yr elfen fel *lecky* a *liekie* yn enw *Berthleci* ym Motwnnog; fel *llykwe* a *lleuquy* yn enw *Cae Lleucu* yn Llanfachreth, Meirionnydd; fel *lleiki* a *lleichi* yn enw *Bryn Lleucu* yn Llanefydd, ac fel *licci* a *lliki* yn *Ynys Leucu*, Llanystumdwy (HEALlE; AMR). Os gwrandewch yn ofalus ar y modd yr yngenir yr enw gan y brodorion, fe glywch mai bryn moel a enwyd ar ôl merch o'r enw *Lleucu* sydd hefyd ym *Moelyci* ger Tregarth yn Arfon. Fodd bynnag, fe lwyddodd y Monwysion i gofnodi enw un annedd yn gymharol gywir yn RhPDegwm Llanfair Mathafarn Eithaf yn 1841 fel *Ty leucu*.

Tyddyn Lleithig

Enw anghyffredin ar dŷ yn ardal Paradwys i'r de o Langristiolus yw *Tyddyn Lleithig*. Yr unig enghreifftiau yn AMR o ddefnyddio'r elfen *lleithig* mewn enw lle yw tri chyfeiriad o'r ail ganrif ar bymtheg at *Cefnlleithig* yng Nghaeo, Sir Gaerfyrddin. Byddai'n haws deall pam y defnyddiwyd yr elfen *lleithig* gyda'r elfen *cefn*, yn hytrach na'r elfen *tyddyn*. Ystyr arferol *lleithig* yw sedd neu orsedd. Benthyciad yw o'r Lladin *lectica*. Felly, mae'n hawdd gweld pam y defnyddid y gair i ddisgrifio cefnen o dir. Ceir sawl enghraifft o ddisgrifio codiad tir fel *cadair* neu *orsedd*, ond yn sicr nid yw'r gair *lleithig* yn un cyfarwydd iawn. Serch hynny, mae'n air a welir yn nhestunau'r oesoedd canol ac yn y Beibl. Yn Eseia LXVI, 1, clywn am Dduw yn cyfeirio at y nefoedd fel ei orseddfainc a'r ddaear fel lleithig ei draed. Felly, gall olygu rhyw fath o stôl i'r traed yn ogystal â sedd i eistedd arni. Yn aml fe'i defnyddid am sedd hir debyg i soffa y byddech yn lled-orwedd arni, a byddai'n hawdd dychmygu nodwedd o'r siâp hwn yn y dirwedd.

Ni welwyd unrhyw gofnodion cynnar o enw *Tyddyn Lleithig*, ond yn yr holl enghreifftiau a welwyd, mae sillafiad yr elfen *lleithig* yn hynod o gyson. *Lleithig* yw'r ffurf bob tro yng nghofnodion y Cyfrifiad rhwng 1841 ac 1901, ond *llaethig* yw'r ffurf yn 1911. *Tyddyn Lleithig* sydd yn y CCPost.

Tyddyn Tlodion

Mae'r enw hwn i'w weld mewn o leiaf dri lle gwahanol ym Môn. Ar fap OS 1839–41 nodwyd *Tyddyn-tylodion* i'r de-ddwyrain o Fodedern. Fe'i cofnodwyd yn 1775 fel *tyddyn tlodion* (Pres.). Mae'r annedd yno hyd heddiw, wedi ei nodi fel *Tyddyn Tlodion* dan Fryngwran yn y CCPost. Ar fap OS 1839–41 hefyd gellir gweld *Tyddyn-tylodion* arall. Mae hwn i'r gorllewin o Fenllech, ac mae yno o hyd, wedi ei nodi fel *Tyddyn Tlodion* dan Brynteg yn y CCPost. Yn ardal Heneglwys, i'r gorllewin o Langefni, y lleolir y trydydd annedd o'r un enw a nodwyd ar fap OS 1839–41. *Tyddyn tylodion* oedd ffurf yr enw ar y map. Fe'i nodwyd fel *Tyddyntlodion* yng nghofnodion Cyfrifiad 1841, fel *Tydduntlodion* yn 1851, ac fel *Tyddyn-tlodion* yn 1911. Mae hwn hefyd yno hyd heddiw, wedi ei restru dan Bodffordd.

Gydag enw megis *Tyddyn Tlodion*, ni raid tybio fod y sawl a oedd yn byw yn yr anheddau hyn yn dlawd. Fel rheol, cafodd y tyddynnod yr enw hwn am fod eu rhenti wedi eu neilltuo i gynnal tlodion y plwyf. Gwyddom fod hyn yn wir yn achos *Tyddyn Tlodion* Bodffordd, oherwydd mae gennym dystiolaeth fod y tyddyn hwn wedi cael ei adael i blwyf Heneglwys yn ôl ewyllys William Bold o Lechgynfarwy yn

1688 (PTR). Bwriad Bold oedd i rent y tyddyn fynd tuag at gynnal tlodion plwyf Heneglwys. Enw gwreiddiol y tŷ oedd *Tyddyn Sadler*, ond mae'n debyg iddo gael ei newid oherwydd y defnydd a wneid o'r rhent. Mae'n bosib mai newid naturiol ar lafar gwlad oedd hwn yn hytrach na'i fod yn amod yn yr ewyllys.

Cyfeiriwyd eisoes at y cofnodion o enw *Tyddyn Tlodion* Heneglwys yn y Cyfrifiad. Yn ddiddorol iawn, yn y cofnodion ar gyfer yr un plwyf nodir hefyd yr enw *Poorhouse* yn 1851; *Poor House* yn 1891; *poor house* yn 1901, a *Poor House* yn 1911. Mae'r annedd hwn yn bodoli o hyd ym Modffordd, ond mae ei enw wedi ei Gymreigio fel nad yw ei darddiad yn amlwg ar yr olwg gyntaf. Ffurf bresennol yr enw yw *Pwros*. Aeth yr enw drwy'r un broses i raddau â geiriau eraill yn y Gymraeg sydd wedi eu benthyca o eiriau Saesneg yn diweddu â'r elfen *house*, megis becws, storws a wyrcws. Byddid wedi disgwyl cael *Porws* i ddilyn y patrwm hwn yn gaeth, ond mae'r llafariaid wedi ymgyfnewid yn y ffurf *Pwros*, er bod sain y gair Saesneg o bosib i'w chlywed yn gliriach yn y ffurf hon. Nid yw GPC yn cynnwys *pwros* na *porws*. Nid yw T. H. Parry-Williams chwaith yn crybwyll y naill ffurf na'r llall yn *The English Element in Welsh*, ond mae O. H. Fynes-Clinton yn nodi *pwrws*, er ei fod yn ychwanegu 'seldom used' (WVBD). Ceir enghraifft arall o'r enw *Pwros* ger Llangefni, yn ardal Rhosmeirch.

Fel rheol yr oedd preswylwyr y tai a enwid yn *Pwros* yn dlawd. Roedd llawer ohonynt yn byw ar y plwyf, ac ambell dro yr oedd yr enw 'poor house' yn gyfystyr â wyrcws. Mae cofnodion y Cyfrifiad yn ategu'r gwahaniaeth rhwng y ddau enw ym mhlwyf Heneglwys: yn y cofnodion ar gyfer *Tyddyn Tlodion* Bodffordd yn 1851, rhestrir y sawl a oedd yn byw yno fel ffermwr, a oedd yn cyflogi tri o weision, tra rhestrir y teulu o dad, mam a mab a oedd yn byw yn *Poorhouse* Bodffordd fel 'paupers'.

Tyddyn yr Eurych

Lleolir un annedd o'r enw *Tyddyn yr Eurych* yn Llangristiolus. Ffurf yr enw hwnnw yn 1756 oedd *Tythyn Eyrych*, a cheir enw arall arno yn ogystal, sef *Tythyn Gronw* (Henllys). Mae'r un enw i'w weld yn Llanddaniel-fab: *Tyddyn Eurach* yw ffurf bresennol hwnnw yn y CCPost. *Tythin ar Eyrach* a nodwyd yn 1721 (Llig); *Tyddin yr eurach* yn 1804 (PCoch), a *Tyddyn Eirach* yn RhPDegwm yn 1841. Fe'i ceir hefyd yn Llanrhuddlad. Yn 1647 nodwyd hwnnw fel *Tythyn reurich* (WChCom), fel *Tyddyn yr eirich* yn 1834 (LlEsgob), ac yn gywir fel *Tyddyn-yr-eurych* ar fap OS 1839–41. *Tyddyn yr Eurach* sydd yn RhPDegwm yn 1843. Gwelir llurgunio digon dealladwy ar yr un elfen yn Llanfair Pwllgwyngyll mewn cofnod o 1794, sef *Pant Rhydderch alias Pant yr Eurach* (Poole).

Ceir annedd o'r enw *Cae'r Eurych* hefyd yn Llangristiolus, a dyna ffurf yr enw yn y CCPost. Yma mae'r sillafiad cywir wedi cael ei adfer, oherwydd bu rhywfaint o ansicrwydd yn y gorffennol. Nodwyd *Caer Eirych* yn ATT 1788; *Cae'r-eirach* sydd ar fap OS 1839–41. Mae'r drydedd elfen yn gywir yn *Cae yr eurych* yn RhPDegwm yn 1841. Mae'r elfen *eurych* i'w gweld mewn enwau anheddau a chaeau yn Llanfairfechan, Llandysul ac Abererch a mannau eraill (AMR). Gwelwyd cyfeiriad cynnar at yr elfen ym Modeon, Môn, yn enw *Wele Atha Ewrewgh*, sef Gwely Adda Eurych, yn 1352 (Rec.C).

Beth oedd *eurych*? Noda GPC y gall olygu gweithiwr mewn metelau gwerthfawr, sef gof aur neu arian. Mae'n anodd credu fod galw am waith crefftwr mor gywrain yng nghefn gwlad Môn. Ond mae GPC yn ymhelaethu ryw gymaint drwy gynnig yr ystyr Saesneg 'embellisher'. Yn y Mabinogi cawn hanes Manawydan, tra oedd yn dysgu gwahanol grefftau, yn gwylio'r eurych gorau yn y dref yn 'euro' byclau ar gyfer esgidiau. Mae yma awgrym fod hwn yn waith i grefftwr medrus, ond gallai fod yn waith eithaf ymarferol at iws gwlad, fel petai, yn hytrach na chynhyrchu tlysau yn unig.

Fodd bynnag, mae GPC hefyd yn rhoi ystyr arall i *eurych*, sef 'tincer', sydd yn waith llai urddasol o lawer. Ceir nodyn gan Bedwyr Lewis Jones ar waith Gronw'r Eurych, taid y bardd Goronwy Owen.[46] Mynnai Syr John Morris-Jones mai 'cyweiriwr' neu 'ysbaddwr' oedd ystyr *eurych* ym Môn, hynny yw, y gŵr a fyddai'n mynd o gwmpas y ffermydd i sbaddu neu dorri ar anifeiliaid. Mae GPC yn cydnabod yr ystyr hon hefyd. Fodd bynnag, yn ôl traddodiad, honnid mai tinceriaid oedd hynafiaid Goronwy. Dyna oedd barn Lewis Morris yntau, er nad oedd agwedd hwnnw at Goronwy yn hollol ddiduedd. Mewn llythyr at ei frawd William yn 1757, mae'n cwyno am ymddygiad didoreth ac anniolchgar Goronwy. Meddai: 'Would any thing but a tinker . . . have behaved as he has done to his best friends? Eurych is too good a name for him' (ML). Mae hyn yn awgrymu fod yna rywfaint o wahaniaeth o ran statws rhwng eurych a thincer.

Ffurfiau lluosog safonol yr enw *eurych* yw *eurychod* neu *eurychiaid* (GPC), ond mae'r Athro Fynes-Clinton yn cyfeirio at y ffurf lafar *riachod* yn yr ymadroddion 'ymladd fel riachod' a 'ffraeo fel riachod Llannerch-y-medd' (WVBD). Roedd Llannerch-y-medd yn enwog am ei heurychod, ond tybed a oeddynt yn fwy cwerylgar nag eurychod rhannau eraill o Gymru? Mae'n amlwg fod eurychod, yn ogystal â thinceriaid, yn cael eu hystyried yn greaduriaid blin, ofer ac afreolus, oherwydd mae Ellis Wynne yng Ngweledigaeth Cwrs y Byd yn enwi eurych fel un o'r giwed feddw a oedd yn ymdrybaeddu yn eu diod.

Waun Lych

Lleolir *Waun Lych* i'r gogledd-orllewin o Lanfair-yng-Nghornwy. Fel rheol gwelir elfen gyntaf yr enw hwn wedi ei sillafu fel *Waen*. Dyna oedd ar fap OS 1839–41 a dyna sydd

46 'Beth oedd gwaith Gronw'r Eurych?' (BBGC, XXIV)

ar y map OS cyfredol. *Waen Lych* hefyd sydd yn y CCPost. Yn wir, dyna oedd y dull arferol o sillafu'r elfen mewn llawer enw lle hyd yn gymharol ddiweddar, pan ddaethpwyd i gydnabod mai *gwaun* yn hytrach na *gwaen* yw'r ffurf safonol. Yr hyn sydd gennym yn yr elfen gyntaf yw'r enw *gwaun* wedi ei dreiglo'n feddal ar ôl y fannod a gollwyd, sef *Y Waun*. Fel rheol mae *gwaun* yn cyfeirio at wastatir uchel gwlyb a brwynog, neu dir isel gwlyb, neu ddoldir.

Mae'r ail elfen *Lych* yn fwy anghyfarwydd. Mae'n debyg mai'r gair *gwlych* sydd yma. Gall *gwlych* fod yn enw neu'n ansoddair, gyda'r ystyr o wlybaniaeth. Sonnir am roi rhywbeth 'yn wlych' yn yr ystyr o'i drochi, ei fwydo neu ei drwytho ('soak'). Mae *gwlych* wedi ei dreiglo'n feddal ar ôl yr enw benywaidd unigol *gwaun*, felly gellid tybio mai ansoddair sydd yma, sef 'gwaun laith neu wlyb'. Fodd bynnag, ni ellir diystyru'n llwyr yr hyn sydd gan Siôn Gwilym i'w ddweud yn *Dywediada Gwlad y Medra*, gan fod hwn yn llyfr sy'n canolbwyntio ar iaith Môn. Wrth gyfeirio at ymadrodd a glywsai am y tywydd: 'Os Mai fydd sych, yr haf fydd lych', mae'r awdur yn cyfaddef ei fod ef ei hun bob amser wedi tybio mai 'gwlyb' oedd ystyr 'lych'. Ond honna iddo glywed o ddau le gwahanol mai *llych* oedd yn y dywediad hwn yn hytrach na *gwlych*, ac mai 'llychlyd' oedd yr ystyr. Roedd hwn yn air hollol ddieithr iddo ef (ac i minnau), ond mae'n amlwg ei fod yn cael ei ddefnyddio ym Môn. Fodd bynnag, mae mor anarferol fel y gallwn fod yn weddol sicr nad *llych* ond *gwlych* sydd yn *Waun Lych*, ac mai lle gwlyb yn hytrach na lle llychlyd a olygir, yn enwedig gan fod *gwaun* yn aml yn cyfeirio at dir gwlyb.

Werthyr

Mae *Werthyr* i'r gorllewin o Amlwch, a dyna ffurf yr enw ar y map OS cyfredol. Daw'r cofnod cynharaf a welwyd o'r enw o 1594 ym mhapurau Baron Hill yn y ffurf *y werthir*. Fe'i ceir fel *y Werther* yn 1717 (LlB). Dengys y ffurfiau hyn mai enw benywaidd unigol sydd yma wedi ei dreiglo'n feddal ar ôl y fannod *y* a gollwyd. Ar fap OS 1839–41 gwelwn ffurf gysefin yr enw, sef *Gwerthyr*.

Enw cyffredin yw *gwerthyr*, gyda'r ystyr o gaer neu amddiffynfa. Bu rhywfaint o gloddio archaeolegol ar y safle ger Amlwch yn 2006, a darganfuwyd rhai olion o wrthgloddiau, er na lwyddwyd i'w dyddio'n bendant. Ond erys yr atgof am natur amddiffynnol y safle yn yr enw. Ceir tystiolaeth ym mhapurau Baron Hill o'r ail ganrif ar bymtheg fod yna annedd o'r enw *Tyddyn Pen y Werthyr* hefyd yn ardal Amlwch. Cofnodwyd *tythyn pen y Werthyr* yn 1655 ac 1658, a *Pen y Werthir* yn 1667. Nid yw'r enw yn unigryw: ceir *Y Werthyr* hefyd i'r gogledd-ddwyrain o Fryngwran. Yno ceir olion bryngaer o Oes yr Haearn ar fryncyn uwchben y corstir o gwmpas Afon Caradog. Mae'r un elfen i'w gweld yn enw *Penwerthyr* ar lan Llyn Alaw ym Môn, ac yn yr enwau *Gwerthyr* a *Rhos Gwerthyr* yn Llanengan, Llŷn.

Wilpol

Lleolir yr annedd â'r enw anarferol hwn i'r gorllewin o Lannerch-y-medd. Trafodwyd yr enw gan Tomos Roberts, a daw'r cyfeiriad cynharaf a nododd ef o 1652–3 yn y ffurf *Tyddyn willpole* (ADG). Cofnododd hefyd y ffurfiau *Tythin willpoole* o 1656, a *Willpool* a *Tyddyn y Willpool* o 1840. *Wilpol* oedd ar fap OS 1839–41, a dyna'r ffurf ar y map OS cyfredol, er mai cyfeiriad at dŷ diweddarach sydd ar hwnnw, gan fod yr hen annedd bellach yn furddun. *Gwylpol Farm* oedd y ffurf yng nghofnodion Cyfrifiad 1841, *Willpool* yn 1871, a *Wilpole* yn 1901.

Mae'n amlwg nad enw Cymraeg yw hwn, er bod rhyw naws Gymreig i'r ffurf *Gwylpol*. Elfennau Saesneg Canol sydd yn yr enw, sef *whyll* a *pol*, elfennau a sillefir bellach yn 'wheel' a 'pool'. Maent yn cyfeirio at olwyn a phwll melin a safai unwaith ger yr hen dŷ. Cofnodwyd tai o'r enw *Pwll yr Olwyn* yn Llanfair-yng-Nghornwy a Phenrhosllugwy. Tybed pam y ceir ffurf Saesneg yr un enw yn *Wilpol* mewn ardal eithaf diarffordd yng nghefn gwlad Môn?

Wylfa

Un peth yn unig y mae'r enw *Wylfa* yn ei gyfleu i'r Cymro cyffredin heddiw, sef yr orsaf ynni niwclear ger Cemais. Fodd bynnag, ceir tystiolaeth o'r enw yn yr ardal hon rai canrifoedd yn ôl. Yn 1530–9 cofnodwyd *henyrhwylfa* (Sotheby). Mae'n amlwg mai'r un lle oedd hwn â *Pen'r Wylfa* sydd yn yr un ffynhonnell yn 1663. Ceir dau air yn Gymraeg, sef *hwylfa* a *gwylfa*. Ystyr *hwylfa* yw heol gul neu lwybr, ac ystyr *gwylfa* yw lle i wylio ohono. Rhaid casglu mai'r ail ystyr sydd yn *Wylfa* ger Cemais, er gwaethaf y sillafiad yn 1530–9. Cyfeiriad sydd yma at y tir uchel a nodwyd fel rhiw yn *Rhiwyrwylfawen* ar fap John Evans yn 1795. Cyn hir mae wedi prifio i fod yn fynydd: *Mynydd-wylfa* oedd ar fap OS 1839–41, a *Mynydd y Wylfa* sydd ar y map OS cyfredol. Mae'r ystyr yn amlwg: dyma fan ardderchog i edrych allan dros dir a môr. Enw cyffredin yw *gwylfa*, ond mae *Yr Wylfa* yn cyfeirio at le penodol.

Daeth yr elfen *Wylfa* yn rhan o enwau lleoedd eraill yn yr ardal. Bellach cyfeirir at y penrhyn lle saif yr atomfa fel *Wylfa Head* ar y map OS. Yr enw Cymraeg arno yw *Trwyn yr Wylfa*. Enw'r bae gerllaw yw *Porth-yr-wylfa*; dyna oedd ar fap OS 1839–41 a dyna sydd ar y map OS cyfredol. Erbyn hyn mae safle'r atomfa wedi llyncu llawer o'r tir yn yr ardal a dymchwelwyd nifer o anheddau er mwyn ei hadeiladu. Mae'n amlwg fod sawl annedd yno yn y gorffennol. Ym mhapurau Llwydiarth Esgob ceir cyfeiriadau at *Wylfa Coech* [*sic*] neu *Yr wylfa Goch* yn 1741 ac 1850. Yn yr un ffynhonnell cofnodwyd *Yr Wylfa Wen* yn 1761 ac 1850, a cheir cyfeiriad at *yr Wylfa Newydd* hefyd yn 1850. Cofnodwyd *Gwylfa goch* a *Gwylfa wen* yn ATT yn 1753.

Mae'n debyg mai'r tŷ mwyaf trawiadol a fu ar y safle oedd *Wylfa Manor*, plasty helaeth a godwyd yn 1886 gan David Hughes, tad-yng-nghyfraith y Parch. John Williams, Brynsiencyn. Roedd David Hughes yn adeiladydd a fagwyd yng Nghemais, ond a wnaeth ei ffortiwn yn Lerpwl. Dewisodd y llecyn deniadol hwn yn ei hen gynefin i adeiladu

Wylfa Manor fel tŷ haf iddo ef a'i deulu (GGBB). Gweddol fyr fu oes y tŷ fel cartref iddynt. Bu'n gartref i faciwîs yn ystod y rhyfel ac yna fe'i trowyd yn westy. Cafodd ei ddymchwel wrth adeiladu'r atomfa sydd ar union safle'r tŷ.

Ynys Gnud / Ynys Goed

Hanes trist sydd i'r enw hwn. Rywbryd yn nechrau'r bedwaredd ganrif ar bymtheg newidiwyd enw'r annedd, a leolir i'r de-ddwyrain o Lannerch-y-medd, o *Ynys Gnud* i *Ynys Goed*. Mae'n drist oherwydd disodlwyd hen enw dilys, a oedd yn ddiddorol ac yn llawn hynafiaeth, gan enw newydd amherthnasol a diddychymyg.

Ceir yn yr un ardal enwau eraill sy'n cynnwys yr elfen *ynys*, megis *Ynys Bach*, *Ynys Fawr*, ac *Ynys Groes*. Awgryma hyn fod hon yn ardal o dir corsiog, gan mai un o ystyron *ynys* yw llecyn o dir sych yng nghanol tir gweddol wlyb a lleidiog. Yn ail elfen yr enw *Ynys Gnud* mae'r prif ddiddordeb. Ystyr *cnud* yw haid o fleiddiaid, ac mae'n debyg fod hwn yn fan lle'r ymgasglai bleiddiaid am loches a throedle sych ganrifoedd yn ôl. Cyfeiriwyd eisoes at y ffaith fod bleiddiaid unwaith wedi crwydro hyd dir Môn wrth drafod enw *Cerrig y Bleiddiau* ger Amlwch. Ceir cyfeiriadau hefyd at annedd o'r enw *Tuthyn y bliddie* yn nhrefgordd Porthaml yn 1599 (LlB), a chofnodwyd *Tyddyn y Bleiddiau* ac *Ynys y Bleiddiau* yn Llanfflewin gynt.

Ynys Gnud oedd enw'r hen drefgordd ganoloesol. Y cyfeiriad cynharaf a welwyd hyd yn hyn yw *Henescot* yn 1284 (ExAng). *Enyskunyt* oedd yn Stent Môn yn 1352 (Rec.C). Cofnodwyd *Inysknyd* ac *Ynysknyd* yn 1413, *Enyskunyt* yn 1443, ac *Ynyskwnyd* yn 1444 (PFA). Yn 1549 *ynys gnyd* oedd y ffurf ym mhapurau Baron Hill, ac *Ynysknyd* yn yr un ffynhonnell yn 1658. Ceir *Ynys Gnyd* ym mhapurau Henllys yn 1751, a *Tyddyn ynys cnûd* yn 1766. *Ynys gnud* oedd yn RhPDegwm plwyf Llandyfrydog yn 1840. Fodd bynnag, mae'r enw wrthi'n newid tua'r adeg yma, oherwydd *Ynys goed* a nodwyd yng nghofnodion

Cyfrifiad 1841. *Yr-ynys-goed* oedd ar fap OS 1839–41; *Ynys Goed* sydd ar y map OS cyfredol.

Mae'n debyg fod yr enw wedi newid am yr un rheswm ag y newidiodd llawer enw lle arall ledled Cymru, sef am fod gair arbennig wedi mynd yn ddieithr ac anghyfarwydd. Pan oedd y bleiddiaid yn fyw yng nghof y bobl byddent yn gwybod ystyr yr elfen *cnud*. Ond yn raddol, collwyd y gair o eirfa'r werin. Y cam nesaf fel rheol fyddai ceisio rhesymoli ac esbonio elfen anghyfarwydd drwy chwilio am air arall tebyg o ran sain. Hawdd iawn oedd newid *Ynys Gnud* i *Ynys Goed* a chael ystyr ddigon derbyniol, yn enwedig os oedd y llecyn yn weddol goediog pan newidiwyd yr enw. Fodd bynnag, nid coed oedd yn y llecyn hwn ganrifoedd yn ôl ond haid o fleiddiaid. Collwyd talp o hanes wrth newid yr enw.

Ynys Lawd

Er nad yw'n rhan o'r tir mawr, mae'r ynys hon â'i goleudy enwog yn rhan annatod o dirlun Môn. Yn anffodus, enw digon anghyfarwydd yw *Ynys Lawd* i lawer o Fonwysion, er eu bod i gyd yn gyfarwydd â'r enw Saesneg *South Stack*. Mae'r enw *Ynys Lawd* yn werth ei drafod oherwydd yr ail elfen anarferol. Yn elfen gyntaf *Ynys Lawd* ystyr gyfarwydd *ynys* a gawn, sef darn o dir wedi ei amgylchynu gan y môr, yn hytrach na'r ystyr fwy anarferol a welwyd yn *Ynys Gnud*. Os chwiliwn yn GPC am ystyr *llawd*, mae'n anodd iawn deall sut y gallai'r fath air fod yn gysylltiedig ag ynys, oherwydd nodir yno mai ystyr arferol y gair yw awydd hwch am faedd pan fo yn ei gwres. Dywedir hefyd y gall fod yn ansoddair gyda'r ystyr 'nwydus', ac mae hyn yn dod â ni'n nes at yr ystyr a fwriedir yn ddiau yn enw *Ynys Lawd*. Mae'r môr yn gallu bod yn hynod o wyllt o gwmpas yr ynys ar dywydd mawr, ac mae'n debyg mai cyfeirio at hynny a wna'r ail elfen.

Wrth inni drafod yr enw *Cocyn*, cyfeiriwyd at y difrod enbyd a wnaethpwyd yn y storm erchyll a fu yn ystod y nos ar 25/26 Hydref 1859 pan suddwyd y *Royal Charter* ger

Moelfre. Ar yr un noson gwelwyd un o'r digwyddiadau tristaf yn hanes *Ynys Lawd*, pan anafwyd Jack Jones, ceidwad cynorthwyol y goleudy. Chwythwyd darn o graig i lawr gan ryferthwy'r gwynt a'i daro ar ei ben. Bu farw o'i glwyfau (YL).

Cofnodwyd enw *Ynys Lawd* yn 1555–6 fel *Ennesllawde* (Rec.C.Aug.). Yn 1564 nodwyd y ffurf *Ennes Llawde* ym mhapurau Baron Hill, ac yn yr un ffynhonnell yn 1640 ceir *'island' Inys laud*. Ffurf ryfedd sydd ar fap OS 1839–41, sef *The South Stack or Ynys blaw*. Mae'n anodd gweld o ble y daeth y *blaw*. Nodir *South Stack / Ynys Lawd* ar y map OS cyfredol.

Ynysoedd y Moelrhoniaid

Clwstwr o ynysoedd bychain sydd dan sylw y tro hwn, yn hytrach nag ynys unigol fel *Ynys Lawd*. Fodd bynnag, mae'r ynysoedd hyn yr un mor adnabyddus i bobl Môn, ac yn yr achos hwn eto mae'r enw Saesneg yn ddiau yn fwy cyfarwydd iddynt na'r enw Cymraeg. *Skerries* yw'r enw Saesneg, sy'n dod o air Hen Norseg yn golygu ynysoedd bychain. Mae *Ynysoedd y Moelrhoniaid* allan yn y môr i'r gogledd o Gaergybi oddi ar Drwyn y Gader. Tra gellir croesi dros bont i *Ynys Lawd*, mae'n rhaid cael cwch neu hofrenydd i ymweld ag Ynysoedd y Moelrhoniaid. Fel Ynys Lawd, mae goleudy ar y clwstwr hwn o ynysoedd hefyd. Mae'n lle poblogaidd iawn i wylio pob math o adar môr.

Soniwyd uchod am yr elfen *moelrhon* wrth drafod yr enw *Bodronyn*. Hen air am forlo yw hwn. Cyfeiriwyd yno hefyd at y darn yn *Historia Gruffud Vab Kenan* sy'n crybwyll enw arall ar yr ynysoedd, sef *Ynys Adron*. Mae Melville Richards yn cyfeirio at *Rhonynys* fel enw arall eto ar y lle. Yn aml, pan sonnid am yr ynysoedd yn yr oesoedd canol cyfeirid atynt wrth eu henw Lladin, sef *Insula Focarum*, hynny yw, 'ynys y morloi'.

Mae'r morloi i'w gweld o hyd o gwmpas yr ynysoedd hyn. Sonnir amdanynt yn cael eu potsio yn y bedwaredd ganrif ar ddeg a'r bymthegfed ganrif (MedAng). Eiddo perchenogion y pysgodfeydd o gwmpas yr ynysoedd oedd y morloi; gwerthid eu crwyn a'u bloneg. Roedd yr ynysoedd gynt yn gyrchfan boblogaidd nid yn unig i hela'r morloi, ond i bysgota. Cyfeirir mewn cofnod o'r flwyddyn 1425 at bysgodfa yn 'the island called *ynys moelronieit*' (PFA). Yn yr un ffynhonnell, ac o'r un flwyddyn, ffurf yr enw oedd *ynysmoelroniyeit*, a cheir cyfeiriad arall yn 1428 at '*Insula focarum* called *Insula moylronyeit*'. Cofnodwyd *insula focarum* hefyd yng Nghartiwlari Penrhyn yn 1476.

Mae'n amlwg fod sawl enw wedi bod ar y lle hwn: *Insula Focarum*, *Ynys Adron*, *Rhonynys*, *Ynysoedd y Moelrhoniaid* a *Skerries*. Ym mhapurau Baron Hill o tua 1500 nodir enw arall eto, sef *Seynt Danyels Isle aliter vocat' Ennys moilronyn*.[47] Mae'n debyg mai oherwydd fod pysgodfeydd yr ynysoedd unwaith wedi bod yn eiddo i Esgob Bangor yr enwyd hwy ar ôl Deiniol, nawddsant Bangor. Ar fap OS 1839–41 nodir *The Skerries or Ynysoedd-Moelroniaid,* ac ar y map OS cyfredol ceir *The Skerries / Ynysoedd y Moelrhoniaid*.

Ysgellog

Lleolir fferm *Ysgellog* i'r de-orllewin o Amlwch. Daw'r cyfeiriad cyntaf at yr enw o 1254 yn y ffurf *Hescallauc* (Val. Nor.). Mae'n amlwg nad cyfeiriad at annedd unigol sydd yn y cofnodion cynharaf. Nid oedd *Ysgellog* yn drefgordd: yn Stent Môn yn 1352 fe'i disgrifir fel pentrefan. Nodwyd yr enw yno fel *Skathlog*, ac mae hon yn ffurf ddiddorol, gan ei bod yn adlewyrchu'r ynganiad llafar lle collir yr *Y*-gychwynnol. Mae'r ffurf lafar i'w gweld hefyd ar fap OS 1839–41 yn y ffurf *Sgellog*.

Fodd bynnag, nid *Y* yw llythyren gyntaf yr enw bob amser yn y ffurfiau a gofnodwyd ar glawr. Er enghraifft, yn ATT nodwyd *Eskellog* yn 1773, *Escellog* yn 1788 ac 1791, ac

47 'Ynys Deiniol Sant a elwir hefyd yn Ynys Moelronyn.'

Esgellog yn 1793 ac 1797. Mae rhai o'r ffurfiau a nodwyd yng nghofnodion y Cyfrifiad yn fwy diddorol. Er bod y ffurf *Ysgellog* wedi ei nodi yn 1851, ceir *Ascellog* yn 1841, ac *Asgellog* yn 1861 ac 1871. *Ysgellog* sydd ar y map OS cyfredol.

Beth, felly, yw ffurf gywir yr enw, a beth yw ei ystyr? Bôn yr enw yw *ysgall*, y planhigyn pigog a elwir yn 'thistle' yn Saesneg. Yr ansoddair i ddisgrifio man yn llawn o ysgall fyddai *ysgallog*, a dyna sydd gennym yn y llecyn hwn ger Amlwch. Mae'r defnydd o *Ysgallog* fel enw lle ar yr un patrwm ag enwau megis *Rhedynog*, *Eithinog*, *Clynnog* a *Clegyrog*. Ansoddeiriau sydd yma mewn gwirionedd, ond fe'u defnyddir fel enwau i ddisgrifio man lle ceir llawer o ryw blanhigyn arbennig fel rheol, er mai llawer o greigiau oedd yn *Clegyrog*.

Ond pam y trodd yr *a* yng nghanol *Ysgallog* yn *e*? Mae gan Syr Ifor Williams esboniad derbyniol iawn am hyn. Ceir dau air eithaf tebyg eu sain yn Gymraeg, sef *ysgall* ac *asgell*. Ystyr *asgell* yw adain aderyn, ond fel y dywed Syr Ifor, bu cryn gymysgu rhwng y ddau air hyn. Dywed fod yr ymadrodd 'lladd esgill' yn gyffredin am ddifa ysgall. Mae'n amlwg fod y cymysgu hwn yn digwydd yn Arfon hefyd, oherwydd mae O. H. Fynes-Clinton yntau yn cyfeirio at *asgall* fel llurguniad o *ysgall* (WVBD).

Yn achos enw'r annedd *Ysgellog*, mewn gwirionedd, nid oedd o bwys mawr gan y brodorion beth oedd llythyren gyntaf yr enw, gan eu bod yn tueddu i'w gollwng, beth bynnag. Ond bellach, *Ysgellog* yw ffurf ysgrifenedig yr enw. Felly, nid annedd sydd wedi magu adenydd yw *Ysgellog*, ond llecyn lle'r oedd llawer o ysgall yn tyfu ar un adeg.

Ysgubor Ddegwm

Mae llawer iawn o gyfeiriadau at Restrau Pennu'r Degwm (RhPDegwm) drwy'r gyfrol hon. Daeth y Rhestrau i rym yn dilyn Deddf Cyfnewid y Degwm yn 1836. Y degwm oedd y ddegfed ran o gynnyrch blynyddol tir amaethyddol a da byw.

Fe'i telid fel treth i gynnal yr offeiriaid a'r Eglwys. Yn wreiddiol fe'i telid mewn nwyddau, ond ar ôl 1836 codwyd treth gyfwerth mewn arian. Roedd y Rhestrau manwl hyn ar gyfer pob plwyf yn fodd o bennu gwerth pob eiddo, ac maent yn ffynhonnell werthfawr iawn i chwilota am enwau anheddau a chaeau, yn ogystal â mesuriadau a defnydd pob darn o dir. Roedd map manwl o'r holl gaeau i gyd-fynd â phob Rhestr.

Yn y dyddiau pan godid y degwm mewn nwyddau cedwid y cnydau yn yr Ysgubor Ddegwm. Gan mai 1836 oedd dyddiad Deddf Cyfnewid y Degwm, mae'n amlwg fod yr Ysguboriau Degwm yn dyddio o gyfnod cynharach, gan na fyddai galw amdanynt fel y cyfryw ar ôl i'r nwyddau gael eu disodli gan dreth ariannol. Fodd bynnag, arhosodd yr adeiladau, ac yn ddiau fe'u defnyddid i bwrpasau eraill. Nid yw'n syndod, felly, fod gennym nifer fawr o gyfeiriadau at yr ysguboriau hyn ar hyd a lled Môn. Daw un o'r cofnodion cynharaf a welwyd o 1721/2 ym mhapurau Baron Hill lle nodwyd '"barn" ysgŷbor degwm' ym Mhentraeth. Cofnodwyd yr ysgubor hon fel *Sgubor Degwm* yn RhPDegwm yn 1841, ac mae tŷ o'r enw *Ysgubor Ddegwm* ar gyrion Pentraeth hyd heddiw. Ceir sawl cyfeiriad at yr ysguboriau yn RhPDegwm y gwahanol blwyfi: *Ysgubor degwm* yn Llanfair Mathafarn Eithaf yn 1841; *Sgubor Degwm* yn Llandysilio yn 1843; *Ysgubor degwm* yn Niwbwrch yn 1845, ond *Tithe Barn* yn Llandegfan yn 1844. Ceir cofnodion o'r enw hefyd mewn sawl lle yn ATT ac yng nghofnodion y Cyfrifiad.

BYRFODDAU A LLYFRYDDIAETH

ADG	Gwynedd O. Pierce, Tomos Roberts, Hywel Wyn Owen, *Ar Draws Gwlad,* Cyf. 1, (Llanrwst, 1997)
ADG2	Gwynedd O. Pierce, Tomos Roberts, *Ar Draws Gwlad*, Cyf. 2, (Llanrwst, 1999)
AfMôn	Gwilym T. Jones, *Afonydd Môn / The Rivers of Anglesey*, Canolfan Ymchwil Cymru, (CPGC, Bangor, 1989)
AG	W. H. Roberts, *Aroglau Gwair,* (Caernarfon, 1981)
ALMA	Hugh Owen (gol.), *Additional Letters of the Morrises of Anglesey (1735–1786),* (Llundain, 1947)
AMR	Archif Melville Richards, yn llyfrgell Prifysgol Bangor, neu ar y we yn: www.e-gymraeg.org/enwaulleoedd/amr
Arch.Camb.	*Archaeologia Cambrensis*, (1846–)
ArchGw	Yr Archifdy Gwladol
ATT	Asesiadau Treth y Tir
Bangor	Casgliad Cyffredinol Prifysgol Bangor
BBGC	*Bwletin y Bwrdd Gwybodau Celtaidd / The Bulletin of the Board of Celtic Studies*, (Caerdydd, 1921–)
BGB	Emlyn Richards, *Bywyd Gŵr Bonheddig*, (Caernarfon, 2002)
BH	Casgliad Baron Hill, Prifysgol Bangor
Bodewryd	Casgliad Bodewryd, LlGC
Bodorgan	Casgliad Bodorgan, Prifysgol Bangor
Bodrhyddan	Casgliad Bodrhyddan, Prifysgol Bangor
CA	Ifor Williams (gol.), *Canu Aneirin*, (Caerdydd, 1938)
Camb.Reg.	*Cambrian Register*, Cyf. II, (Llundain, 1796 ar y wynebddalen, ond wedi ei chyhoeddi yn 1799)

Cart.Pen.	Cartwlari Penrhyn: dogfen heb ei chatalogio yn archifau Prifysgol Bangor
CCPost	Cyfeiriadur Codau Post y Swyddfa Bost
CDapG	Dafydd Johnston *et al.* (gol.), *Cerddi Dafydd ap Gwilym*, (Caerdydd, 2010)
CENgh	Cofnodion yr Eglwys yng Nghymru, (Esgobaeth Bangor), LlGC
Cglwyd	Casgliad Carreg-lwyd, LlGC
CH	Casgliad Coed Helen, GAG
CHM	John Idris Owen, *Cnegwarth o Had Maip*, (Caernarfon, 2005)
CLlH	Ifor Williams (gol.), *Canu Llywarch Hen*, (Caerdydd, 1953)
CMDB	Dafydd Wyn Wiliam, *Y Canu Mawl i Deulu Bodewryd*, (Llangefni, 1996)
CMDBH	Dafydd Wyn Wiliam, *Y Canu Mawl i Deulu Baron Hill*, (Llangefni, 1995)
CMDChU	Dafydd Wyn Wiliam, *Y Canu Mawl i Deulu'r Chwaen Uchaf*, (Llangefni, 2002)
CMDH	Dafydd Wyn Wiliam, *Y Canu Mawl i Deulu Hirdre-faig*, (Llangefni, 1997)
CMDLl	Dafydd Wyn Wiliam, *Y Canu Mawl i Deulu Llwydiarth*, (Llangefni, 1991)
CMDMyf	Dafydd Wyn Wiliam, *Y Canu Mawl i Deulu Myfyrian*, (Llandysul, 2004)
CMDMys	Dafydd Wyn Wiliam, *Y Canu Mawl i Deulu Mysoglen*, (Llangefni, 1999)
CMDPen	Dafydd Wyn Wiliam, *Y Canu Mawl i Deulu Penmynydd*, (Llandysul, 2011)
CMDPorth	Dafydd Wyn Wiliam, *Y Canu Mawl i Deulu Porthamal*, (Llangefni, 1993)
CMF	H. R. Davies, *The Conway and the Menai Ferries*, (Caerdydd, 1966)
CMRTGM	Dafydd Wyn Wiliam, *Y Canu Mawl i Rai Teuluoedd o Gwmwd Malltraeth*, (Llandysul, 2012)
CMTTref	Dafydd Wyn Wiliam, *Y Canu Mawl i Deulu Trefeilir*, (Llangefni, 1985)

CO	Rachel Bromwich a D. Simon Evans (golygyddion testun Syr Idris Foster), *Culhwch ac Olwen*, (Caerdydd, 1988)
CODEPN	Eilert Ekwall, *The Concise Oxford Dictionary of English Place-names*, (Rhydychen, 1991)
Corn.PNE	O. J. Padel, *Cornish Place-Name Elements*, (Nottingham, 1991)
CV	Casgliad Carter Vincent, Prifysgol Bangor
DH	Casgliad Dinam Hall, Prifysgol Bangor
DPNW	Hywel Wyn Owen a Richard Morgan, *Dictionary of the Place-Names of Wales,* (Llandysul, 2007).
DS	Patrick Hanks a Flavia Hodges, *A Dictionary of Surnames*, (Rhydychen, 1996)
DWW	Dafydd Wyn Wiliam, *Cofiant William Morris, 1705–63*, (Llangefni, 1995); *Cofiant Lewis Morris 1700/1–42*, (Llangefni, 1997); *Cofiant Richard Morris, 1702/3–79*, (Llangefni, 1999)
EANC	R. J. Thomas, *Enwau Afonydd a Nentydd Cymru*, (Caerdydd, 1938)
EEW	T. H. Parry-Williams, *The English Element in Welsh*, (Llundain, 1923)
EFND	John Field, *English Field Names: A Dictionary*, (Caerloyw, 1989)
ELlBDA	Hywel Wyn Owen, *Enwau Lleoedd Bro Dyfrdwy ac Alun*, (Llanrwst, 1991)
ELleoedd	Ifor Williams, *Enwau Lleoedd*, (Lerpwl, 1945)
ELlLl	J. Richard Williams, *Er Lles Llawer: Meddygon Esgyrn Môn*, (Llanrwst, 2014)
ELlMôn	Gwilym T. Jones a Tomos Roberts, *Enwau Lleoedd Môn*, (Bangor, 1996)
ELlMT	R. T. Williams (Trebor Môn), *Enwau Lleoedd yn Mon a'u Tarddiad*, (Bala, 1908)
ELlSG	J. Lloyd-Jones, *Enwau Lleoedd Sir Gaernarfon*, (Caerdydd, 1928)
Elwes	Casgliad Elwes, LlGC
ETG	Melville Richards, *Enwau Tir a Gwlad*, (Caernarfon, 1998)
ExAng	G. Rex Smith, 'The Extent of Anglesey 1284', TCHNM, 2009

Ex.P.H-E	Emyr Gwynne Jones (gol.), *Exchequer Proceedings (Equity) concerning Wales, Henry VIII–Elizabeth*, (Caerdydd, 1939)
FfCym.	Eirlys a Ken Lloyd Gruffydd, *Ffynhonnau Cymru*, Cyfrol 2 (Llanrwst, 1999)
GAG	Gwasanaeth Archifau Gwynedd
GBC	Patrick J. Donovan a Gwyn Thomas (gol.), *Gweledigaethau y Bardd Cwsg*, (Llandysul, 1991)
GGapM	Ann Parry Owen (gol.), *Gwaith Gruffudd ap Maredudd, iii: Canu Amrywiol*, (Aberystwyth, 2007)
GGBB	Harri Parri, *Gwn Glân a Beibl Budr*, (Caernarfon, 2014)
GGG	Barry J. Lewis ac Eurig Salisbury (gol.), *Gwaith Gruffudd Gryg*, (Aberystwyth, 2010)
GGuGl	Ifor Williams a J. Llywelyn Williams (gol.), *Gwaith Guto'r Glyn,* (Caerdydd, 1961). Fodd bynnag, o http://www.gutorglyn.net y daw'r cyfeiriadau yn y gyfrol hon.
GHC	Islwyn Jones (gol.), *Gwaith Hywel Cilan*, (Caerdydd, 1963)
GIG	D. R. Johnston (gol.), *Gwaith Iolo Goch*, (Caerdydd, 1988)
GLGC	Dafydd Johnston (gol.), *Gwaith Lewys Glyn Cothi*, (Caerdydd, 1995)
GLlGMH	Dafydd Johnston (gol.), *Gwaith Llywelyn Goch ap Meurig Hen*, (Aberystwyth, 1998)
GLM	Eurys I. Rowlands, *Gwaith Lewys Môn*, (Caerdydd, 1975)
GM	Erthygl gan Tomos Roberts yn *Gwŷr Môn*, (gol. Bedwyr Lewis Jones, Cyngor Gwlad Gwynedd, 1979)
GM-J	Gwenllian Morris-Jones, 'Anglesey Place Names', Traethawd M.A. anghyhoeddedig Prifysgol Cymru, Bangor, 1926
GPC	*Geiriadur Prifysgol Cymru*, (Caerdydd, 1950–)
GRhGE	Dylan Foster Evans (gol.), *Gwaith Rhys Goch Eryri*, (Aberystwyth, 2007)
GSDT	Rhiannon Ifans (gol.), *Gwaith Syr Dafydd Trefor*, (Aberystwyth, 2005)

GTA	T. Gwynn Jones (gol.), *Gwaith Tudur Aled*, (Caerdydd, 1926)
GW	Alexander McKee, *The Golden Wreck: The Tragedy of the 'Royal Charter'*, (Sevenoaks, 1988)
GyB	Cledwyn Fychan, *Galwad y Blaidd*, (Aberystwyth, 2006)
HEALlE	Glenda Carr, *Hen Enwau o Arfon, Llŷn ac Eifionydd*, (Caernarfon, 2011)
Henblas B	Casgliad Henblas B, Prifysgol Bangor
HEFN	John Field, *A History of English Field Names*, (Harlow, 1993)
Henllys	Casgliad Henllys, Prifysgol Bangor
HGVK	D. Simon Evans (gol.), *Historia Gruffud Vab Kenan*, (Caerdydd, 1977)
HPRhF	Gruffydd Aled Williams (gol.), *Hyfrydwch Pob Rhyw Frodir*, (Llangefni, 1983)
HWW	Francis Jones, *The Holy Wells of Wales*, (Caerdydd, 1992)
HYELlM	T. Pritchard ('Rhen Graswr Eleth), *Hanes ac Ystyr Enwau Lleoedd yn Mon*, (Amlwch, 1872)
IAMA	*An Inventory of the Ancient Monuments in Anglesey*, (RCAHM, 1937)
ISF	Bedwyr Lewis Jones, *Iaith Sir Fôn*, (Bangor, 1983)
JE/MNW	John Evans, *Map of North Wales*, (1795)
Kinmel	Casgliad Kinmel, Prifysgol Bangor
LBS	S. Baring-Gould a John Fisher, *Lives of the British Saints*, (Llundain, 1907)
Leland	Lucy Toulmin Smith (gol.), *The Itinerary in Wales of John Leland*, (Llundain, 1906)
LlB	Casgliad Llanfair a Brynodol, LlGC
LlE	D. Geraint Lewis, *Y Llyfr Enwau*, (Llandysul, 2007)
LlEsgob	Casgliad Llwydiarth Esgob, Prifysgol Bangor
LlGC	Llyfrgell Genedlaethol Cymru
Llig	Casgliad Lligwy, Prifysgol Bangor
LlPwll	John L. Williams, *Llanfair Pwllgwyngyll: Hen Enwau a Lluniau'r Lle*, (Llangefni. 1995)
LlRM	T. H. Parry-Williams (gol.), *Llawysgrif Richard Morris o Gerddi, &c*, (Caerdydd, 1931)

LlS Iwan Rhys Edgar, *Llysieulyfr Salesbury*, (Caerdydd, 1997)

MAR Henry Rowlands, *Mona Antiqua Restaurata*, (Dulyn, 1723)

MedAng A. D. Carr, *Medieval Anglesey*, (Ail Arg., Llangefni, 2011)

MedLep Peter Richards, *The Medieval Leper and his Northern Heirs,* (Woodbridge, 2000)

ML John H. Davies (gol.), *The Letters of Lewis, Richard, William and John Morris of Anglesey, (Morrisiaid Môn) 1728–1765*, 2 gyfrol, (Aberystwyth, 1907)

MM David N. Parsons, *Martyrs and Memorials: Merthyr Place-names and the Church in Early Wales*, (Aberystwyth, 2013)

MostynB Casgliad Mostyn, Prifysgol Bangor

MSI Ifor Williams, *Meddai Syr Ifor*, (Caernarfon, 1968)

MW K. C. Newton, *The Manor of Writtle*, (Chichester, 1970)

MWen W. D. Owen, *Madam Wen*, (Wrecsam, 1925)

MWS T. Jones Pierce, *Medieval Welsh Society*, (Caerdydd, 1972)

NabMôn Dewi Jones a Glyndwr Thomas (gol.), *Nabod Môn*, (Llanrwst, 2003)

Nan Casgliad Nanhoron, LlGC

NewG Casgliad Newborough (Glynllifon), GAG

ON T. Llew Jones, *Ofnadwy Nos*, (Llandysul, 1971)

PA Casgliad Porth yr Aur, Prifysgol Bangor

PCoch Casgliad Plas Coch, Prifysgol Bangor

Penrhos Casgliad Penrhos, Prifysgol Bangor

Penrhyn Casgliad Penrhyn, Prifysgol Bangor

PFA Casgliad Penrhyn Castle Further Additional, Prifysgol Bangor

PKM Ifor Williams (gol.), *Pedeir Keinc y Mabinogi*, (Caerdydd, 1951)

PNDPH Gwynedd O. Pierce, *The Place-names of Dinas Powys Hundred*, (Caerdydd, 1968)

PNPem B. G. Charles, *The Place-Names of Pembrokeshire,* 2 gyf. (Aberystwyth, 1992)

Poole Casgliad Poole, GAG

Pres.	Casgliad Presaeddfed, Prifysgol Bangor
PTR	Casgliad o bapurau Tomos Roberts yn archifau Prifysgol Bangor (heb eu catalogio)
Rec.C	H. Ellis (gol.), *Registrum Vulgariter Nuncumpatum The Record of Caernarvon*, (Llundain, 1838)
Rec.C.Aug.	E. A. Lewis a J. Conway Davies, *Records of the Court of Augmentations relating to Wales and Monmouthshire*, (Caerdydd, 1954)
RLloyd	Casgliad Roger Lloyd II, LlGC
RhPDegwm	Rhestr Pennu'r Degwm
RhMôn	Gwilym T. Jones, *Rhydau Môn / The Fords of Anglesey*, Canolfan Ymchwil Cymru, (CPGC, Bangor, 1992)
SNE	Adrian Room, *The Street Names of England*, (Stamford, 1992)
Sotheby	Casgliad Sotheby, LlGC.
Speed	Map John Speed 1610
Tax. Nich.	S. Aycough a J. Caley (gol.), *Taxatio Ecclesiastica Angliae et Walliae, auctoritate Papae Nicholai IV, c. 1291*, (Llundain, 1802)
TBB	Dafydd Wyn Wiliam, 'Y Traddodiad Barddol ym Mhlwyf Bodedern', TCHNM rhwng 1969 ac 1975.
TCHNM	*Trafodion Cymdeithas Hynafiaethwyr a Naturiaethwyr Môn*
TCHSG	*Trafodion Cymdeithas Hanes Sir Gaernarfon*
Thor	Casgliad Thorowgood, Tabor a Hardcastle, LlGC
Tl	Casgliad Tynygongl, Prifysgol Bangor
TopDict	Samuel Lewis, *A Topographical Dictionary of Wales*, (4ydd arg. Llundain, 1849)
TTM	*Teithiau Treftadaeth Moelfre: Taith Charles Dickens a'r Royal Charter*. Un o gyfres o bamffledi am deithiau cerdded a gyhoeddwyd gan Bartneriaeth Moelfre.
Val. Ecc.	*Valor Ecclesiasticus. Tempus Henr.VIII* (1535), (Llundain, 1802)
Val. Nor.	W. E. Lunt (gol.), *The Valuation of Norwich*, (Rhydychen, 1926)
WChCom	Papurau'r Welsh Church Commission, LlGC

WG	Peter C. Bartrum, *Welsh Genealogies A.D. 300–1400*, (Caerdydd, 1974)
WGram	John Morris-Jones, *A Welsh Grammar*, (Rhydychen, 1913)
WS	T. J. Morgan a Prys Morgan, *Welsh Surnames*, (Caerdydd, 1985)
WVBD	O. H. Fynes-Clinton, *The Welsh Vocabulary of the Bangor District*, (Rhydychen, 1913; Adargraffiad Ffacsimile, Felinfach, 1995)
Wynnstay	Casgliad Wynnstay, LlGC
YEE	Bedwyr Lewis Jones, *Yn ei Elfen*, (Llanrwst, 1992)
YL	Ian Jones, *Ynys Lawd / South Stack*, (Llangefni, 2009)

MYNEGAI